零部件测绘与CAD成图技术

基于中望软件

钟日铭 苏再军◎主编 蔡兴剑◎副主编

人民邮电出版社
北京

图书在版编目（CIP）数据

零部件测绘与CAD成图技术 ： 基于中望软件 / 钟日铭，苏再军主编. -- 北京 ： 人民邮电出版社，2022.12
ISBN 978-7-115-60833-8

Ⅰ. ①零… Ⅱ. ①钟… ②苏… Ⅲ. ①机械元件－测绘－计算机辅助设计－AutoCAD软件－教材 Ⅳ. ①TH13

中国版本图书馆CIP数据核字(2022)第245124号

内 容 提 要

零部件测绘与 CAD 成图技术是现代工程技术人员、现代工匠、复合型技术技能人才必备的一门重要技术。作者结合职业教育和现代企业的需求，精心编写了本书，主要内容包括零部件测绘概述、专业基础与中望软件、徒手绘制零件草图、典型零件三维建模、典型二维零件图绘制、典型零件质检报告、装配设计及装配图等。

本书可作为高等院校机械类、加工制造类相关专业的教材，也可作为相关技术人员进行机械设计的参考书。

◆ 主　　编　钟日铭　苏再军
副 主 编　蔡兴剑
责任编辑　李永涛
责任印制　王　郁　胡　南

◆ 人民邮电出版社出版发行　　北京市丰台区成寿寺路 11 号
邮编　100164　　电子邮件　315@ptpress.com.cn
网址　https://www.ptpress.com.cn
固安县铭成印刷有限公司印刷

◆ 开本：787×1092　1/16
印张：14.25　　2022 年 12 月第 1 版
字数：348 千字　　2022 年 12 月河北第 1 次印刷

定价：69.90 元

读者服务热线：(010)81055410　印装质量热线：(010)81055316
反盗版热线：(010)81055315
广告经营许可证：京东市监广登字 20170147 号

前言

目前，“零部件测绘与 CAD 成图技术”已经成为一项颇具影响力的技能赛项，该赛项深入贯彻了《国务院关于加快发展现代职业教育的决定》《国家职业教育改革实施方案》等有关精神，开展创新型的实用技能教育，将典型的生产与教学结合起来，以机械零部件实体、零部件工程图、机械产品零件图样、机械产品三维装配设计与其二维装配图等素材为考核载体，主要目的是检测竞赛选手在零部件测绘与 CAD 成图技术方面的专业知识、专业技能和职业素养等综合水平，有利于通过技能赛事促进产教融合的职业教育，培养出更多具有数字化制造技术素养的现代工匠型、复合型技能人才。

本书基于职业院校、理工科高校相关专业的知识体系及学生的学习特点，综合考虑了“零部件测绘与 CAD 成图技术”赛项的任务和相关的知识，对零部件测绘与质量检测、工程图审核与结构优化、机械产品工程图设计、三维模型设计、零件质检报告编制等内容进行重新编排，将理论与实际相融合，通过典型案例进行深入介绍。本书可作为高等院校机械类、加工制造类相关专业的教材，也可以作为相关技术人员进行机械设计的参考书。

本书在策划和编写的过程中，得到了广州中望龙腾软件股份有限公司、人民邮电出版社和各类学校的鼎力支持，在此表示深深的感谢。

编者

2022 年 10 月

目录

第 1 章

零部件测绘概述

本章导读

制造业水平是衡量一个国家综合国力的重要标志，它在各工业国家的经济增长中起到了“发动机”的作用。在我国，制造业是国民经济的支柱产业之一，需要一大批掌握现代制造业技术的能工巧匠，包括熟悉零部件测绘与 CAD 成图技术的专业工程技术人才。

本章的知识点包括零部件测绘的目的、零部件测绘的方法与步骤、零部件测绘的准备工作、测绘工具概述、常用拆装工具等。

1.1 零部件测绘的目的

零部件测绘是对现有的机器或部件进行实物测量，有些机器需要拆卸后再对其包含的非标准零件进行测量，根据零件特点和测绘数据绘制出全部非标准零件的草图，然后根据这些草图绘制出相应的符合制图标准的装配图和零件图。零部件测绘在对现有机器设备的改造、维修、仿制，以及先进设备、产品的引进等方面有着十分重要的意义。

零部件测绘是工程技术人员应该具备的基本技能。图 1-1 所示为零部件测绘的应用场景。

图 1-1 零部件测绘的应用场景

零部件测绘的目的如下。

1. 为设计新产品提供参考图样

在设计新产品时，如果对现有产品进行零部件测绘，则可以快速得到有用的参考图样或其他参考数据，对设计新产品具有一定的借鉴价值，可以少走弯路，提高设计效率。图 1-2 所示为设计的某柱塞式油泵产品。

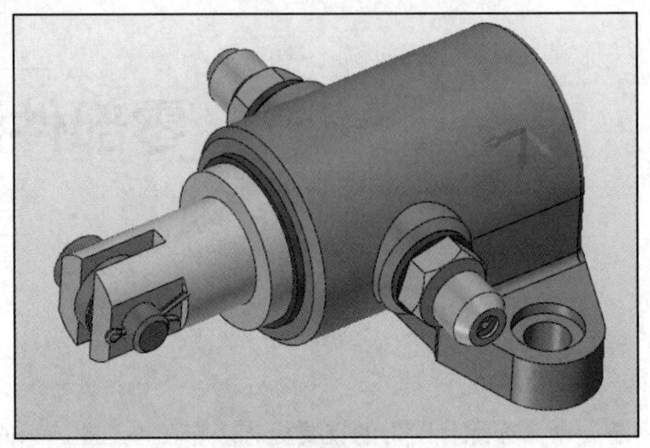

图 1-2　设计的某柱塞式油泵产品

2. 为现有设备补充图样以制作备件

考虑到设备长时间运行，某些零件可能会因为磨损、应力集中等因素导致设备出现故障或运行效率降低，在没有原始零件图样的情况下，可以对这些重要零件进行测绘来获得它们的详细尺寸数据，然后根据测绘数据绘制出标准的机械零件图，并依据绘制出的机械零件图制作备件。一旦零件损坏，就可以使用备件或快速制作的新的零件替换已损坏的旧零件。

3. 改造升级已有设备

改造升级已有设备通常是为了提升生产效率或改善设备的安全性、耐用性等，需要对零部件进行测绘，在测绘的基础上对新零部件进行结构改进。

4. 在实训教学上的应用

在高等院校机械类专业的“机械制图”实训教学中，零部件测绘是一个比较重要的环节。通过零部件测绘实训教学，能传授并训练学生的实践技能，检验学生对“机械制图”课程的掌握程度，培养学生的工程意识和团队协作意识。

学生学习零部件测绘，要学会零部件拆卸的常用方法，掌握零部件测绘的方法和步骤，熟悉各种测绘工具的使用方法，了解常用材料的性能和热处理方法，熟知各种机械加工方法，掌握徒手绘图、手工尺规绘图、计算机绘图的技能，提高零部件视图选择、图形表达、公差设定、表面结构要求及其他技术要求标注等方面的能力，掌握零件图和装配图的各种绘制方法，能查阅有关国家标准与相关机械手册或资料。零部件测绘有助于培养学生认真、严谨的工作作风，以及综合运用所学知识去解决问题的能力。

1.2　零部件测绘的方法与步骤

在进行零部件测绘之前，要明确零部件测绘的任务和目的是什么，进而确定测绘工作的内容和具体要求。

零部件测绘的方法与步骤如下。

1. 观察和分析测绘对象的外形及结构

通过观察测绘对象，了解其用途、性能、工作原理等，分析其零部件的外形、结构和制造方法。

2. 拆卸机器零部件

不能随意拆卸机器零部件，在拆卸前应该通过测量得到一些必要的尺寸数据作为测绘中校验图纸的参考，如测量某些零件间的相对位置、运动件的极限位置尺寸等。接着制定周密的拆卸顺序，使用合适的拆卸工具对机器进行拆卸，对拆卸下来的零件进行分类，并将它们整齐地摆放在实训工作台上，必要时做好编号登记以便在重新装配时可以有序地组装。

在拆卸机器时，一定要认真研究每个零件的功能用途、结构特点、零件间的装配约束关系或传动情况。在拆卸机器的过程中，可以绘制出装配示意图。所述装配示意图就是在拆卸过程中一边拆一边画，只要求用简单的线条大致绘出轮廓，便于作为绘制装配图和重新装配零部件的依据。

3. 绘制零件草图

在现场拆卸机器，并对零部件进行测绘时，一般需要绘制零件草图。绘制零件草图时采用目测比例，在纸上徒手绘制，不必使用直尺、圆规等相关绘图工具。零件草图是绘制正式零件图的重要依据，它必须具备零件图应有的全部内容。完整的零件图应该包括一组合理选定的视图、完整的尺寸、技术要求和标题栏。

绘制零件草图时，要正确、清晰地表达视图图形，虽然不要求线型完美，但要求线型分明，还要求尺寸完整、图面整洁、字体工整，以及标注出技术要求等。另外，应注意不要把零件加工制造上的缺陷和使用后的磨损等不良状况反映在草图上。

实操经验：对于组成装配体的每一个零件，除了标准件之外，都应该绘制出相应的零件草图。

4. 针对新产品完成质量检测报告

根据给定的质量检测要求，认真测量指定零件的尺寸，结合零件的设计要求及功能用途等因素综合得出检测结论，以及给出对零件的处理意见。

5. 进行零件三维建模和虚拟装配

根据零件实物的测量数据，使用三维设计软件进行零件的三维实体建模，如使用中望 3D 进行零件三维建模。机器的每个零件（包括标准件）都需要建模，当然，如果三维软件自身带有标准件库，那么可以直接调用所需标准件。

创建好各个零件的三维实体模型后，再进行虚拟装配。在进行虚拟装配时要注意各零件的约束关系或机构连接关系，要进行装配干涉检查，以检验零件尺寸是否有误，辅助分析干涉是否合理。

6. 绘制零件图和装配图

在三维设计软件中，通过创建好的零件三维模型绘制零件图。该零件图与零件的三维模型是相关的，修改零件的三维模型时零件图也随之发生更改。装配图的绘制与此类似。

知识点：选择视图的基本原则。

- 选择主视图时要确定零件、装配体的安放位置和投射方向。主视图是一组视图的核心，确定主视图后，分析该零件在主视图上还有哪些结构尚未表达清楚，应选用其他视图并采用各种方法将这些结构表达出来。
- 每个视图都有表达的重点，各个视图相互补充，不重复表达（即避免不必要的细节重复）。
- 便于读图和画图。
- 在将零件形状和结构充分表达清楚的前提下，应使视图（包括剖视图和断面图）的数量尽可能少，力求制图和读图简洁。
- 尽量避免使用虚线表达物体的轮廓。

7. 提交成果

根据零部件测绘实训计划书的要求，提交规定格式的成果文件。

1.3 零部件测绘的准备工作

要想顺利地开展零部件测绘教学与实训，可以根据高等院校的实际情况来设立理论与实操一体化的实训教研室，以及开发专门的软硬件应用平台。在实训教研室内，按照实训规划定制专门的实训操作平台，包含工作台、计算机设备、工具抽屉、手绘装置等，以适应零部件测绘与 CAD 成图技术教学、实训与竞赛的需要。

有条件的学校，可以自行或与有技术能力的专业企业开发适合中高职、技工院校零部件测绘实训的测绘项目，包括零部件测绘装置、配套的教学资源等，有效整合测量、手绘、识图、制图、计算机辅助设计等技术，从而更好地提升学生的综合能力。一般而言，零部件测绘装置可以这样设定：基础零件测量、精密平口钳、凸轮机构、千斤顶及模具锥顶座、升降台（机构）等。

零部件测绘教学所用的三维设计软件可以使用中望 3D，二维制图软件可以使用中望 CAD 机械版。具体版本可以根据教学需要而定。

- 中望 3D。中望 3D 是基于中望自主三维几何建模内核的三维 CAD/CAE/CAM 一体化解决方案，具备强大的混合建模能力，支持各种几何及建模算法，得到了众多的工业设计验证，它集实体建模、曲面造型、钣金设计、装配设计、工程图、结构仿真、模具设计、车削、2~5 轴加工等功能模块于一体，基本覆盖产品从设计到开发的全流程，广泛应用于机械、模具、零部件等制造业领域。
- 中望 CAD 机械版。这是一款二维计算机辅助设计软件，具备齐全的机械设计专用功能，提供智能化图库、图幅、图层、BOM 表的管理工具，方便用户定制绘图环境。利用中望 CAD 机械版能大幅提高工程师的设计质量和效率，从而增强他们的设计创新能力。

在进行零部件测绘之前，还要了解零部件测绘的以下技术规范，同时要注意与“机械零件测量技术”相关的课程大纲、手册、教材等。

1）GB/T 4458.1—2002《机械制图 图样画法 视图》。

2）GB/T 4458.6—2002《机械制图 图样画法 剖视图和断面图》。

3）GB/T 4458.4—2003《机械制图 尺寸注法》。

4）GB/T 4458.5—2003《机械制图 尺寸公差与配合注法》。

5）《机械制图员》国家职业标准。

1.4　测绘工具概述

在零部件测绘中，常用的测绘工具有直尺（多采用钢直尺）、三角板、简易游标卡尺、千分尺、内卡钳、外卡钳、深度游标卡尺、中心距游标卡尺、圆弧规、数显式半径规、螺纹规、万能角度尺、曲线尺等。对于精度要求不高的尺寸，一般用钢直尺、塑料直尺、内卡钳、外卡钳等进行测量；对于精度要求较高的尺寸，一般可以使用游标卡尺、千分尺等进行测量；对于特殊结构，要根据结构特点选择相应的特殊工具，如圆弧规、螺纹规、曲线尺等进行测量。

测绘工具的选择与使用是否合理，会影响零部件的尺寸测量精度。若对测绘工具的选择与使用不当，则可能会发生质量事故，进而造成不必要的损失，因此，必须重视测绘工具的选择与使用。下面介绍常见的测绘工具（量具）。

1.4.1　直尺

常见的直尺有钢直尺和塑料直尺（这是根据直尺材料来划分的），其中钢直尺多用于测量工件，塑料直尺多用于制图。直尺示例如图 1-3 所示。直尺的长度规格有很多种，可根据实际需要进行选择。

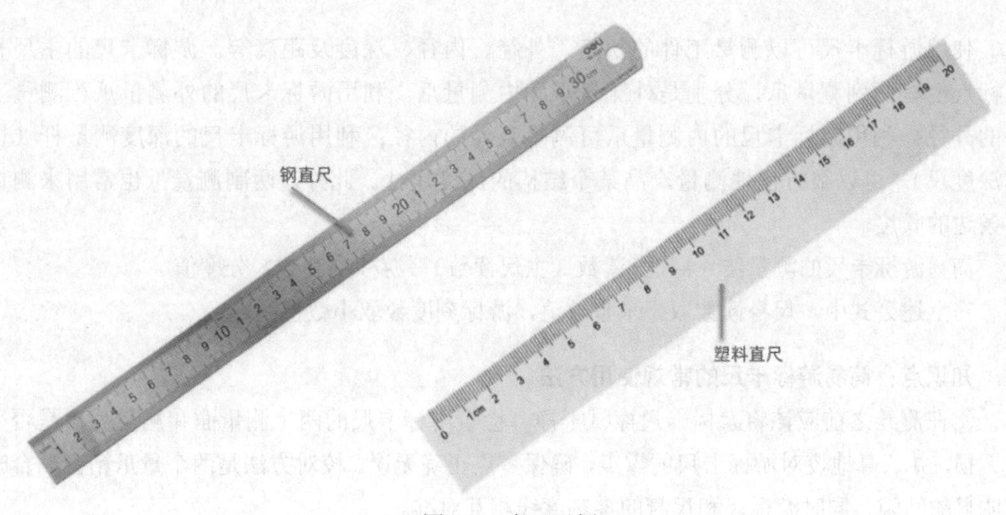

图 1-3　直尺示例

使用直尺可以测量多种线性尺寸，包括工件的长度、宽度或高度。

1.4.2 游标卡尺

在产品设计中，游标卡尺是使用频率很高的一种精度较高的基础测绘工具，一般它的精度分度值为 0.01mm。简易游标卡尺的结构如图 1-4 所示，数显游标卡尺的结构如图 1-5 所示（不同品牌的数显游标卡尺会存在个别功能结构上的不同），其中内测量爪也称内径量爪，外测量爪也称外径量爪。

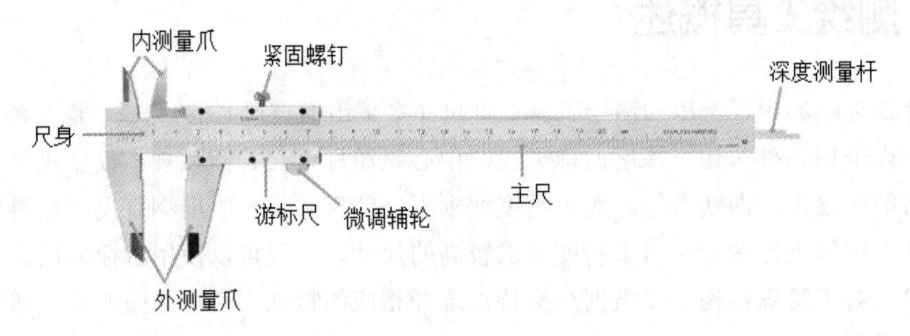

图 1-4 简易游标卡尺的结构

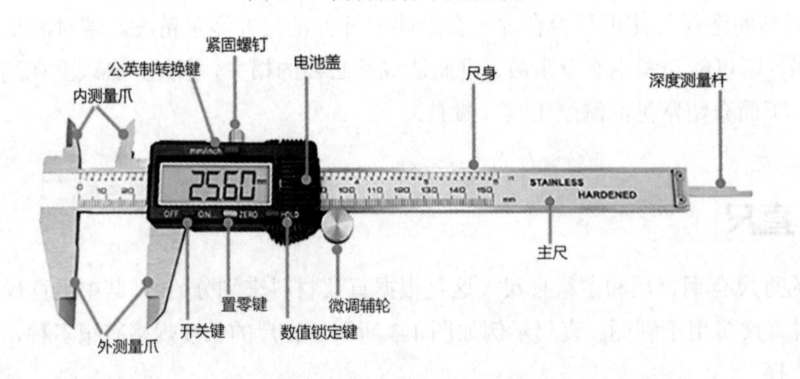

图 1-5 数显游标卡尺的结构

使用游标卡尺可以测量工件的长度、外径、内径、深度及距离等。游标卡尺的主尺和游标尺上有两副测量爪，分别是外测量爪和内测量爪。利用游标卡尺的外测量爪可测量工件的外径；利用游标卡尺的内测量爪可测量工件的内径；利用游标卡尺的深度测量杆（也称深度尺），可以很方便地测量产品某个结构的深度尺寸。此外，两副测量爪也常用来测量两条边的长度。

简易游标卡尺的测量结果=尺身读数（主尺读数）+游标刻度数×分度值

在上述公式中，尺身读数取毫米整数值，游标刻度数取小数值。

知识点：简易游标卡尺的常规使用方法

①在测绘之前应该将游标卡尺擦拭干净，检查游标卡尺的两个测量面和测量刃口是否平直无损，并认真地校对游标卡尺的零点，确保零点正确无误。校对方法是两个量爪精密贴合时无明显的间隙，同时游标尺和尺身的零刻度线相互对准。

②移动游标尺组件时应丝滑、灵活，不应过松或过紧，更不能出现晃动现象。注意紧固

螺钉（也有资料将该部件称为限位螺丝或固定螺钉）的使用。

③测量零件的外尺寸时，应使游标卡尺外测量爪测量面的连线垂直于被测量表面。当要测量零件外表面两平行面之间的距离时，应使用外测量爪靠近尺身的平测量面部位去测量，而尽量避免使用外测量爪的刀口形部位去测量；当要测量零件外部两个内凹圆弧面之间的最近距离时，应使用刀口形部位进行测量，而不应使用平测量面部位进行测量。

④当测量零件的内尺寸时，应使内测量爪分开的距离小于所测的内尺寸，以便两个内测量爪能顺利进入零件内孔，接着再慢慢张开并轻触零件内表面，游标卡尺两个内测量爪的测量刃应在孔的直径上，确保不能出现偏歪现象，测量零件时不允许过分地施加压力，所用压力应使两个内测量爪刚好接触零件表面。此时可以使用紧固螺钉固定游标尺，然后轻轻地沿着孔的中心线方向取出游标卡尺，仔细读数。

⑤为了获得正确的测量结果，建议进行多次测量。

有些游标卡尺装有测微表，读数更准确，测量精度也更高，如图 1-6（左）所示。图 1-6（右）所示的带数字显示装置的游标卡尺更是深受工程师、绘图员的喜爱，用这类游标卡尺在零件表面上测量尺寸时，尺寸数值会即时显示出来，极为方便。

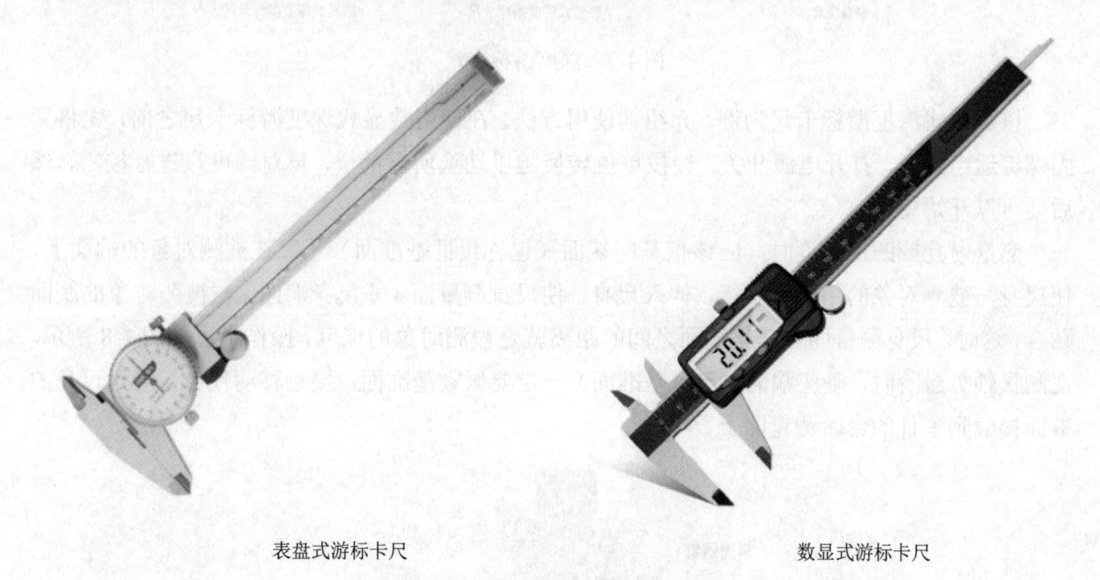

图 1-6 两类方便读数的游标卡尺

除了上述游标卡尺之外，还有深度游标卡尺、中心距游标卡尺、高度游标卡尺、齿厚游标卡尺等。下面分别进行介绍。

1. 深度游标卡尺

深度游标卡尺又称为深度卡尺、深度尺，常用来测量零件凹槽或孔的深度，或者测量台阶的高度和槽的深度等。市场上的 3 种有代表性的深度游标卡尺如图 1-7 所示，其中普通深度游标卡尺的结构主要由测量杆、测量基准块、尺身、紧固螺钉等组成，表盘式深度游标卡尺多了一个指针表盘及表圈紧固螺钉，数显式深度游标卡尺（即电子深度游标卡尺）还包括单位转换键、开关键、清零键、电池盖和数字显示装置等。

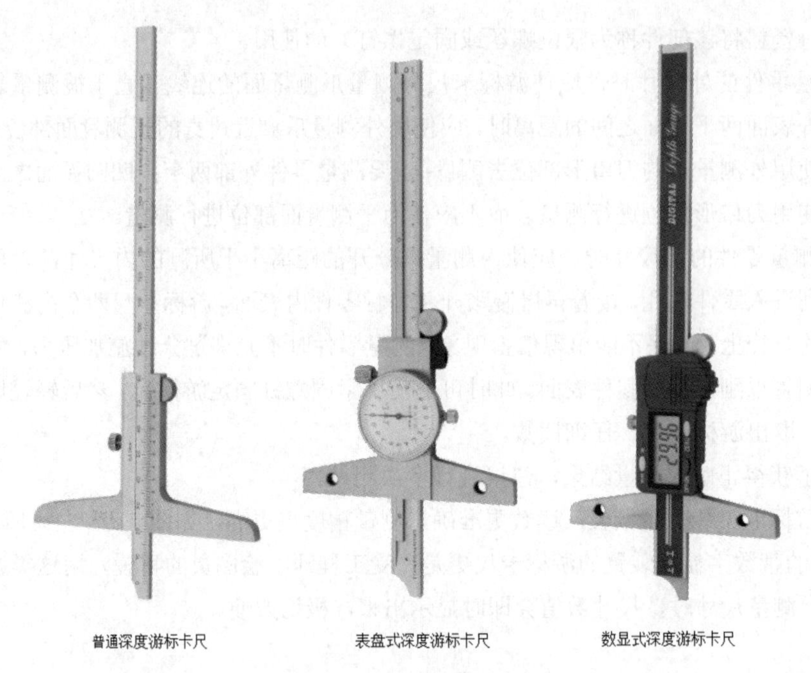

图 1-7 深度游标卡尺

以数显式深度游标卡尺为例，介绍其使用方法。在使用数显式深度游标卡尺之前，先将紧固螺钉适当松开，打开电源开关，轻按单位转换键以切换所需单位，再对深度尺进行校零，然后便可以开始使用。

测量内孔或凹槽深度时，应该把基座端面（也称尺框基准面）紧靠在被测对象的端面上，使尺身与被测对象的中心线平行，伸入尺身，使尺身测量面（即尺身端面）与被测对象的底面贴合，这时，尺身测量面与基座端面之间的距离就是被测对象的深度，操作示意如图 1-8 所示。在测量轴类台阶时，基座端面（尺框基准面）一定要压紧基准面，接着移动尺身，直到尺身的端面接触到工件的台阶测量面上。

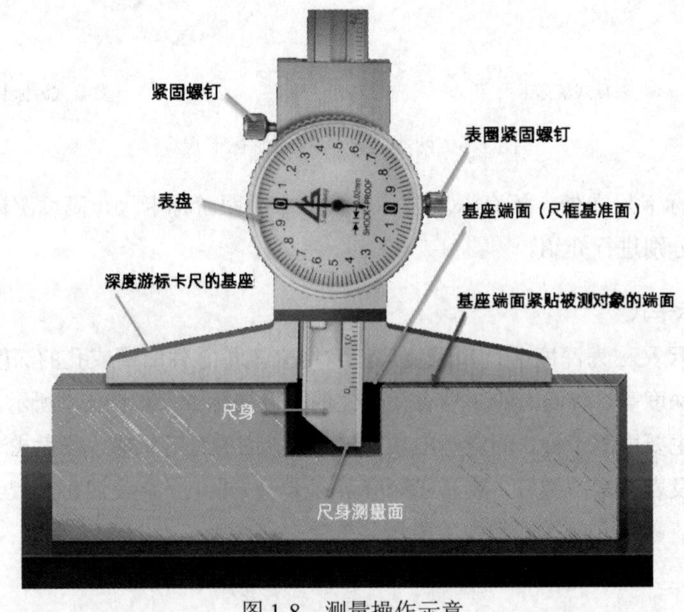

图 1-8 测量操作示意

2. 中心距游标卡尺

中心距游标卡尺又称为偏置中心线卡尺，它与简易游标卡尺的区别在于它具有两个尖尖的测量点，既可以用于测量同一平面和偏置平面上的两孔中心距，也可以用于测量边缘到中心的距离。中心距游标卡尺主要分为普通中心距游标卡尺和数显式中心距游标卡尺两种，如图 1-9 所示。

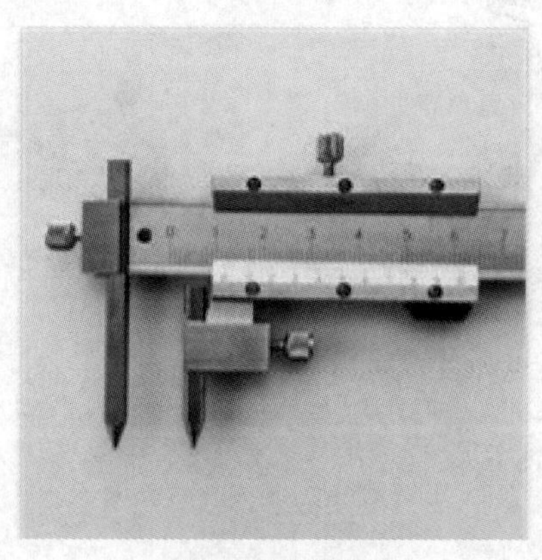

普通中心距游标卡尺

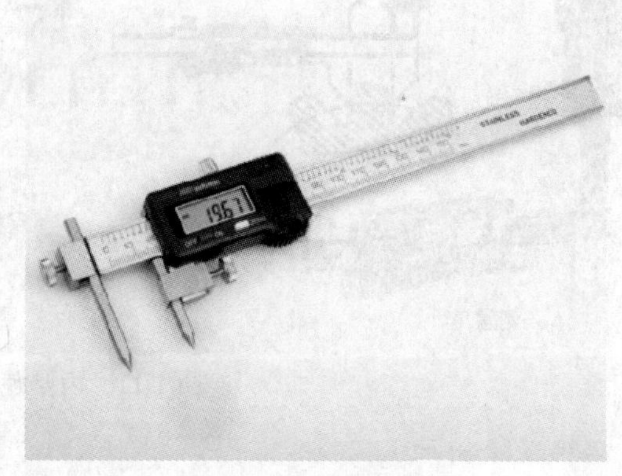

数显式中心距游标卡尺

图 1-9 中心距游标卡尺举例

使用中心距游标卡尺测量两个孔的中心距离时，如果两个孔的孔口高度相同，那么应保持尺身长度方向与孔距方向平行；如果两个孔的孔口高度不相同，那么可松开一个紧固螺钉以便调整两个测量杆的高度，并最终确保尺身长度方向与孔距方向平行。

3. 高度游标卡尺

高度游标卡尺专门用于测量零件的高度和精密划线，其测量工作应在平台上进行。图 1-10 展示了市面上常见的几种高度游标卡尺。

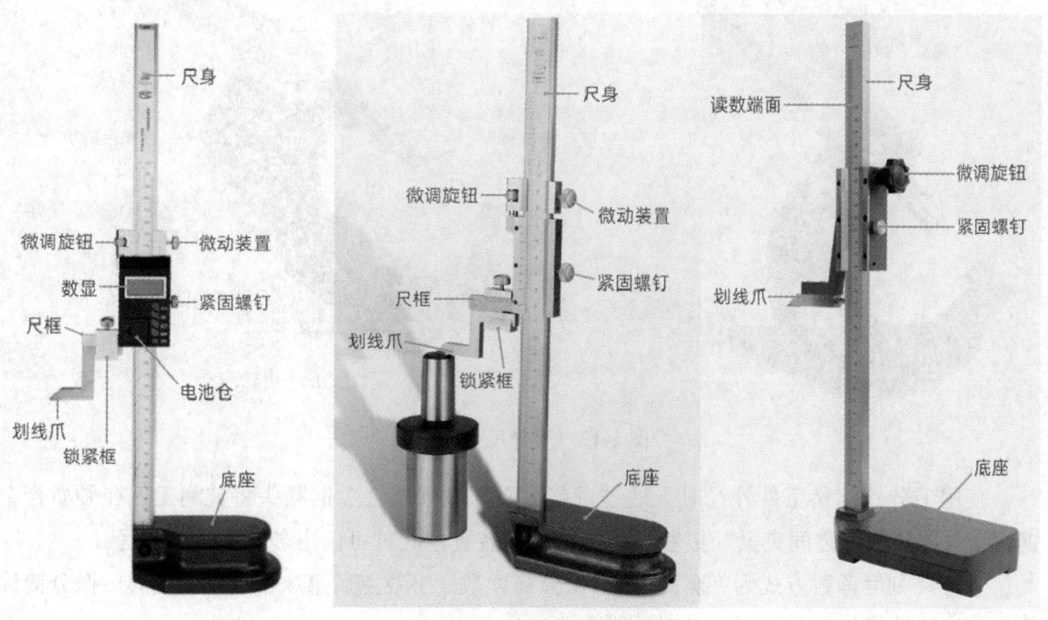

图 1-10 高度游标卡尺

4. 齿厚游标卡尺

齿厚游标卡尺由两个相互垂直的主尺组成（双游标），用来测量齿轮或蜗杆的弦齿厚和弦齿顶，如图 1-11 所示。

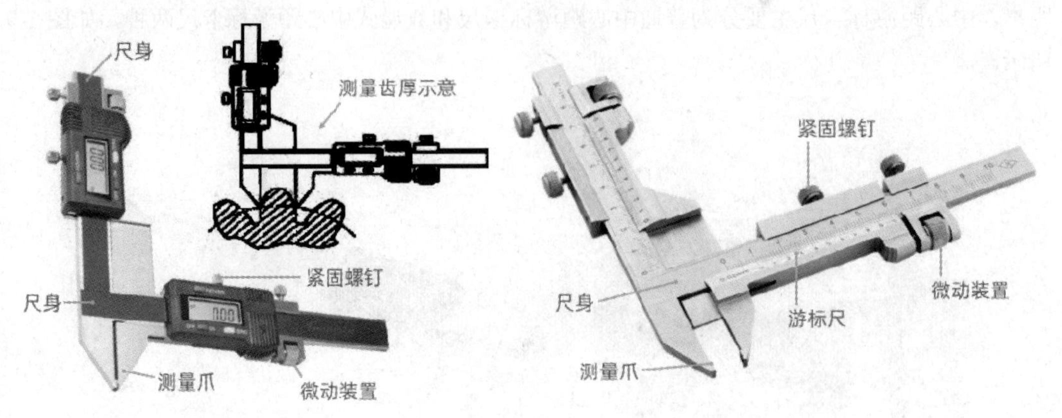

图 1-11　齿厚游标卡尺

1.4.3　千分尺

千分尺是外径千分尺的简称，是一种精密的螺旋测微量具，主要用来测量工件的外形，其测量精度要高于游标卡尺。图 1-12 所示为某品牌的两款典型千分尺，其适用于测量板材厚度，工件外径、长度，以及模具加工、机械工件生产检测、生产线品质检验等。

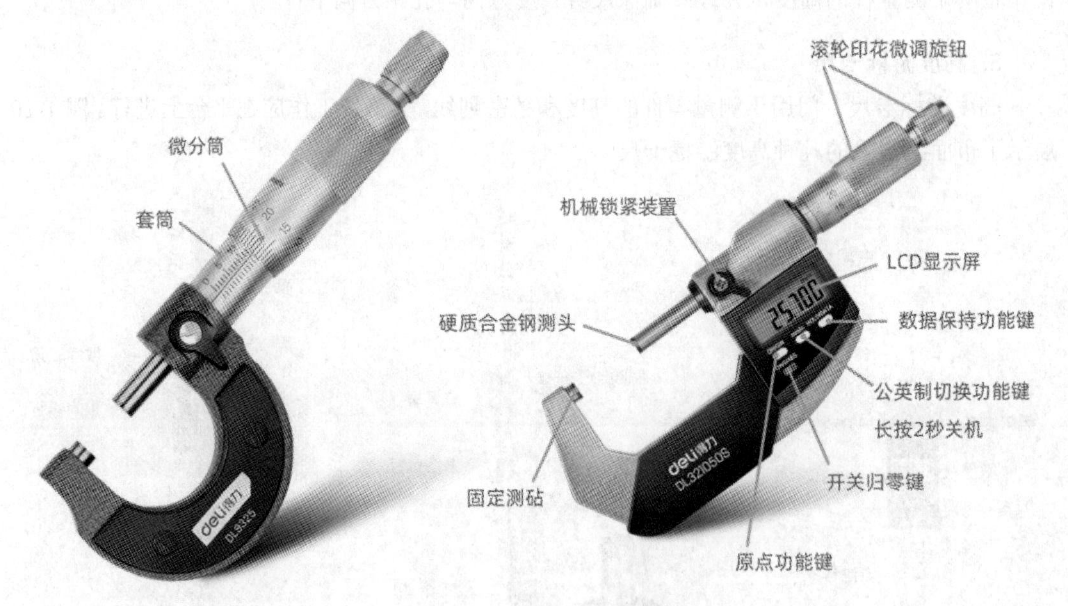

图 1-12　千分尺产品举例

使用千分尺测量工件外径时，通过调整测微螺杆硬质合金钢测头将被测工件在硬质合金钢测头与固定测砧之间夹紧，接着扳动机械锁紧装置，此时可读出被测工件的外径。

千分尺刻度读数方式为“套筒读数+微分筒读数（小数点后第 3 位估读）”，其中微分筒读数是套筒基准线与微分筒刻度对齐时的读数。

1.4.4 圆弧规

圆弧规又称半径规或半径样板（简称 R 规），它是利用光隙法测量圆弧半径的实用工具，如图 1-13 所示。在测量时，令圆弧规的测量面与工件的圆弧尽可能地紧密接触，如果圆弧规的测量面与工件的圆弧之间没有间隙，则认为工件的圆弧半径等于此时圆弧规上所表示的数值。使用圆弧规既可以测量内圆弧半径，也可以测量外圆弧半径。注意，通常每个量规上有 5 个测量点。由于是通过目测圆弧规与工件圆弧的间隙来判定圆弧大小，所以使用圆弧规测绘的圆弧准确度不是很高，因而只能作定性测量。

图 1-13 圆弧规

通常要定期对圆弧规进行细致检查，如果发现圆弧规上标明的半径数值变得模糊不清，就不要再使用了，以避免错用或读错半径数值，得不偿失。

在使用圆弧规测量圆弧尺寸时，操作较为烦琐，再加上采用目测判断方式，其结果误差是比较大的。相比而言，数显式半径规操作简单、方便，精度高。数显式半径规由测量杆、操作面板、液晶显示屏、球面测头、测座、紧固螺钉等几部分组成。图 1-14 所示的数显式半径规采用五套测量爪设计，针对不同的圆弧和测量精度可以选用不同跨度的测量爪进行测量。

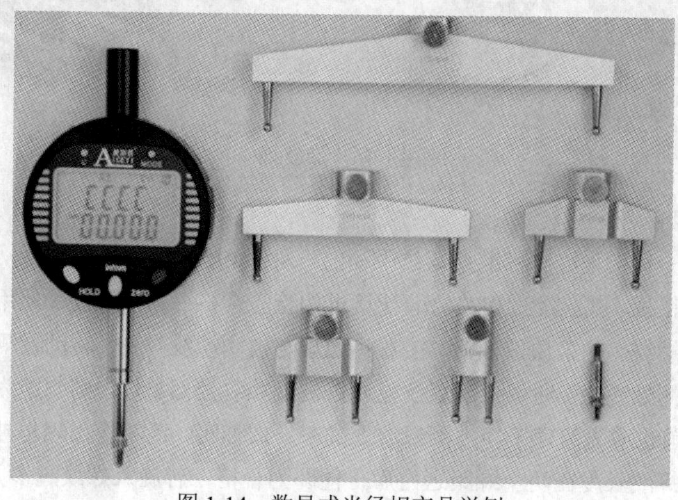

图 1-14 数显式半径规产品举例

使用数显式半径规既可以测量外圆弧半径，也可以测量内圆弧半径。

1.4.5 螺纹样板与螺纹规

螺纹样板如图1-15所示，它是一种带有不同螺距及牙型的薄钢片，可用来检验普通螺纹的螺距或牙型，使用方法是将螺纹样板与被测螺纹工件进行比对。测量螺纹螺距时，将螺纹样板组中的齿形钢片作为样板，将其卡在被测螺纹工件上（尽可能卡在螺纹工作部分长度上），观察两者是否吻合，如果不吻合则另外换一个齿形钢片样板进行比对，直到吻合为止，此时此螺纹样板上标记的尺寸便是被测螺纹工件的螺距。测量牙型角时，则将螺距与被测螺纹工具相同的螺纹样板放在被测螺纹上，检查它们之间的接触情况。如果没有存在间隙透光的现象，则说明被测螺纹的牙型角是基本正确的；若存在着不均匀间隙透光现象，则说明被测螺纹的牙型不准确。

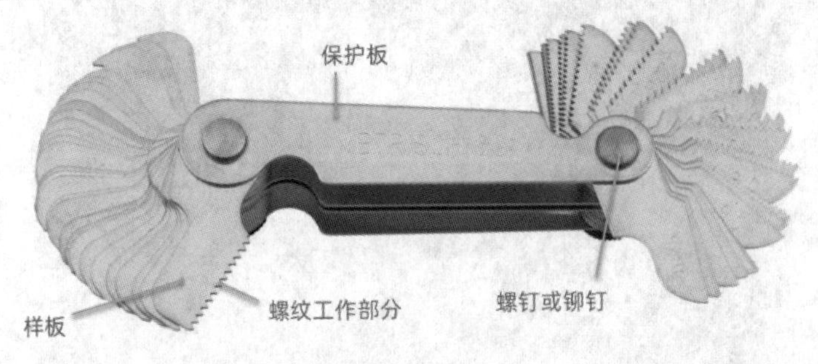

图1-15 螺纹样板

螺纹规也被称为螺纹量规，通常用来检验螺纹的尺寸是否正确。螺纹规分为螺纹环规和螺纹塞规，如图1-16所示。

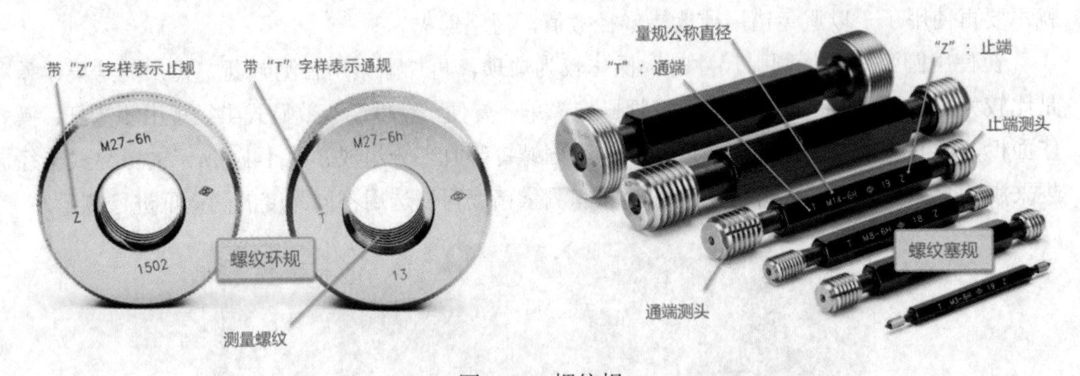

图1-16 螺纹规

1. 螺纹环规

螺纹环规是一种用来检测标准外螺纹中径的一种量具，由通规和止规两个检测工具组成。不管是通规还是止规，都应经过相关检验计量机构检验合格后，方可投入使用。使用通规前应先清理干净被测螺纹上的杂质或油污，接着将通规与被测螺纹对正，转动通规，使其在自由状态下旋合通过被测螺纹，若通规全部螺纹能通过被测螺纹全部长度，则判断为合格，否则为不合格；使用止规前也应先清理干净被测螺纹上的杂质或油污，接着将止规与被测螺纹对正，转动止规，若旋入螺纹长度在两个螺距之内后止住即为合格，若旋入螺纹过多则为不合格。

使用螺纹环规的口诀一般可形象地描述为通规通，止规止。

2. 螺纹塞规

螺纹塞规有通端和止端之分，使用方法：①使用通端测头试拧，如果能顺利拧进，再使用止端测头拧，当止端测头不能拧进或只拧进一两个牙，则判定为合格；②使用通端测头试拧，如果不能拧进则不合格；③使用通端测头试拧，如果能拧进，那么再使用止端测头试拧，如果使用止端测头也能拧进螺纹工具，则判定为不合格。

1.4.6 万能角度尺

万能角度尺也称万能量角器、游标角度尺，简称角度规，它是利用游标读数原理来直接测量工件角度或进行划线的一种角度量具，如图 1-17 所示。它适用于机械加工中的内、外角度测量，可以测量 0° ～320° 外角及 40° ～130° 内角。

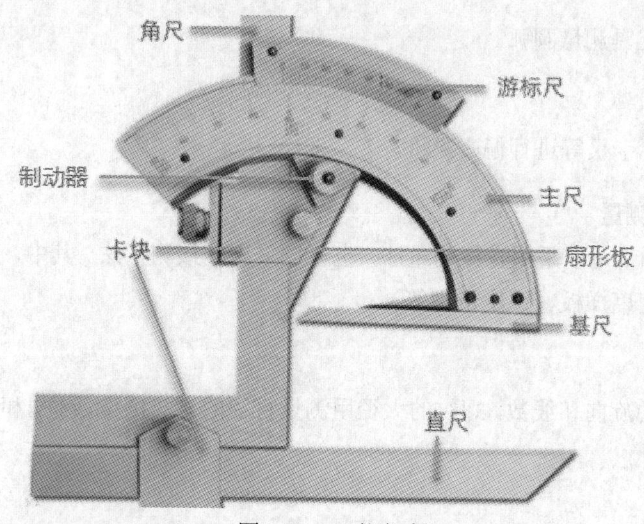

图 1-17 万能角度尺

万能角度尺的使用方法如表 1-1 所示。

表 1-1 万能角度尺的使用方法

序号	测量角度范围	主要操作步骤
1	测量 0°～50°之间角度	角尺和直尺全部正确安装，将产品的被测部位放在基尺和直尺的测量面之间进行测量
2	测量 50°～140°之间角度	可以将角尺拆卸掉，把直尺装上去，使它与扇形板连在一起；将工件的被测部位放在基尺和直尺的测量面之间进行测量；也可以不将角尺拆卸掉，而是只把直尺和卡块拆卸掉，再把角尺拉到下边来，直到角尺短边与长边的交线和基尺的尖棱对齐为止；将工件的被测部位放在基尺和角尺短边的测量面之间进行测量
3	测量 140°～230°之间角度	把直尺和卡块拆卸掉，只安装角尺，但要把角尺推上去，直到角尺短边与长边的交线和基尺的尖棱对齐为止；将工件的被测部位放在基尺和角尺短边的测量面之间进行测量
4	测量 230°～320°之间角度	把角尺、直尺和卡块全部拆卸掉，只留下扇形板和主尺（带基尺）；将产品的被测部位放在基尺和扇形板测量面之间进行测量

1.4.7 各种测量场景示例

1. 长度或距离测量

一般可用钢直尺、塑料直尺（优先使用钢直尺）或游标卡尺直接测量长度或距离。

2. 直径测量

一般用内、外卡钳和钢直尺配合测量直径即可。较精确的直径尺寸，多用游标卡尺或内、外千分尺测量得到。

3. 孔径测量

孔径测量多使用游标卡尺、千分尺。

4. 圆弧测量

使用圆弧规等工具测量圆弧。

5. 偏心测量

使用中心距游标卡尺等进行偏心测量。

6. 锥度、角度测量

锥度、角度的测量可以采用直接测量法，也可以采用间接测量法。其中，直接测量法使用各种标准量规（如角度样板、锥度量规等）。

7. 螺纹测量

首先确定螺纹的旋向和线数，螺纹的大径用测量直径的方法测量，牙型和螺距用螺纹样板和螺纹规测量。

1.4.8 测绘尺寸注意事项

零部件测绘是一项严谨的工作，在对零部件进行测绘时要注意以下事项。

1）在测量尺寸时，应该正确地确定测量基准，目的是尽可能地减少测量误差（包括累积误差）。对于零件上磨损部位的尺寸，要综合参考与其配合的零件的相关尺寸，或者参考产品/设备说明书及有关的技术资料来确定。

2）零件间相配合结构的基本尺寸必须一致，并应当进行精确地测量，还要认真且严谨地查阅有关手册来设定恰当的尺寸偏差。对于零件上的非配合尺寸，如果测量得到小数，则可根据实际情况圆整标出，但有特殊要求时除外。

3）对于零件上的截交线和相贯线，不能机械地依照实物近似绘制，在制图时一定要认真分析，弄清楚它们是如何形成的，然后采用相应方法来正确画出。

4）测绘时不要忽略零件上的一些细小结构，如倒角、圆角、退刀槽、中心孔等，务必细心、认真、严谨。

5）不要在图纸上画出零件上的缺陷，如砂眼、铸造缩孔、加工的疵点、磨损等。

1.5 常用拆装工具

常用拆装工具有扳手、钳工锤、手钳、螺纹旋具、镊子等。

1.5.1 扳手

扳手种类较多，主要有活扳手（即活动扳手）、内六角扳手、呆扳手、套筒扳手等。

1. 活扳手

活扳手是一种主要用于旋紧或拧松有角螺母或螺栓等零件的工具，如图 1-18 所示。在使用时，通过转动蜗杆/螺杆调节钳口（也称活口）的大小，接着夹紧螺母或螺栓，转动手柄即可进行旋紧或拧松操作。转动手柄时，手越往后握住手柄，扳动起来越省力。活扳手主要应用于机械维修、汽车维修、家庭维修和其他各种设备维修等场景。

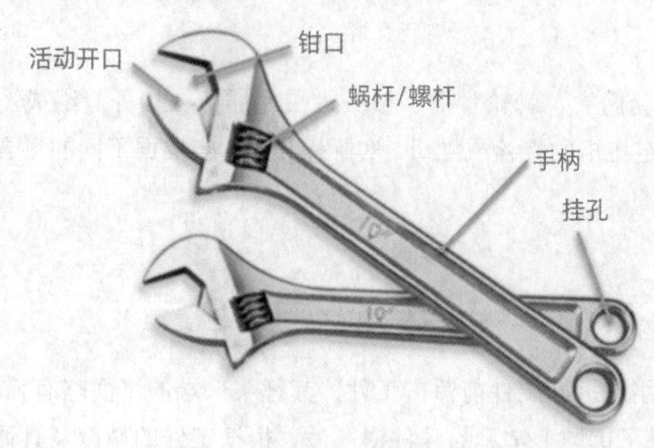

图 1-18 活扳手

在拧动生锈的螺母时，可以在螺母上滴几滴机油或煤油。

使用活扳手的注意事项：避免在带电情况下操作；长时间不使用活扳手时，将活扳手放置于干燥的环境中；在使用完活扳手后用干布擦拭，然后涂上防锈油以免生锈。

2. 内六角扳手

内六角扳手（也叫艾伦扳手）是工业制造业中不可或缺的得力工具，它通过扭矩对螺丝钉施加作用力，大幅降低使用者的用力强度，如图 1-19 所示。

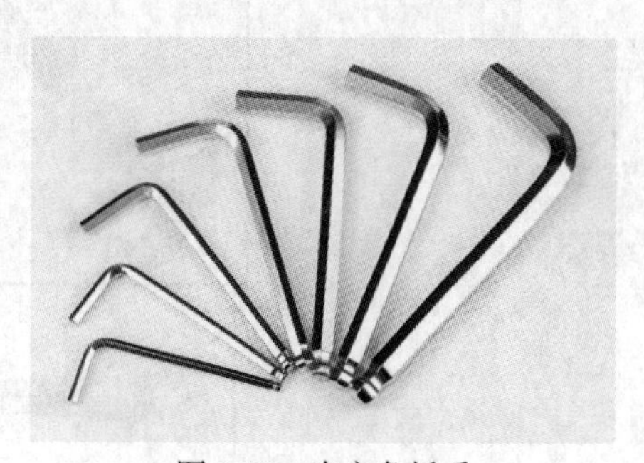

图 1-19 内六角扳手

3. 呆扳手

呆扳手又被称为“开口扳手”或“死扳手”，用于紧固或拆卸固定规格的六角、四角或具有平行面的螺母、螺栓等，主要应用于机械检修、设备装配、汽车修理等。

呆扳手主要分双头呆扳手和单头呆扳手，如图 1-20 所示。双头呆扳手除了有两头开口的样式之外，还有一头是开口而另一头是梅花孔形状的样式，开口适合紧固或拆卸相应规格的螺栓或螺母，梅花孔适合紧固或拆卸螺栓。

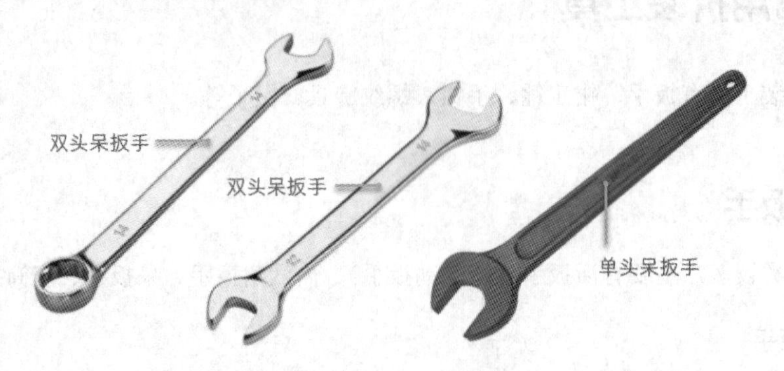

图 1-20　双头呆扳手与单头呆扳手

呆扳手使用规则：扳手应与螺栓或螺母的平面保持水平，以免用力时扳手滑出伤人；不能在扳手尾端加接套管延长力臂，以防损伤扳手；不能用钢锤敲击扳手，扳手在冲击载荷下极易变形或损坏；不能将公制扳手与英制扳手混合使用，以免扳手打滑而伤及使用者。

4. 套筒扳手

套筒扳手主要由套筒头、棘轮手柄、接头、快速摇柄、接杆等组成，适用于拆装所处位置比较狭窄或需要一定扭矩的螺栓或螺母。实际操作时，应根据不同的场合选用适合的手柄和套筒头。

1.5.2 钳工锤

钳工锤的主要作用是拆卸工件前锤击工件，其锤头一端的平面略有弧形。

图 1-21 所示列举了市场上常见的几种钳工锤。根据工件的精度及具体的要求，锤击时选择的钳工锤也有所不同，主要的钳工锤有铁锤和多用途锤。其中，铁锤的锤头主要为铁质材料，常用于需要较大锤击力和精度要求不高的场合；多用途锤的两端分别为不同材质，具有不同功能，适用于多种场合的锤击。

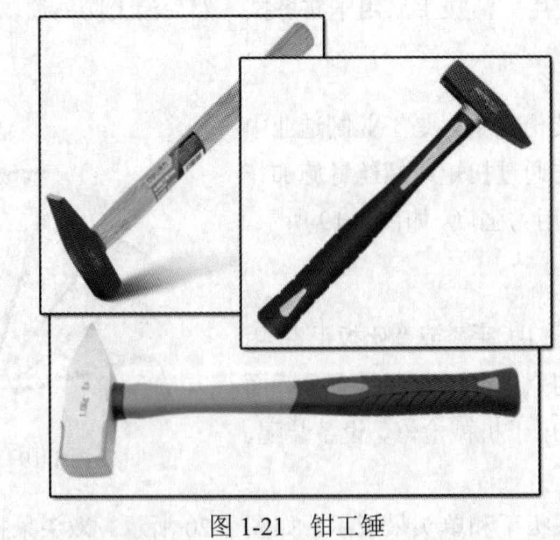

图 1-21　钳工锤

1.5.3 手钳

手钳是零件拆装中非常实用的拆装工具，主要包括尖嘴钳和卡簧钳。

1. 尖嘴钳

尖嘴钳是一种应用杠杆原理的典型工具，其头部细长，能在较小的空间工作，带刃口的部位能用来剪切细小零件，如图 1-22 所示。在使用时用力地握住尖嘴钳的两个手柄（通常单手操作），便可开始夹持或剪切工作。

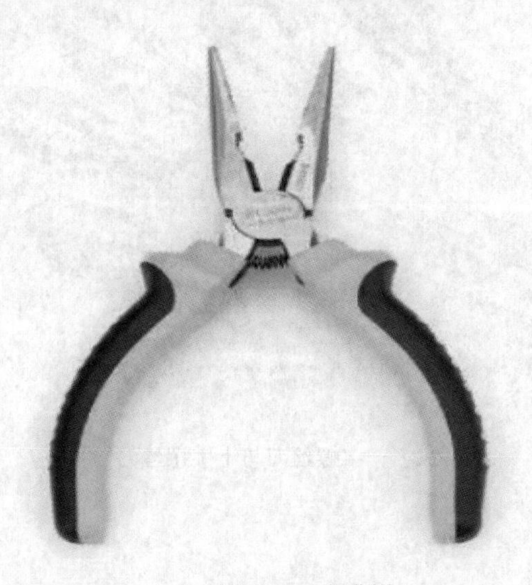

图 1-22 尖嘴钳

2. 卡簧钳

卡簧钳是一种用来安装内簧环和外簧环的专用工具，主要包括内卡簧钳和外卡簧钳。卡簧钳在外形上也属于尖嘴钳的一种，如图 1-23 所示。内卡簧钳在放置时其钳口是打开的，属于一般孔用；外卡簧钳在放置时其钳口是闭合的，属于轴用。

图 1-23 卡簧钳

1.5.4 螺纹旋具

螺纹旋具中最常见的是螺丝刀。螺丝刀是一种用来使螺钉达到设计位置的工具，主要有一字（负号）螺丝刀和十字（正号）螺丝刀两种，如图 1-24 所示。其中，一字螺丝刀除了可用于拧紧或拧松产品、设备上的一字口固定螺丝之外，还可以用于撬开零件。

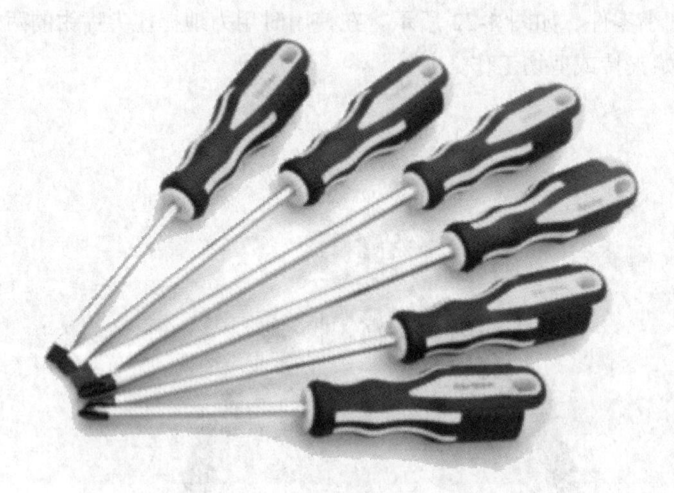

图 1-24 一字螺丝刀与十字螺丝刀

1.5.5 镊子

镊子通常由不锈钢材料制成，其强度较高、耐腐蚀、导电性较好，主要用于辅助安装或拆卸诸如笔记本电脑内部接口的连接线等，如图 1-25 所示。镊子属于尖锐物，且具有导电性，在使用过程中要特别注意安全。

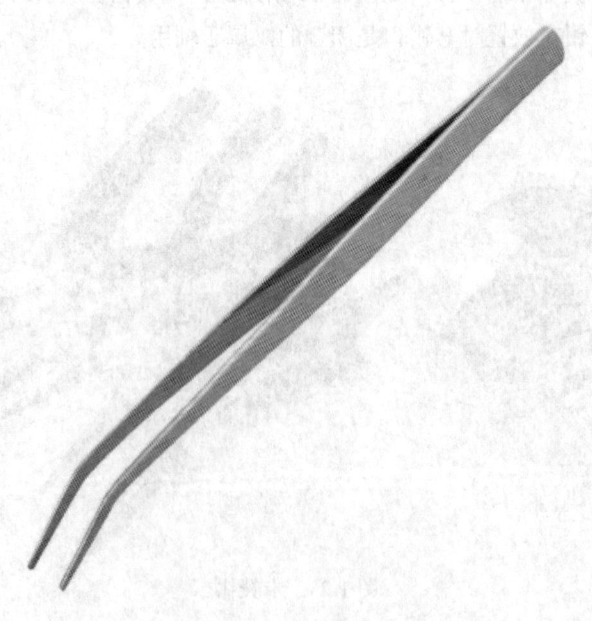

图 1-25 镊子

1.6 思考与练习

1）零部件测绘的目的是什么？
2）总结一下零部件测绘的方法与步骤。
3）零部件测绘的准备工作有哪些？
4）常见的测绘工具有哪些？它们分别有什么用途？
5）如何测量内孔或凹槽的深度？
6）测绘时应该注意哪些事项？
7）常用的拆装工具有哪些？它们分别有什么用途？

第 2 章

专业基础与中望软件

本章导读

零部件测绘与 CAD 成图技术需要有一定的机械制图、软件操作等基础。

本章将简单介绍机械制图知识、基于中望 CAD 机械版的二维软件操作技术、基于中望 3D 的三维软件操作技术、零件创新设计方法论。学好本章知识，有利于更好地学习后面章节的知识。

2.1 机械制图知识

机械图样是机械工程界的一门技术语言，也是产品的主要技术文件，还是制造加工的指导指令。机械制图需要遵循统一的制图规则，以便设计人员准确传达自己的思想和设计意图。

2.1.1 图纸幅面与格式

基本的图纸幅面有 A0、A1、A2、A3、A4，它们的幅面尺寸（$B \times L$）分别为 841mm×1189mm、594mm×841mm、420mm×594mm、297mm×420mm、210mm×297mm。绘制技术图样时，优先采用上述基本幅面。如果需要采用加长幅面，则根据 GB/T 14689—2008《技术制图 图纸幅面和格式》的规定来进行选择和确定。A2、A4 幅面的加长量应按 A0 幅面长边八分之一的倍数增加；A1、A3 幅面的加长量应按 A0 幅面短边四分之一的倍数增加。A0 及 A1 幅面也允许同时加长两边。

图框是图纸上限定绘图范围的线框，图样均应画在用粗实线绘出的图框内。图框格式分为留装订边和不留装订边两种，如图 2-1 所示。基本的图框尺寸如表 2-1 所示。注意，在同一种产品中，各种图样均应采用同一种图框格式。一般最为常用的图纸幅面是 A4 竖向幅面和 A3 横向幅面。

表 2-1　图框尺寸

幅面代号	A0	A1	A2	A3	A4
幅面尺寸 $B \times L$	841mm×1189mm	594mm×841mm	420mm×594mm	297mm×420mm	210mm×297mm
a	25mm				

续表

幅面代号	A0	A1	A2	A3	A4
c	10mm			5mm	
e	20mm		10mm		

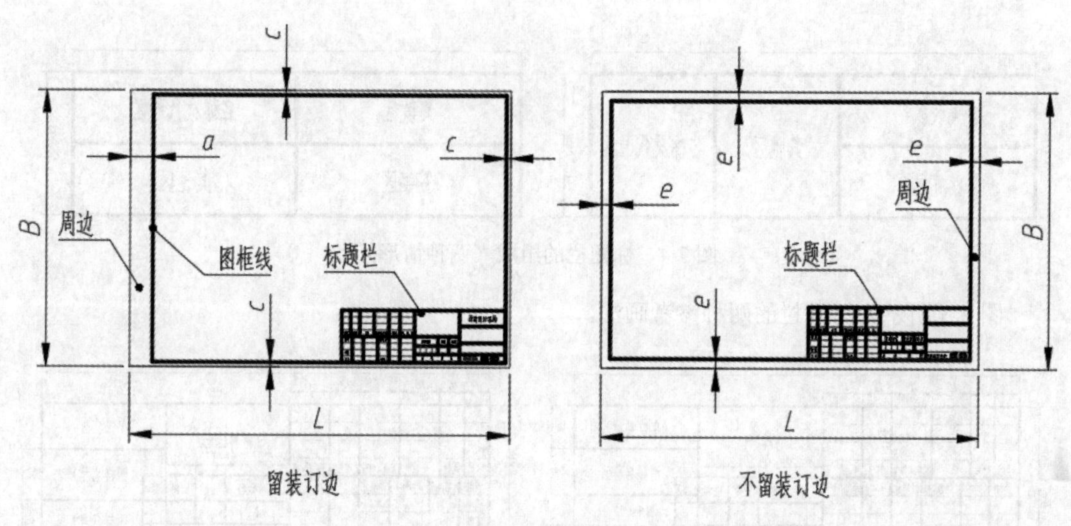

图 2-1　图框格式

为了使图样复制和缩微摄影时方便定位，可以在图纸各边长的中点处分别绘制出对中符号。对中符号用粗实线绘制，其线宽应不小于 0.5mm，其长度从纸的边界开始至伸入图框内约 5mm，当对中符号要处于标题栏范围内时，伸入标题栏的部分省略不画，如图 2-2 所示。

当图纸上预先印制好的标题栏与绘图看图的方向不一致时，可以采用方向符号来标明绘图看图的方向。所述方向符号应绘制在图纸下面那条边的对中符号处，方向符号用细实线绘成的等边三角形表示，而标题栏应位于图纸右上角，如图 2-3 所示。

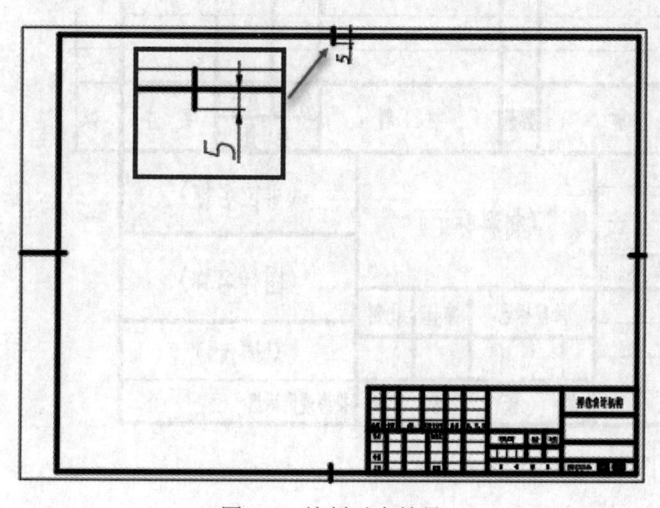

图 2-2　绘制对中符号

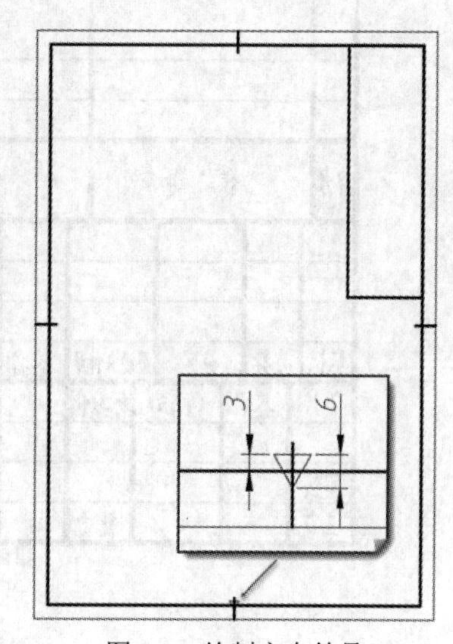

图 2-3　绘制方向符号

2.1.2 标题栏

标题栏一般包含更改区、签字区、名称及代号区、其他区，如图 2-4 所示，可以按实际需要增加或减少。

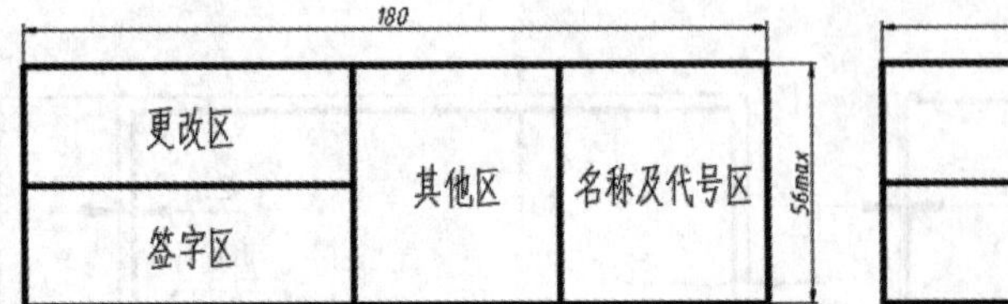

180
更改区
名称及代号区
签字区
其他区
56max

图 2-4　标题栏的组成（两种情形）

图 2-5 所示为标题栏的两种参考画法。

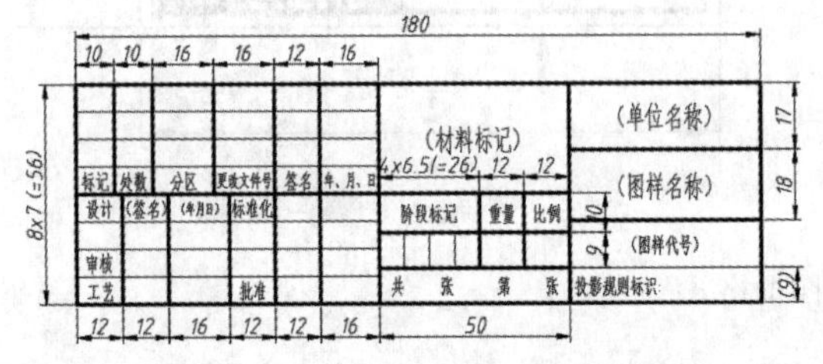

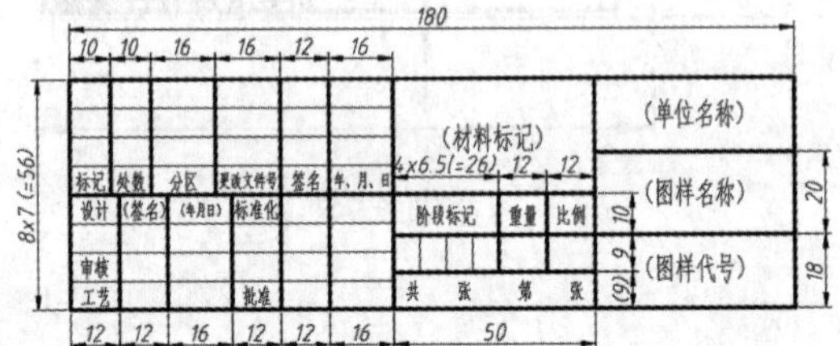

图 2-5　标题栏参考画法（格式及尺寸）

在装配工程图中，明细栏一般被配置在装配图标题栏的上方，按照自下而上的顺序填写，如图 2-6 所示。当标题栏上方的位置不够时，可以紧靠标题栏的左侧自下而上增加并填写。对于具有同一图样代号的两张或两张以上的装配图，应该将明细栏放在第一张装配图上。

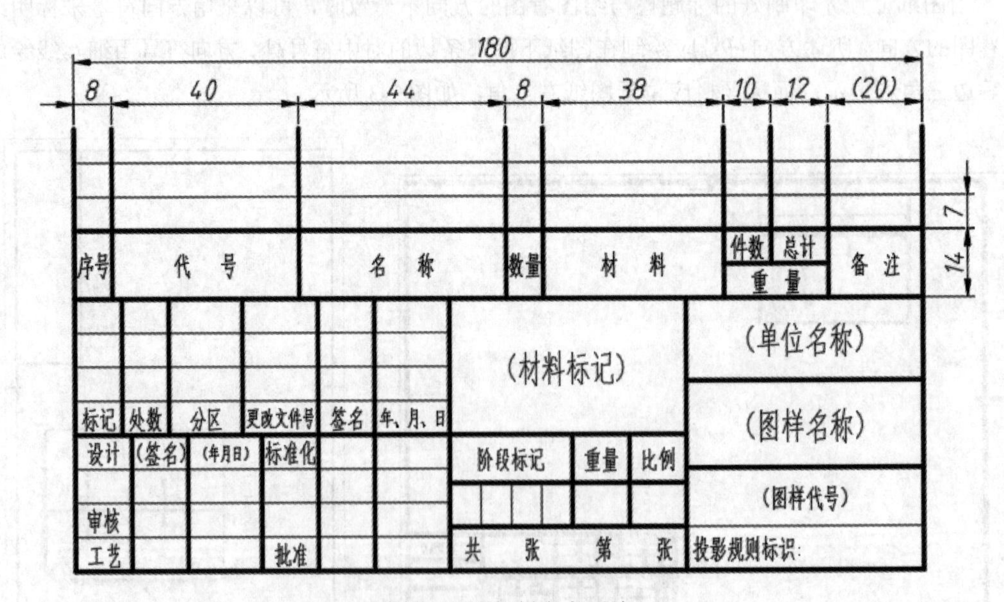

图 2-6　明细栏参考画法

在学校制图作业中，可以使用图 2-7 所示的简化标题栏。

（图样名称）			比例	数量	材料	（图样代号）
制图			（班级名称）			
审核						

图 2-7 简化标题栏

当在装配图上不便配置明细栏时，可以将明细栏作为装配图的续页按 A4 幅面单独绘出，此时填写顺序为自上而下，可连续加页，但是在每页明细栏的下方都要绘制标题栏，并在标题栏中填写一致的名称和代号。

2.1.3 比例

比例是指图形与其实际物体相应要素的线性尺寸之比。在图样中，不管采用何种比例，也不管绘图的精确程度如何，标注尺寸时均应按照机件的实际尺寸注写，与绘图比例无关。绘制同一机件的各个视图时，原则上应该采用相同的绘图比例，该绘图比例一般应注写在标题栏的“比例”一栏中。对于局部放大图或某个采用不同比例的视图，可以将相应的比例注写在其视图的上方或下方，如图 2-8 所示。

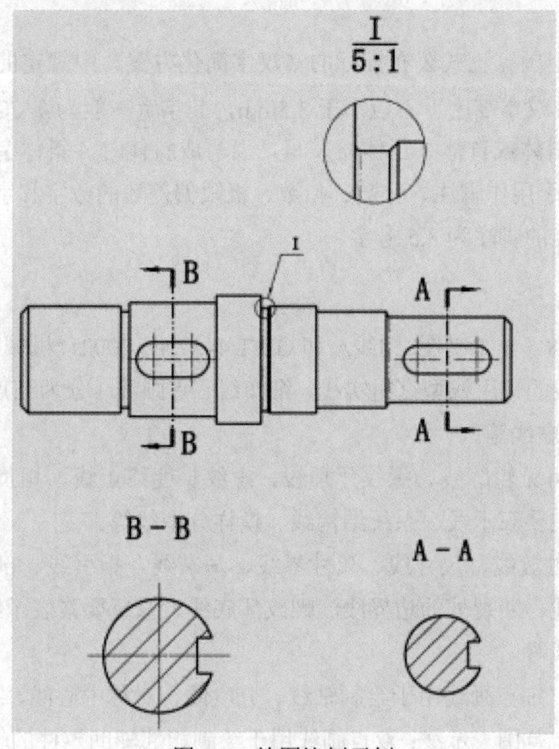

图 2-8 绘图比例示例

绘制图样时所采用的绘图比例应该根据图样的用途及被绘对象的外形尺寸、复杂程度从表 2-2 所示的绘图比例中选择。比例主要分为原值比例、放大比例和缩小比例。

表 2-2 绘图比例

<table>
<tr><td rowspan="3">优先选用（推荐）</td><td>原值比例</td><td>1∶1</td></tr>
<tr><td>缩小比例</td><td>1∶2、1∶5、1∶10、1∶2×10^n、1∶5×10^n、1∶1×10^n</td></tr>
<tr><td>放大比例</td><td>2∶1、5∶1、1×10^n∶1、2×10^n∶1、5×10^n∶1</td></tr>
<tr><td rowspan="2">允许选用</td><td>缩小比例</td><td>1∶1.5、1∶2.5、1∶3、1∶4、1∶6、1∶1.5×10^n、1∶2.5×10^n、1∶3×10^n、1∶4×10^n、1∶6×10^n</td></tr>
<tr><td>放大比例</td><td>2.5∶1、4∶1、2.5×10^n∶1、4×10^n∶1</td></tr>
</table>

为了从图样上了解真实的实物大小，尽量采用原值比例绘图。

2.1.4 字体和图线

本小节介绍图样中的字体和图线。

1. 字体

在机械图样中，书写的字必须符合这 16 个字的要求：字体工整、笔画清楚、间隔均匀、排列整齐。

此外，字体高度用“h”表示，其公称尺寸系列为 1.8mm、2.5mm、3.5mm、5mm、7mm、10mm、14mm、20mm。字体高度可用字体号数来表示，如高度为 3.5mm 的字可称为 3.5 号字；同样，5 号字是指高度为 5mm 的字。如果需要书写大于 20 号的字，其字体高度应按 $\sqrt{2}$ 的倍数递增。

在书写时，应采用国家正式公布推行的《汉字简化方案》中规定的简化字，图样中的汉字可采用长仿宋体字，汉字高度 h 不应小于 3.5mm，其字宽一般为 $h/\sqrt{2}$ 。

字母和数字可按斜体或直体（正体）书写。当写成斜体时，斜体字字头向右倾斜，与水平基准线呈 75° 。对于用作脚注、分数、指数、极限偏差等的数字和字母，一般采用小一号的字体，如一般 5 号字的脚注为 3.5 号字。

2. 图线

GB/T 17450—1998《技术制图 图线》和 GB/T 4457.4—2002《机械制图 图样画法 图线》对图线做了规定。图线的常用线型有粗实线、细实线、点画线（分为细点画线、粗点画线、双点画线）、细虚线、粗虚线等。

粗实线用于绘制可见轮廓线、螺纹牙顶线、螺纹长度终止线、相贯线、剖切符号用线、表格图和流程图中的主要表示线、系统结构线、模样分型线等。

细实线用于绘制过渡线、尺寸线、尺寸界线、基准线、指引线、剖面线、重合断面的轮廓线、尺寸线的起止线、断裂处的边界线、螺纹牙底线、重复要素表示线、网格线、投影线、锥形结构的基面表示线等。

对于点画线来说，细点画线用于绘制轴线、分度线、对称中心线、孔系分布的中心线等；粗点画线用于绘制限定范围表示线；双点画线用于绘制相邻辅助零件的轮廓线、毛坯图中制成品的轮廓线、特定区域线、延伸公差带表示线、可动零件处于极限位置时的轮廓线、重心线、剖切面前的结构轮廓线、轨迹线、成形前轮廓线、工艺用结构的轮廓线、中断线等。

细虚线用于绘制不可见棱边线和不可见轮廓线等。

粗虚线用于绘制允许表面处理的表示线等。

绘制相应图线时，要注意点画线（中心线）两端应超出轮廓 2mm~5mm；虚线、点画线应恰当地交于画线处，而不是点或间隙处，即虚线之间不留间隙；虚线圆弧与实线相切时，虚线圆弧与实线之间应留出间隙。

2.1.5 尺寸标注

尺寸标注是工程制图的一个重要组成部分，也是零部件测绘与 CAD 成图技术的一个重要知识点。标注尺寸的基本规则如表 2-3 所示。

表 2-3 标注尺寸的基本规则

序号	基本规则	备注
1	机件的真实大小应以图样上标注的尺寸数值为依据，与图形的大小无关，也与绘图的准确度无关	以测绘的尺寸数值为准
2	图样中的尺寸，默认以毫米为单位	如果采用其他单位，则应该在图样中注明相应的单位符号
3	图样中所标注的尺寸，应该是所述图样所示机件的最后完工尺寸，否则应该另加说明	注意是最后完工尺寸
4	机件的尺寸应该标注在反映该结构最清晰的图形上，每一个要素的尺寸一般只标注一次	在图样上标注尺寸应该便于读图

尺寸标注中主要有以下 3 个要素需要注意。

1. 尺寸界线

采用细实线绘制尺寸界线，它应该超出尺寸线 2mm~5mm；可以将轮廓线、轴线或对称中心线用作尺寸界线，也可以由图形轮廓线、轴线或中心线引出尺寸界线；在曲线光滑过渡的地方标注尺寸时，应该用细实线将轮廓线延长，然后自它们的交点处引出尺寸界线；尺寸界线一般与尺寸线垂直，但是在必要时允许倾斜。

2. 尺寸线

同样采用细实线绘制尺寸线，尺寸线的终端有箭头形式和斜线形式。箭头形式是机械制图中一般采用的尺寸线终端形式。

标注线性尺寸时，尺寸线应与所标注的线段平行，要注意尺寸线不能与其他图线重合或绘制在其他图线的延长线上。标注线性尺寸时，要尽量做到相同方向各尺寸线之间的距离均匀，尽量避免与其他尺寸线和尺寸界线相交叉的情况。在一些特殊场合（如一些未完整表示的要素），比如采用对称尺寸进行标注，此时可以仅在尺寸线的一端绘制出箭头，而尺寸线的另一端应该超过该要素的中心线或断裂处。

3. 尺寸数字

一般将线性尺寸的数字注写在尺寸线的相对上方（与尺寸线平行），也允许在非水平方向的尺寸中，将其数字水平地注写在尺寸线的中断处。应该尽可能在与竖直方向呈 30° 的角度范围内标注尺寸。任何图线都不能与尺寸的数字重合，当无法避免时，需要在注写尺寸数字的地方断开图线。

尺寸标注的典型示例如图 2-9 所示。分清图中哪些是尺寸界线，哪些是尺寸线，哪些是尺寸数字。注意，半径不注写数量，其尺寸线应从圆心引出，只画一个箭头即可。

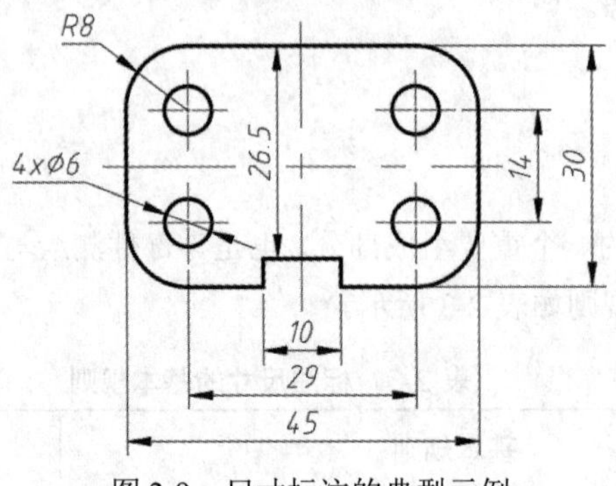

图 2-9 尺寸标注的典型示例

2.1.6 零件视图

零件视图需要满足 GB/T 17451—1998《技术制图 图样画法 视图》、GB/T 4458.1—2002《机械制图 图样画法 视图》的相关规定。视图有基本视图、向视图、局部视图、斜视图、局部放大图、剖视图、断面图等。其中，剖视图、断面图需要满足 GB/T 17452—1998《技术制图 图样画法 剖视图和断面图》、GB/T 4458.6—2002《机械制图 图样画法 剖视图和断面图》的相关规定。

基本视图是将机件向 6 个基本投影面投影所得到的视图。在同一张图样上，基本视图的标准配置（布局）如图 2-10 所示，分别是主视图、俯视图、右视图、左视图、后视图、仰视图。同一张图纸上的该 6 个视图按标准位置配置时一般不标注视图名称。

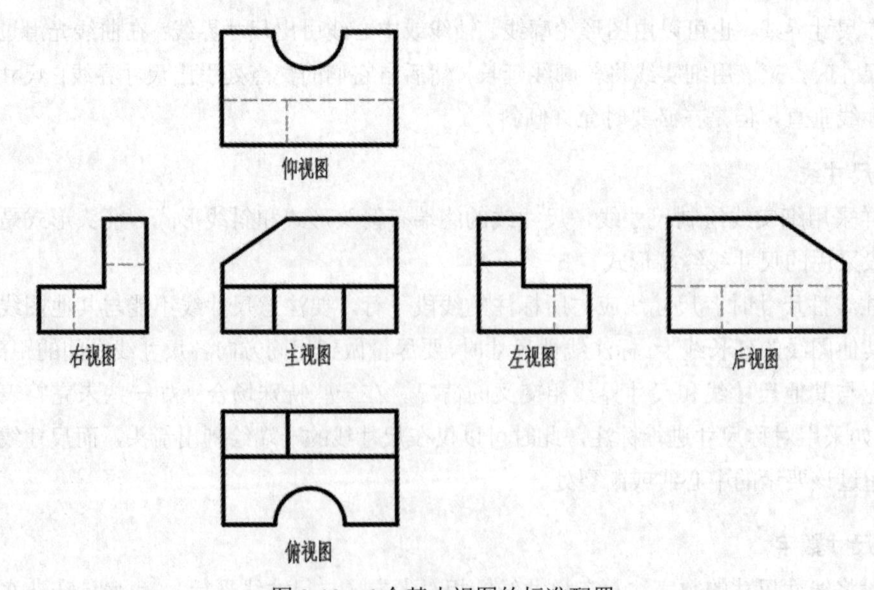

图 2-10 6 个基本视图的标准配置

在测绘和制图时，首先要认真观察零件的形状和结构特点，灵活运用各种表达方法，采用一组合适的视图把零件的形状、结构等表达清楚。选择零件视图的依据主要是零件的形状与结构，通过合适的视图将零件上每一个部分的结构、形状和位置关系表达得准确、完整、清晰，符合相关规定，并且还应该考虑到画图效率和看图方便等因素。

主视图是零件图中最主要的视图，是表达零件结构、形状的主要视图，可以说是一组视图的核心，它的选择直接影响着其他视图的数量和配置。一般情况下，选择最能明显表达零件形状、结构特征和安放位置的一个视图作为主视图，将最能反映零件形状特征的方向作为主视图的投影方向（投射方向）。零件放置位置可按照零件的加工位置、工作位置或自然安放位置来确定。

确定主视图之后，其他视图的选择应根据零件内、外结构形状及其相对位置是否表达清楚来确定。一般遵循的原则是在能够清楚地表达出零件的结构形状和便于读图的前提下，使所选择的视图数量最少，各视图表达内容应有意义且有侧重，重点明确，简明易懂，尽量避免使用虚线。

选择视图时，优先选用基本视图，其次是剖视图（含半剖视图、全剖视图、局部剖视图）、断面图、局部放大图等。从视图表达的内容来分析，应先考虑表达零件的主要形状和结构的位置，再以恰当的方式表达细节部分。

2.1.7 装配图的表达

装配图主要用来表达机器或部件的主要结构形状、工作原理、零部件之间的装配关系，以及机器或部件在生产制造、装配、检查、安装、维修等环节中所需的尺寸数据和技术要求等。装配图的表达方法可以参照零件图的各种表达方法。

1. 规定画法

在绘制装配图时，若相邻两个零件具有接触表面和配合表面，则只需在该接触表面和配合表面处画一条轮廓线，否则应在非接触面处或不配合表面之间的间隙边界处分别画一条轮廓线（即画出两条线）。

对于螺纹紧固件（如螺钉、螺栓、螺母等）与实心零件（轴、垫圈、连杆、键、销、球等），如果剖切时剖切平面通过它们的轴线或对称平面，则这些零件在剖视图中按不剖画出，只是当这些零件上有凹槽、孔等结构时，才可采用局部剖来表达这些结构。

若按纵向剖切且剖切平面通过其对称中心，则这些零件按不剖画出。

在绘制装配图时，两个相邻零件的剖面线应画成不同的方向，如果画成同方向，则应给予两条剖面线不等的间隔。对于同一个装配图中的各个视图，同一个零件的剖面线应画成一致，即剖面线的方向与间隔必须一致。

2. 特殊画法

1）单件画法：在绘制装配图时，当某个零件的主要结构未能表达清楚，对理解装配关系有影响时，可以在装配图的适当位置处单独画出该零件的某一个主要视图。

2）沿结合面剖切画法：为了能清楚地表达装配内部结构，可以采用沿结合面剖切画法。

3）拆卸画法：当某一个零件或几个零件在装配图的某个视图中遮挡了大部分装配关系或

其他零件时，通常可以采用拆卸画法，即假想拆卸掉一个或几个零件而只画出所要表达部分的视图。

4）夸大画法：有些特别小的零件在整个装配视图中很难表达出来，可以采用夸大画法，比如垫圈可画粗一些、小间隙可按夸大间距画出。

5）假想画法：通常采用假想画法来画出与本部件具有装配关系但又不属于本部件的其他相邻零部件，并且画的时候用双点画线。当想用装配图来表示运动零件的运动范围或极限位置时，则可以在其中一个极限位置处画出该零部件，而在另一个极限位置处使用双点画线画出其轮廓。

3. 简化画法

1）在绘制装配图时，零件中诸如圆角、倒角、退刀槽等工艺结构允许不画。

2）在绘制装配图时，可以对螺母和螺栓头部采用简化画法。

3）在绘制装配图时，采用剖视图表示滚动轴承时，允许画出对称图形的一半，而另一半采用特征画法或通用画法。

4）装配图存在若干相同的螺纹连接件组（如螺栓、螺母、垫圈等）时，可以在不影响理解的前提下只详细地画出其中一组，其他各组采用简化画法——只用点画线表示出其装配位置即可。

2.1.8 标准件

标准件是指型式、结构、尺寸、画法、标记、材料、精度等各方面都已经标准化并由专业厂家生产的零件（或零部件），如螺栓、螺钉、双头螺柱、螺母、垫圈、键、轴承、销钉等。广义来说，像齿轮、弹簧这些常用件也属于标准件。

很多标准件在制图上都有规定画法，如齿轮、弹簧、轴承等的简化画法。

2.2 基于中望 CAD 机械版的二维软件操作技术

中望 CAD 是由中望软件公司自主研发的一款二维 CAD 软件，它具有强大的二维制图功能，性能稳定，运算速度快，能够兼容主流的 CAD 文件格式，用户界面友好，操作简便，可以帮助用户高效、顺畅地进行二维绘图设计。而中望 CAD 机械版是在中望 CAD 的基础上专门为机械设计量身制作的软件，是市场上应用较为广泛的创新型机械设计专业软件。中望 CAD 机械版具备丰富、高效、易用的机械设计专用工具与智能化绘图功能，支持各类常用机械制图标准（如 GB、ISO、ANSI、DIS、DIN、BSI 等），提供智能化的图层、图库、图幅、BOM 表等管理工具，便于用户根据设计情况定制绘图环境，实现企业图纸文件的高效化、标准化、规范化管理。借助中望 CAD 机械版，可以让机械设计人员提高绘图效率，大幅缩短工作、设计周期，从而有助于进一步地提升企业综合竞争能力。

中望 CAD 机械版的用户界面如图 2-11 所示，其功能区提供“常用”“实体”“注释”“插入”“视图”“工具”“管理”“输出”“扩展工具”“在线”“APP+”“机械”“机械标注”“图库”

选项卡，每个选项卡还提供依据工具命令的功能来进行分组的若干面板（组），比如在“常用”选项卡上就包括“绘图”“修改”“注释”“图层”“块”“属性”“剪切板”面板。

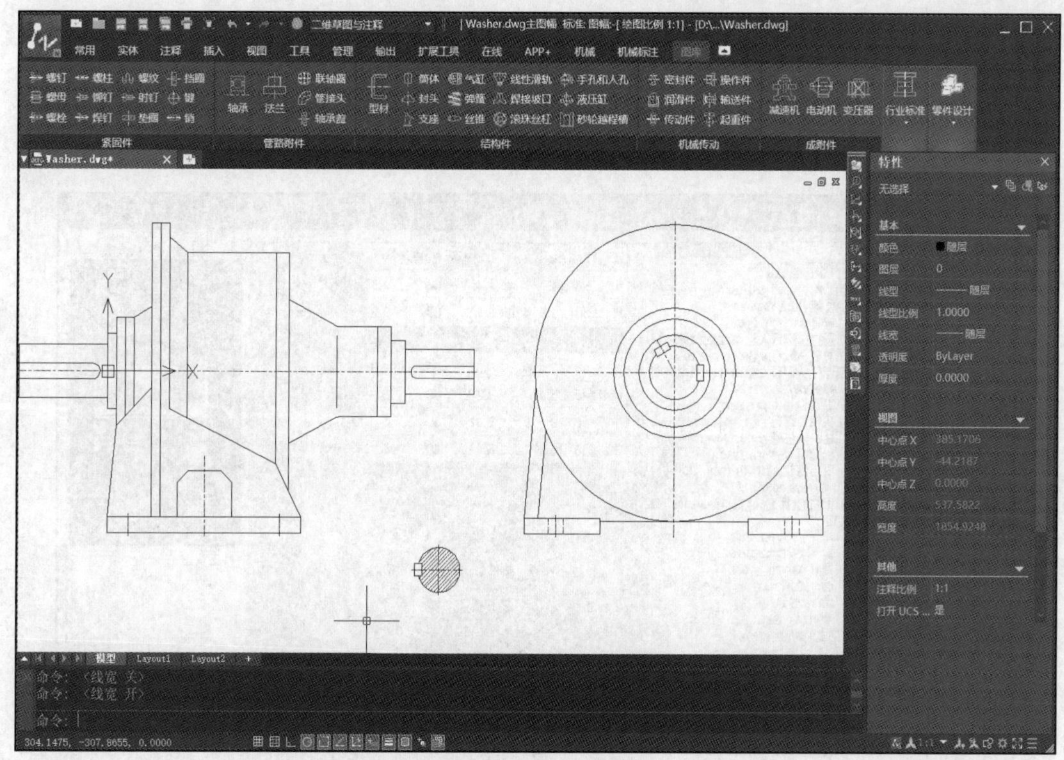

图 2-11 中望 CAD 机械版的用户界面

中望 CAD 机械版具有以下比较典型的特点。

1. 绘图标准规范，支持定制

中望 CAD 机械版提供主流的绘图标准，并允许用户根据需要定制属于企业自身的标准，以及规范的设计数据；支持文档中多图幅、多比例的图纸，可建立不同图幅、不同比例的绘图，其内容互不影响。

2. 标准零件图库丰富，调用快捷

中望 CAD 机械版提供丰富的标准零件图库，包括 56 个大类近 300000 个零件，这些零件均可直接调用。零件图库涵盖机械、模具、汽车、重工、化工、船舶、煤矿能源、交通水利等各个专业领域。用户还可以根据需要创建专属零件图库，修改参数。标准零件图库的快速调用，可以减少很多标准件和常用件的重复绘制工作。

在中望 CAD 机械版中，可以切换至“图库”选项卡，该选项卡提供“紧固件”“管路附件”“结构件”“机械传动”“成附件”“行业标准”和“零件设计”等常用面板，如图 2-12 所示。假如要调用一种标准螺钉，则可以在“图库”选项卡的“紧固件”面板中单击“螺钉”按钮，打开“系列化零件设计开发系统 主图幅 GB”对话框（用户也可以在图形窗口右侧工具栏中单击“出库”按钮来打开此对话框），在左窗格中选择所需的一种螺钉，在右窗格利用其下方提供的相关按钮就可以分别调出该螺钉的原始参数、结构参数、属性参数、点表参数和控制脚本等，可根据所需螺钉规格来编辑或修改螺钉的相关参数，如图 2-13 所

示。选定并设定螺钉参数后，单击“绘制零件”按钮，接着指定目标位置，再指定旋转角度或定义参照便可将该螺钉快速插入图形窗口的指定位置处。

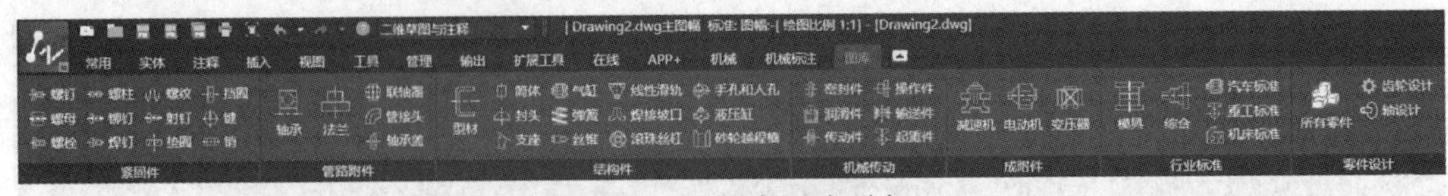

图 2-12 “图库”选项卡

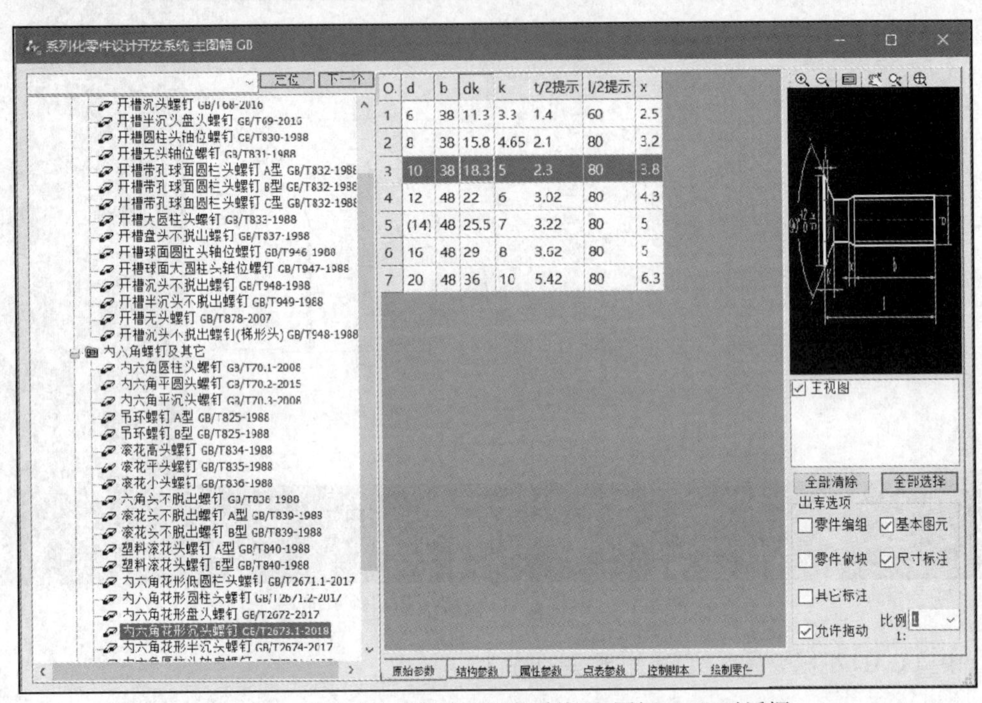

图 2-13 “系列化零件设计开发系统 主图幅 GB”对话框

3. 智能注释，高效实用

中望 CAD 机械版提供智能注释系统，实现序号标注和 BOM 系统关联，文本数据也会同步更新与交互，真正简化标注文字的处理工作。通常，使用“注释”选项卡“标注”面板中的相关标注工具为图形创建尺寸标注后，双击该尺寸标注，将弹出图 2-14 所示的“增强尺寸标注 主图幅 GB ISO-25”对话框，接着就可以设置该尺寸的表示方式、精度、偏差量等。

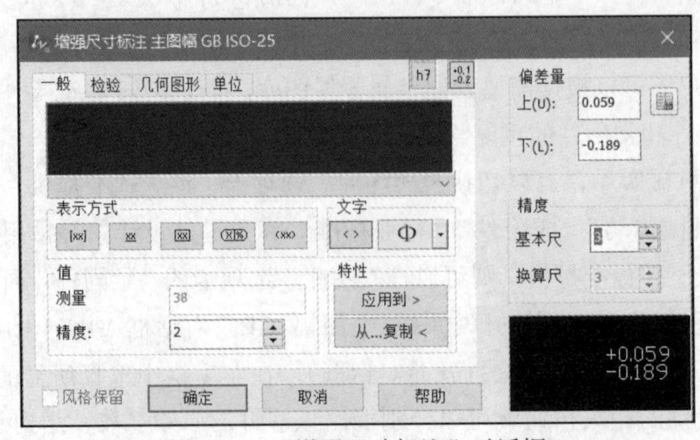

图 2-14 “增强尺寸标注”对话框

4. 绘图工具专业，节省绘图时间

中望 CAD 机械版提供专业的构造、绘图等工具，可以有效缩短构造几何图形和绘制工艺图形所用的时间。此外，其支持超级编辑，对于绘制的图形，双击即可修改内容，大大提高了绘图效率。

5. 辅助工具实用，让软件完成更多工作

随着版本的不断迭代，中望 CAD 机械版提供了很多实用的辅助工具。例如，局部详图可以自动生成并能跟随原图的变更而自动更新；单击“超级卡片”按钮，打开图 2-15 所示的“选择卡片”对话框，在其中选择所需的卡片模板。通过此类卡片功能，可以在设计产品的同时很方便地绘制所需的表格，快速生成所需汇总表和工艺卡片。

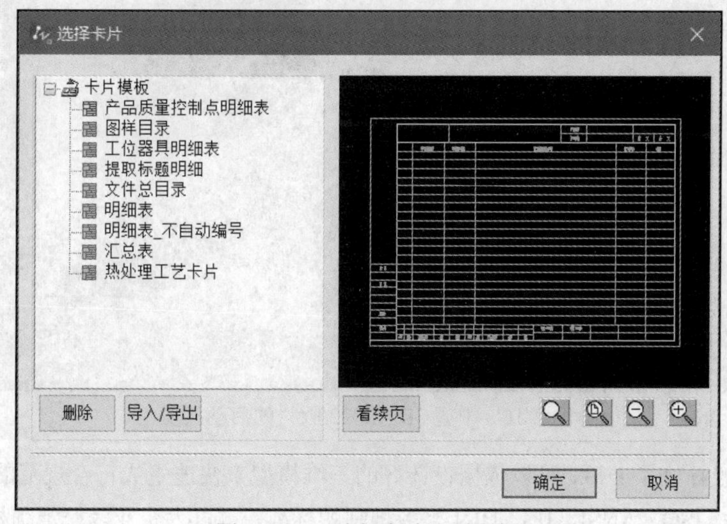

图 2-15　“选择卡片”对话框

2.3 基于中望 3D 的三维软件操作技术

中望 3D 是一款具有全球自主知识产权的高端三维 CAD/CAM/CAE 一体化软件产品，它集实体建模、曲面造型、钣金、装配设计、工程图、模具设计、结构仿真、2～5 轴加工、车削等功能模块于一体，基本覆盖产品设计开发的全流程。

图 2-16 是中望 3D（2022 版）的启动界面，启动后根据设计需要创建“零件”“装配”“工程图”“2D 草图”“加工方案”等类型的文件。

在三维设计 CAD 方面，中望 3D 具有优良的自主三维几何建模内核，其独创的混合建模技术，可以帮助用户快速完成各种复杂实体、曲面的建模设计；加上中望 3D 的参数化建模和直接编辑两种技术的结合，可以轻松灵活地应对各种产品的设计和设计变更。中望 3D 还提供智能、强大的装配与仿真功能，可以流畅、高效地处理装配体，能够精确地捕捉体积干涉位置并将其标识亮显出来，并可以根据设计要求对装配体进行模拟运动仿真，进而帮助用户提前发现生产及安装过程中可能存在的问题，便于指导和优化设计。

在进行三维模型建模时，一般要先剖析该模型的结构特点，任何复杂的模型结构都可以被拆分成若干基本体，然后以一定的方式组合。建模的基本思路是先创建基础造型，接着在

基础造型的基础上创建工程特征或编辑模型等。基础造型的工具命令主要有“拉伸”“旋转”“扫掠”“变化扫掠”“螺旋扫掠”“杆状扫掠”“轮廓杆状扫掠”“放样”等；工程特征的工具命令有“圆角”“倒角”“孔”“拔模”“筋”“网状筋”“螺纹”“唇缘”“坯料”等；编辑模型的工具命令有“抽壳”“加厚”“添加实体”“移除实体”“相交实体”“修剪”“简化”“置换”“镶嵌”“拉伸成型”“阵列特征”“镜像特征”“阵列几何体”“镜像几何体”“对齐移动”“移动”“复制”“缩放”等。另外，特征的创建需要相应的基准特征，如基准面、基准轴、基准坐标系、基准点等。

图 2-16 中望 3D（2022 版）的启动界面

三维模型设计好了之后，可以依据设计好的三维模型来快速生成符合规范的工程图纸。中望 3D 支持 GB、ISO、ANSI、JIS、DIN 等多种制图标准，可以为企业轻松定制标准化的图框、标题栏和绘图模板，高效创建各类视图并自动生成 BOM 表、孔表、电极表等，快速完成出图工作。

2.4 零件创新设计方法论

在很多产品或机器设备的使用过程中，会出现某个零件损坏或丢失的状况，或者为了改善产品或机器设备的使用效率，需要根据已有的零件特征及其功能要求，重新设计或优化一个零件。这就是两种典型的零件创新设计方法：一是对缺失零件的设计，二是对结构存在缺陷的零件的优化。

不管是对缺失零件的设计，还是对结构存在缺陷的零件的优化，都离不开对现有产品或机器设备的测绘与分析，尤其是针对要设计零件的测绘、分析及对关联零件（或部件）的测绘、分析，并要认真处理零件之间的装配要求，包括间隙、精度、功能用途等各个方面。

2.5 思考与练习

1）如何理解机械图样的概念？

2）常用的图纸幅面与格式有哪些？

3）常用的标准图线有哪些？

4）如何理解零件视图的相关概念？6 个基本视图及其标准配置是怎样的？

5）什么是装配图？装配图的表达方法有哪些？

6）了解中望 CAD 机械版和中望 3D 的操作技术。

7）如何理解零件创新设计方法论？

8）如何才能系统化地提升机械制图的专业基础知识？

第3章 徒手绘制零件草图

本章导读

在机械制图中，加强零件草图的徒手绘制是很有必要的，也是现代相关教育的发展要求。要让学生深刻认识到徒手绘制零件草图的重要性，以及要教会学生一些徒手绘图的基本技能和注意事项。

本章重点介绍徒手绘制零件草图的注意事项，以及相关案例，让学生学以致用。

3.1 徒手绘制零件草图的注意事项

虽然现在计算机绘图软件已经几乎取代了图板、丁字尺等绘图工具，但是计算机绘图软件依然具有使用限制，比如在特定场合无法使用计算机，使用计算机绘图耗时较长等，因此徒手绘制零件草图还是很重要的，它主要用于设计初期的简易表达、快速表达，或者在现场绘图条件简陋时简单绘制零件草图。

一般而言，在对现有设备或零件的测绘仿造或改进设计中，可以通过徒手绘制零件草图来记录测绘数据，表达初步设计构思；对于急需加工或设计的零件，用草图进行沟通更方便快捷。在计算机上绘制复杂的零件图或装配图之前，可以先徒手绘制零件草图或装配草图，为后面更好地进行 CAD 制图做准备。在诸如车间调研等特定场合无法使用计算机时，可采取徒手绘制草图的方式进行记录。

徒手绘制零件草图不同于使用丁字尺、直尺、圆规等工具进行的手工制图，前者对图线的质量要求较低，成图速度较快。不要认为徒手绘制的草图只是简单的潦草图稿，相反，应该重视徒手绘制草图，因为徒手绘制草图的过程就是设计的思维过程。通过多次实践徒手绘制零件草图，可以培养并提高空间思维能力、结构分析能力、知识理解能力，以及机械制图能力。

徒手绘制零件草图是一门技术，机械相关专业的学生必须具备一定的徒手绘图能力。下面总结徒手绘制零件草图的一些注意事项。

1）徒手绘制的草图也要具备严谨性，其最大特点不是“草”，而是“快”和“准确”，要以设计本质为思想，以制图规范为原则，并且要制定高标准。

2）要做好绘制草图之前的准备工作，包括分析零件在装配体上的用途，了解零件的材料、表面处理、名称等属性信息，分析零件的结构形状、技术要求、加工工艺及处理材料的方法，在大脑中初步形成大致构图，确定零件视图的表达方式（如选择什么样的主视图和其他视图来表达零件）。

3）通过目测初定绘图比例，理清画图思路，包括画图顺序。例如，画图可以从主视图开始再到其他视图；在一个视图中可以先画零件的前面再画后面，或者先画零件的左边再画右边，先画上面再画下面，又或者先画中间再画四周，具体要根据零件的结构特点来灵活把握。

4）绘制零件图的一个比较实用的原则是根据零件加工工艺确定零件的测量基准，零件图的其他位置要以该位置为基准进行测绘，这样对零件的结构构成有深刻的认识，有利于培养对三维模型的空间思维能力。

5）可以先确定图形的关键特征点，如直线端点、圆心点等，找好相关的辅助中心线，有些关键特征点是相应的辅助中心线的交点。在画线时，用力要均匀，控制笔速，尽量一次画成一条线。画圆之前，可徒手画两条相互垂直的中心线，两条中心线的相交处便是圆心，再根据半径大小，结合绘图比例在中心线上分别标出 4 个点，然后用笔绘制经过这 4 个点的圆。徒手画图要灵活，要注意图形比例关系。

3.2　徒手绘制零件草图的案例

本节通过一个徒手绘制零件草图的案例来介绍徒手绘制零件草图的基本流程和方法。

3.2.1　徒手绘制草图的前期准备

在徒手绘制草图之前，需要做好一些前期准备工作，主要包括以下几个方面。

1）准备好用于徒手绘制草图的工具，包括坐标纸（如规格为 A4 的坐标纸，每小格尺寸为 1mm×1mm）、2B 铅笔、2H 铅笔和橡皮擦等，如图 3-1 所示。如果没有坐标纸，可以采用 A4 等规格的白纸来代替。

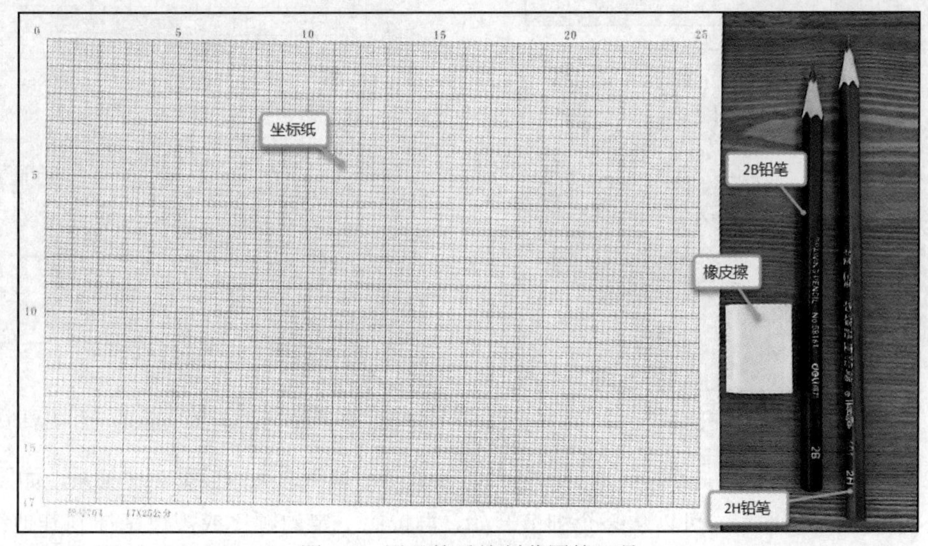

图 3-1　用于徒手绘制草图的工具

2）如果涉及零件测绘，还需要准备一套测绘工具。

3）重点分析零件在装配体上的用途，并对零件材料、名称等属性信息进行了解及记录。

4）剖析零件的结构形状、技术要求、加工工艺及处理材料的方法。

5）初步拟定零件视图的表达方式。一般情况下，主视图选择最适合表达零件主要特征的视图，如以其工作位置或加工位置作为视图方位，其他视图则按照零件的结构特点、投影关系等去表达，灵活使用全剖视图、局部剖视图、局部放大图、向视图等。

6）剖析如何标注最为合理和完美，包括分析尺寸标注的先后顺序，确定哪些作为尺寸基准（基准应方便零件的加工和测量）、哪些尺寸是重要尺寸等。

3.2.2　测量及徒手绘制草图

图 3-2 所示为要测绘的连杆模型。在徒手绘制草图的过程中，根据连杆的结构及视图的表达方式，使用相关的测绘工具来测绘该连杆的相应尺寸。

徒手绘制零件草图的步骤与使用 CAD 制图的步骤是相似的，其具体操作步骤如下。

1）首先要测量该连杆的外形尺寸，其总长度为 91.5mm，总宽度为 38mm，总高度为 34mm，可以选择竖向的 A4 坐标纸，绘图比例采用 1:1，先绘制出 A4 图框和简易标题栏；再分析连杆的结构及其视图的表达方式，绘制该连杆的主要中心线，如图 3-3 所示。

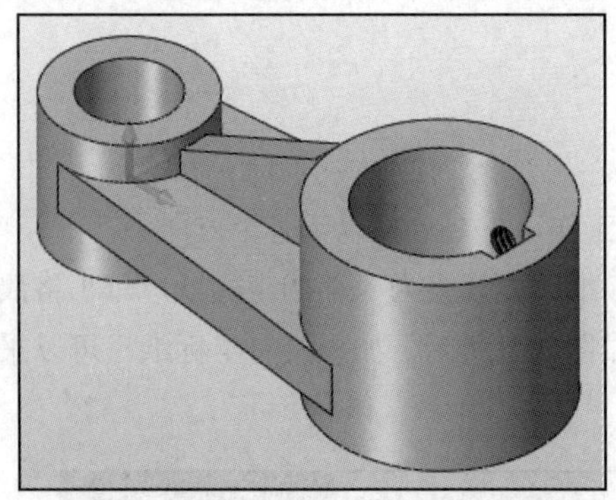

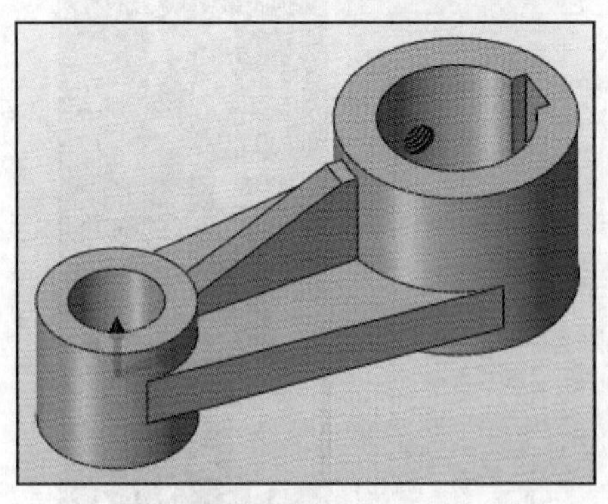

图 3-2　连杆模型

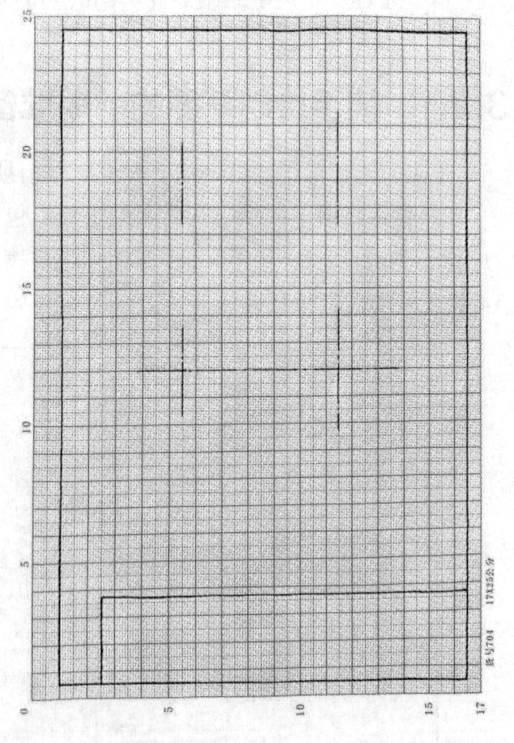

图 3-3　绘制 A4 图框、简易标题栏和主要中心线

2）结合测量数据，徒手绘制连杆的草图，注意两个视图之间的投影对应关系，如图 3-4 所示。绘制某个视图时，可以从某个细节开始，再按照一定的顺序或规律延伸到其他细节。

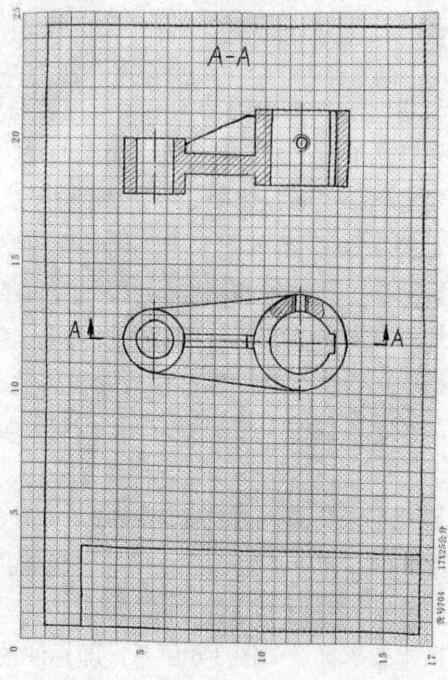

图 3-4 绘制连杆的两个视图草图

3.2.3 标注尺寸

标注尺寸的前提是看懂视图，要能在脑海里想象出零件的三维立体结构，能分析零件的基本形体构成特点。而要看懂视图，必须掌握视图之间的投影规则“长对正、高平齐、宽相等”，该投影规则是零件形体的三面投影图之间最基本的投影关系，是画图和看图的基础。

标注尺寸要符合国家制图标准的有关规定，要标注制造零件所需的全部尺寸，做到尺寸不遗漏、不重复（每一个尺寸一般只标注一次），尺寸应标注在最能清晰反映该结构特征的视图上，尺寸布置要整齐、清晰，便于阅读，所标注的尺寸要符合设计要求与工艺要求。

标注尺寸所选择的尺寸基准决定了图样中标准尺寸的起点，零件的长、宽、高或重要结构形体的长、宽、高都应在每个方向上至少有一个基准。尺寸界线使用细实线绘制，它应超出尺寸线2~5mm；尺寸界线由图形轮廓线、轴线或对称中心线处引出，也可以将轮廓线、轴线或对称中心线作为尺寸界线。

通过对连杆进行实际测量，先对外形尺寸（定形尺寸）进行标注，再对其安装尺寸及固定尺寸进行标注，效果如图 3-5 所示。

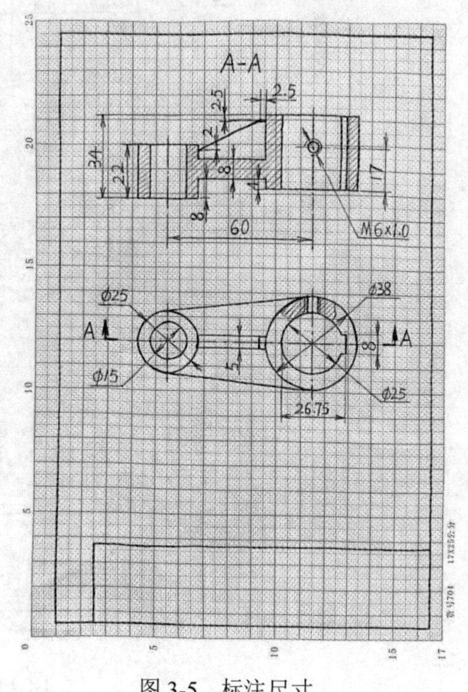

图 3-5 标注尺寸

3.2.4 标注技术要求

技术要求是机械制图中对零件加工提出的技术性加工内容与要求，或者对装配提出的技术性要求。不能在视图图形中表达清楚的制造或装配要求，应在技术要求中用文字的形式描述出来。对于零件图，技术要求包括一般技术要求、除图中标注以外的其余内容（如未注倒角、未注圆角、未注公差技术要求等）、热处理要求、化学处理要求（如硬度要求）、锻造要求、运输贮存要求等。对于装配图，其技术要求一般包含：①装配过程中的技术要求，如装配前的清洗要求、装配时的加工及装配方法、装配的密封要求、装配后必须保证的精度及间隙要求等；②检验、试验过程中的技术要求，包括检验测试条件、试验方法、操作规范及要求等；③基于产品性能、安装调试、使用、维护等方面的要求，如产品的基本性能、使用时的注意事项等。

技术要求一般标注在标题栏的上方或左方的空白地方，并且位于工程视图的下方。技术要求的文字应书写工整，描述准确、简练，“技术要求”4 个字的字号应至少比具体技术要求内容的大一号。

在本例中，连杆草图的技术要求标注如图 3-6 所示，即标注的技术要求如下。

1）铸件表面上不允许有裂纹、缩孔等缺陷。

2）去毛刺，锐边倒钝。

3）未注尺寸公差按 GB/T 1804—2000m 级。

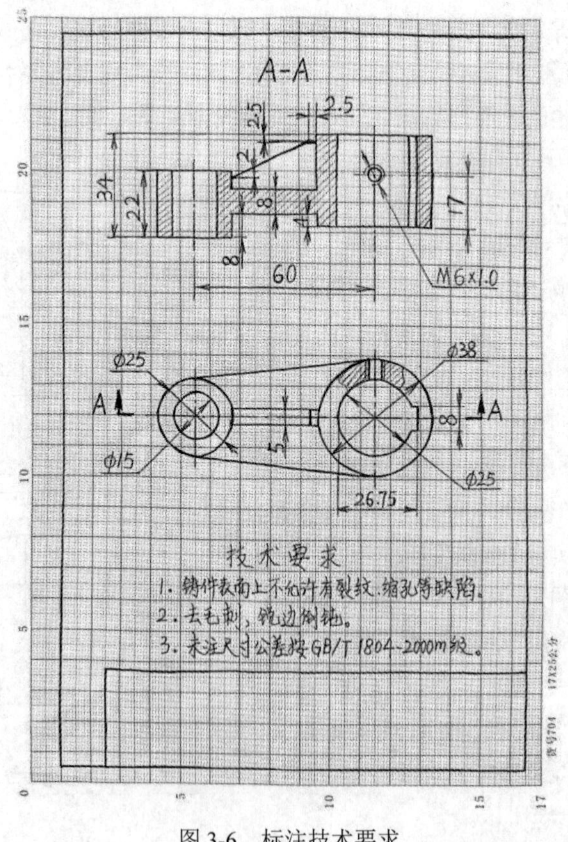

图 3-6 标注技术要求

3.2.5 绘制并填写标题栏

标题栏有两种参考画法，详细请查看本书 2.1.2 小节的相关内容。学生徒手绘制草图时建议采用简化标题栏，可以选用图 3-7 所示的两种简化标题栏中的一种作为草图练习（参考使用）。

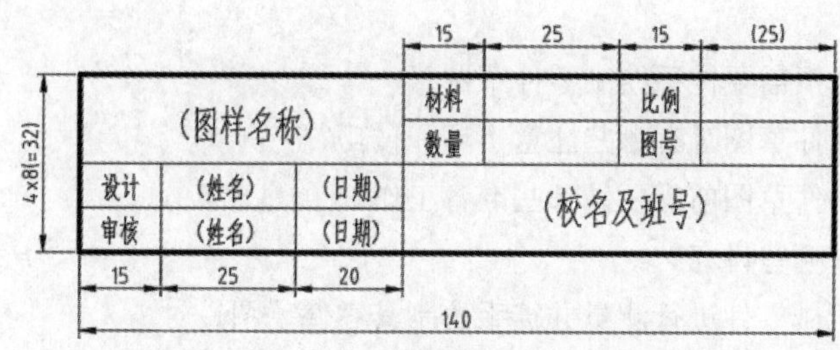

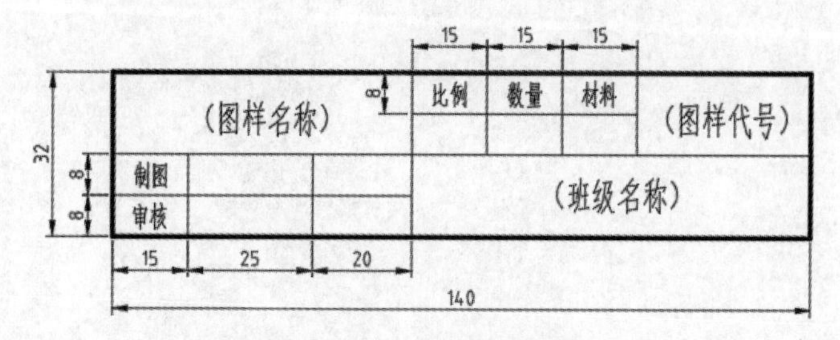

图 3-7 两种简化标题栏

本例中，徒手绘制并填写的简化标题栏如图 3-8 所示。

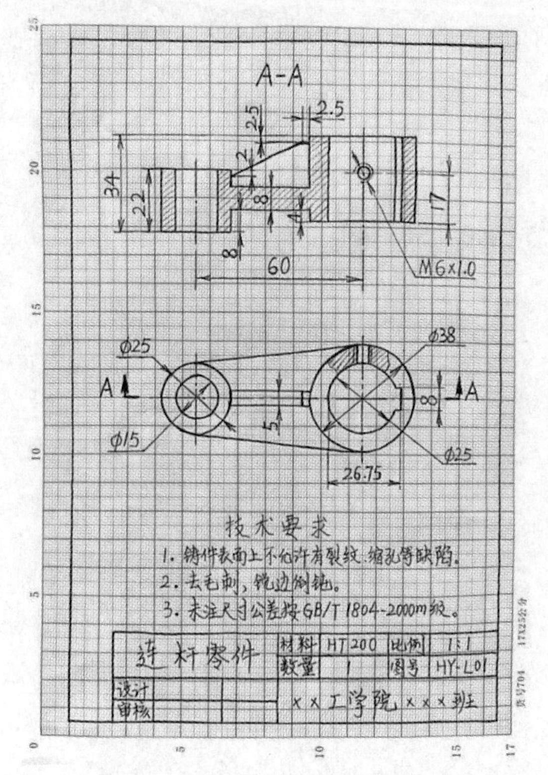

图 3-8 绘制并填写简化标题栏

感兴趣的学生，可以在本例草图的基础上继续为连杆徒手标注相应的表面结构要求（也就是俗称的表面粗糙度要求）。

3.3 思考与练习

1）在什么场合下需要徒手绘制零件草图？

2）徒手绘制零件草图时有哪些注意事项和技巧？

3）徒手绘制零件草图前需要做哪些准备工作？

4）标注尺寸有哪些讲究？

5）请对一个机械零件进行测量并徒手绘制其零件草图。

第 4 章

典型零件三维建模

本章导读

为适应产品的迭代需求，现代企业或设计机构普遍采用三维实体造型设计的方法来替代传统的二维设计方法。零件的三维实体造型设计能做到所见即所得，并可以利用三维实体模型生成相应的二维零件图，方便、快捷且准确。

本章通过案例介绍典型零件三维建模的实用知识。

4.1 叉架类零件三维建模

叉架类零件主要起连接、支承、拨动等作用。典型的叉架类零件包括连杆、支架、支座、摇臂、拔叉等。叉架类零件的结构特点有叉形结构、孔、肋板、槽、锻造圆角、拔模斜度等，结构多样，差别较大，但主要组成部分是类似的，即都是由工作部分、支承部分（或安装部分）与连接部分组成，其中连接部分的断面的形状主要有矩形、T 字形、椭圆形、十字形等。本节以连杆三维建模和支架三维建模为例进行介绍。

4.1.1 连杆三维建模

根据 3.2 节测量并徒手绘制的零件草图来进行连杆的三维建模设计。图 4-1 所示为连杆的草图（提供相关的参考尺寸），图 4-2 所示为该连杆的三维模型。连杆属于一种典型的叉架类零件。

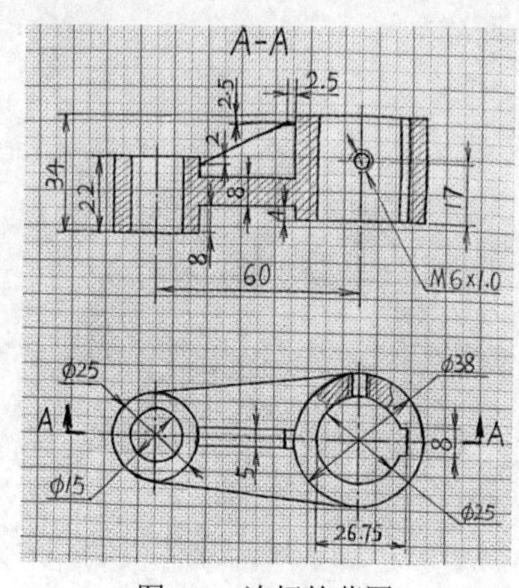

图 4-1　连杆的草图

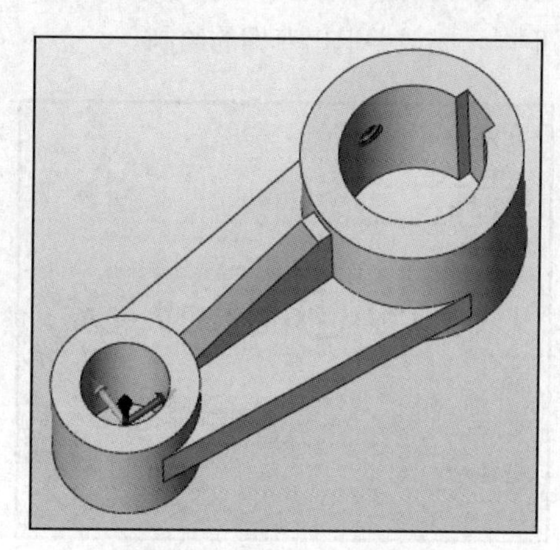

图 4-2　连杆的三维模型

连杆三维模型的建模步骤如下。

1 新建一个模型文件。

单击中望3D图标，运行中望3D，接着在“快速访问”工具栏中单击“新建”按钮，弹出“新建文件”对话框，在“类型”选项组中选择“零件”，在“子类”选项组中选择“标准”，在“模板”选项组中选择“[默认]”，在“唯一名称”框中输入“连杆零件”，如图4-3所示，然后单击“确认”按钮，进入3D建模界面。

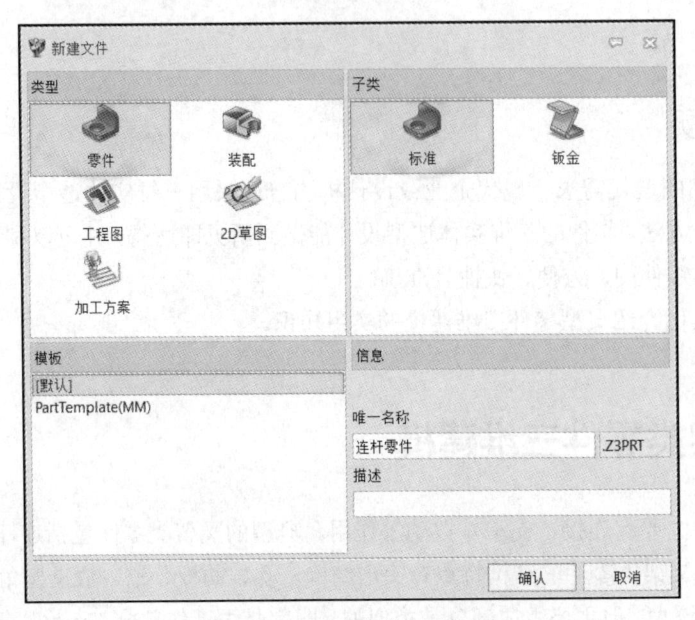

图4-3 “新建文件”对话框

2 创建第一个拉伸实体特征。

在“造型”选项卡的“基础造型”面板中单击“拉伸”按钮，打开“拉伸”对话框，在图形窗口中选择默认坐标系的*XY*坐标面，快速进入草图绘制模式。

在“绘图”面板中单击“圆”按钮，弹出图4-4所示的“圆”对话框，在“必选”选项组中单击“半径”按钮，选中“直径”单选按钮，设置直径为“25mm”。在绘图区域指定草图原点为圆心绘制一个圆，单击“确定”按钮，效果如图4-5所示，然后单击“退出”按钮，完成并退出草图的绘制。

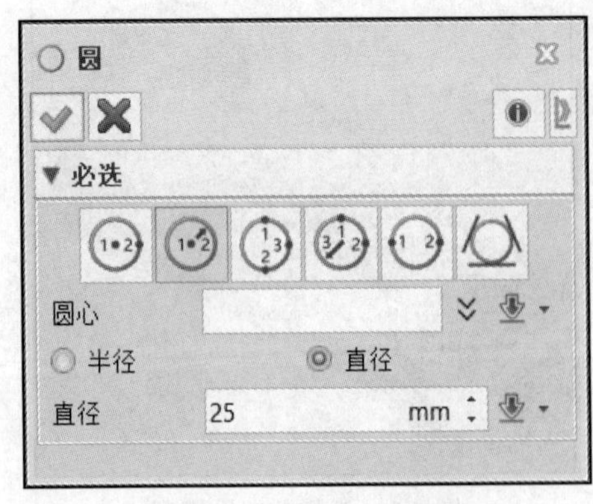

图4-4 “圆”对话框

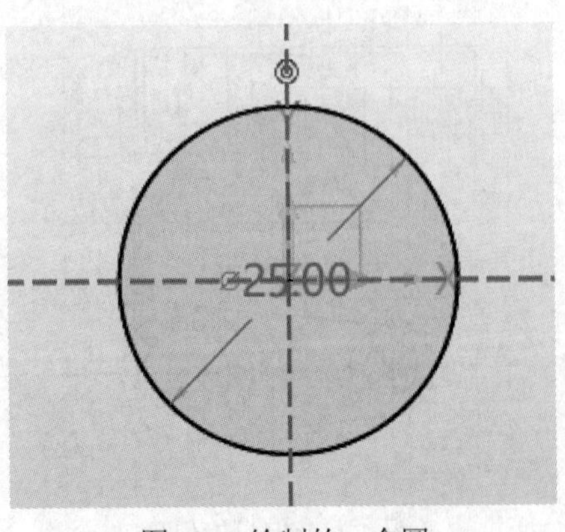

图4-5 绘制的一个圆

返回“拉伸”对话框，在“必选”选项组中，从“拉伸类型”下拉列表中选择“2 边”，设置起始点 *S* 为“−8mm”、结束点 *E* 为“14mm”，如图 4-6 所示，单击“确定”按钮，即可创建一个图 4-7 所示的拉伸圆柱体。

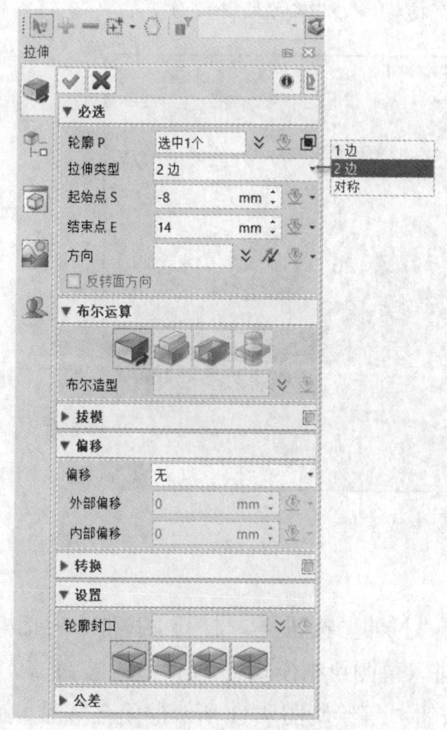

图 4-6　“拉伸”对话框

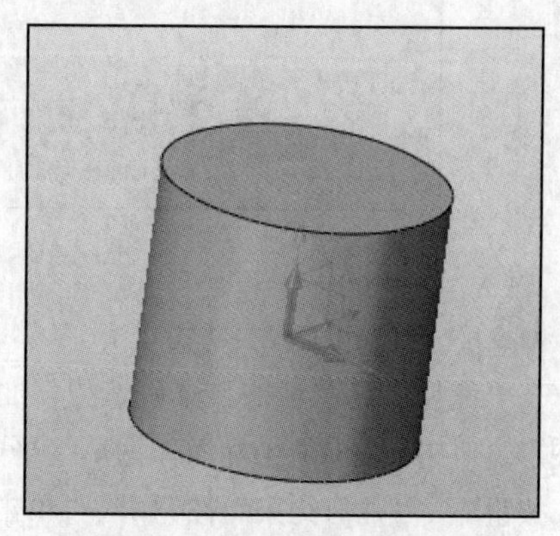

图 4-7　创建一个拉伸圆柱体

3 绘制同心圆。

在“造型”选项卡的“基础造型”面板中单击“草图”按钮，打开“草图”对话框，选择 *XY* 坐标面作为草绘平面，如图 4-8 所示，单击鼠标中键（滚轮）或者单击“确定”按钮，进入草图绘制模式。

单击“圆”按钮，绘制两个同心圆，它们的直径分别为 *Φ*38 和 *Φ*25，接着在“标注”面板中单击“线性”按钮，标注一个水平距离尺寸 60mm，如图 4-9 所示，然后单击“退出”按钮，完成并退出草图的绘制。

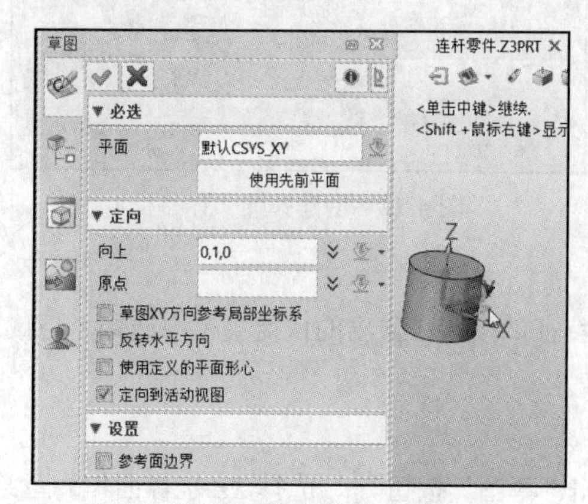

图 4-8　指定草绘平面

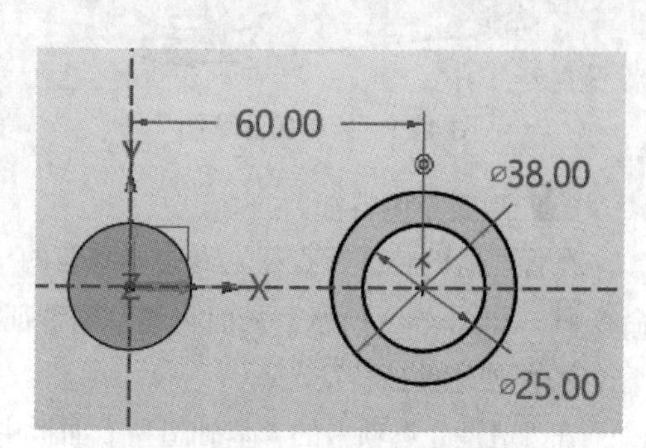

图 4-9　绘制两个同心圆并标注尺寸

4 拉伸同心圆生成实体。

在“造型”选项卡的“基础造型”面板中单击“拉伸”按钮，打开“拉伸”对话框，选择上一步创建的同心圆草图，设置图4-10所示的拉伸参数和选项（注意在“布尔运算”选项组中单击“加运算”按钮），然后单击“确定”按钮，完成拉伸操作。

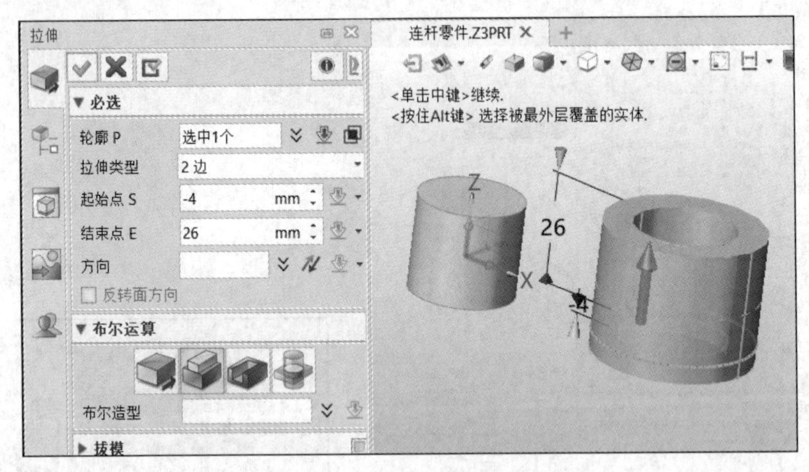

图4-10 拉伸同心圆生成实体

5 继续创建拉伸实体特征。

在“造型”选项卡的“基础造型”面板中单击“拉伸”按钮，打开“拉伸”对话框，在图形窗口中选择*XY*坐标面作为草绘平面，快速进入草图绘制模式。单击“圆”按钮、“直线”按钮、“几何约束”按钮、“单击修剪”按钮等绘制图4-11所示的闭合草图，然后单击“退出”按钮，完成并退出草图的绘制。

返回“拉伸”对话框，设置拉伸参数和选项，如图4-12所示，然后单击“确定”按钮，完成拉伸实体特征的创建。

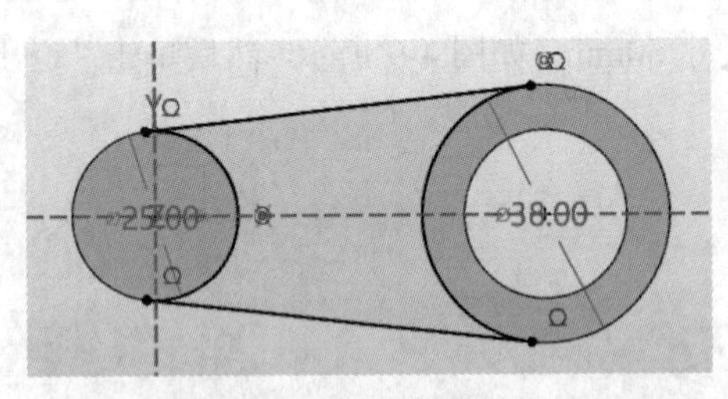

图4-11 绘制闭合草图

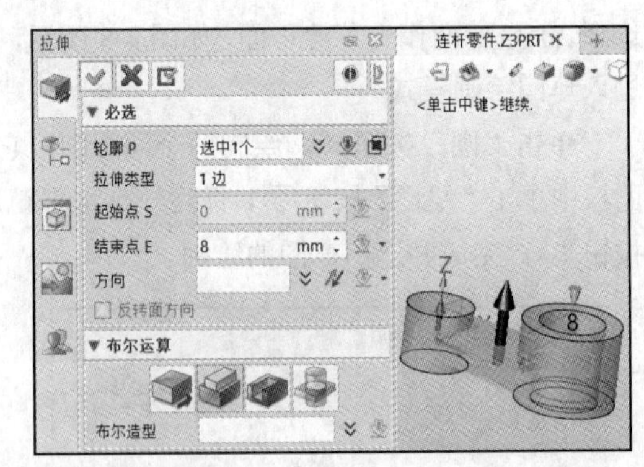

图4-12 创建拉伸实体特征

6 隐藏草图特征。

在管理器的特征节点树上右击要隐藏的草图特征，接着在弹出的快捷菜单中选择“隐藏”命令，如图4-13所示，从而将该草图特征隐藏。

7 创建筋板特征。

在“造型”选项卡的“基础造型”面板中单击“草图”按钮，选择*XZ*坐标面作为草绘平面，单击鼠标中键快速进入草图绘制模式，单击“多段线”按钮，绘制筋板草图线，如

图 4-14 所示，注意单击“快速标注”按钮，进行标注，然后单击“退出”按钮，完成并退出草图的绘制。

知识点拨：为了判断所绘制的草图状况，可以在 DA 工具栏中单击“打开/关闭颜色识别栏”按钮、“打开/关闭显示开放端点”按钮、“打开/关闭着色封闭环”按钮。

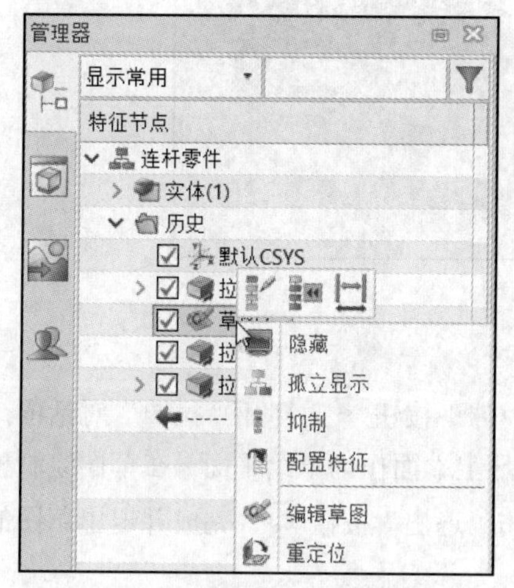

图 4-13　隐藏指定的草图特征

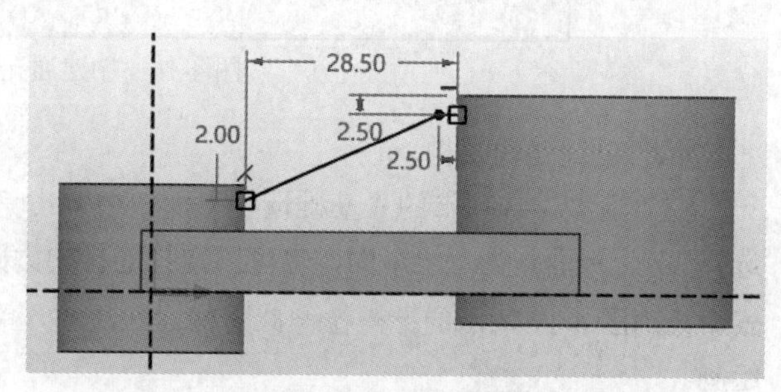

图 4-14　绘制筋板草图线

在“造型”选项卡的“工程特征”面板中单击“筋”按钮，打开“筋”对话框，选择刚才绘制的筋板草图线，设置筋方向为“平行”、宽度类型为“两者”、宽度 *W* 为“5mm”、角度 *A* 为“0deg”，确保筋板的填充箭头方向指向实体内侧，如图 4-15 所示，然后单击“确定”按钮，完成筋板特征的创建。

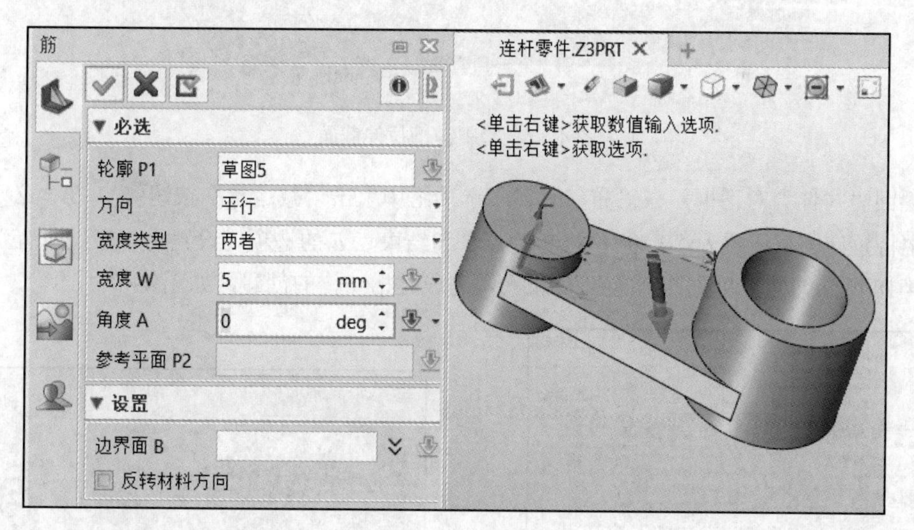

图 4-15　创建筋板特征

此时可以将筋板草图线隐藏。

5 创建通孔结构。

在“造型”选项卡的“基础造型”面板中单击“圆柱体”按钮，指定中心点坐标为“0,0,-8”、半径为“7.5mm”、长度为“22mm”，单击“减运算”按钮，如图 4-16 所示，然后单击“确定”按钮，完成通孔结构的创建。

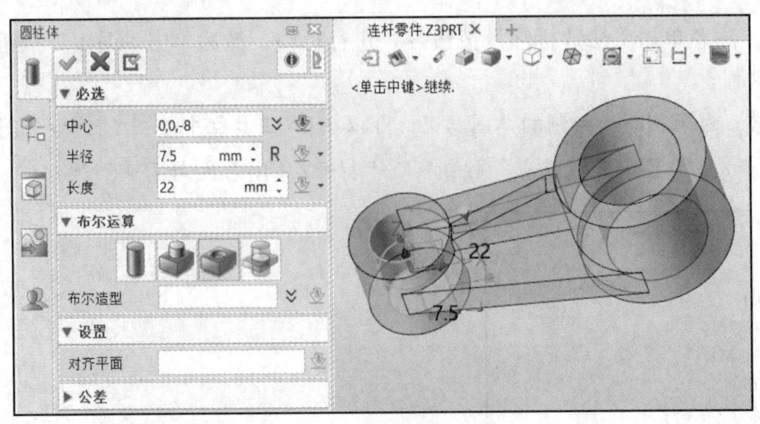

图 4-16 创建通孔结构

9 创建键槽结构。

在“造型”选项卡的“基础造型”面板中单击“拉伸”按钮，打开“拉伸”对话框，选择 *XY* 坐标面作为草绘平面，也可以选择连杆的大圆环上端面作为草绘平面，在草图绘制模式中绘制图 4-17 所示的键槽拉伸截面并标注尺寸，单击“退出”按钮，完成并退出草图的绘制。

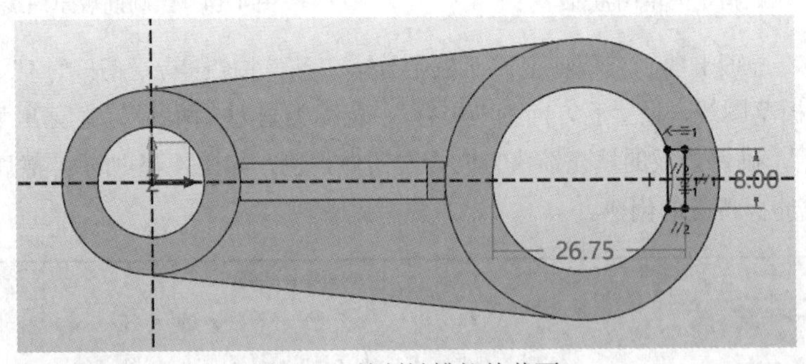

图 4-17 绘制键槽拉伸截面

返回“拉伸”对话框，在“布尔运算”选项组中单击“减运算”按钮，在“必选”选项组中将拉伸类型设置为“2 边”，将起始点 *S* 和结束点 *E* 的选项均设置为“穿过所有”，如图 4-18 所示，然后单击“确定”按钮，完成键槽结构的创建，如图 4-19 所示。

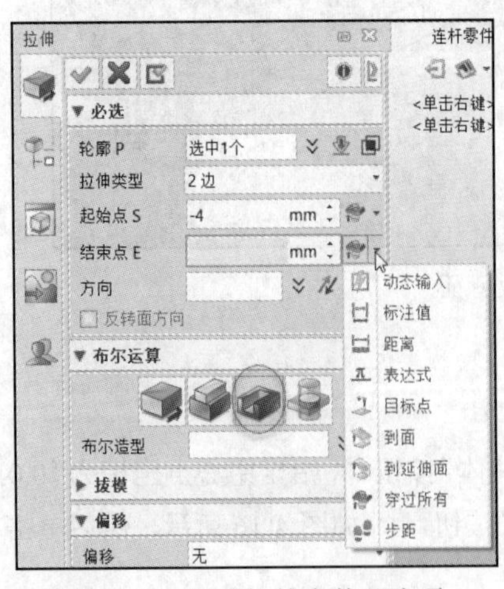

图 4-18 设置拉伸参数及选项

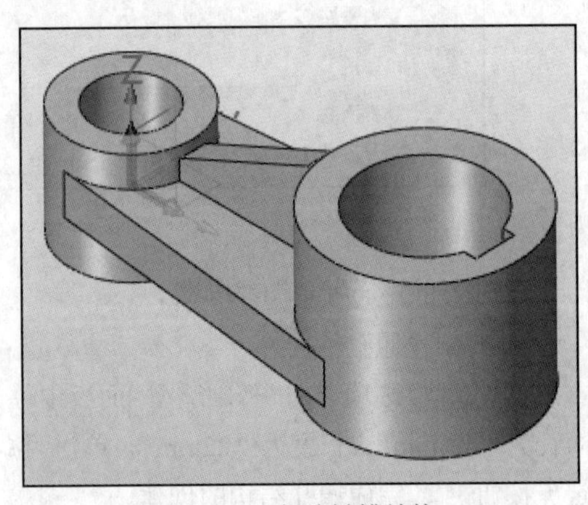

图 4-19 创建键槽结构

10 创建螺纹孔特征。

在“造型”选项卡的“工程特征”面板中单击“孔”按钮，打开“孔”对话框，在“必选”选项组单击“螺纹孔”按钮，接着在“位置”收集器右侧单击“展开”按钮，选择“草图”命令，选择 *XZ* 坐标面作为草绘平面，进入草图绘制模式，在“绘图”面板中单击“点”按钮+，绘制一个点，并单击“快速标注”按钮，为该点标注尺寸，如图 4-20 所示，单击“退出”按钮，完成并退出草图的绘制。

返回“孔”对话框，在“孔规格”选项组中设置相应的选项及参数，如图 4-21 所示，然后单击“确定”按钮，完成规格为 M6×1.0 螺纹孔的创建。

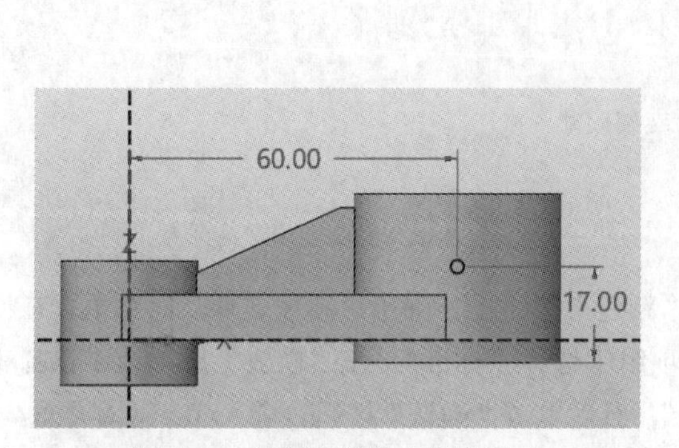

图 4-20　绘制点并为点标注尺寸

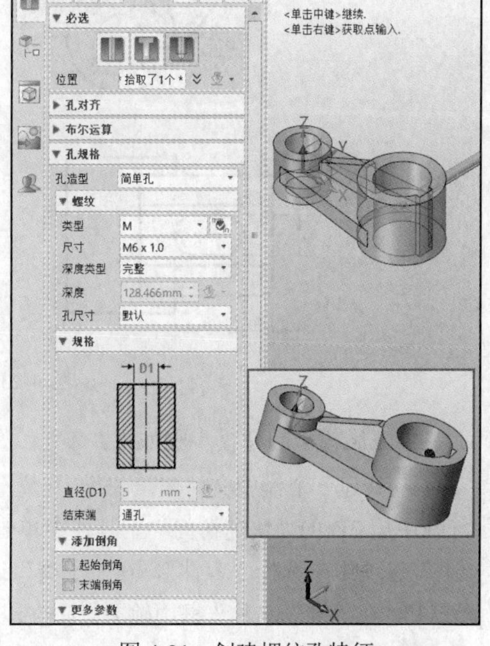

图 4-21　创建螺纹孔特征

11 保存文件。

至此，完成连杆的三维建模，如图 4-22 所示，按快捷键“Ctrl+S”保存文件。

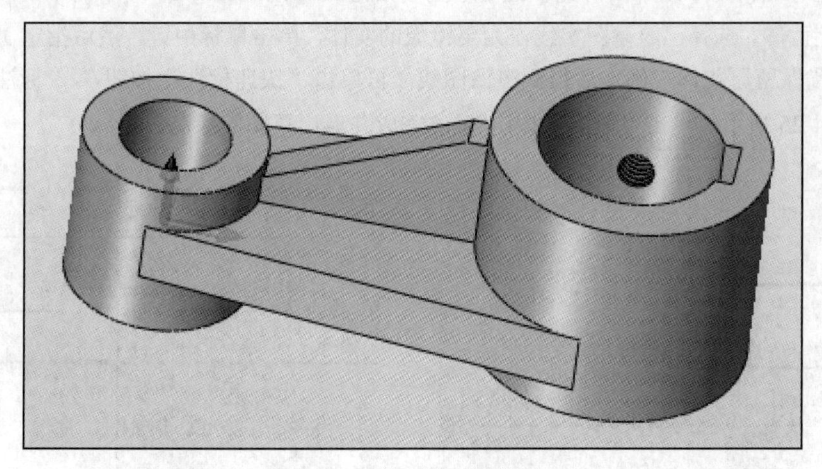
图 4-22　连杆的三维模型

4.1.2 支架三维建模

本小节介绍一个支架三维模型的建模设计，该支架的尺寸如图 4-23 所示，未注圆角为 R2。首先要掌握看图方法，剖析该支架的三维模型由哪些基本造型组成，这样在建模过程中能做到思路清晰，操作效率也会提高。支架也属于一种典型的叉架类零件。

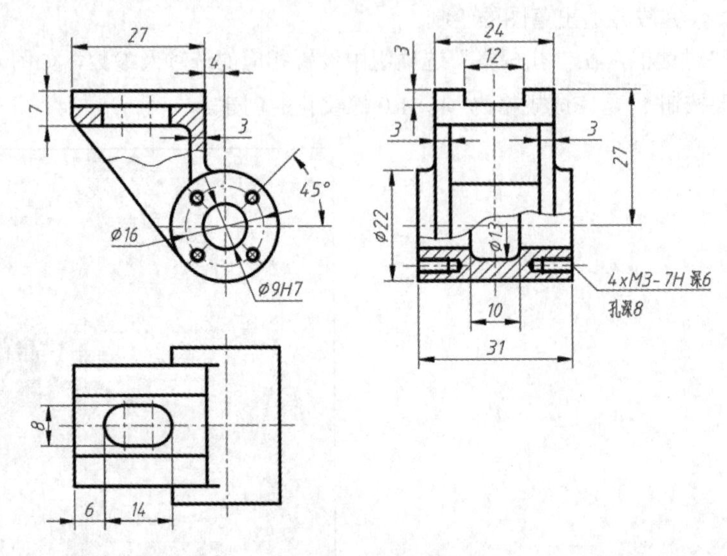

图 4-23 支架尺寸

支架三维模型的建模步骤如下。

1 新建一个模型文件。

在中望 3D 的“快速访问”工具栏中单击“新建”按钮，弹出“新建文件”对话框，在“类型”选项组中选择“零件”，在“子类”选项组中选择“标准”，在“模板”选项组中选择“[默认]”，在“唯一名称”框中输入“HY-支架”，然后单击“确认”按钮，进入 3D 建模界面。

2 创建旋转形体。

在“造型”选项卡的“基础造型”面板中单击“旋转”按钮，打开“旋转”对话框。选择 *XY* 坐标面作为草绘平面，先单击“绘图”按钮，绘制图 4-24 所示的草图，接着单击“镜像”按钮，选择已绘草图实线作为要镜像的实体，单击鼠标中键，然后指定 *Y* 轴作为镜像线，设置保留原实体，确定后得到镜像图线，再单击“快速标注”按钮，标注相应的尺寸，如图 4-25 所示，单击“退出”按钮，完成并退出草图的绘制。

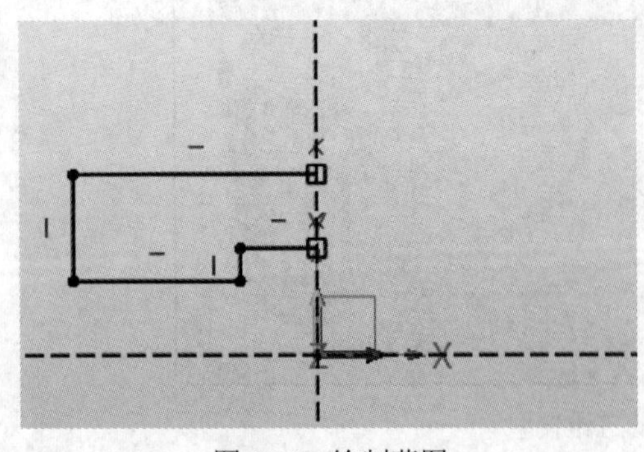

图 4-24 绘制草图

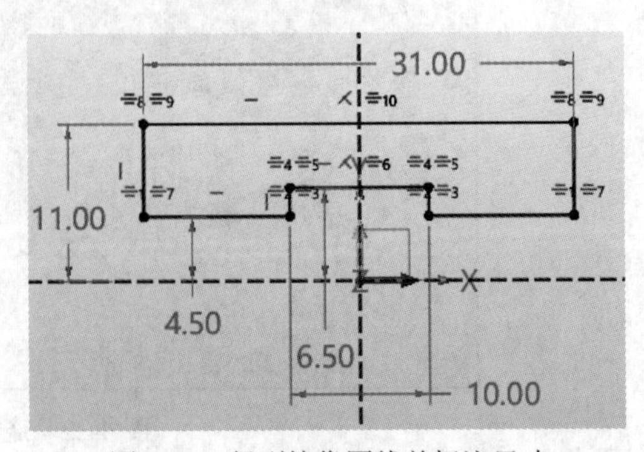

图 4-25 得到镜像图线并标注尺寸

选择 X 轴作为旋转轴，默认旋转 360°，单击“确定”按钮，创建图 4-26 所示的旋转基本体。

3 创建拉伸实体。

在“造型”选项卡的“基础造型”面板中单击“拉伸”按钮，选择 XZ 坐标面作为草绘平面，绘制图 4-27 所示的拉伸截面草图，单击“退出”按钮，完成并退出草图的绘制。

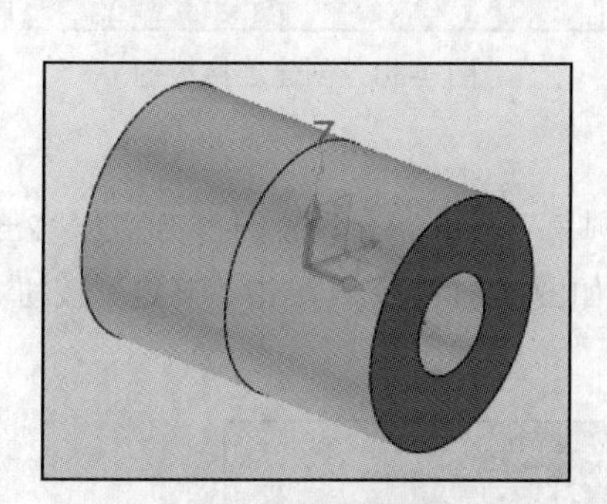

图 4-26　创建旋转基本体

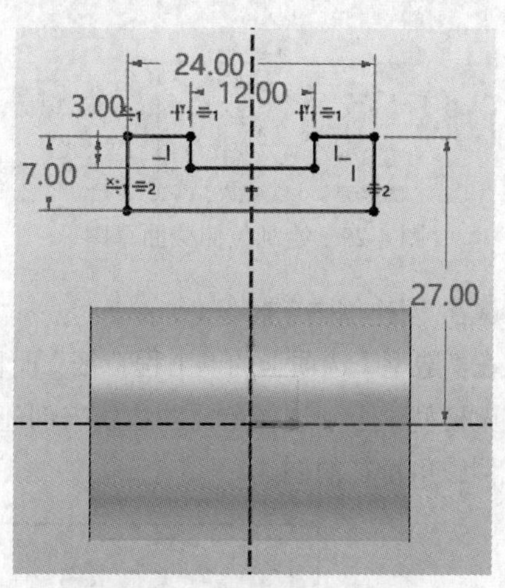

图 4-27　绘制拉伸截面草图

返回“拉伸”对话框，设置拉伸类型为“2 边”、起始点 S 为“3mm”、结束点 E 为“30mm”，在“布尔运算”选项组中单击“加运算”按钮，如图 4-28 所示，单击“确定”按钮，完成拉伸实体的创建。

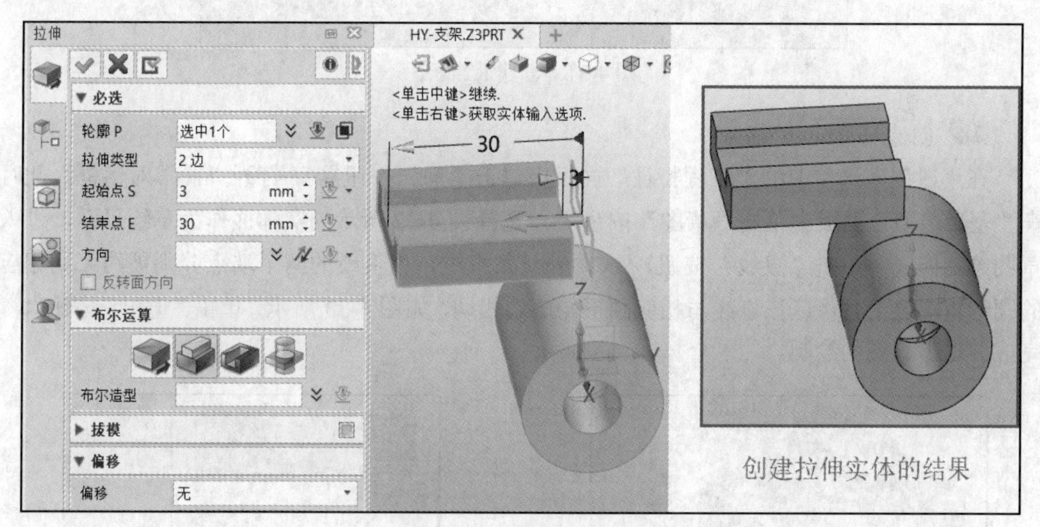

图 4-28　创建拉伸实体

4 创建连接板壁。

在“造型”选项卡的“基础造型”面板中单击“拉伸”按钮，选择 YZ 坐标面作为草绘平面，绘制图 4-29 所示的拉伸截面草图，单击“退出”按钮，完成并退出草图的绘制。

返回“拉伸”对话框，设置拉伸类型为“2 边”、起始点 S 为“−12mm”、结束点 E 为“12mm”、布尔运算为“加运算”，单击“确定”按钮，效果如图 4-30 所示。

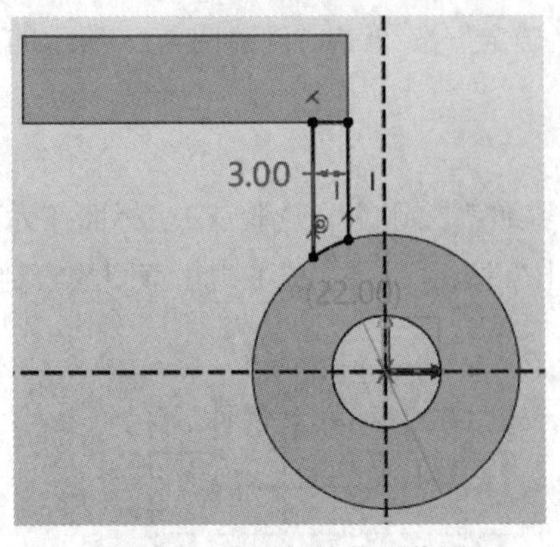

图4-29 绘制拉伸截面草图

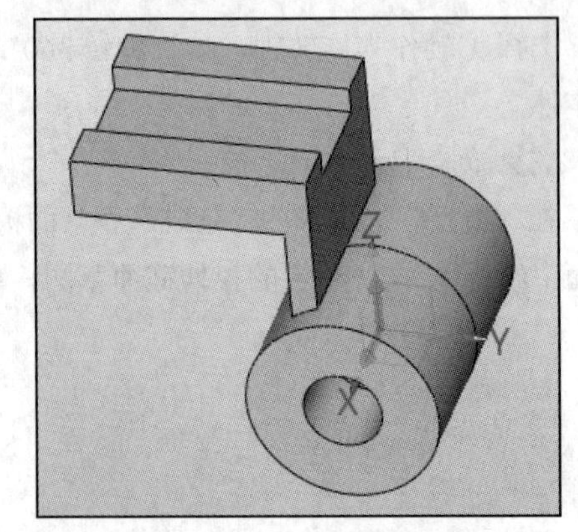

图4-30 创建连接板壁

5 创建倒圆角特征。

在“造型”选项卡的“工程特征”面板中单击“圆角”按钮，设置圆角半径为“2mm”，在支架模型中分别选择所需的边线来创建R2圆角，如图4-31所示，单击“确定”按钮，完成倒圆角特征的创建。

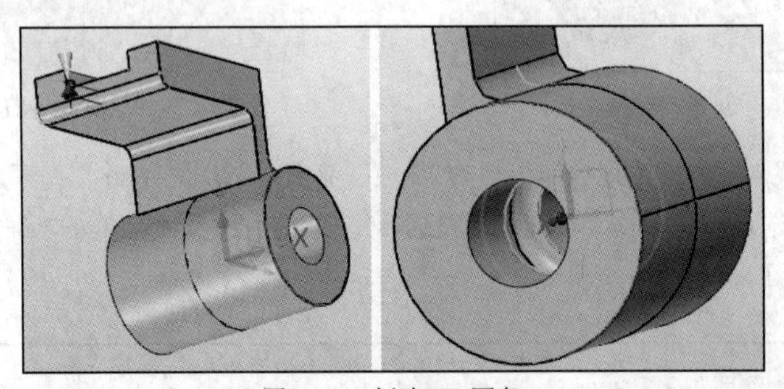

图4-31 创建R2圆角

6 创建筋特征（“筋1”）。

在“造型”选项卡的“工程特征”面板中单击“筋”按钮，打开“筋”对话框，此时在“基础造型”面板中单击“草图”按钮，选择图4-32所示的实体面作为草绘平面，进入草图绘制模式。单击“直线”按钮，绘制一条直线，该直线的两个端点分别被约束到相应的圆形轮廓边上且保证该直线与相应圆形轮廓边相切，如图4-33所示，单击“退出”按钮，完成并退出草图的绘制。

图4-32 指定草绘平面

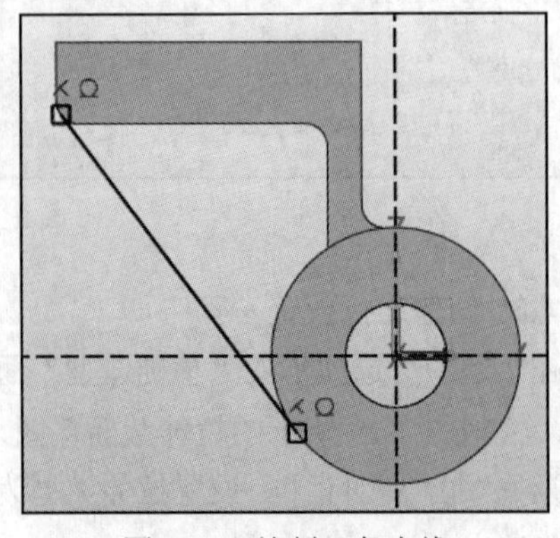

图4-33 绘制一条直线

确保选择刚才绘制的草图直线作为筋轮廓，方向为“平行”，宽度类型为“第二边”，宽度 *W* 为“3mm”，角度 *A* 为“0deg”，勾选“反转材料方向”复选框，以使筋填充箭头指向实体（需要结合预览进行设置，以实际预览效果为准），如图 4-34 所示，单击“确定”按钮，完成筋特征（“筋 1”）的创建。

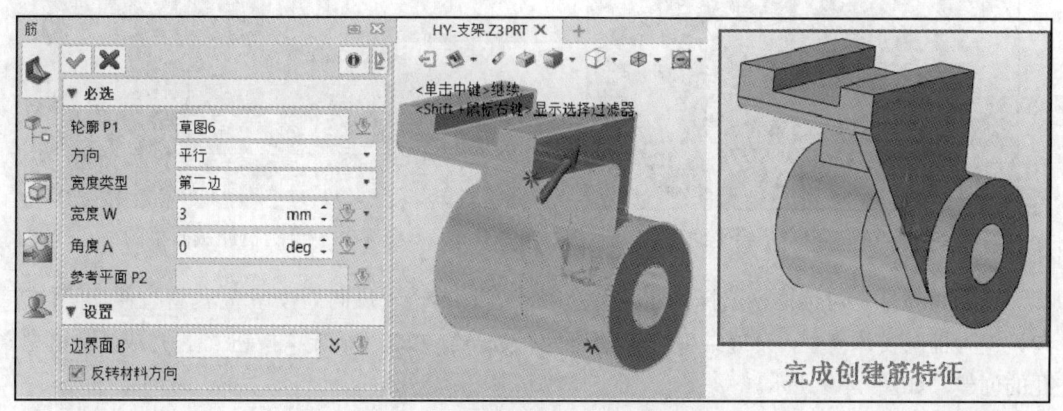

图 4-34 创建筋特征（“筋 1”）

7 镜像筋特征（“筋 1”）。

在“造型”选项卡的“基础编辑”面板中单击“镜像特征”按钮，选择筋特征（“筋 1”）作为要镜像的特征，单击鼠标中键确认并进入下一步，选择 *YZ* 坐标面作为镜像平面，在“设置”选项组中选中“复制”单选按钮，如图 4-35 所示，然后单击“确定”按钮，完成筋特征（“筋 1”）的镜像，如图 4-36 所示。

图 4-35 “镜像特征”对话框

图 4-36 镜像筋特征（“筋 1”）

8 创建“跑道型”孔。

在“造型”选项卡的“基础造型”面板中单击“拉伸”按钮，打开“拉伸”对话框，在“布尔运算”选项组中单击“减运算”按钮，选择图 4-37 所示的实体平整面作为草绘平面，绘制图 4-38 所示的拉伸截面草图，单击“退出”按钮，完成并退出草图的绘制。

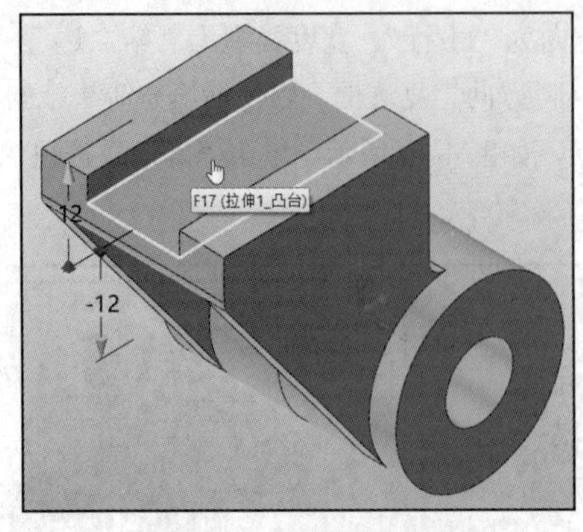

图 4-37 指定草绘平面

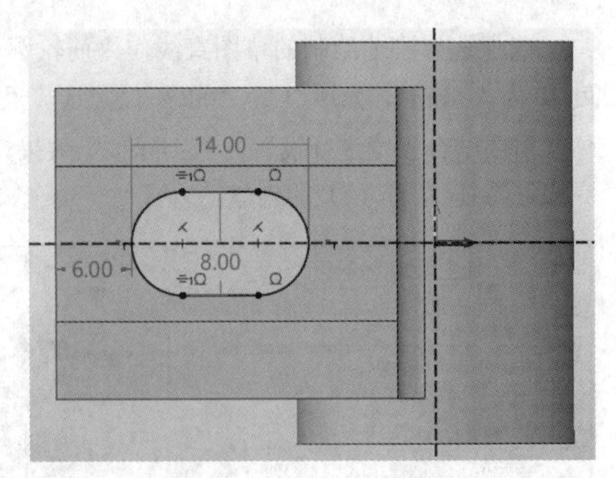

图 4-38 绘制拉伸截面草图

返回“拉伸”对话框，选择拉伸类型为“1 边”，单击“反向”按钮，将拉伸切除的方向设置为指向实体模型，设置结束点 *E* 的值为“5mm”，单击“确定”按钮，完成“跑道型”孔的创建，如图 4-39 所示。

图 4-39 创建“跑道型”孔

9 创建一组螺纹孔。

在“造型”选项卡的“工程特征”面板中单击“孔”按钮，打开“孔”对话框，在“必选”选项组中单击“螺纹孔”按钮，在“孔规格”选项组中将孔造型设置为“简单孔”，在“螺纹”选项组中设置类型为“M”、尺寸为“M3×0.5”、深度为“6mm”，在“规格”选项组中设置结束端为“盲孔”、深度（*H*1）为“8mm”，如图 4-40 所示。

在“必选”选项组的“位置”收集器右侧单击“展开”按钮，接着从展开的选项列表中选择“草图”命令，打开“草图”对话框，选择图 4-41 所示的实体平整面作为草绘平面，进入草图绘制模式。

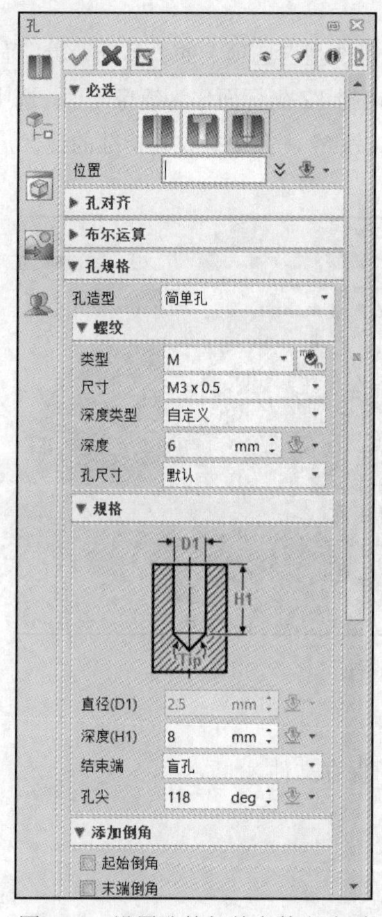

图 4-40 设置孔的相关参数和选项

图 4-41 指定草绘平面

在“草图”选项卡的“绘图”面板中单击“圆”按钮○，绘制一个直径为 16mm 的圆，接着右击该圆并从弹出的快捷菜单中选择“切换类型”命令，从而将该圆切换为构造线，构造线以虚线显示；单击“点”按钮+，在构造线的预计位置处绘制一个点，接着单击“角度标注”按钮，为该点创建一个角度尺寸，然后再单击“点”按钮+，利用追踪对齐关系绘制其他 3 个点，效果如图 4-42 所示，最后单击“退出”按钮，完成并退出草图的绘制。

在“孔”对话框中，单击“确定”按钮，创建图 4-43 所示的 4 个螺纹孔。

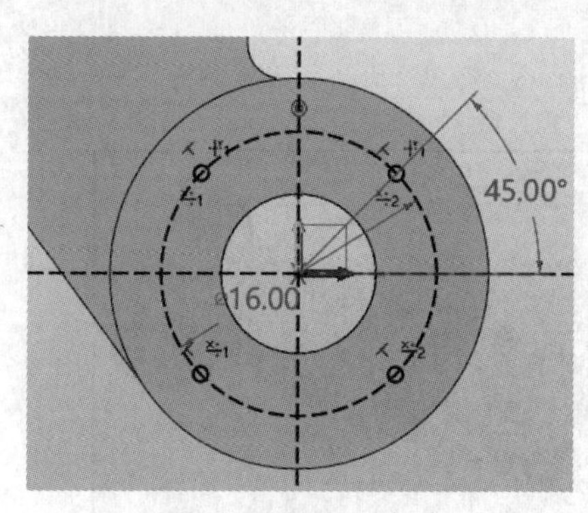

图 4-42 绘制 4 个点

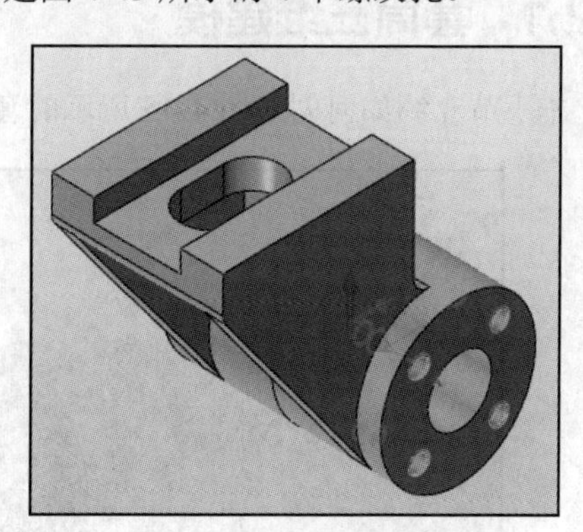

图 4-43 创建 4 个螺纹孔

10 镜像螺纹孔特征。

确保刚创建的 4 个螺纹孔处于被选中的状态，在“造型”选项卡的“基础编辑”面板中单击“镜像特征”按钮，打开“镜像特征”对话框，选择 *YZ* 坐标面作为镜像平面，选中“设置”选项组中的“复制”单选按钮，再单击“确定”按钮，完成螺纹孔特征的镜像，效果如图 4-44 所示。

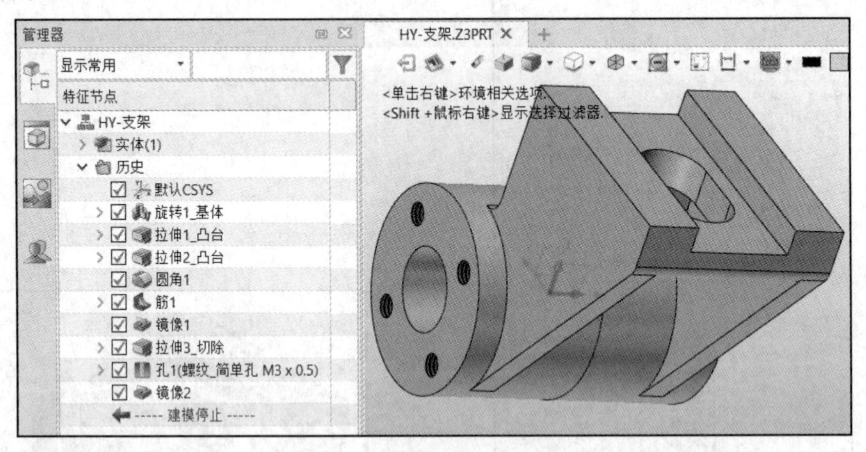

图 4-44 镜像螺纹孔特征

11 保存文件。

至此，完成支架的三维建模，按快捷键“Ctrl+S”保存文件。

4.2 轴套类零件三维建模

轴套类零件一般由位于同一轴线上若干段直径不同的回转体构成，其轴向尺寸通常大于径向尺寸，在结构上常见的设计有键槽、退刀槽、倒角、圆角、销孔、螺纹、顶尖孔（中心孔）、锥度等。轴套类零件一般是通过车床和磨床来加工的。

本节以套筒三维建模和齿轮轴三维建模为例进行介绍。

4.2.1 套筒三维建模

本小节介绍如何创建图 4-45 所示的套筒三维模型。

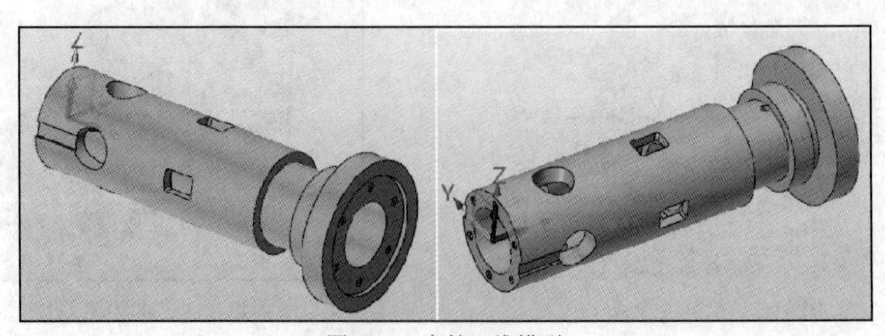

图 4-45 套筒三维模型

套筒三维模型的建模步骤如下。

1 新建一个模型文件。

在中望 3D 的“快速访问”工具栏中单击“新建”按钮，弹出“新建文件”对话框，在“类型”选项组中选择“零件”，在“子类”选项组中选择“标准”，在“模板”选项组中选择“[默认]”，在“唯一名称”框中输入“HY-套筒”，然后单击“确认”按钮，进入 3D 建模界面。

2 创建旋转基体。

在“造型”选项卡的“基础造型”面板中单击“旋转”按钮，打开“旋转”对话框。选择 *XY* 坐标面作为草绘平面，单击“绘图”按钮，绘制草图，并单击“快速标注”按钮，标注相应的尺寸，如图 4-46 所示，单击“退出”按钮，完成并退出草图的绘制。

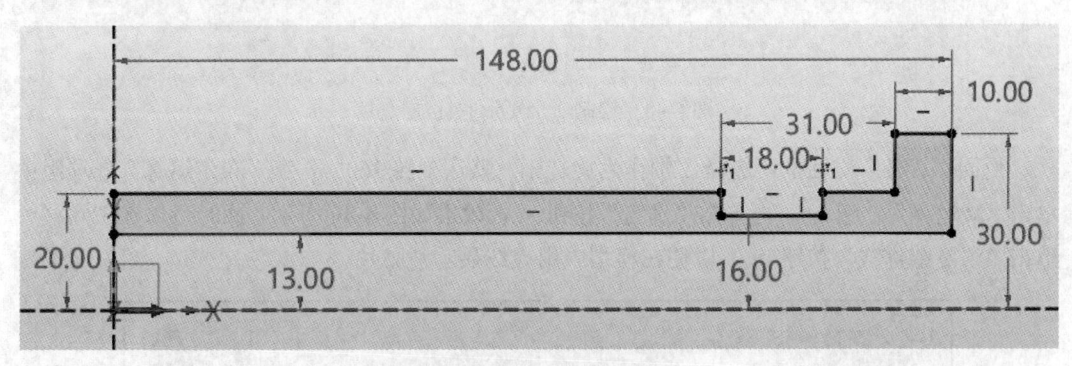

图 4-46 绘制草图并标注尺寸

指定 *X* 轴为旋转轴，设置旋转类型为“2 边”、起始角度 *S* 为“0deg”、结束角度 *E* 为“360deg”，偏移类型选择为“无”，默认选中“两端封闭”，单击“确定”按钮，创建图 4-47 所示的旋转基体。

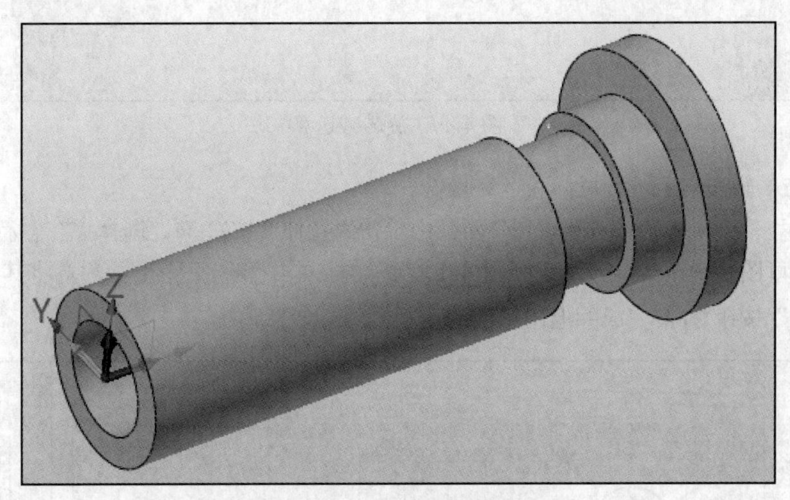

图 4-47 创建旋转基体

3 以旋转的方式切除实体材料。

在“造型”选项卡的“基础造型”面板中单击“旋转”按钮，打开“旋转”对话框，同样选择 *XY* 坐标面作为草绘平面，进入草图绘制模式，单击“矩形”按钮，绘制 3 个矩形，单击“线性标注”按钮，标注尺寸，如图 4-48 所示，单击“退出”按钮，完成并退出草图的绘制。

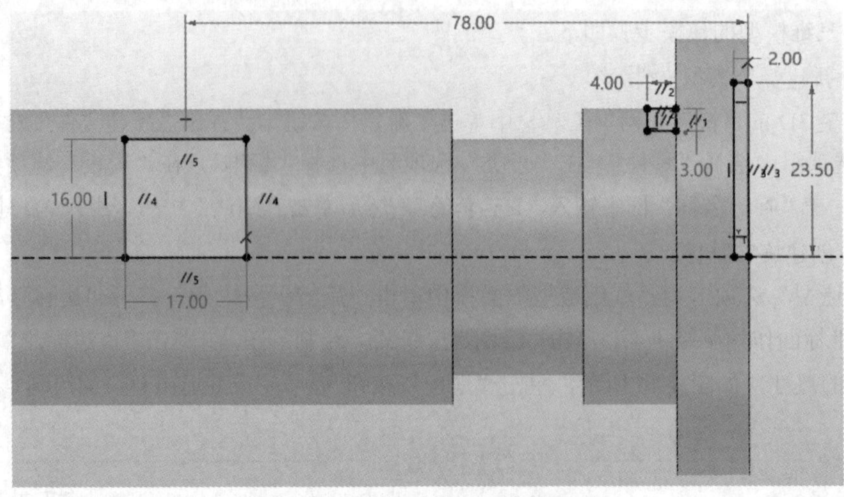

图 4-48 绘制 3 个矩形并标注尺寸

返回“旋转”对话框，选择 X 轴作为旋转轴，默认旋转 360°，在“布尔运算”选项组中单击“减运算”按钮，再单击“确定”按钮，效果如图 4-49 所示。此时可以在工具栏中单击“消隐线虚线”按钮，以便在模型中用虚线显示消隐线。

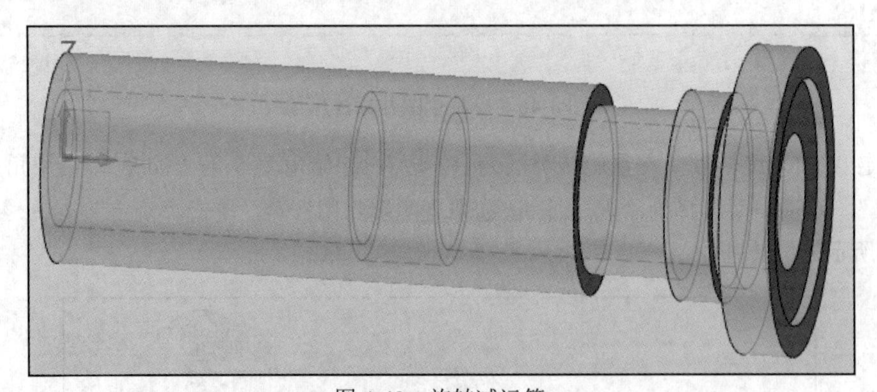

图 4-49 旋转减运算

4 在 Y 轴方向上进行拉伸减运算操作。

在“造型”选项卡的“基础造型”面板中单击“拉伸”按钮，选择 XZ 坐标面作为草绘平面，进入草图绘制模式，分别绘制图 4-50 所示的一个圆和一个矩形，注意将其明确约束，单击“退出”按钮，完成并退出草图的绘制。

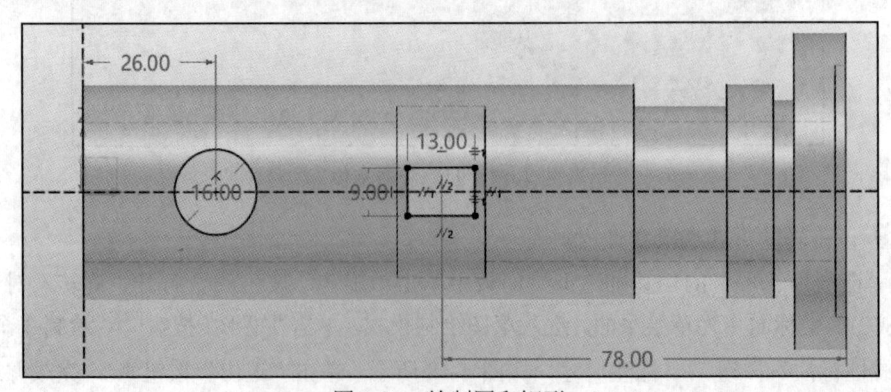

图 4-50 绘制圆和矩形

返回“拉伸”对话框，在“布尔运算”选项组中单击“减运算”按钮，在“必选”选项组的“拉伸类型”下拉列表中选择“2 边”，将起始点 *S* 和结束点 *E* 的深度选项均选择为“穿过所有”，单击“应用”按钮，即可完成在 *Y* 轴方向上进行拉伸减运算的操作，效果如图 4-51 所示。

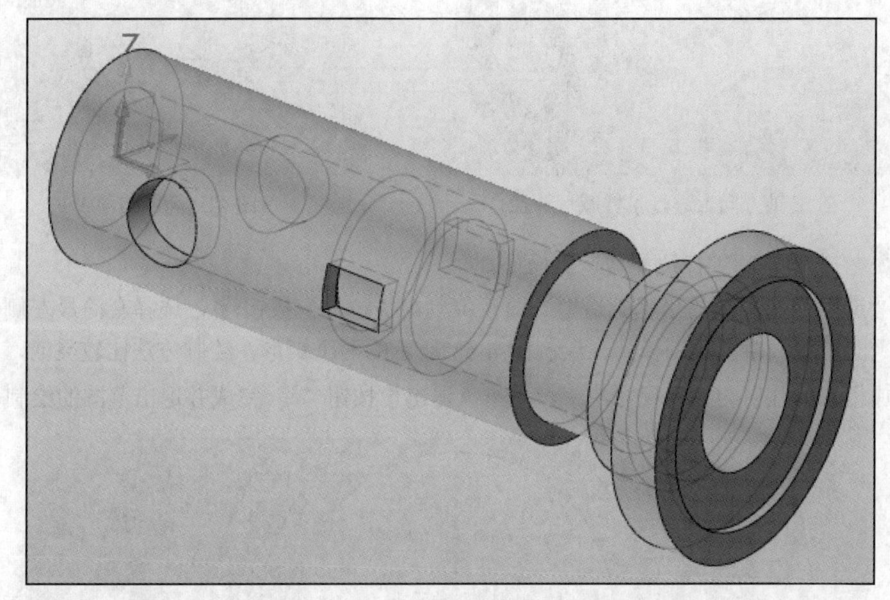

图 4-51　在 *Y* 轴方向上进行拉伸减运算操作

5 在 *Z* 轴方向上进行拉伸减运算操作。

选择 *XY* 坐标面作为草绘平面，进入草图绘制模式，绘制图 4-52 所示的一个圆和一个矩形，并将其明确约束，单击“退出”按钮，完成并退出草图的绘制。

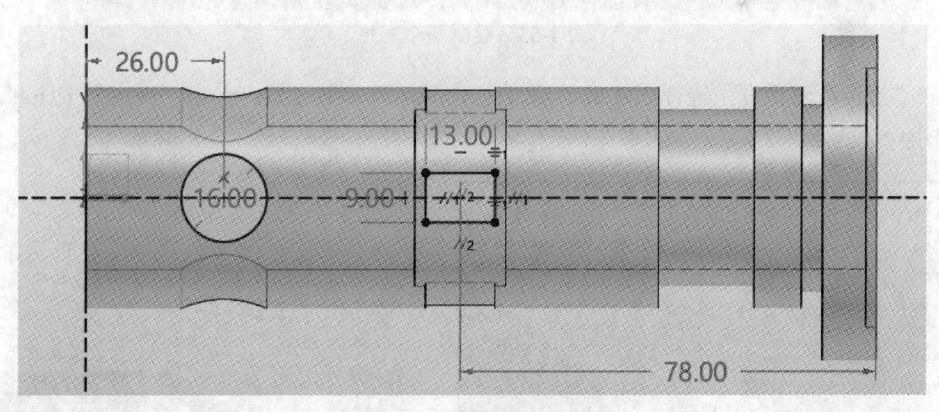

图 4-52　绘制圆和矩形

返回“拉伸”对话框，在“布尔运算”选项组中单击“减运算”按钮，在“必选”选项组中设置拉伸类型为“2 边”，将起始点 *S* 和结束点 *E* 的深度选项均选择为“穿过所有”，单击“确定”按钮，即可完成在 *Z* 轴方向上进行拉伸减运算的操作，效果如图 4-53 所示。

6 倒圆角 1。

在“造型”选项卡的“工程特征”面板中单击“圆角”按钮，设置圆角半径为“1mm”，分别选择图 4-54 所示的矩形切口的短边线来完成倒圆角 1 特征。

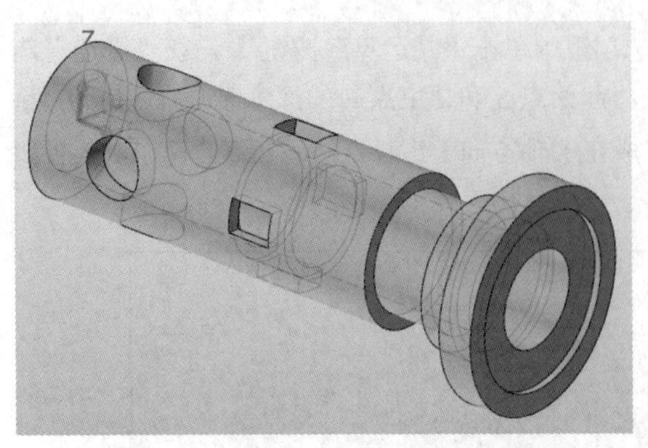

图 4-53 在 Z 轴方向上进行拉伸减运算操作

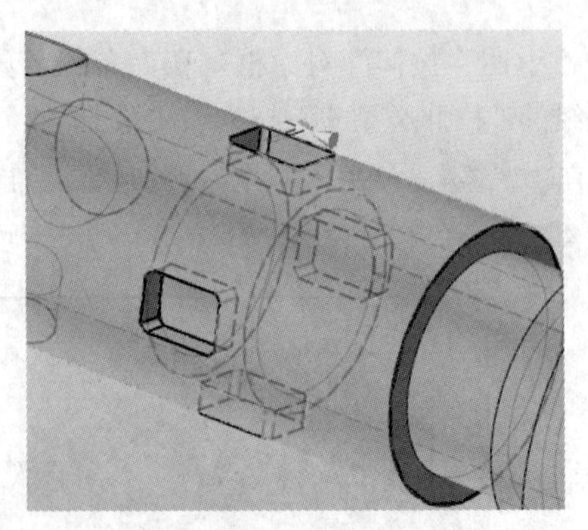

图 4-54 倒圆角 1

7 在套筒左侧进行拉伸减运算操作。

在“造型”选项卡的“基础造型”面板中单击“拉伸”按钮，选择套筒最左侧的面作为草绘平面，进入草图绘制模式，绘制图 4-55 所示的两个矩形，绘制方法比较灵活，注意给矩形添加相应的几何约束和尺寸约束，单击“退出”按钮，完成并退出草图的绘制。

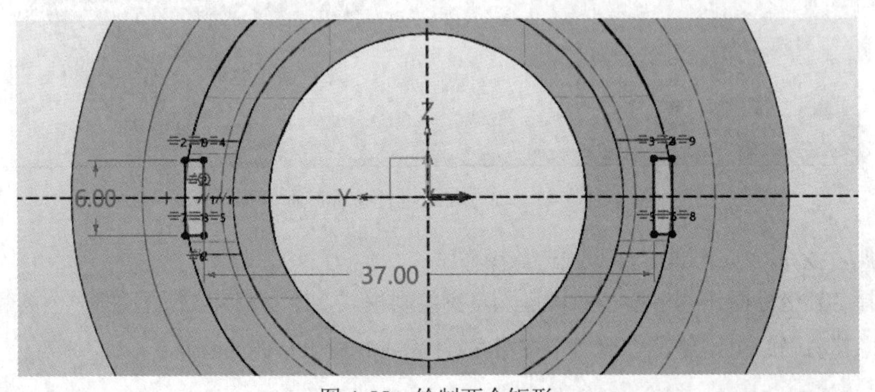

图 4-55 绘制两个矩形

在“拉伸”对话框中进行图 4-56 所示的拉伸减运算参数设置，单击“确定”按钮，效果如图 4-57 所示。

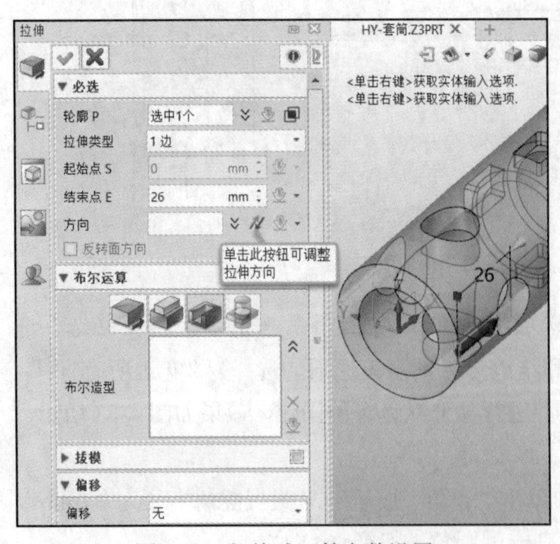

图 4-56 拉伸减运算参数设置

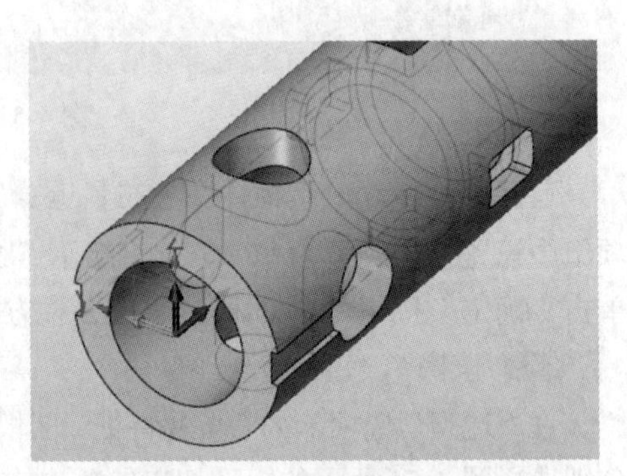

图 4-57 拉伸减运算效果

8 创建一个倾斜小孔。

在“造型”选项卡的“基础造型”面板中单击“旋转”按钮，打开“旋转”对话框，选择 *XZ* 坐标面作为草绘平面，进入草图绘制模式，绘制图 4-58 所示的一个倾斜的矩形，其右侧长边经过套筒轮廓边的一个角点，单击“退出”按钮，完成并退出草图的绘制。

返回“旋转”对话框，选择倾斜矩形的左侧长边定义旋转轴，设置旋转类型为“1 边”、结束角度 *E* 为“360°”、布尔运算为“减运算”，单击“确定”按钮，效果如图 4-59 所示。

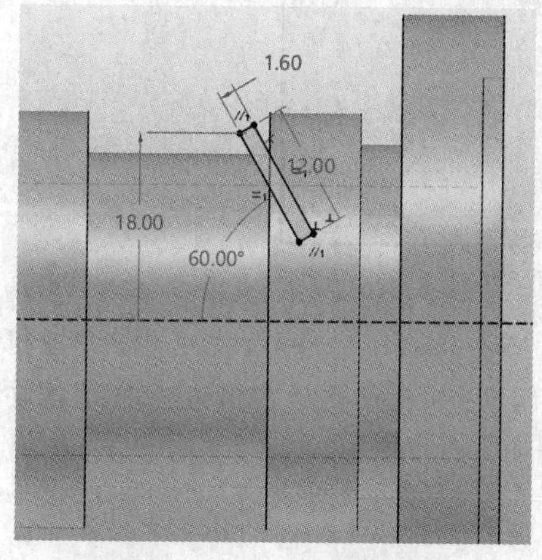

图 4-58　绘制一个倾斜的矩形

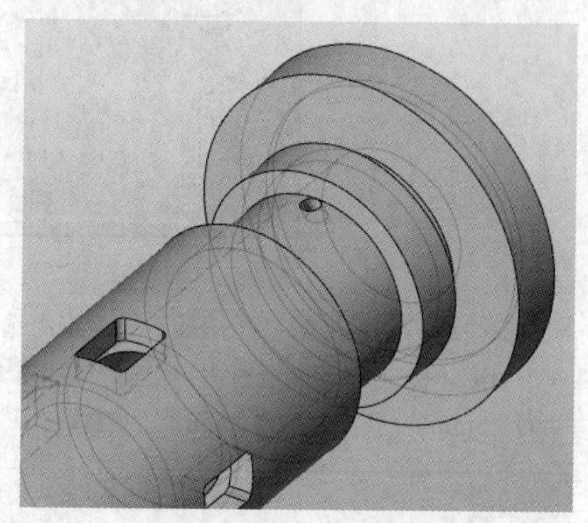
图 4-59　创建一个倾斜小孔

9 镜像倾斜的小孔。

在历史特征树上选择刚创建的倾斜小孔，在“造型”选项卡的“基础编辑”面板中单击“镜像特征”按钮，选择 *XY* 坐标面作为镜像平面，确保选中“复制”单选按钮，单击“确定”按钮，完成倾斜小孔的镜像。

10 在套筒左端面创建均布的螺纹孔。

在“造型”选项卡的“工程特征”面板中单击“孔”按钮，接着在“孔”对话框的“必选”选项组中单击“螺纹孔”按钮，在“位置”收集器右侧单击“展开”按钮，选择“草图”命令，选择套筒左端面作为草绘平面，进入草图绘制模式。先单击“圆”按钮，绘制一个圆，接着选中该圆后右击，从弹出的快捷菜单中选择“切换类型”命令，从而将所选圆转换为构造圆。单击“点”按钮，在构造圆与竖直中心线的上方交点处创建一个点，如图 4-60 所示。单击“阵列”按钮，设置阵列类型为“圆形”，选择刚创建的点作为要阵列的基体，单击鼠标中键，指定阵列圆心，从“间距”下拉列表中选择“数目和间距”，将数目设置为“6”，将间距角度设置为“60deg”，勾选“添加标注”复选框，如图 4-61 所示，单击“阵列”对话框的“确定”按钮，然后

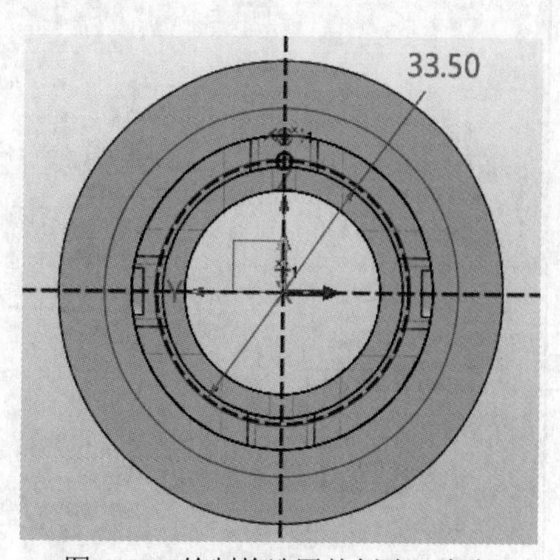

图 4-60　绘制构造圆并创建一个点

单击“退出”按钮，完成并退出草图的绘制。

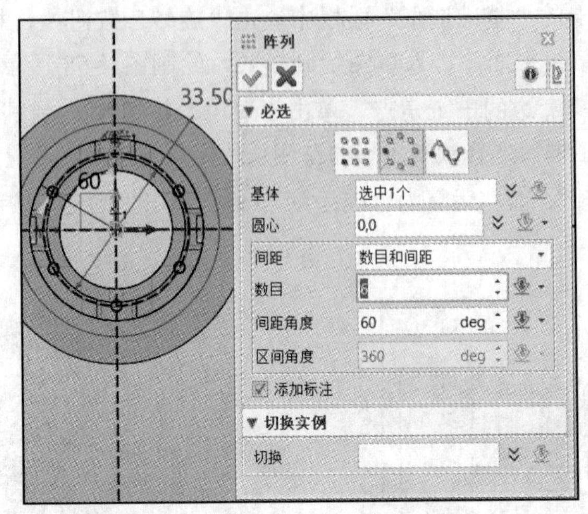

图 4-61 阵列点

在“孔”对话框的“孔模板”选项组中选择“M4×0.7-6H”，接着设置孔规格参数和选项，如图 4-62 所示，然后单击“应用”按钮，创建一组孔模板为“M4×0.7-6H”、螺纹深度为“8mm”、孔深度为“10mm”的螺纹孔，效果如图 4-63 所示。

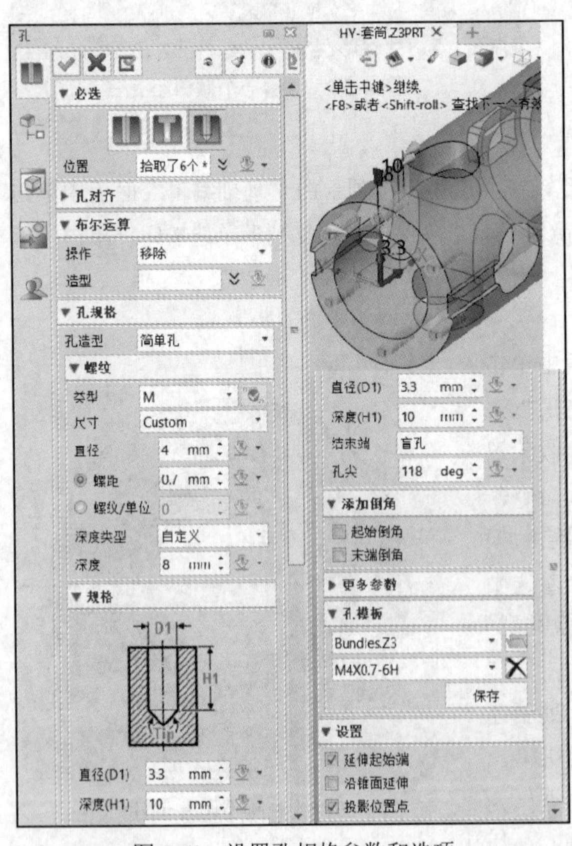

图 4-62 设置孔规格参数和选项

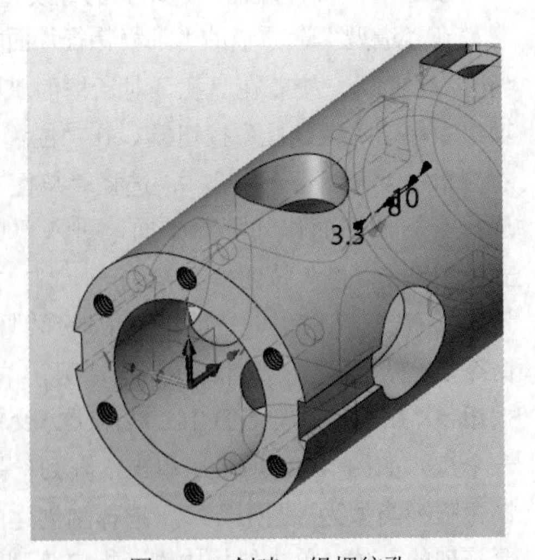

图 4-63 创建一组螺纹孔

11 再创建一组螺纹孔。

依旧在“孔”对话框，在“位置”收集器右侧单击“展开”按钮，选择“草图”命令，选择图 4-64 所示的实体面作为草绘平面，进入草图绘制模式。

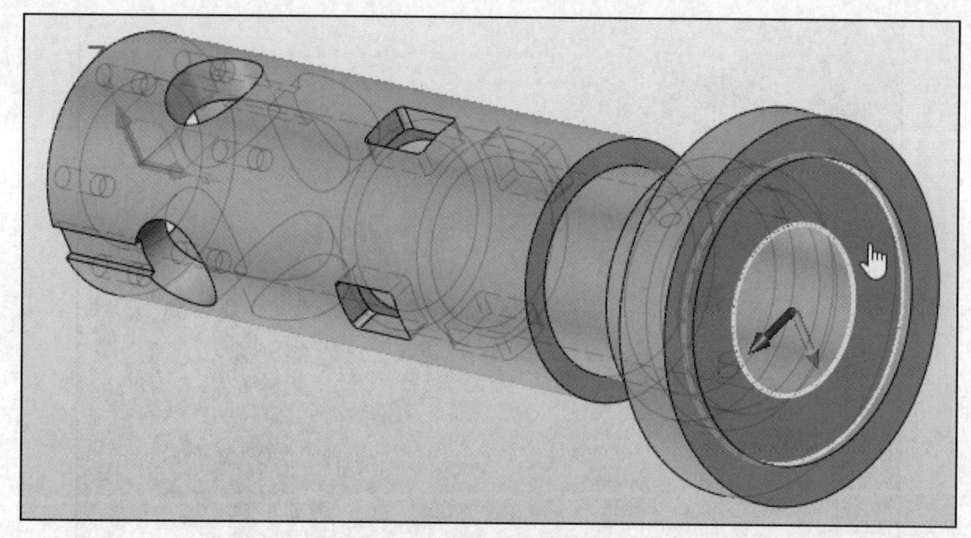

图 4-64 指定新草绘平面

依次单击“点”按钮 + 和“阵列”按钮，绘制图 4-65 所示的一组均布点，单击“退出”按钮，完成并退出草图的绘制。接着在“孔”对话框中按照图 4-66 所示设置孔规格参数，最后单击“确定”按钮，完成这一组螺纹孔的创建。

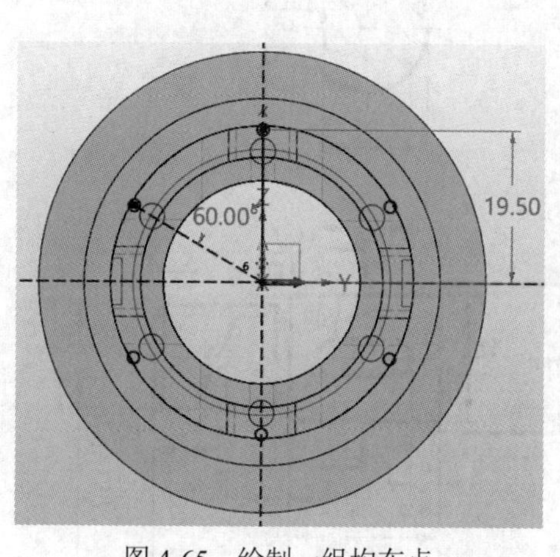

图 4-65 绘制一组均布点

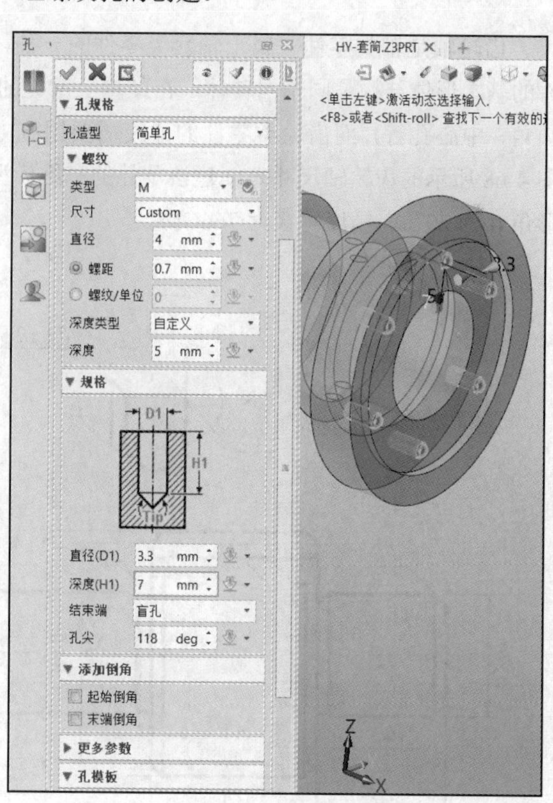

图 4-66 设置孔规格参数

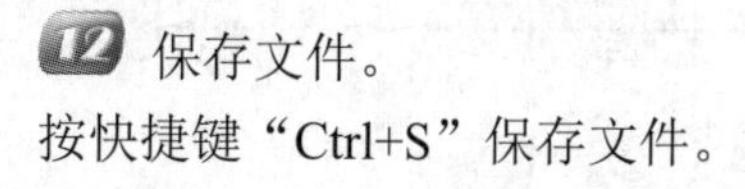

12 保存文件。

按快捷键“Ctrl+S”保存文件。

至此，完成套筒的三维建模，如图4-67所示。

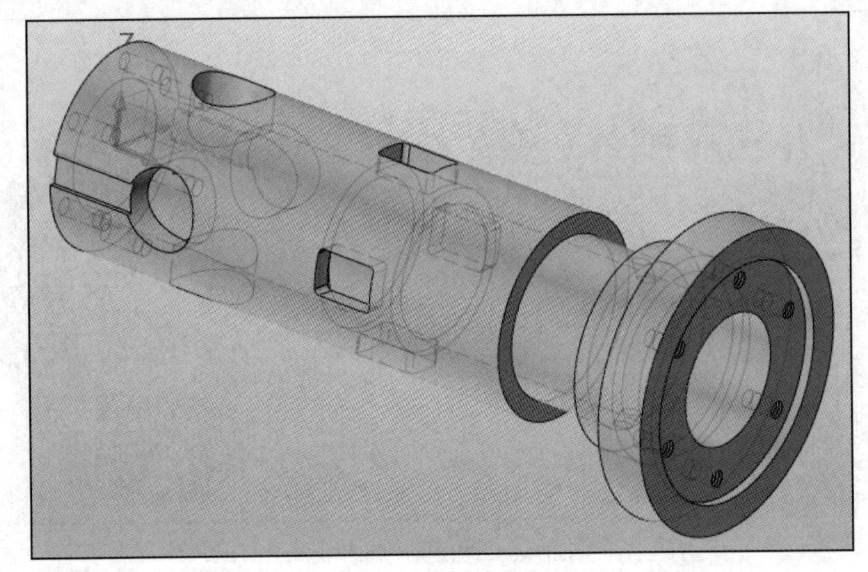

图4-67 套筒的三维模型

4.2.2 齿轮轴三维建模

齿轮轴是轴类零件（属于轴套类零件的一种，多为实心）与齿轮类零件的组合。轴类零件的基本形体结构是同轴回转体，在结构上常见的设计有退刀槽、键槽、螺纹、内孔、倒角、圆角、中心孔等，而齿轮类零件的建模需要用到方程式来辅助构建齿轮的轮齿。本小节根据图4-68所示的齿轮轴尺寸来创建该零件的三维模型，其中齿轮模数 m 为2，齿数 Z 为18，齿形角 α 为20°，精度等级为766GM。

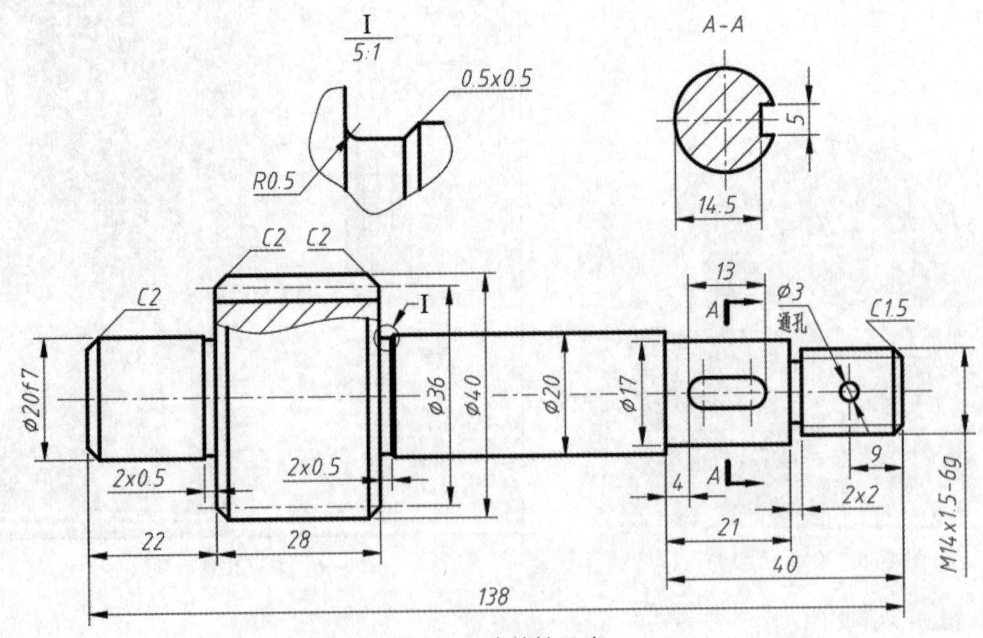

图4-68 齿轮轴尺寸

齿轮轴三维模型的建模步骤如下。

1 新建一个模型文件。

在中望 3D 的“快速访问”工具栏中单击“新建”按钮，弹出“新建文件”对话框，在“类型”选项组中选择“零件”，在“子类”选项组中选择“标准”，在“模板”选项组中选择“[默认]”，在“唯一名称”框中输入“HY-齿轮轴”，然后单击“确认”按钮，进入 3D 建模界面。

2 创建旋转基本体。

在“造型”选项卡的“基础造型”面板中单击“旋转”按钮，打开“旋转”对话框。选择 *XY* 坐标面作为草绘平面，单击“绘图”按钮，绘制图 4-69 所示的旋转截面，注意要使用相应的草图标注工具标注所需的尺寸，然后单击“退出”按钮，完成并退出草图的绘制。

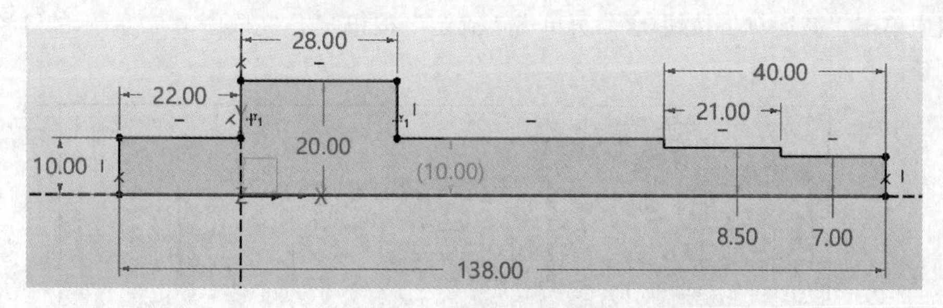

图 4-69　绘制旋转截面

返回“旋转”对话框，选择 *X* 轴作为旋转轴，默认旋转 360°，单击“确定”按钮，创建图 4-70 所示的旋转基本体。

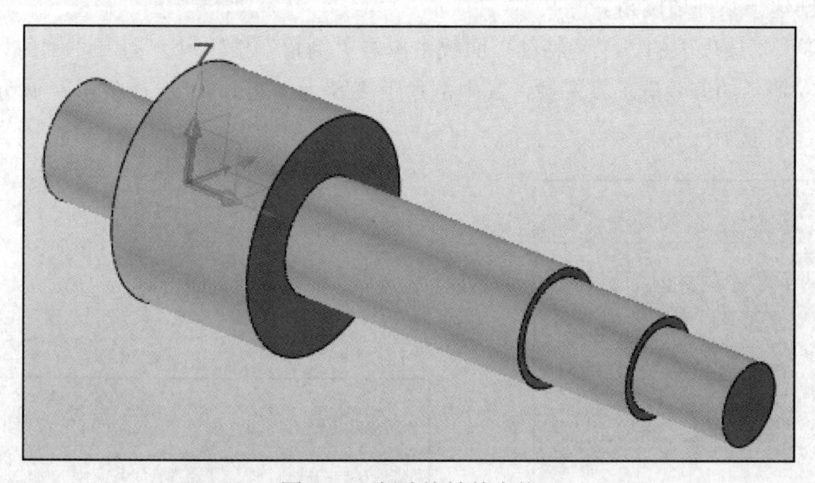

图 4-70　创建旋转基本体

3 以旋转的方式创建环形槽。

在“造型”选项卡的“基础造型”面板中单击“旋转”按钮，打开“旋转”对话框，在“轮廓 P”收集器处于激活状态时单击鼠标中键，打开“草图”对话框，单击“使用先前平面”按钮以使用默认的 *XY* 坐标面，单击鼠标中键进入草图绘制模式。

单击“矩形”按钮，分别绘制 3 个矩形，如图 4-71 所示，标注其相应尺寸后单击“退出”按钮。

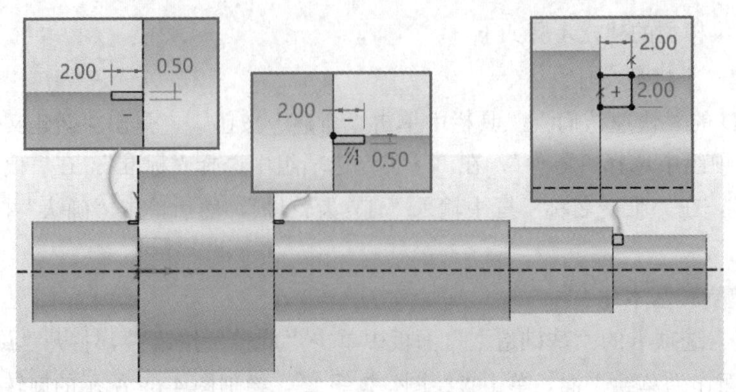

图 4-71 绘制 3 个矩形

返回“旋转”对话框，选择 X 轴作为旋转轴，默认旋转角度为 360°，在“布尔运算”选项组中单击“减运算”按钮，再单击“确定”按钮，完成图 4-72 所示的 3 个环形槽的创建。

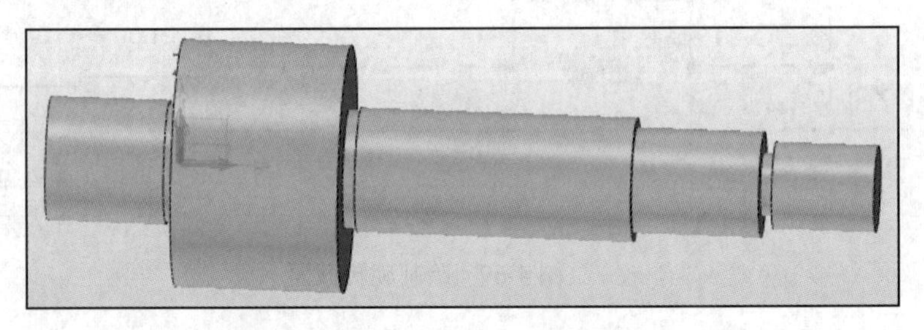

图 4-72 完成 3 个环形槽的创建

4 创建一系列边倒角。

在“造型”选项卡的“工程特征”面板中单击“倒角”按钮，打开“倒角”对话框，设置图 4-73 所示的倒角选项及参数，其中倒角距离 S 为“2mm”，选择图 4-74 所示的边，单击“应用”按钮。

图 4-73 设置选项及参数

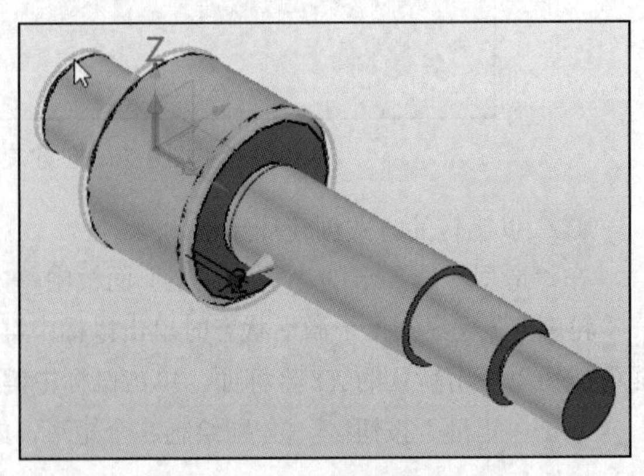

图 4-74 选择要创建倒角的边

设置新倒角距离 *S* 为“1.5mm”，在“必选”选项组的“边 E”收集器内单击以确保激活该收集器，接着选择图 4-75 所示的边来创建一个规格为 C1.5 的边倒角，单击“应用”按钮。

使用同样的方法，创建一个规格为 C0.5 的边倒角，如图 4-76 所示，然后单击“确定”按钮。

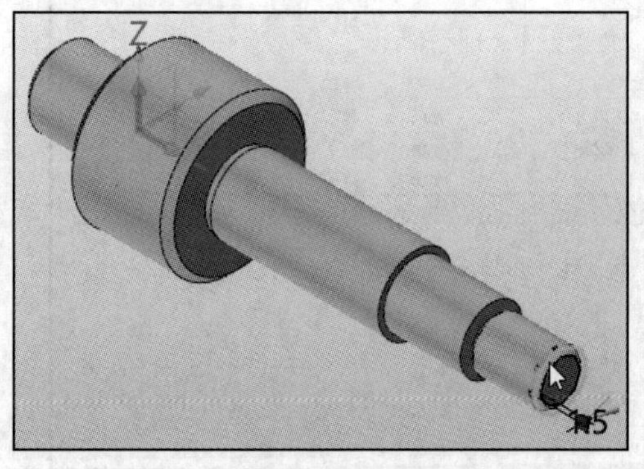

图 4-75 创建规格为 C1.5 的边倒角

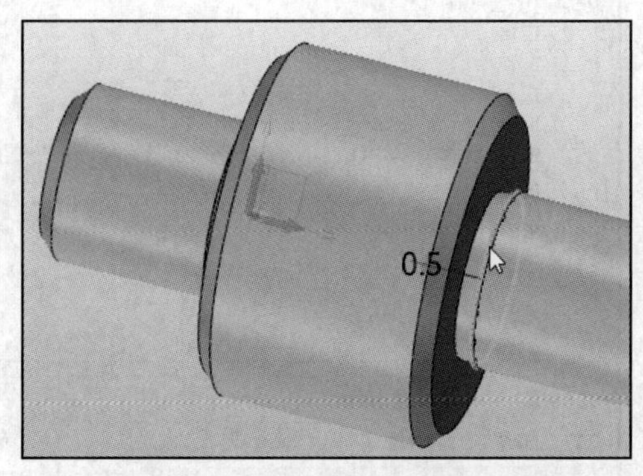

图 4-76 创建规格为 C0.5 的边倒角

5 创建齿轮的方程式。

在“工具”选项卡的“插入”面板中单击“方程式管理器”按钮，打开“方程式管理器”对话框，在“输入变量”选项组中设置变量名称为“*m*”，其类型为“数字”“常量”，描述为“模数”，如图 4-77 所示，单击“提交方程式输入”按钮，从而建立一个参数“*m*”。

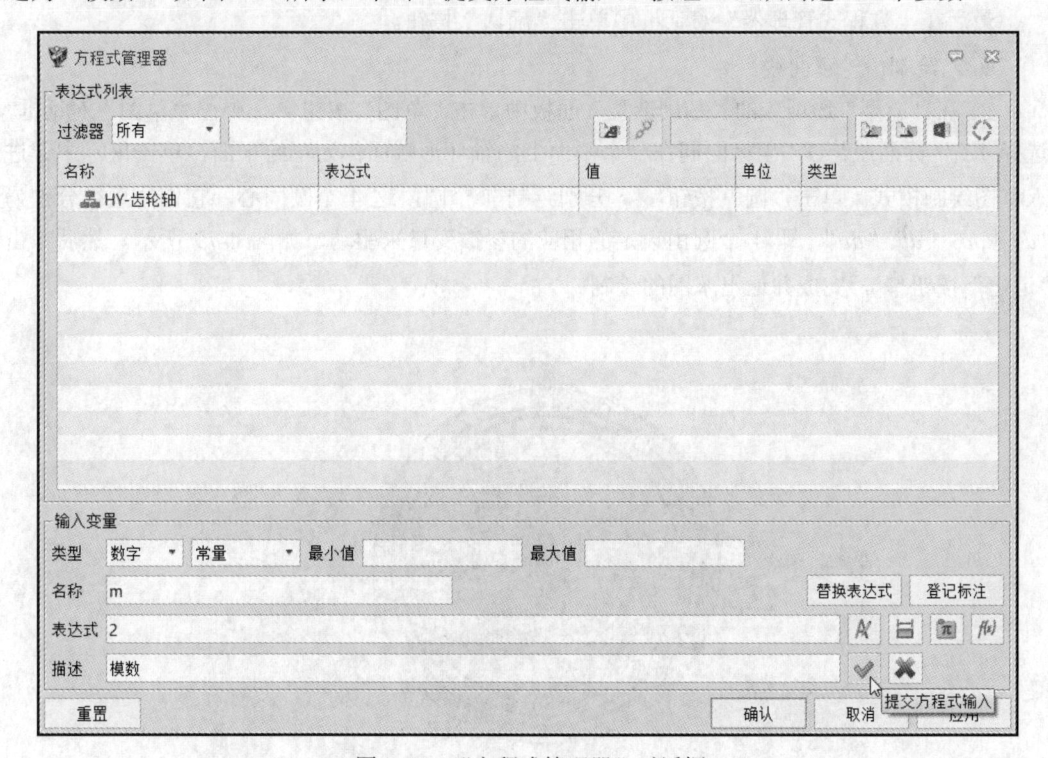

图 4-77 “方程式管理器”对话框

使用同样的方法，继续建立其他几个参数及其表达式（注意，*Z* 表示齿轮的齿数），如图 4-78 所示，然后单击“应用”按钮。

图 4-78 建立参数及其表达式

最后在“方程式管理器”对话框中单击“确认”按钮。

6 绘制齿轮廓曲线。

1）在“造型”选项卡的“基础造型”面板中单击“草图”按钮，弹出“草图”对话框，选择 *YZ* 坐标面或与 *YZ* 坐标面同在一个平面上的轴环形端面作为草绘平面，单击鼠标中键进入草图绘制模式。单击“圆”按钮，分别绘制 4 个圆，这 4 个圆同心，它们的直径分别为“*d*”“*da*”“*df*”“*db*”，即 4 个圆由设定的相应的参数变量来驱动，如图 4-79 所示。然后单击“退出”按钮，完成并退出草图的绘制。

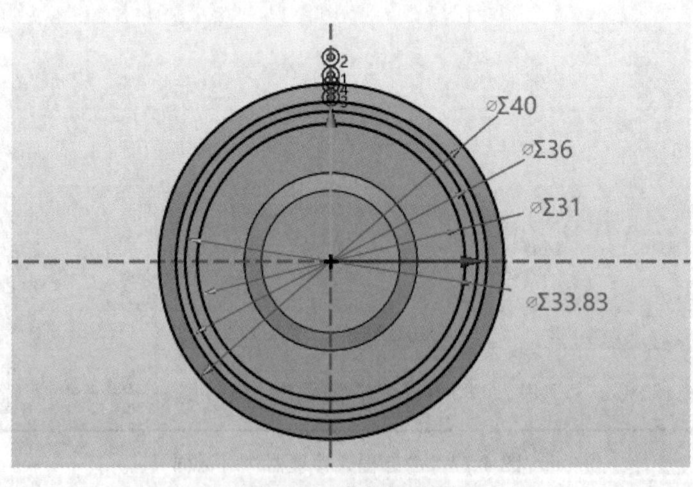

图 4-79 绘制 4 个圆

2）在“线框”选项卡的“曲线”面板中单击“方程式”按钮，弹出“方程式曲线”对话框，从“方程式列表”框中选择“圆柱齿轮齿廓的渐开线”并双击，如图 4-80 所示。

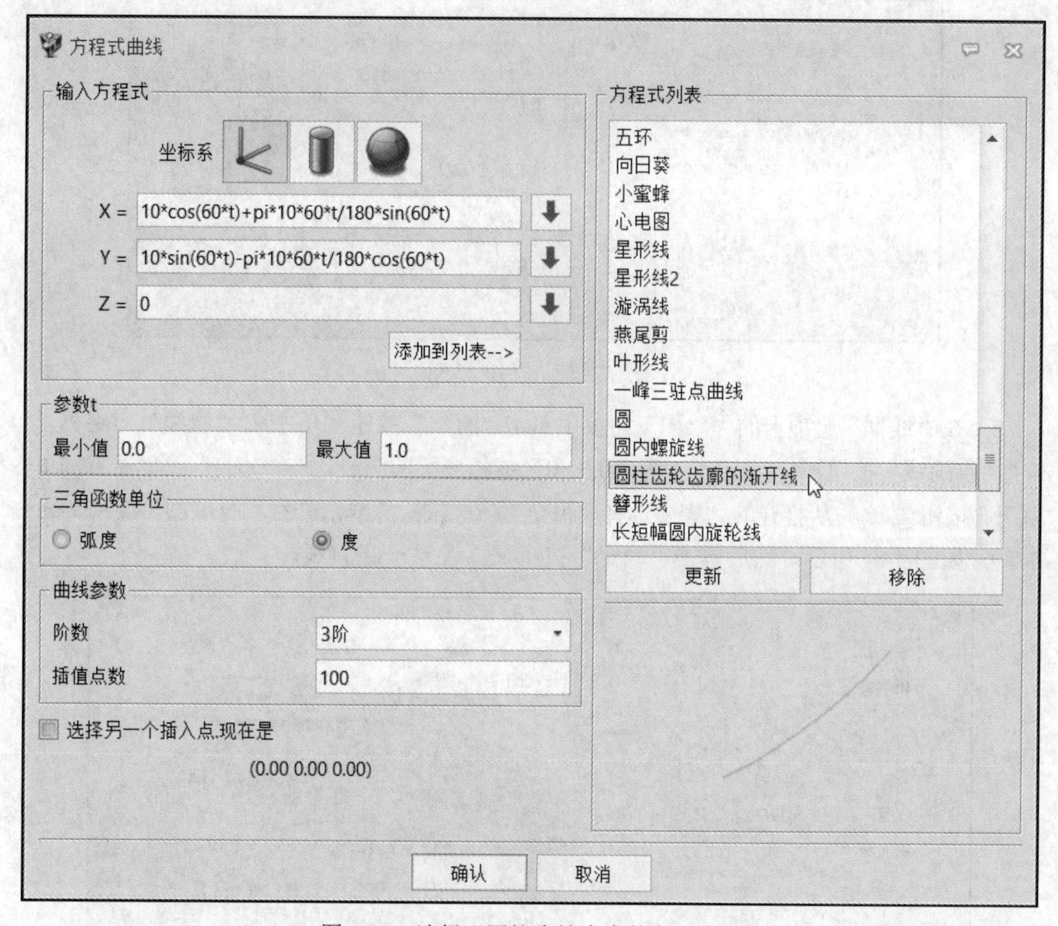

图 4-80 选择“圆柱齿轮齿廓的渐开线”

3）在“输入方程式”选项组中将方程式修改为如图 4-81 所示，单击“确认”按钮，生成一条渐开线曲线，如图 4-82 所示。

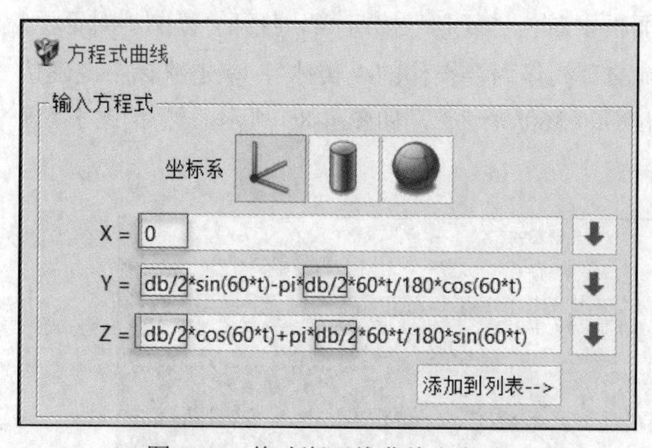

图 4-81 修改渐开线曲线方程式

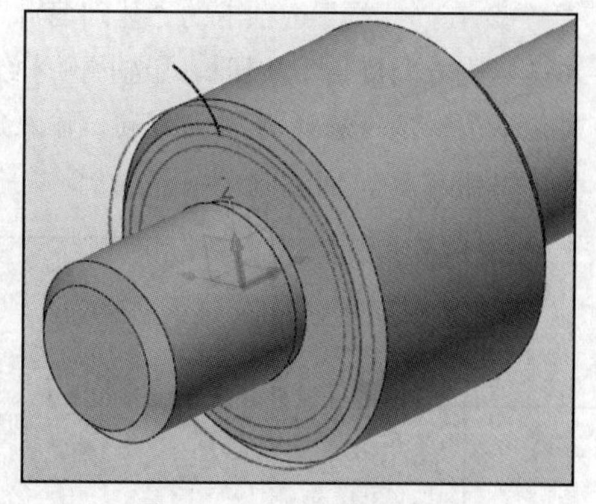

图 4-82 生成一条渐开线

4）在“线框”选项卡的“编辑曲线”面板中单击“修剪/延伸曲线”按钮，打开“修剪/延伸”对话框，在靠近轴线的一端单击渐开线，在“长度”框内输入“abs(df-db)”，如图 4-83 所示，单击“确定”按钮，完成渐开线的延伸。

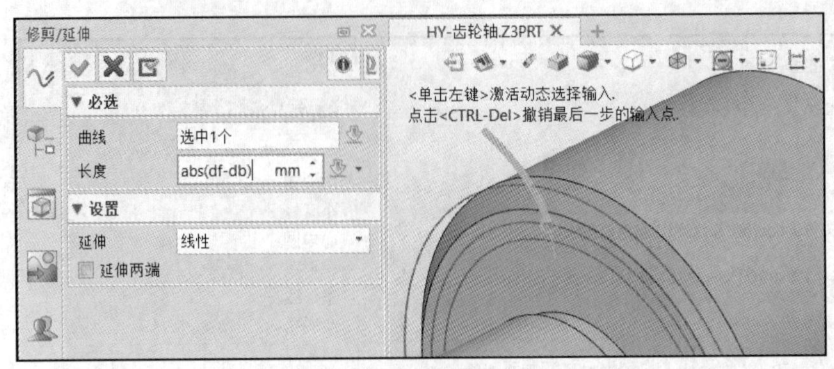

图 4-83 延伸渐开线

5）在“线框”选项卡的“绘图”面板中单击“直线”按钮，打开“直线”对话框，单击“两点画线”按钮，指定点 1 为“0,0,-0”或相应圆的圆心，在“点 2”收集器右侧单击“展开”按钮，并从打开的列表中选择“相交”，依次选择渐开线和分度圆（直径 $d=m*Z$ 的圆），如图 4-84 所示，然后单击“确定”按钮，生成一条直线。

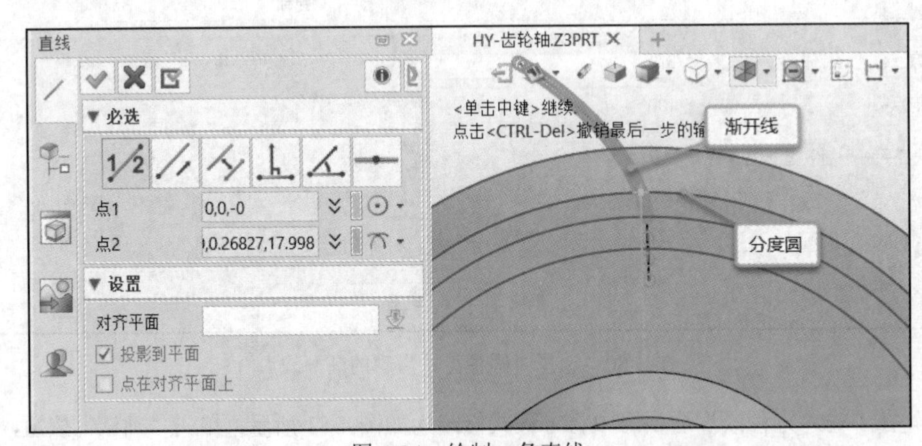

图 4-84 绘制一条直线

6）在“线框”选项卡的“基础编辑”面板中单击“复制”按钮，打开“复制”对话框，单击“绕方向旋转”按钮，选择刚才绘制的直线作为要操作的“实体”，单击鼠标中键确认并进入下一步，选择 X 轴为方向，输入角度为“360/(4*Z)”，如图 4-85 所示，然后单击“确定”按钮，从而复制一条直线。

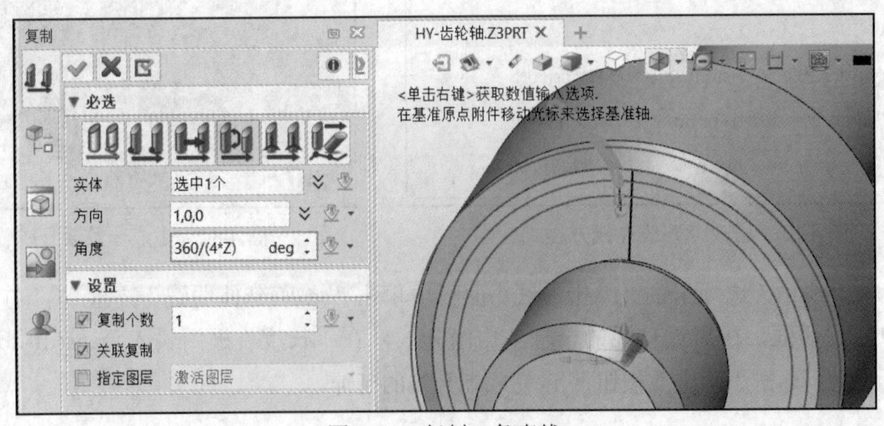

图 4-85 复制一条直线

7）在“线框”选项卡的“基准”面板中单击“基准面”按钮，打开“基准面”对话框，几何体选择复制来的直线，并且选择 *YZ* 坐标面，实体 1 和实体 2 的设置如图 4-86 所示，单击“确定”按钮，创建一个平面 1。

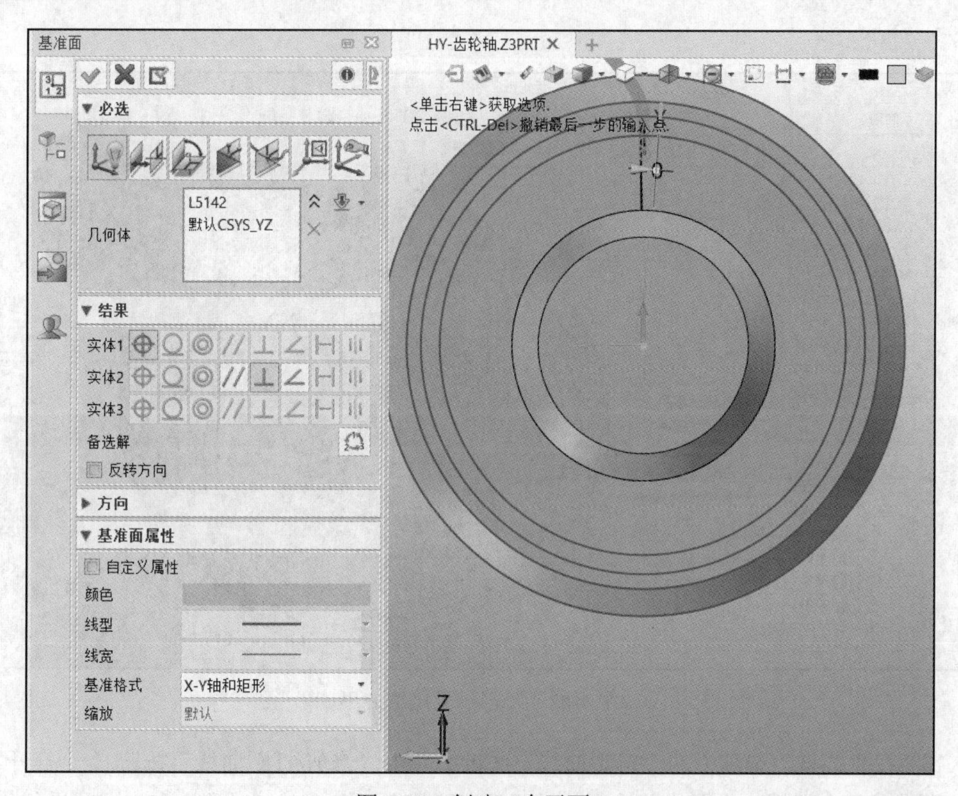

图 4-86 创建一个平面 1

8）在“线框”选项卡的“基础编辑”面板中单击“镜像几何体”按钮，实体选择已有渐开线（即方程式曲线），镜像平面选择平面 1，在“设置”选项组中选中“复制”单选按钮，并勾选“关联复制”复选框，如图 4-87 所示，单击“确定”按钮，完成渐开线几何体的镜像。

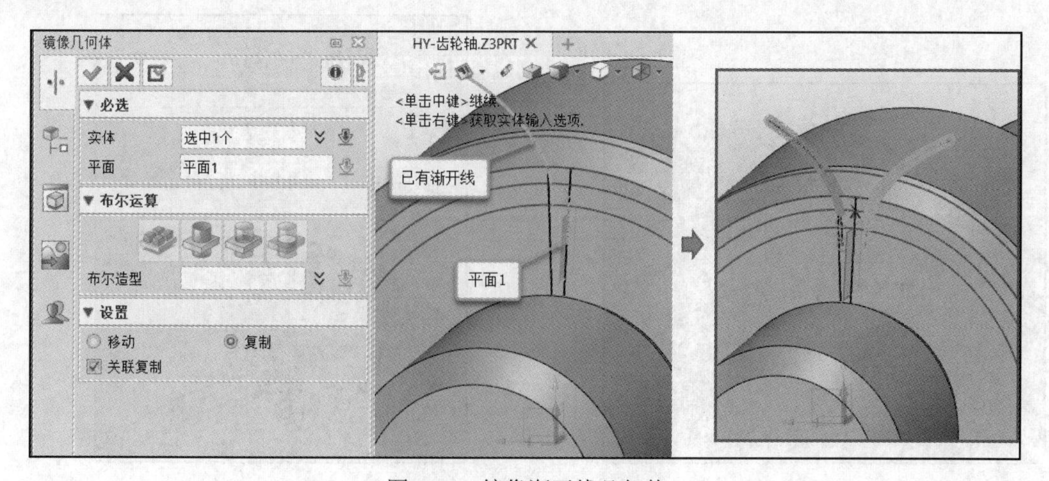

图 4-87 镜像渐开线几何体

9）在“线框”选项卡的“曲线”面板中单击“投影到面”按钮，打开“投影到面”对话框，选择绘制有齿顶圆、分度圆、齿根圆和基圆的草图，单击鼠标中键，接着选择该草图所在的平面，单击“确定”按钮。此时可以在历史树中右击该草图，并从弹出的快捷菜单中选择“隐藏”命令以将其隐藏，而投影到面的曲线会显示在图形窗口中，如图 4-88 所示。

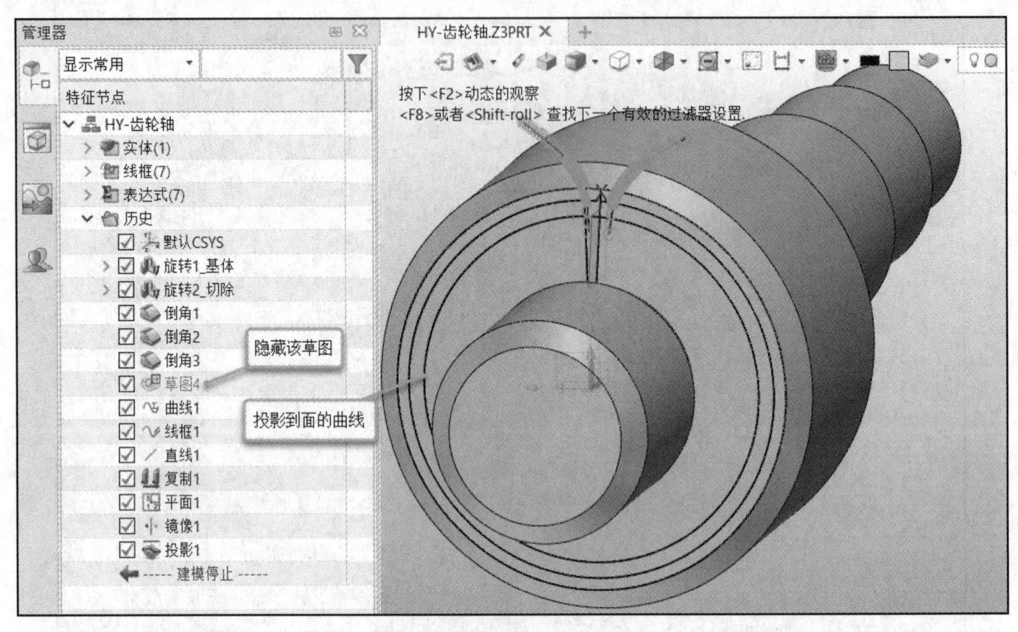

图 4-88 投影到面操作效果

10）在“线框”选项卡的“编辑曲线”面板中单击“修剪/打断曲线”按钮，打开“修剪/打断曲线”对话框，设置修剪选项，对两条渐开线曲线（含其延长段）和齿根圆进行修剪，修剪效果如图 4-89 所示。

11）在“线框”选项卡的“曲线”面板中单击“曲线列表”按钮，打开“曲线列表”对话框，默认选中“来源于整个实体”图标选项，在图形窗口中选择图 4-90 所示的 3 段相连的曲线作为曲线列表 1，然后单击“确定”按钮。

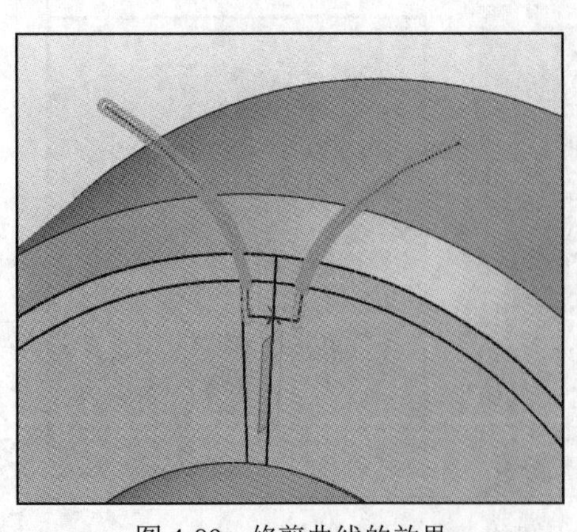

图 4-89 修剪曲线的效果

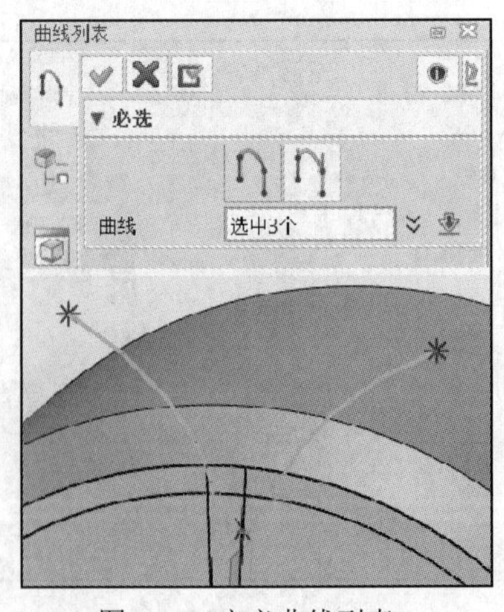

图 4-90 定义曲线列表 1

此时，可以将一些辅助曲线和平面 1 隐藏。

7 创建齿槽。

1）在“造型”选项卡的“基础造型”面板中单击“拉伸”按钮，选择曲线列表 1 定义轮廓 *P*，设置拉伸类型为“1 边”，在“布尔运算”选项组中单击“减运算”按钮，设置结束点 *E* 的值为参数“b”，注意拉伸方向为所需要的方向，如图 4-91 所示，单击“确定”按钮。此时可以将其余的相关曲线隐藏。

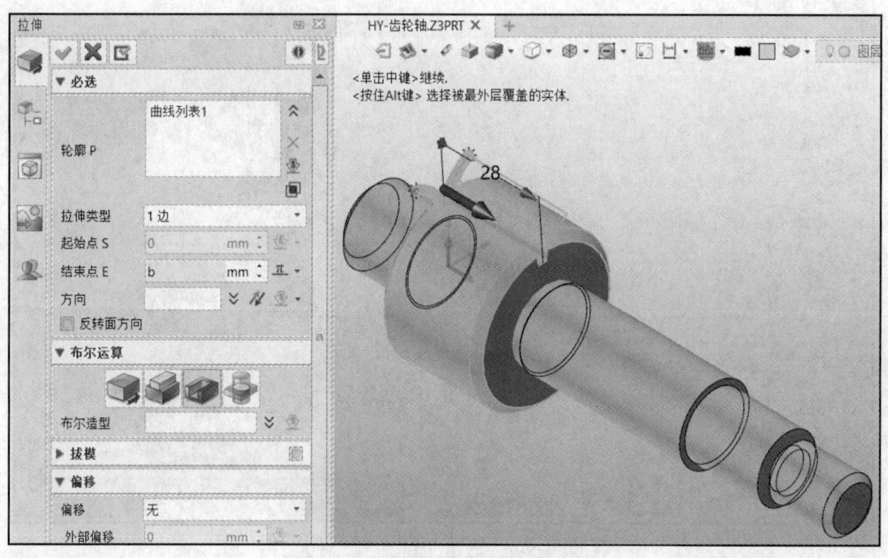

图 4-91　拉伸切除出单个齿槽

2）在“造型”选项卡的“工程特征”面板中单击“圆角”按钮，设置齿根圆角的半径为“0.38*m”，选择齿根的两条边来创建圆角，如图 4-92 所示，单击“应用”按钮。

3）设置齿顶圆角的半径为“0.1*m”，选择齿槽两齿的顶边线来创建齿顶圆角，如图 4-93 所示，然后单击“确定”按钮。

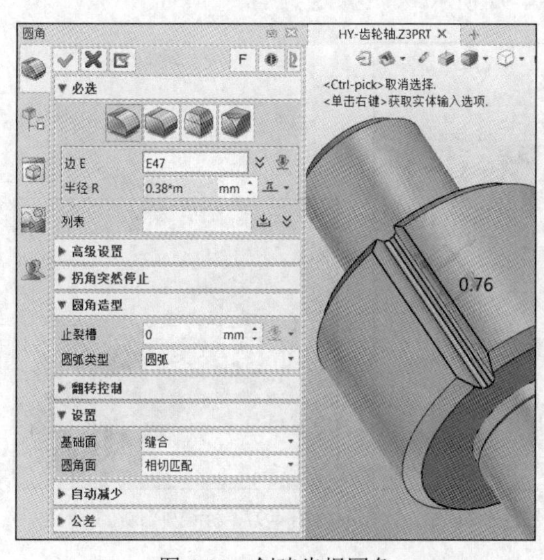

图 4-92　创建齿根圆角

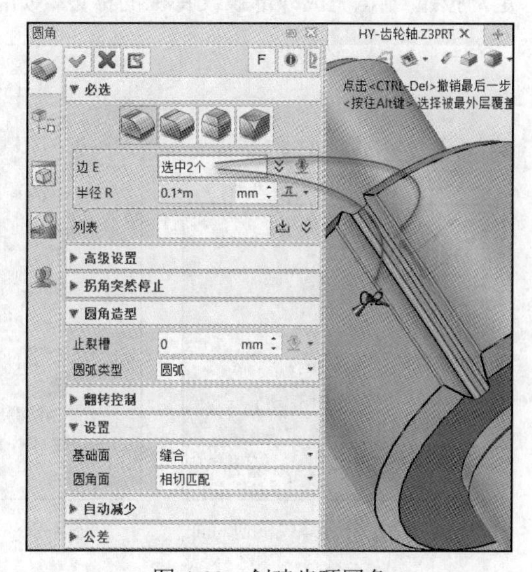

图 4-93　创建齿顶圆角

4）在“造型”选项卡的“基础编辑”面板中单击“阵列特征”按钮，打开“阵列特征”对话框，选择“圆形”阵列类型，基体选择已有的单个齿槽和齿根圆角、齿顶圆角，方向

选择 X 轴，设置数目为“Z”、角度为“360/Z”，如图4-94所示，然后单击“确定”按钮，完成齿轮轴上全部齿槽结构的创建。

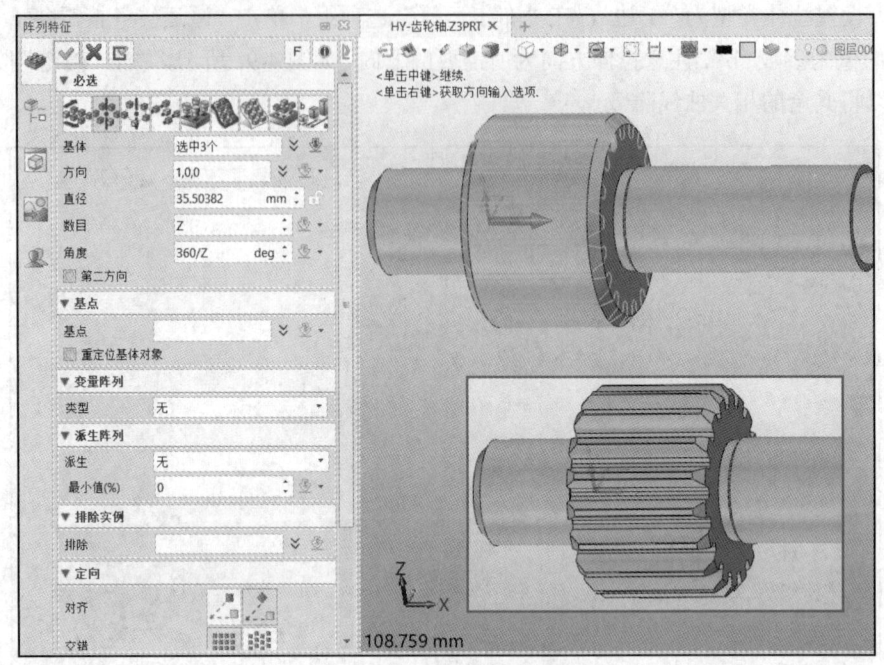

图4-94 创建全部齿槽结构

S 标记外部螺纹特征。

在“造型”选项卡的“工程特征”面板中单击“标记外部螺纹”按钮，选择图4-95所示的圆柱面作为要标记为外部螺纹的圆柱面，在“标记外部螺纹”对话框的“螺纹规格”选项组中，设置类型为“M”、尺寸为“M14×1.5”、长度类型为“默认”，如图4-96所示，单击“确定”按钮，完成外部螺纹特征的标记，如图4-97所示。

图4-95 指定外部螺纹的圆柱面

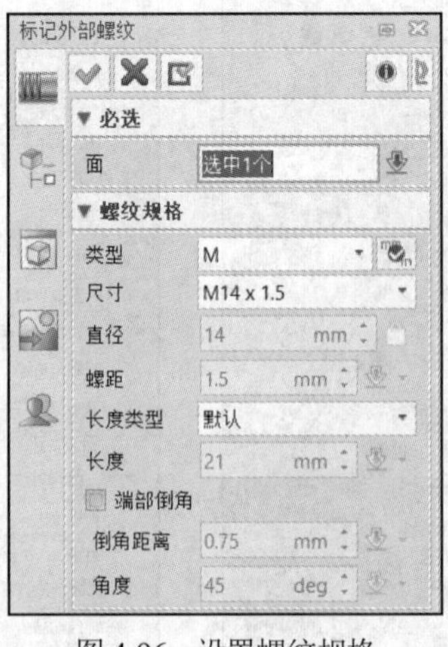

图4-96 设置螺纹规格

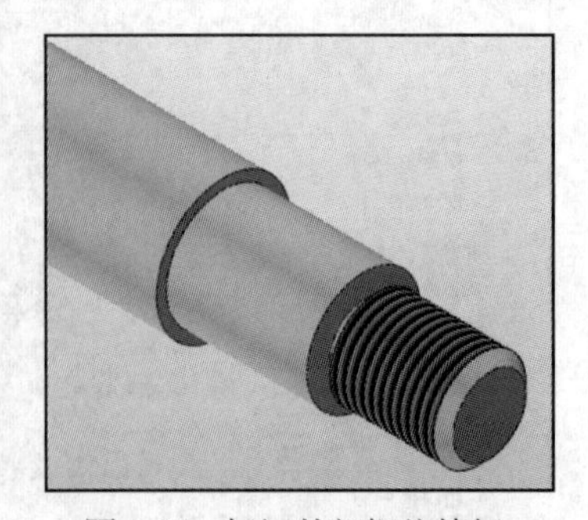

图4-97 标记外部螺纹特征

知识点拨：标记外部螺纹特征只是在选定的圆柱面上定义了螺纹属性，它只在3D里可见，类似于标记孔特征命令。如果要创建真实感更强的螺纹立体效果，则可以在“造型”选项卡的“工程特征”面板中单击“螺纹”按钮，接着指定圆柱面和一个闭合轮廓，围绕圆柱面旋转闭合轮廓，并沿着其线性轴和轴线方向创建一个螺纹造型特征，必选输入包括圆柱面、螺纹轮廓、匝数、每圈距离、布尔运算（加运算、减运算等），可选输入包括收尾、旋转方向、螺旋方向、自动减少和公差设置等。

9 创建通孔结构。

在“造型”选项卡的“工程特征”面板中单击“拉伸”按钮，布尔运算选择为“减运算”，选择 *XZ* 坐标面作为草绘平面，单击“圆”按钮，绘制图 4-98 所示的一个直径为 3mm 的圆，注意单击“快速标注”按钮，标注一个水平距离尺寸，单击“退出”按钮，完成并退出草图的绘制。

返回“拉伸”对话框，设置拉伸类型为“2 边”、起始点 *S* 为“−8mm”、结束点 *E* 为“8mm”，单击“确定”按钮，完成图 4-99 所示的通孔结构的创建。

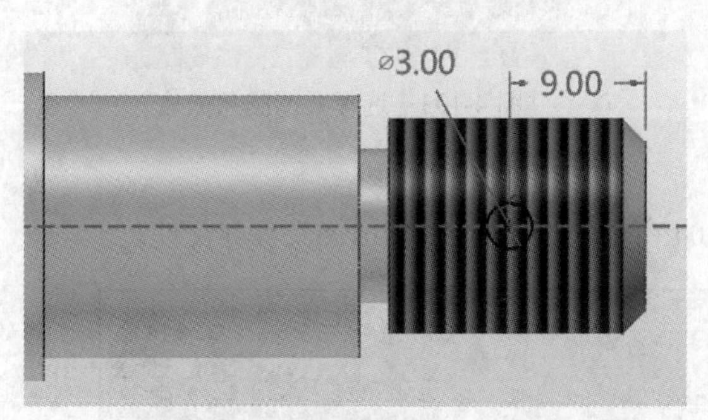

图 4-98 绘制拉伸截面（一个圆）

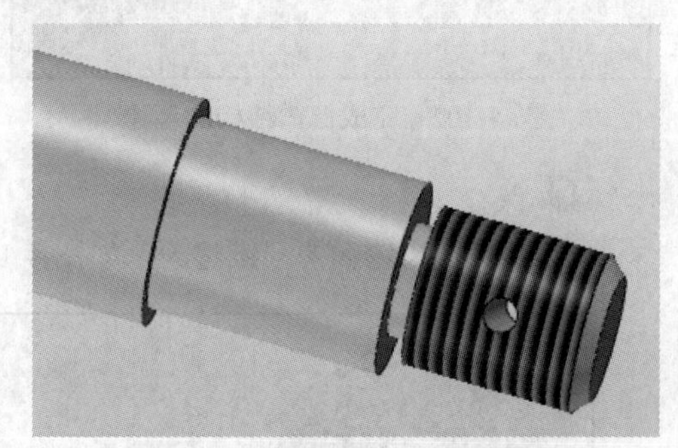

图 4-99 完成通孔结构的创建

10 创建键槽结构。

在“造型”选项卡的“工程特征”面板中单击“拉伸”按钮，布尔运算选择为“减运算”，单击鼠标中键以增加一个新草图，此时弹出“草图”对话框，单击“使用先前平面”按钮，再单击鼠标中键进入草图绘制模式，绘制图 4-100 所示的键槽形状的拉伸截面，并标注其尺寸，单击“退出”按钮，完成并退出草图的绘制。

返回“拉伸”对话框，设置拉伸类型为“2 边”、起始点 *S* 为“6mm”，结束点 *E* 处选择“穿过所有”，单击“反向”按钮，如图 4-101 所示，单击“确定”按钮，完成图 4-102 所示的键槽结构的创建。

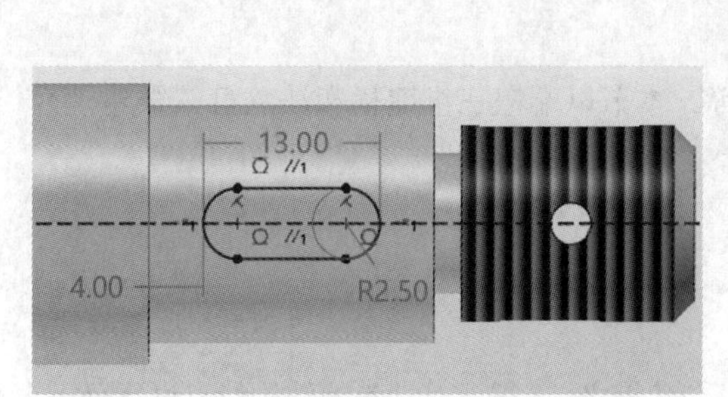

图 4-100 绘制键槽形状的拉伸截面

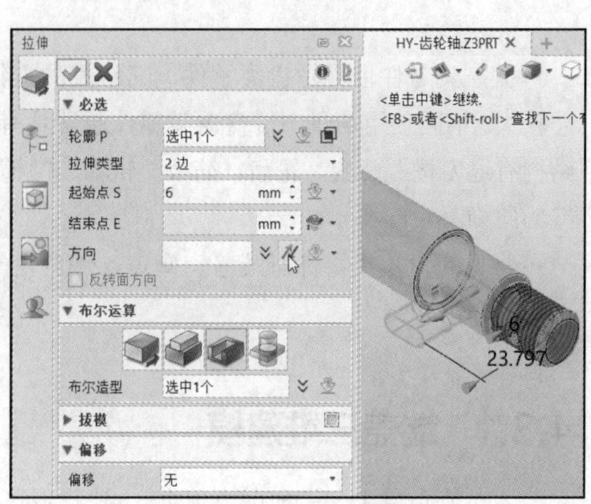

图 4-101 键槽拉伸设置

11 创建圆角特征。

在“造型”选项卡的“工程特征”面板中单击“圆角”按钮，设置圆角半径为“0.5mm”，选择要倒圆角的边，如图4-103所示，然后单击“确定”按钮。

图4-102 完成键槽结构的创建

图4-103 选择要倒圆角的边

12 保存文件。

至此，完成齿轮轴的三维建模，如图4-104所示，按快捷键“Ctrl+S”保存文件。

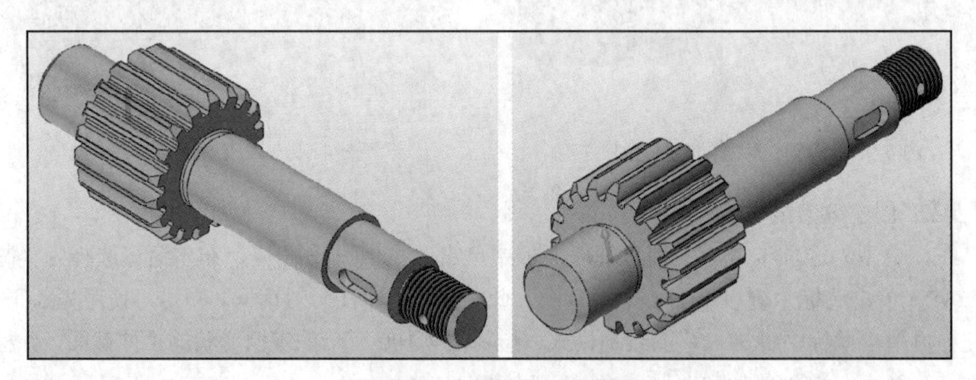

图4-104 齿轮轴的三维模型

4.3 盘盖类零件三维建模

盘盖类零件也称轮盘类零件，其常见的主体一般有回转体圆孔，轴向尺寸较小而径向尺寸较大。不同使用场景下的盘盖类零件通常具有类型各异的板形状结构。盘盖类零件上常见的结构有退刀槽、凸台、轮齿、筋板、轮辐、键槽、凹坑、倒角、圆角，以及其他一些定位或连接的结构。

常见的盘盖类零件有端盖、阀盖、法兰盘等。本节以端盖三维建模和法兰盘三维建模为例进行介绍。

4.3.1 端盖三维建模

本小节介绍端盖三维模型的创建方法及步骤。在建模之前，需要对端盖的结构特点进行分析。端盖是一种用途广泛的、重要的盘盖类零件，它的结构较为简单，径向尺寸较大而轴向尺寸较小，与轴套类零件相比呈扁平状，主要用于产品的外部封盖。例如，常见的轴承端盖主要用于轴向固定轴承，其不仅承受轴向力，而且可起到防尘和密封的作用；位于车床电动机与主轴箱之间的端盖，可以起到传动扭矩和缓冲吸震的作用，令主轴箱在工作时平稳运行。

轴承端盖分凸缘式轴承端盖和嵌入式轴承端盖两种。其中，凸缘式轴承端盖靠螺钉固定在箱体上，结构尺寸较大，其主要优点是装拆方便，调整轴承的轴向游隙也比较方便；嵌入式轴承端盖结构紧凑，重量较轻，一般只能用于沿轴承轴线剖分的箱体中。

轴承端盖中间有孔的叫透盖，中间无孔的叫闷盖。

轴承端盖的主体具有回转特性，因此通常可采用“旋转”工具来创建轴承端盖的基体造型，再在该基体造型的基础上分别创建其他特征。创建均布孔时，可以先创建一个孔特征，再对该孔特征进行圆周阵列即可。

本小节要创建的端盖三维模型如图 4-105 所示。

图 4-105　端盖三维模型

端盖三维模型的建模步骤如下。

1 新建一个模型文件。

在中望 3D 的“快速访问”工具栏中单击“新建”按钮，弹出“新建文件”对话框，在“类型”选项组中选择“零件”，在“子类”选项组中选择“标准”，在“模板”选项组中选择“[默认]”，在“唯一名称”框中输入“HY-端盖零件”，然后单击“确认”按钮，进入 3D 建模界面。

2 创建旋转基本体。

在“造型”选项卡的“基础造型”面板中单击“旋转”按钮，选择 *XY* 坐标面作为草绘平面，单击“绘图”按钮，绘制一个闭合图形，并单击“快速标注”按钮，为该闭合图形标注所需的尺寸，必要时单击“几何约束”按钮，创建所需的几何约束，以使草图处于完全约束状态，如图 4-106 所示。单击“退出”按钮，完成并退出草图的绘制。

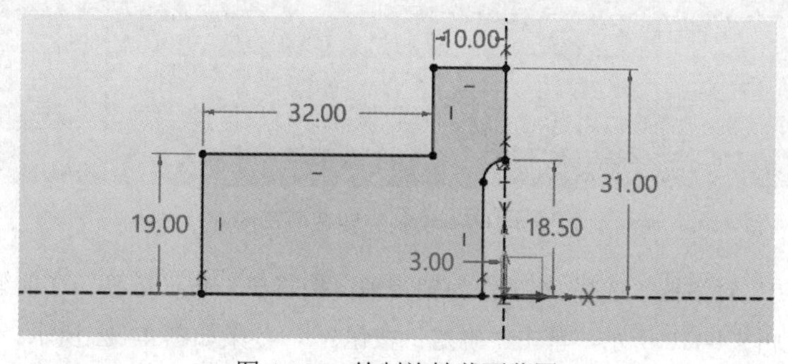

图 4-106　绘制旋转截面草图

返回“旋转”对话框，选择 X 轴作为旋转轴，设置旋转类型为“2边”、起始角度 S 为“0deg”、结束角度 E 为“360deg”，如图4-107所示，然后单击“确定”按钮，完成图4-108所示的旋转基本体的创建。

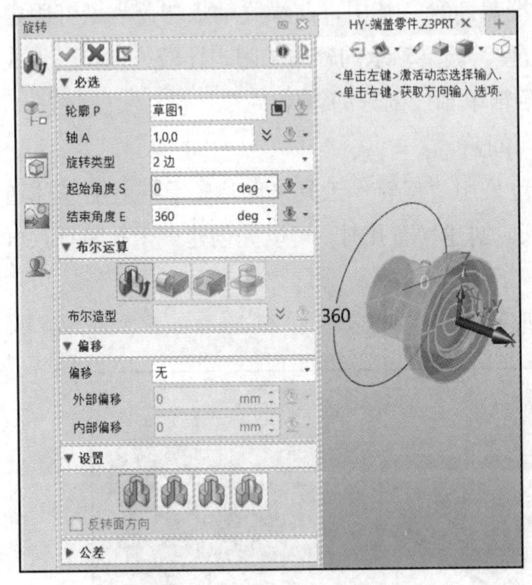

图4-107　设置旋转参数和选项

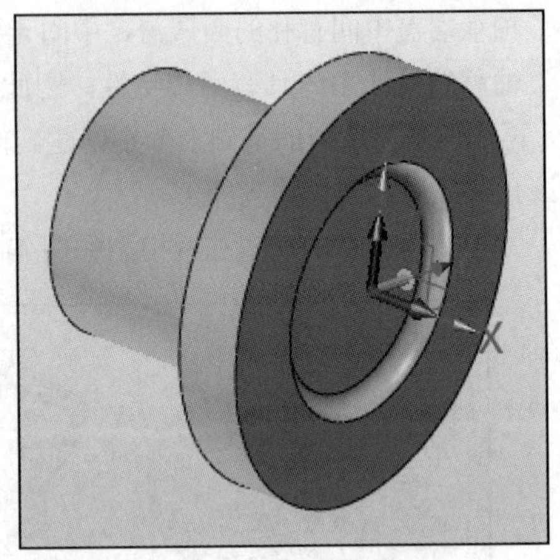

图4-108　创建旋转基本体

3 以旋转的方式移除端盖内部材料。

在“造型”选项卡的“基础造型”面板中单击“旋转”按钮，选择 XY 坐标面作为草绘平面，进入草图绘制模式。单击“多段线”按钮，绘制一个闭合图形，并使用相应的标注工具标注尺寸，如图4-109所示。单击“退出”按钮，完成并退出草图的绘制。

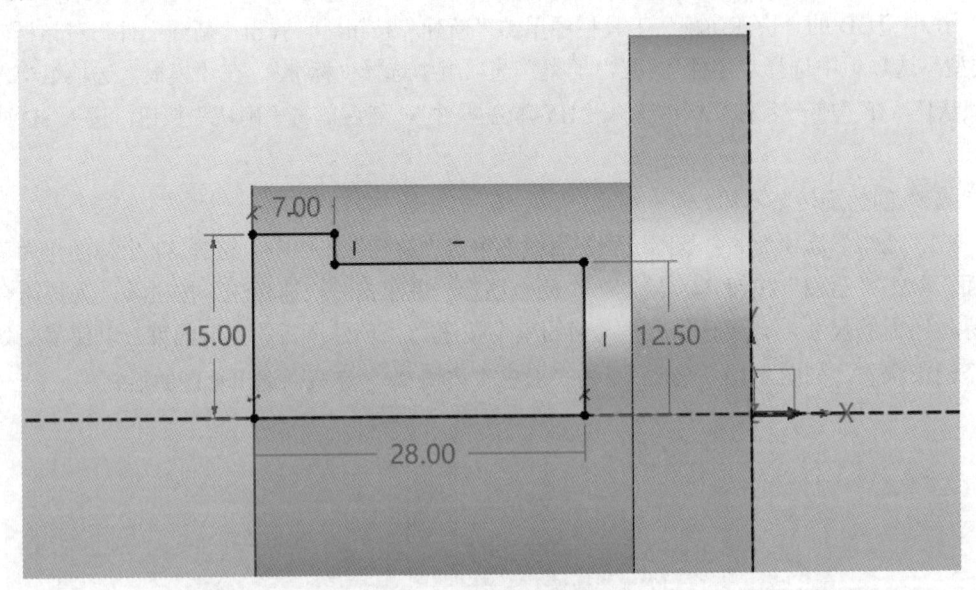

图4-109　绘制旋转截面草图

返回“旋转”对话框，选择 X 轴作为旋转轴，接着在“布尔运算”选项组中单击“减运算”按钮，如图4-110所示，单击“确定”按钮，效果如图4-111所示。

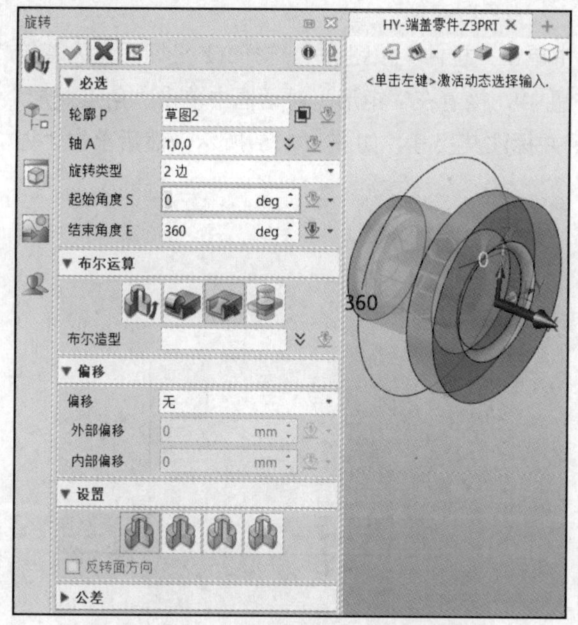

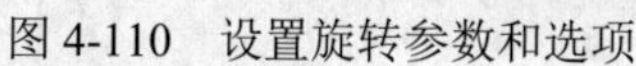
图 4-110 设置旋转参数和选项

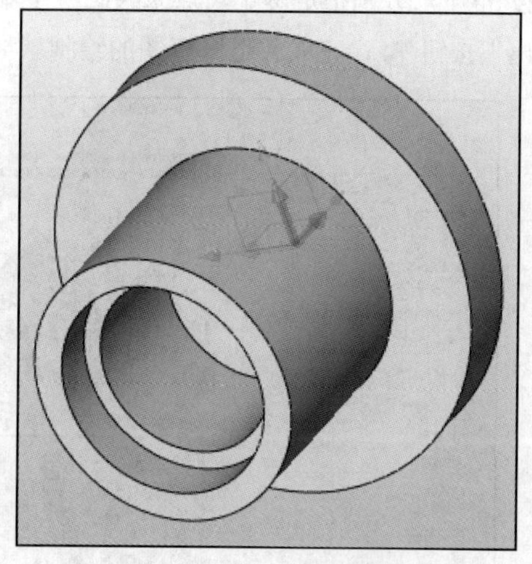
图 4-111 旋转移除材料

4 拉伸切除操作。

在“造型”选项卡的“基础造型”面板中单击“拉伸”按钮，选择 *XZ* 坐标面作为草绘平面，进入草图绘制模式。单击“矩形”按钮，接着在“矩形”对话框中单击“中心矩形”按钮，设置宽度为“10mm”、高度为“11mm”，激活“点 1”收集器，如图 4-112 所示，然后在图形窗口中指定一点以放置该矩形，再单击鼠标中键接受该矩形宽度、高度的默认设置。单击“线性”按钮，标注一个尺寸值为 4mm 的水平距离，如图 4-113 所示，单击“退出”按钮，完成并退出草图的绘制。

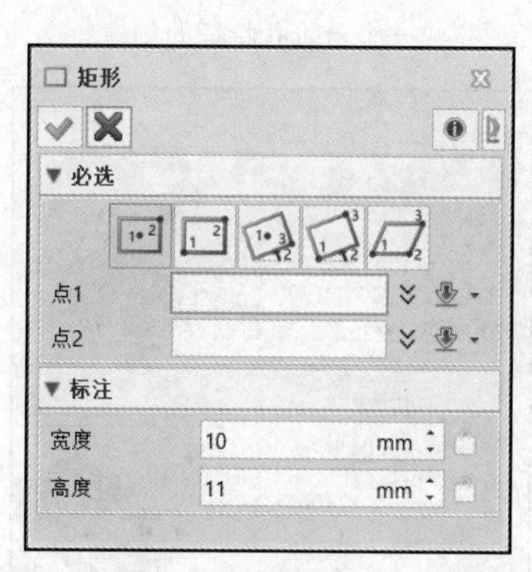

图 4-112 设置矩形参数

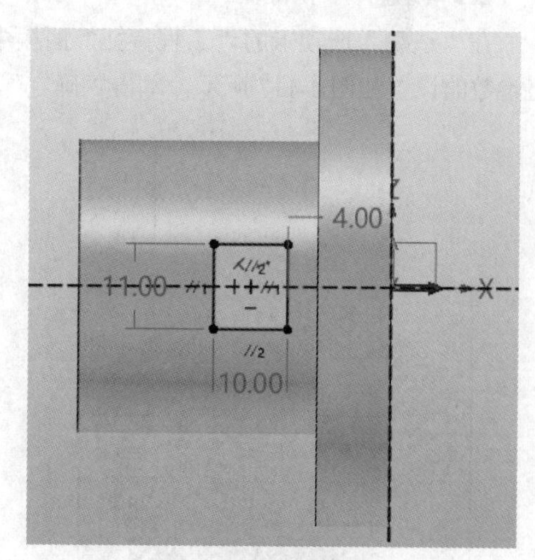

图 4-113 标注尺寸

返回“拉伸”对话框，在“布尔运算”选项组中单击“减运算”按钮，布尔造型选定基本实体，设置拉伸类型为“2 边”，将起始点 *S* 和结束点 *E* 右侧的下拉列表选项均设置为“穿过所有”，如图 4-114 所示，然后单击“确定”按钮。

5 创建拉伸切口。

在“造型”选项卡的“基础造型”面板中单击“拉伸”按钮，选择*XY*坐标面作为草绘平面，进入草图绘制模式。单击“矩形”按钮，接着在“矩形”对话框中单击“角点矩形”按钮，分别指定两个角点来绘制一个矩形并标注其尺寸，如图4-115所示，然后单击“退出”按钮，完成并退出草图的绘制。

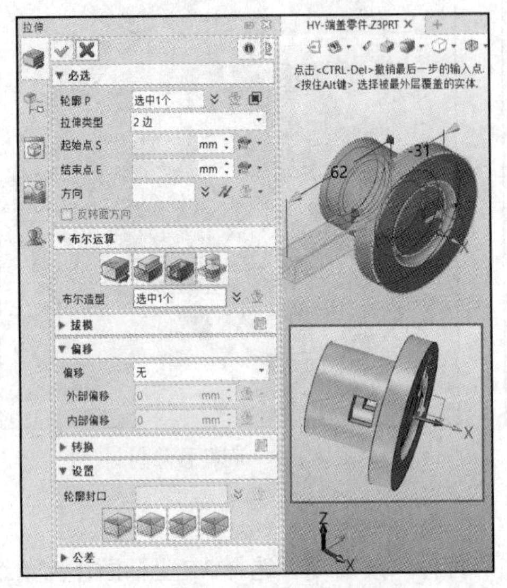

图4-114　拉伸切除设置

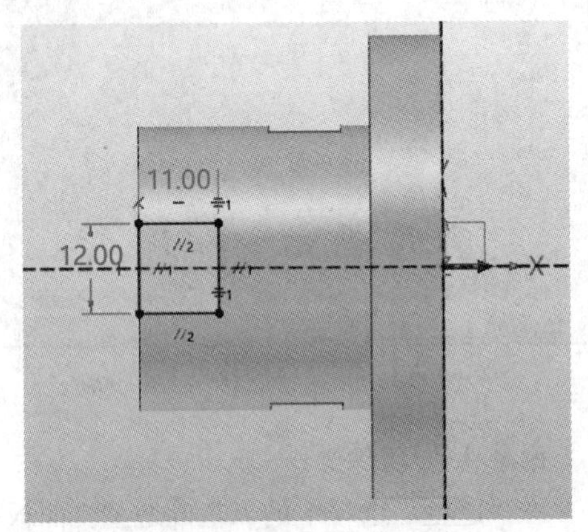

图4-115　绘制矩形并标注尺寸

返回“拉伸”对话框，设置拉伸类型为“2边”，将起始点*S*和结束点*E*右侧的下拉列表选项均设置为“穿过所有”，在“布尔运算”选项组中单击“减运算”按钮，布尔造型选定基本实体，然后单击“确定”按钮，效果如图4-116所示。

6 创建一个孔特征。

在“造型”选项卡的“工程特征”面板中单击“孔”按钮，孔位置坐标、孔造型和规格参数的设置如图4-117所示，单击“确定”按钮，完成一个台阶孔特征的创建。

图4-116　拉伸切除效果

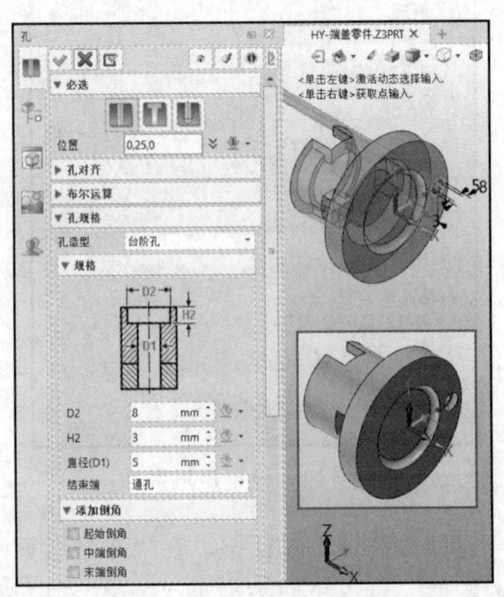

图4-117　创建孔特征

7 阵列孔特征。

在特征节点的历史树上选择刚创建的孔特征，接着在“造型”选项卡的“基础编辑”面板上单击“阵列特征”按钮，打开“阵列”对话框，在“必选”选项组中单击“圆形”按钮，选择 X 轴定义方向（即其方向坐标为“1,0,0”），设置阵列数目为“4”、角度为“90deg”，如图 4-118 所示，然后单击“确定”按钮，完成孔特征的阵列。

8 创建倒圆角特征。

在“造型”选项卡的“工程特征”面板中单击“圆角”按钮，打开“圆角”对话框，圆角参数的设置如图 4-119 所示，并选择要倒圆角的边，然后单击“确定”按钮，完成半径为 3mm 的倒圆角的创建。

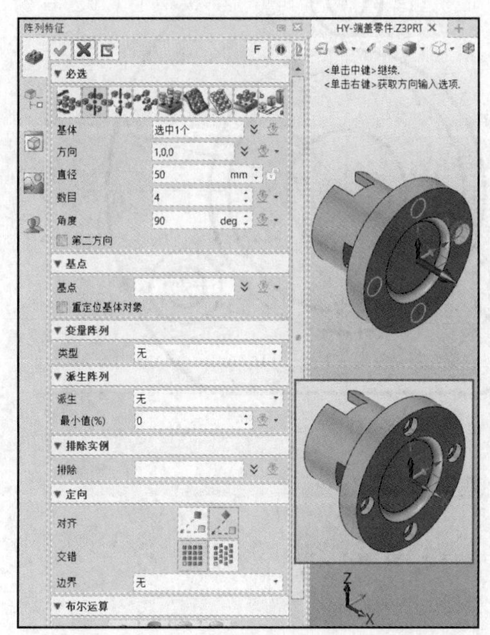

图 4-118　阵列孔特征

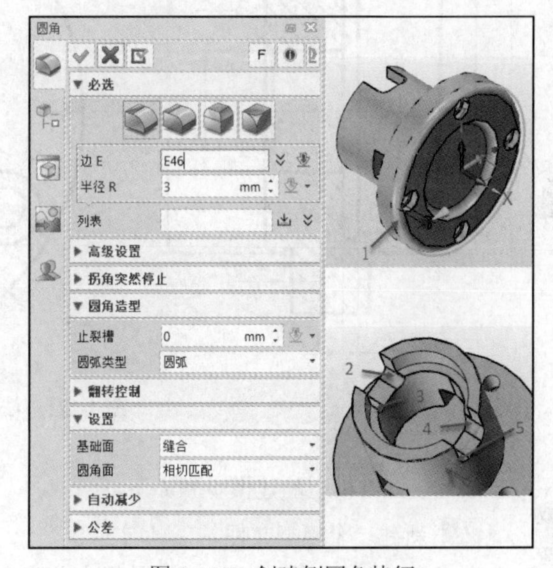

图 4-119　创建倒圆角特征

9 保存文件。

至此，完成端盖的三维建模，如图 4-120 所示，按快捷键“Ctrl+S”保存文件。

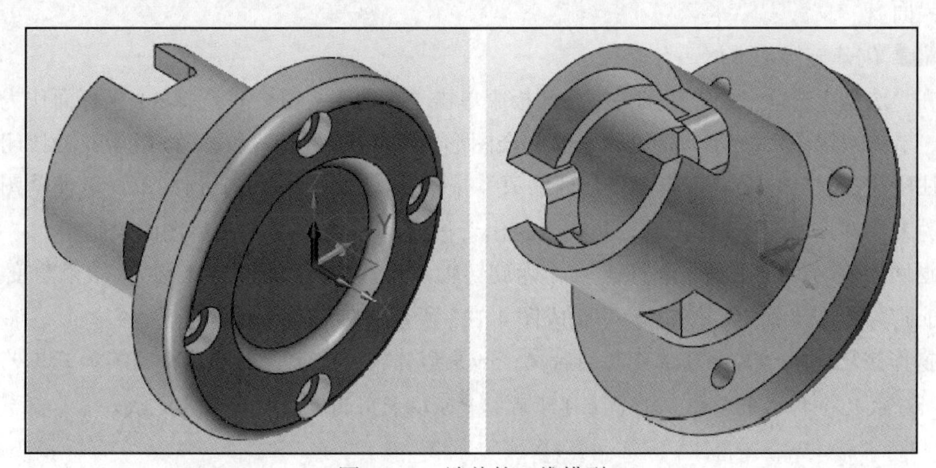

图 4-120　端盖的三维模型

4.3.2 法兰盘三维建模

本小节按照图4-121所示的法兰盘尺寸，在中望3D中建立该法兰盘的三维模型。该法兰盘的形状是扁平的盘状，在盘状基本体上有3个台阶孔，并设计有防呆结构。

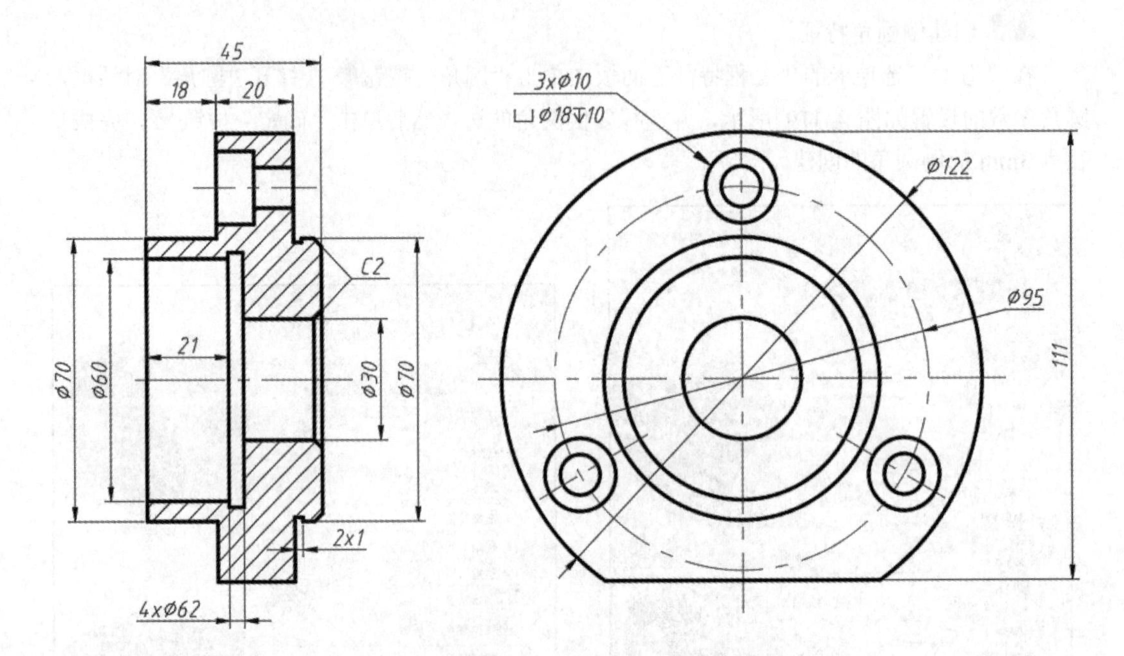

图4-121 法兰盘尺寸

法兰盘三维模型的建模步骤如下。

1 新建一个模型文件。

在中望3D的“快速访问”工具栏中单击“新建”按钮，弹出“新建文件”对话框，在“类型”选项组中选择“零件”，在“子类”选项组中选择“标准”，在“模板”选项组中选择“[默认]”，在“唯一名称”框中输入“HY-法兰盘”，然后单击“确认”按钮，进入3D建模界面。

2 创建旋转基本体。

在“造型”选项卡的“基础造型”面板中单击“旋转”按钮，选择*XY*坐标面作为草绘平面，单击“绘图”按钮，绘制一个闭合图形，并单击“快速标注”按钮，为该闭合图形标注所需的尺寸，必要时单击“几何约束”按钮，创建所需的几何约束，以使草图处于完全约束状态，如图4-122所示，单击“退出”按钮，完成并退出草图的绘制。

返回“旋转”对话框，选择*X*轴作为旋转轴，设置旋转类型为“1边”、结束角度*E*为“360deg”，单击“确定”按钮，完成图4-123所示的旋转基本体的创建。

操作技巧：对于需要经常修改的特征，如果形状较为复杂，则可以根据其加工工艺将该特征拆分成几个特征来完成，比如上述步骤**2**可以采用两次旋转操作来完成。

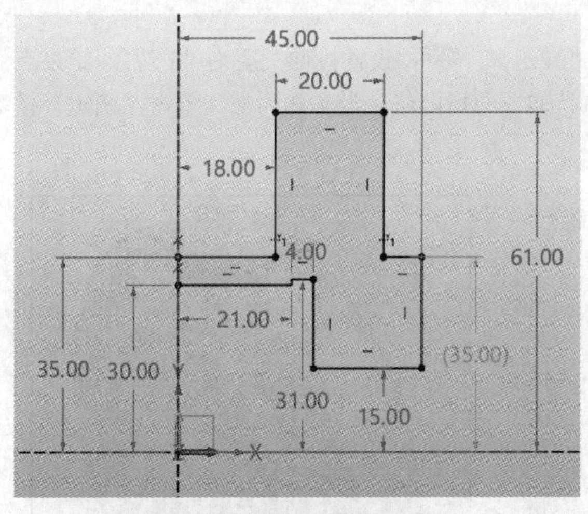

图 4-122 绘制旋转截面草图

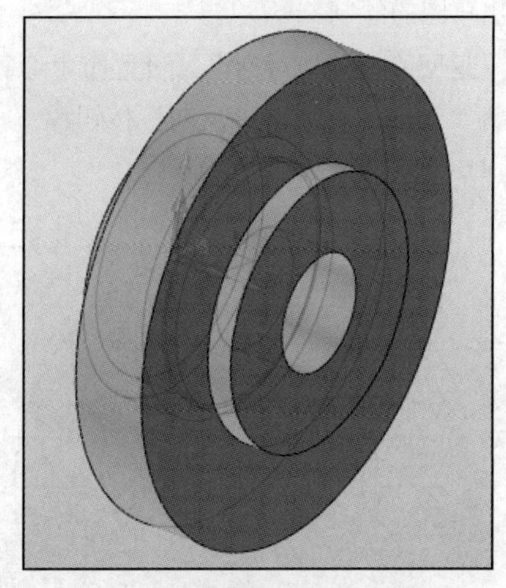

图 4-123 创建旋转基本体

3 旋转切除获得环形槽。

在“造型”选项卡的“基础造型”面板中单击“旋转”按钮，单击鼠标中键，在弹出的“草图”对话框中单击“使用先前平面”按钮，再单击鼠标中键进入草图绘制模式。单击“矩形”按钮，绘制一个长为 2mm、宽为 1mm 的矩形，如图 4-124 所示，单击“退出”按钮，完成并退出草图的绘制。

返回“旋转”对话框，选择 *X* 轴作为旋转轴，设置旋转类型为“1 边”、结束角度 *E* 为“360deg”，布尔运算选择为“减运算”，单击“确定”按钮，构建图 4-125 所示的环形槽。

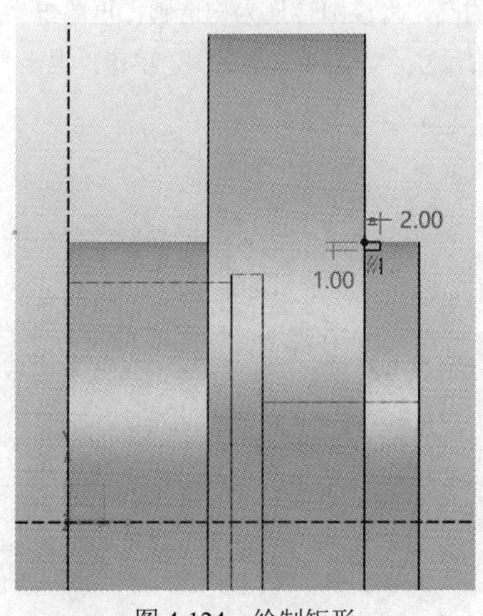

图 4-124 绘制矩形

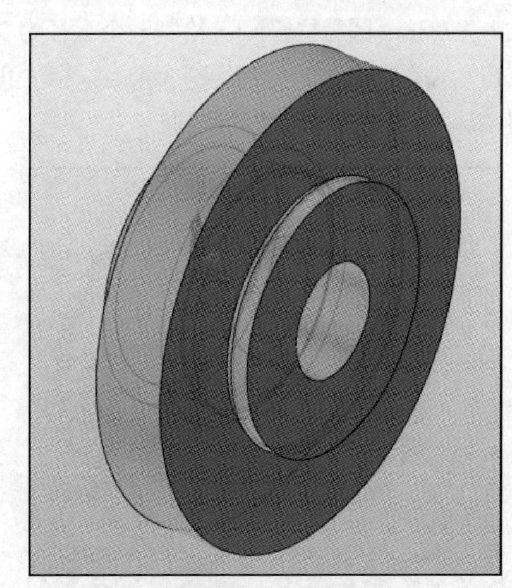

图 4-125 构建环形槽

4 拉伸切除（起防呆作用）。

在“造型”选项卡的“基础造型”面板中单击“拉伸”按钮，单击右侧大圆环形状的端面，进入草图绘制模式。单击“直线”按钮、“绘图”按钮或“矩形”按钮，绘制图 4-126 所示的图形，单击“快速标注”按钮，标注尺寸，单击“退出”按钮，完成并退出草图的绘制。

返回“拉伸”对话框，设置布尔运算为“减运算”，设置拉伸类型为“1边”、结束点 *E* 为“50mm”，单击“反向”按钮，以将拉伸方向指向法兰盘实体内部，单击“确定”按钮，效果如图4-127所示。

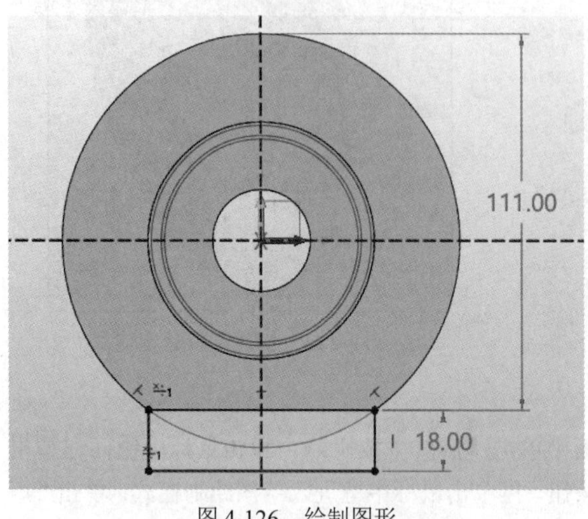

图4-126 绘制图形

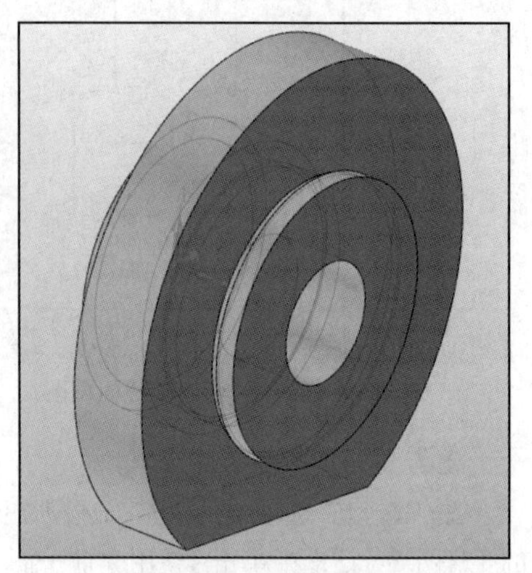

图4-127 拉伸切除效果

创建台阶孔。

在“造型”选项卡的“工程特征”面板中单击“孔”按钮，打开“孔”对话框，在“必选”选项组中单击“常规孔”按钮，在“位置”收集器右侧单击“展开”按钮，接着选择“草图”命令，翻转模型，单击图4-128所示的实体平整面作为草绘平面，进入草图绘制模式。先单击“圆”按钮，绘制一个直径为95mm的圆，将该圆转换为构造圆，再单击“点”按钮，在构造圆上分别绘制3个点，标注其相应的尺寸，如图4-129所示，单击“退出”按钮，完成并退出草图的绘制。

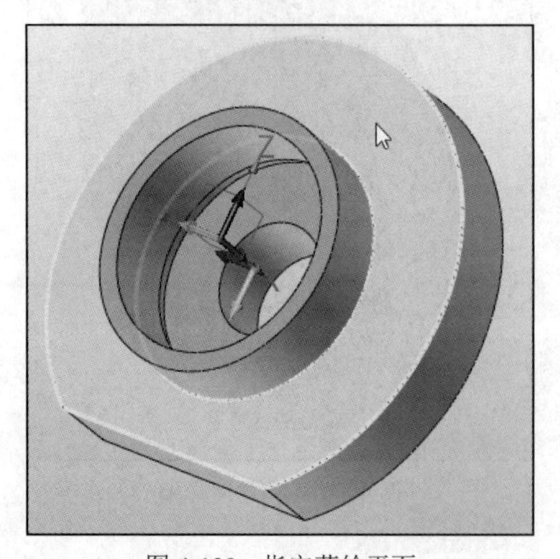

图4-128 指定草绘平面

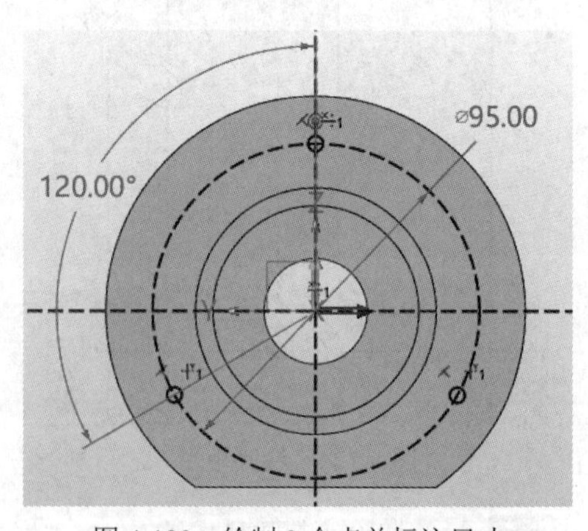

图4-129 绘制3个点并标注尺寸

返回“孔”对话框，在“孔规格”选项组的“孔造型”下拉列表中选择“台阶孔”，在“规格”子选项组中设置相应的参数，如台阶大孔 *D*2 为18mm、*H*2 为10mm、孔直径（*D*1）为10mm，结束端选择“通孔”，如图4-130所示，单击“确定”按钮，完成台阶孔的创建。

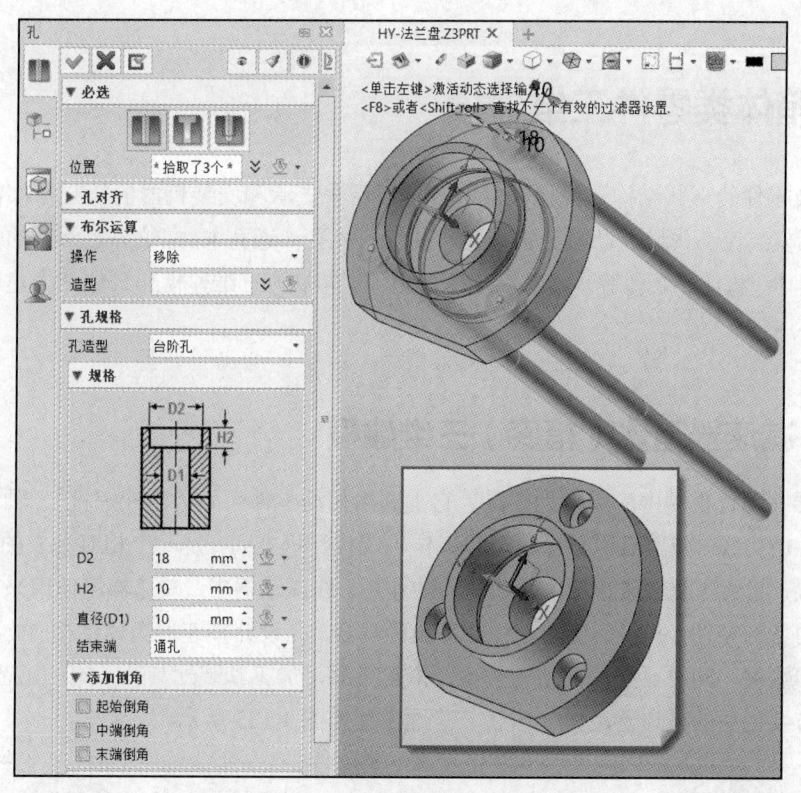

图 4-130　设置台阶孔相关参数

6 创建倒角。

在“造型”选项卡的“工程特征”面板中单击“倒角”按钮，设置方法为“偏移距离”、倒角距离 *S* 为“2mm”，按快捷键“Ctrl+I”以等轴测视图显示模型，选择要倒角的两条边，如图 4-131 所示，单击“确定”按钮，效果如图 4-132 所示。

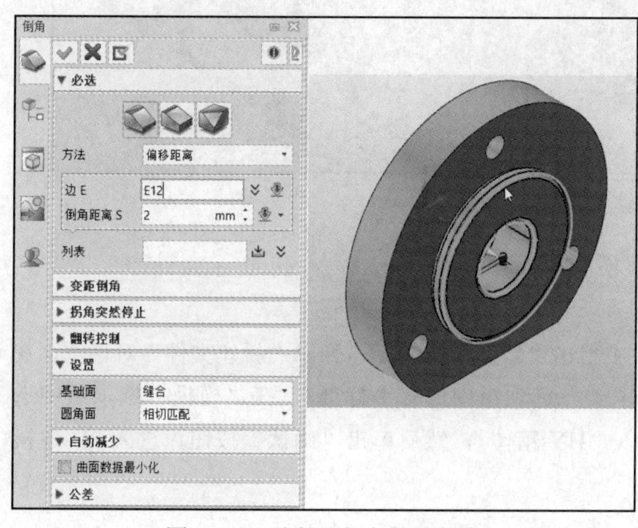

图 4-131　选择要倒角的两条边

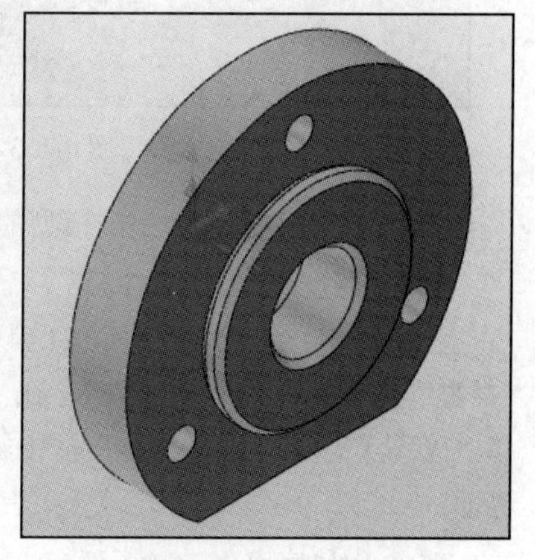

图 4-132　创建倒角

7 保存文件。

至此，完成法兰盘的三维建模，按快捷键“Ctrl+S”保存文件。

4.4　箱体类零件三维建模

箱体类零件的形状结构一般比较复杂，主要用来支承和安装机器的核心零部件，它的结构特征包括安装座、内腔、凸台、轴承孔、肋板、光孔（通孔）、螺纹等。常见的箱体类零件有箱体、阀体、机座、泵体等。本节以减速器箱体（箱底）三维建模和泵体三维建模为例进行介绍。

4.4.1　减速器箱体（箱底）三维建模

减速器在现代机械中应用较为广泛，它主要由传动零件（如齿轮或蜗杆）、轴承、轴、箱体及其附件所构成。减速器用于原动机和工作机或执行机之间，是一个相对独立的、精密的闭式传动装置，起到匹配转速和增大传递扭矩的作用。在减速器中，减速器箱体用来支承和固定减速器上的各种零件，并保证传动零件能够正确啮合。在设计减速器箱体结构时，应当保证箱体的强度和刚度，同时还要保证结构紧凑、密封可靠、加工和装配具有一定的工艺性。

本小节要创建的减速器箱体（箱底）三维模型如图 4-133 所示。

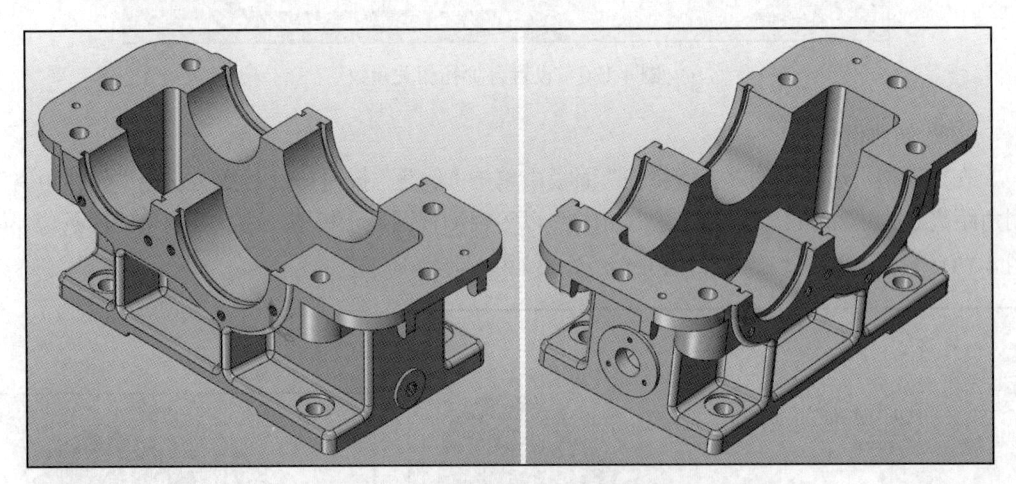

图 4-133　减速器箱体（箱底）三维模型

减速器箱体（箱底）三维模型的建模步骤如下。

1 新建一个模型文件。

在中望 3D 的“快速访问”工具栏中单击“新建”按钮，弹出“新建文件”对话框，在“类型”选项组中选择“零件”，在“子类”选项组中选择“标准”，在“模板”选项组中选择“[默认]”，在“唯一名称”框中输入“HY-箱体”，然后单击“确认”按钮，进入 3D 建模界面。

2 创建底座。

在“造型”选项卡的“基础造型”面板中单击“拉伸”按钮，选择 *XZ* 坐标面作为草绘平面，快速进入草图绘制模式。绘制底座拉伸截面草图，如图 4-134 所示，然后单击“退出”按钮，完成并退出草图的绘制。

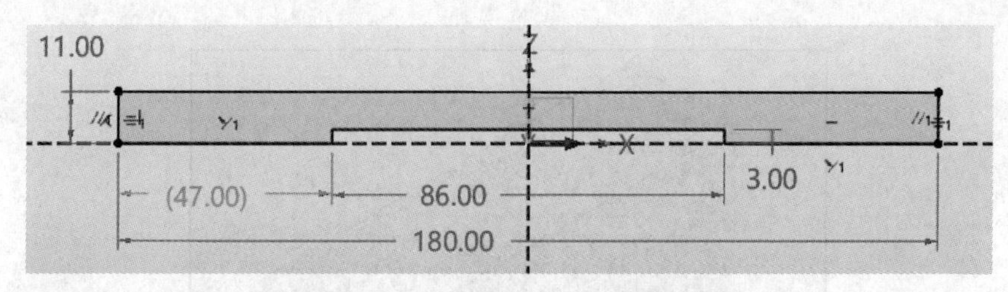

图 4-134　绘制底座拉伸截面草图

返回“拉伸”对话框，设置拉伸类型为“对称”、结束点 E 为“52mm”，如图 4-135 所示，单击“确定”按钮，完成底座的创建。

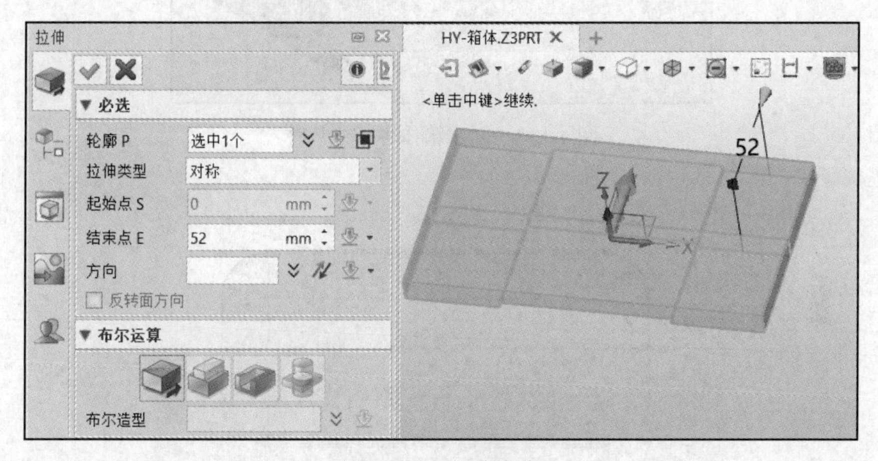

图 4-135　创建底座

3 创建箱体容腔主坯体。

在“造型”选项卡的“基础造型”面板中单击“拉伸”按钮，选择 XZ 坐标面作为草绘平面，进入草图绘制模式。单击“矩形”按钮，绘制图 4-136 所示的一个矩形，标注相应的尺寸后单击“退出”按钮，完成并退出草图的绘制。

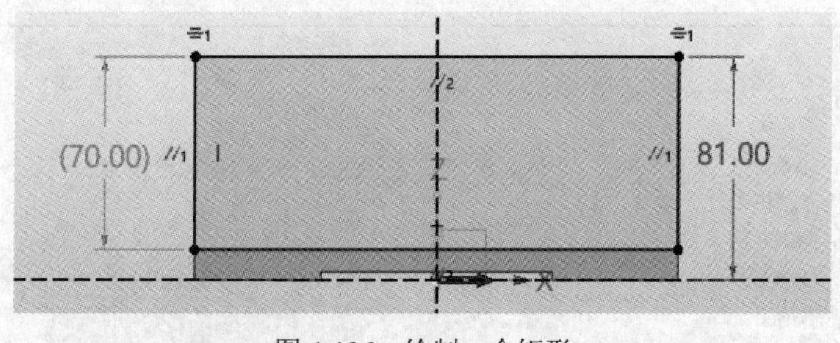

图 4-136　绘制一个矩形

返回“拉伸”对话框，设置拉伸类型为“对称”、结束点 E 为“26mm”，在“布尔运算”选项组中单击“加运算”按钮，单击“应用”按钮，完成箱体容腔主坯体的创建，如图 4-137 所示。

4 创建箱体顶部凸台基本体。

在“拉伸”对话框中，确保“必选”选项组的“轮廓”收集器处于激活状态，选择箱体容腔主胚体的顶面作为草绘平面，进入草图绘制模式。单击“矩形”按钮和“链状圆角”按钮，绘制图 4-138 所示的圆角矩形，单击“退出”按钮，完成并退出草图的绘制。

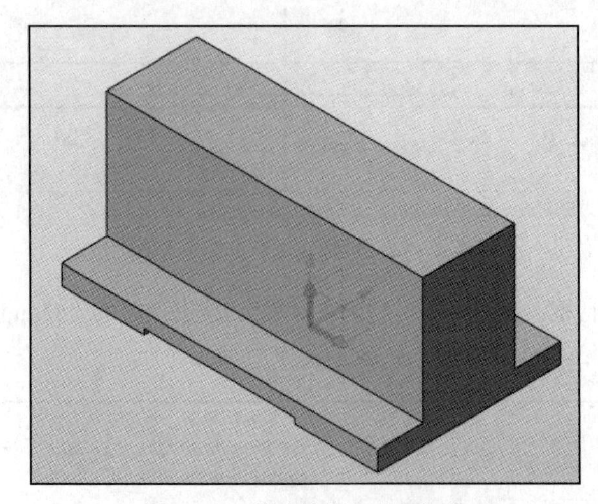

图 4-137 创建箱体容腔主坯体

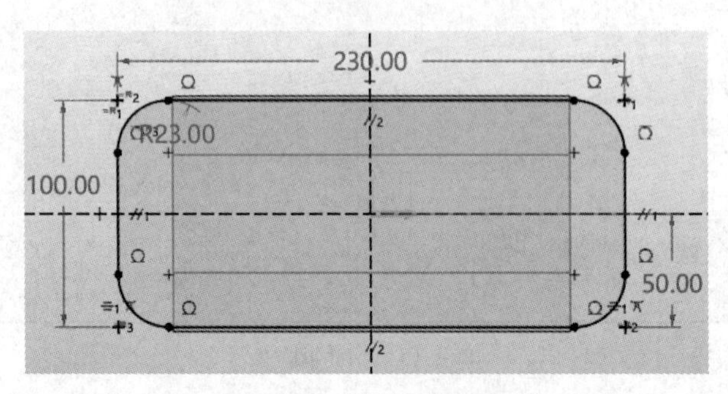

图 4-138 绘制圆角矩形

返回“拉伸”对话框，设置拉伸类型为“1 边”，拉伸方向指向箱体实体内部，设置结束点 *E* 为“7mm”、布尔运算为“加运算”，如图 4-139 所示，单击“确定”按钮，完成箱体顶部凸台基本体的创建。

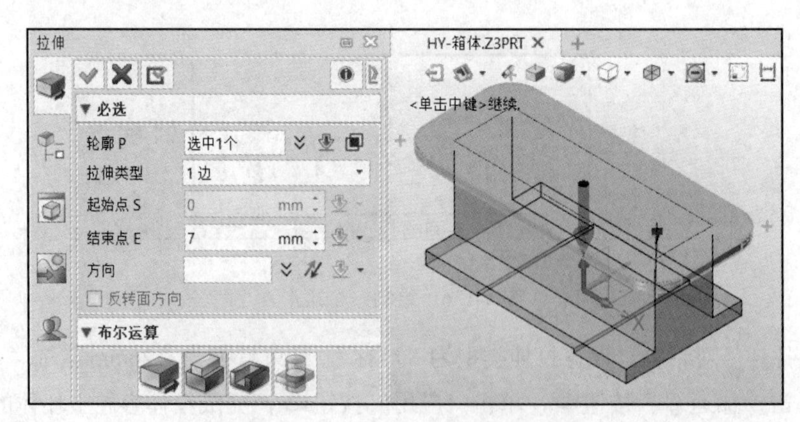

图 4-139 创建箱体顶部凸台基本体

创建两侧凸台。

在“造型”选项卡的“基础造型”面板中单击“拉伸”按钮，选择 *XZ* 坐标面作为草绘平面，进入草图绘制模式。绘制图 4-140 所示的拉伸截面，然后单击“退出”按钮，完成并退出草图的绘制。

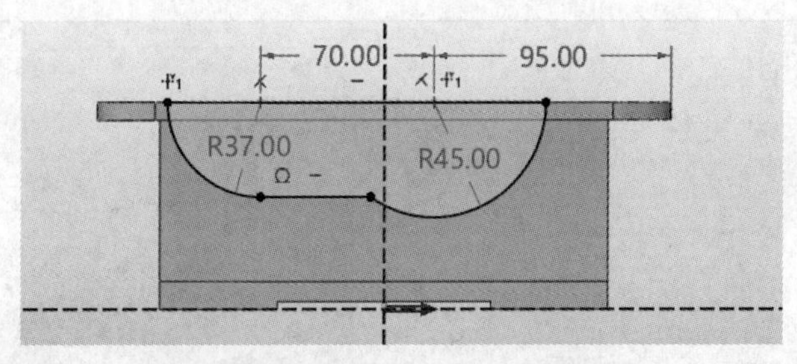

图 4-140 绘制两侧凸台拉伸截面

在“拉伸”对话框中，设置拉伸类型为“对称”、结束点 E 为“52mm”，布尔运算选择为“加运算”，单击“应用”按钮，完成两侧凸台的创建，如图 4-141 所示。

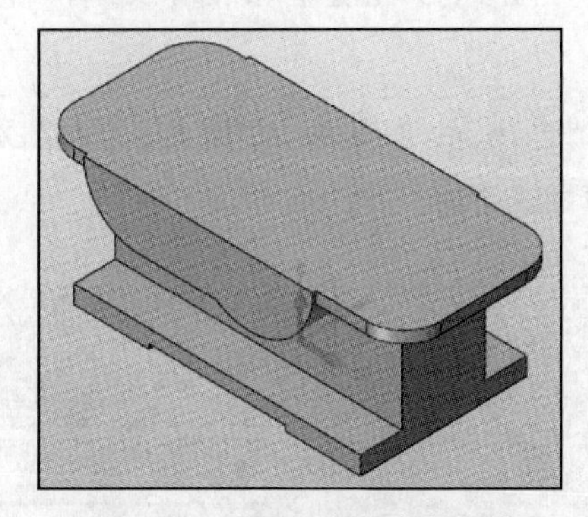

图 4-141 完成两侧凸台的创建

6 创建箱体顶部下缘凸台。

选择箱体顶面作为草绘平面，快速进入草图绘制模式。绘制图 4-142 所示的图形，圆弧半径 R 为“13mm”，标注尺寸并进行自动约束处理，然后单击“退出”按钮，完成并退出草图的绘制。

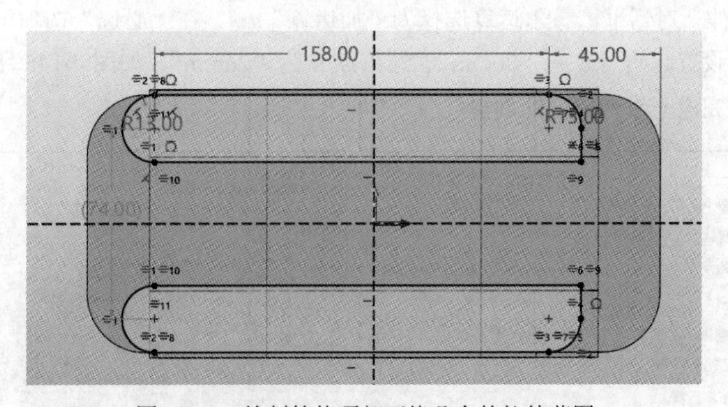

图 4-142 绘制箱体顶部下缘凸台的拉伸草图

技巧：为了便于在绘图过程中判断草图位置是否在遮挡的预定区域，辅助选择参考对象，有时可以通过单击“消隐线虚线”按钮设置以虚线显示消隐线。

返回“拉伸”对话框，布尔运算选择为“加运算”，在“必选”选项组中设置拉伸类型为“2 边”，拉伸方向由顶面指向箱体外侧，起始点 S 设置为“−27mm”，在结束点 E 右侧下拉列表中选择“到延伸面”选项，选择箱体顶面，如图 4-143 所示，单击“应用”按钮，完成箱体顶部下缘凸台的创建。

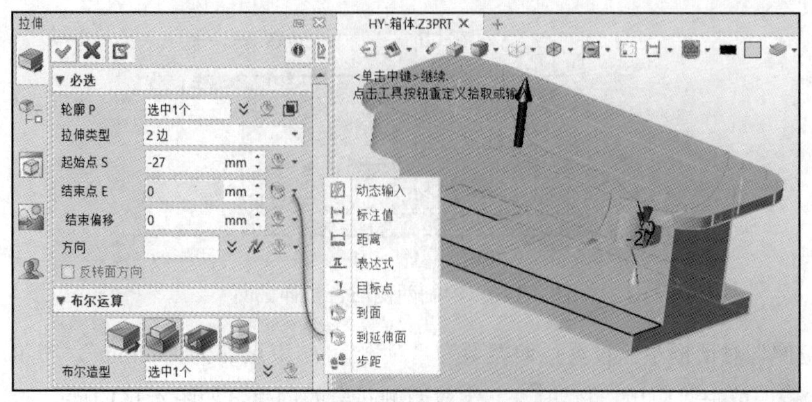

图 4-143　创建箱体顶部下缘凸台

7 创建勾槽位。

1）选择 *XZ* 坐标面作为草绘平面，在草图绘制模式下绘制图 4-144 所示的草图，单击“退出”按钮，完成并退出草图的绘制。

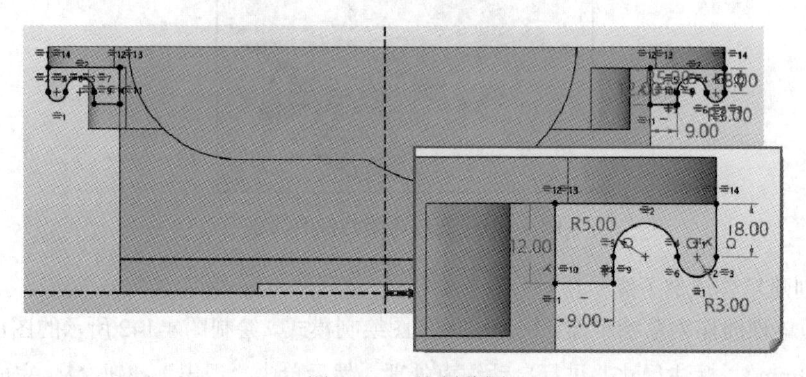

图 4-144　绘制草图

返回“拉伸”对话框，布尔运算选择为“加运算”，在“必选”选项组中设置拉伸类型为“2 边”，设置起始点 *S* 为“20mm”、结束点 *E* 为“26mm”，如图 4-145 所示，单击“确定”按钮，完成一组勾槽位的创建。

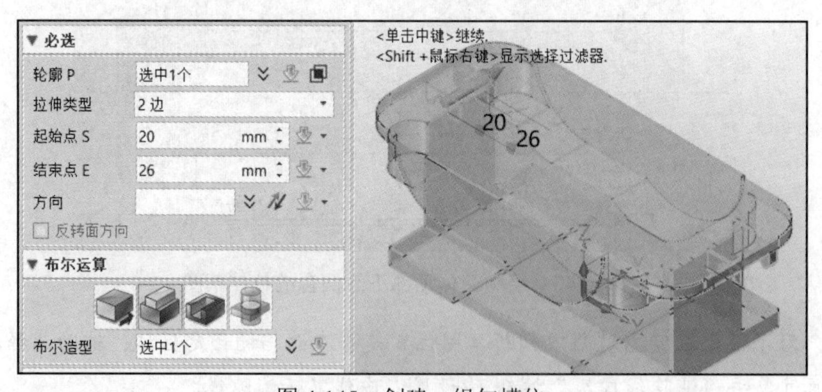

图 4-145　创建一组勾槽位

2）在“造型”选项卡的“基础编辑”面板中单击“镜像特征”按钮，选择刚才创建的一组勾槽位，接着激活“平面”收集器，选择 *XZ* 坐标面作为镜像平面，单击“确定”按钮，效果如图 4-146 所示。

S 创建安装有齿轮轴的半圆槽结构。

在“造型”选项卡的“基础造型”面板中单击“拉伸”按钮，打开“拉伸”对话框，选择图 4-147 所示的侧面凸台的平整面作为草绘平面，进入草图绘制模式。

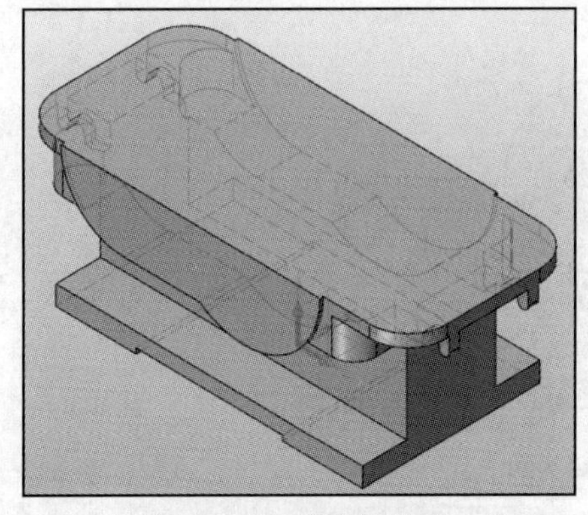

图 4-146 镜像勾槽位

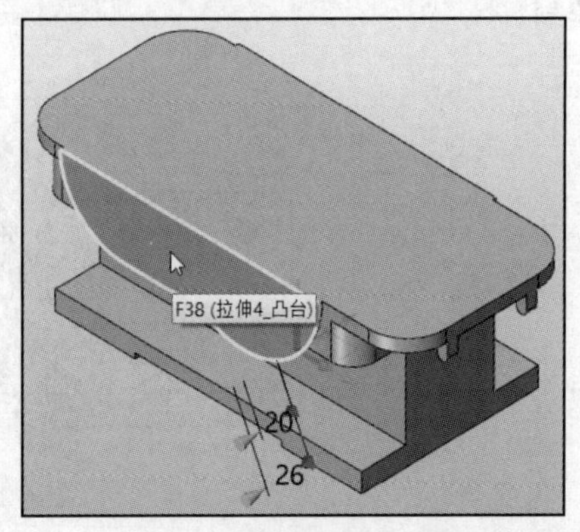

图 4-147 指定草绘平面

单击“圆”按钮，分别在草绘平面上绘制直径为 47mm 和 62mm 的两个圆，如图 4-148 所示，单击“退出”按钮，完成并退出草图的绘制。

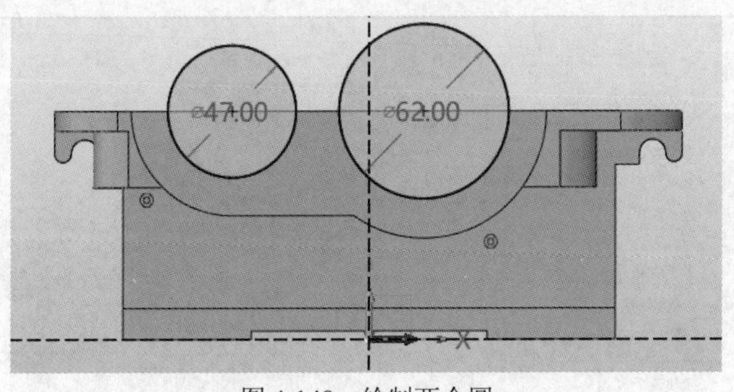

图 4-148 绘制两个圆

返回“拉伸”对话框，在“布尔运算”选项组中单击“减运算”按钮，选择箱体主体模型，在“必选”选项组中设置拉伸类型为“1 边”，在结束点 *E* 右侧的下拉列表中选择“穿过所有”选项，如图 4-149 所示，单击“应用”按钮，完成半圆槽结构的创建。

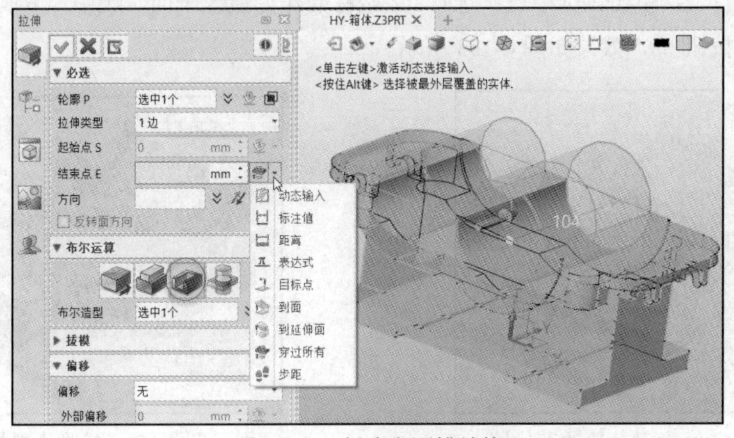

图 4-149 创建半圆槽结构

9 创建一侧半圆槽的密封槽。

选择半圆槽一侧的平整面（和步骤 **8** 选择的平整面相同）作为草绘平面，绘制图 4-150 所示的两个圆，它们的直径分别为 53mm 和 68mm，单击“退出”按钮，完成并退出草图的绘制。

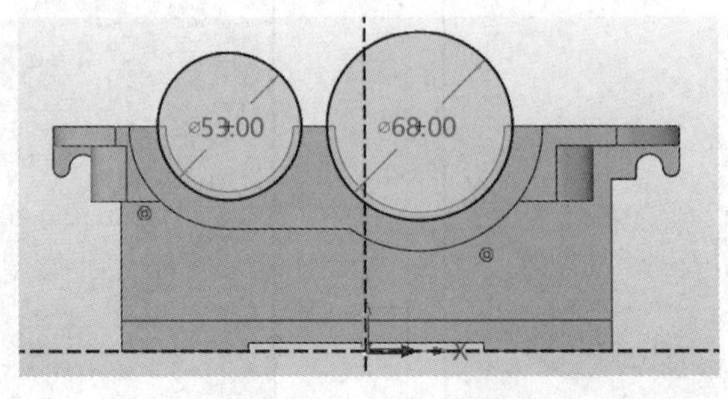

图 4-150 绘制两个圆

返回“拉伸”对话框，默认的布尔运算为“减运算”，在“必选”选项组中设置拉伸类型为“2 边”、起始点 *S* 为“4mm”、结束点 *E* 为“7mm”，如图 4-151 所示，单击“确定”按钮，完成图 4-152 所示的一侧的密封槽的创建。

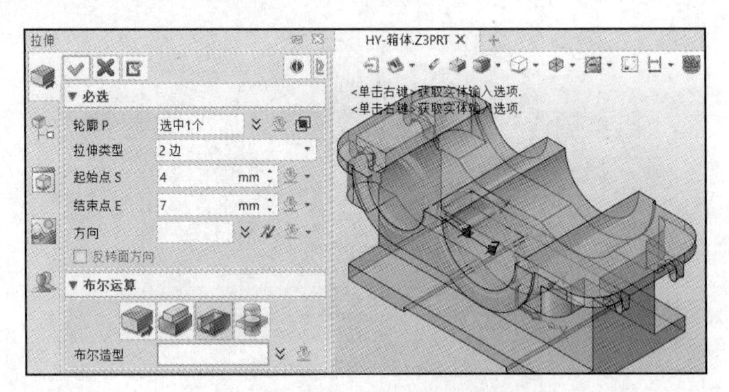

图 4-151 密封槽拉伸切除设置

10 镜像密封槽。

在“造型”选项卡的“基础编辑”面板中单击“镜像特征”按钮，选择密封槽的特征作为要镜像的特征，单击鼠标中键；选择 *XZ* 坐标面作为镜像平面，选中“复制”单选按钮，单击“确定”按钮，效果如图 4-153 所示。

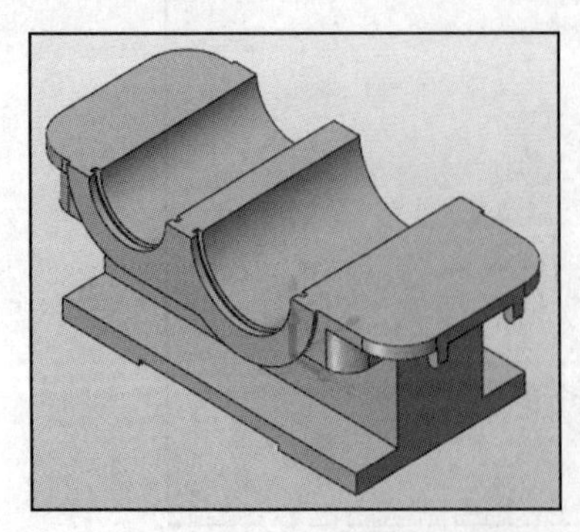

图 4-152 创建一侧的密封槽

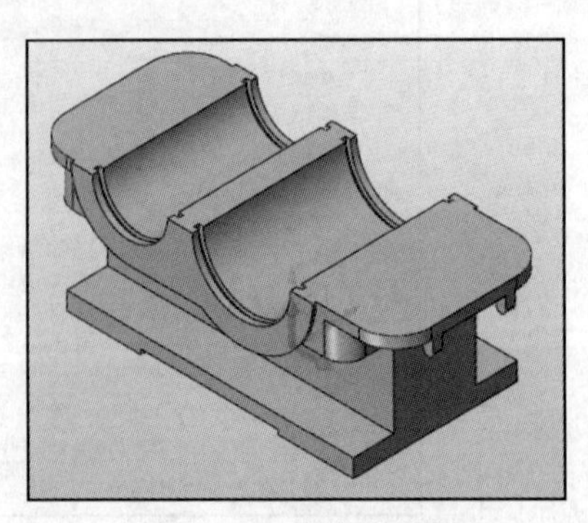

图 4-153 镜像密封槽

11 创建矩形内腔。

在“造型”选项卡的“基础造型”面板中单击“拉伸”按钮，单击箱体顶面作为草绘平面，进入草图绘制模式，绘制图4-154所示的一个带链状圆角的矩形，其中圆角半径为R6mm，标注相应的尺寸后单击“退出”按钮，完成并退出草图的绘制。

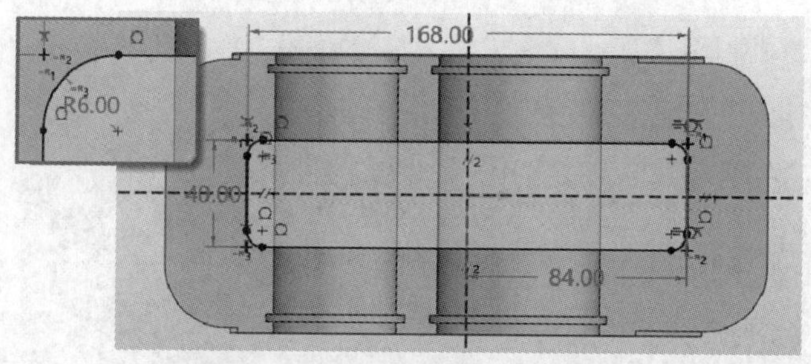

图4-154 绘制带链状圆角的矩形

返回“拉伸”对话框，设置拉伸类型为“2边”、起始点 *S* 为“0mm”、结束点 *E* 为“71mm”，如图4-155所示，布尔运算默认为“减运算”，单击“确定”按钮，完成矩形内腔的创建。

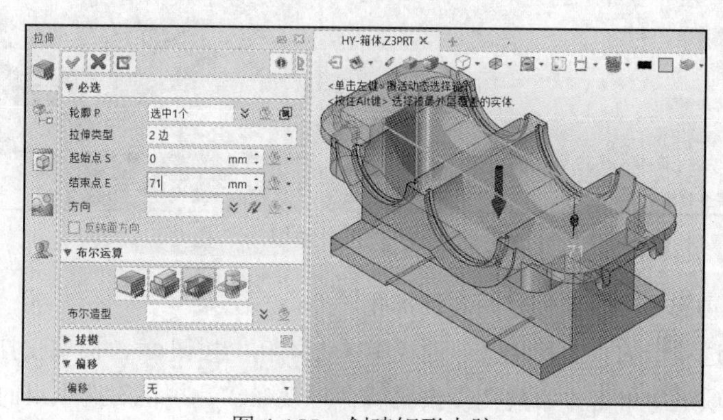

图4-155 创建矩形内腔

12 在箱体顶部平凸台上创建6个通用简单孔。

在“造型”选项卡的“工程特征”面板中单击“孔”按钮，接着在打开的“孔”对话框的“必选”选项组中单击“常规孔”按钮，在“位置”收集器右侧单击“展开”按钮，选择“草图”命令，接着单击箱体顶面作为草绘平面，进入草图绘制模式，单击“点”按钮+，绘制图4-156所示的6个点，单击“快速标注”按钮，标注尺寸，单击“退出”按钮，完成并退出草图的绘制。

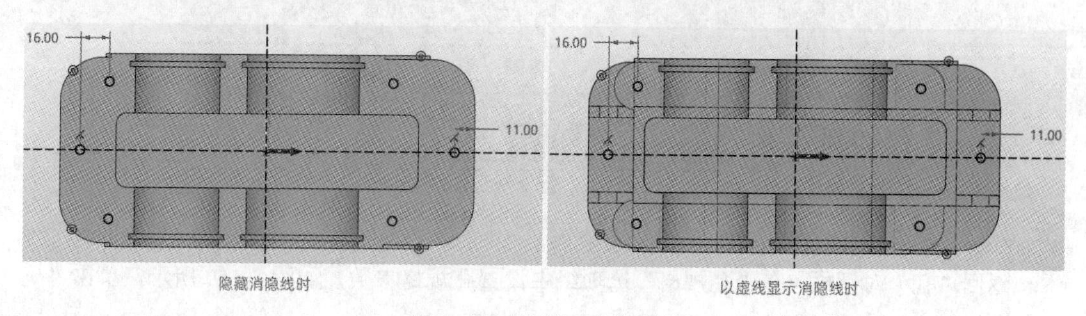

图4-156 绘制6个草图点

返回“孔”对话框，在“孔规格”选项组中将孔造型选定为“简单孔”，其他参数的设置如图4-157所示，单击“确定”按钮，完成6个通用简单孔的创建。

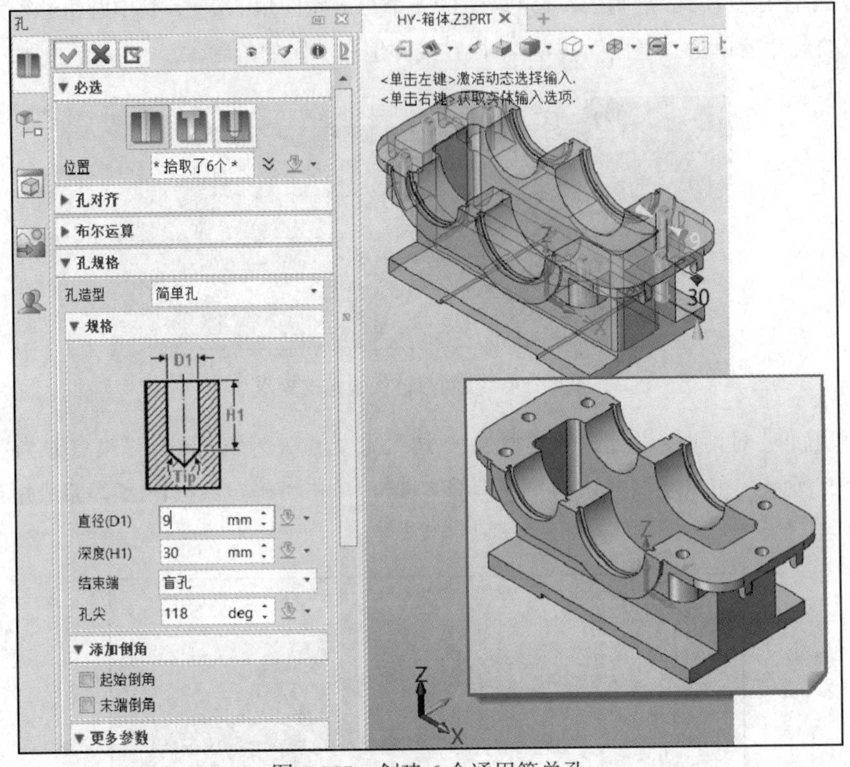

图4-157　创建6个通用简单孔

13 在箱体顶部平凸台上创建两个锥形孔。

在“造型”选项卡的“工程特征”面板中单击“孔”按钮，接着在打开的“孔”对话框的“必选”选项组中单击“常规孔”按钮，以及在“孔规格”选项组的“孔造型”下拉列表中选择“锥形孔”。在“位置”收集器右侧单击“展开”按钮，选择“草图”命令，接着单击箱体顶面作为草绘平面，进入草图绘制模式，单击“点”按钮，绘制图4-158所示的两个点，单击“快速标注”按钮，标注尺寸，单击“退出”按钮，完成并退出草图的绘制。

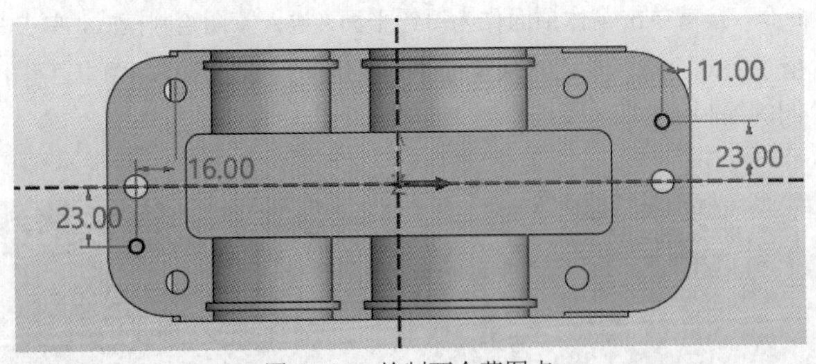

图4-158　绘制两个草图点

返回“孔”对话框，在“孔规格”选项组中设置孔规格参数，如图4-159所示，单击“确定”按钮，完成两个锥形孔的创建，如图4-160所示。

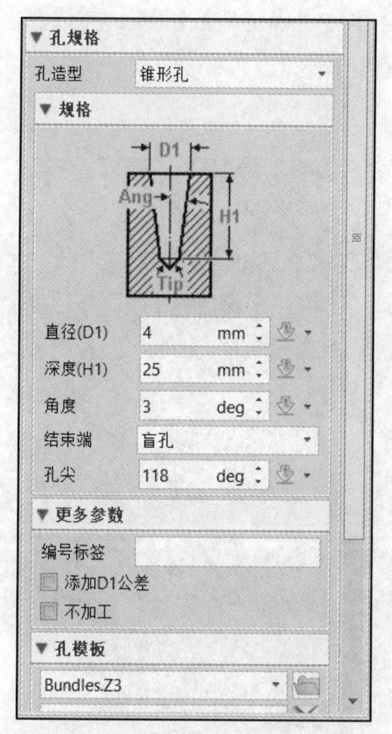

图 4-159 设置锥形孔的规格参数

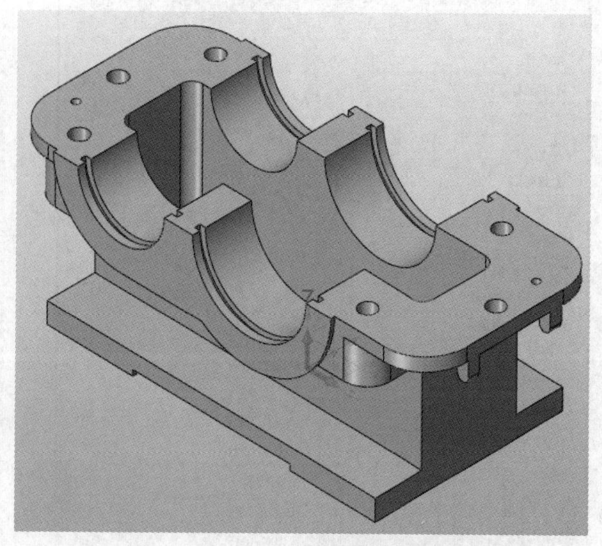

图 4-160 完成两个锥形孔的创建

14 创建箱体出油嘴结构。

说明：处于正常工作状态时的减速器，其箱体内需要盛有一定的油液。为了在换油时便于排除污油和清洗剂，应该在箱体底部、油池的最低位置处设计出油孔（放油孔）。出油孔（放油孔）为螺纹孔，可以使用放油螺塞和防漏垫圈将放油孔密封住。

1）在“造型”选项卡的“基础造型”面板中单击“拉伸”按钮，选择箱体右侧的实体面作为草绘平面，绘制图 4-161 所示的一个圆，并标注其尺寸以完全约束，单击“退出”按钮，完成并退出草图的绘制。返回“拉伸”对话框，所创建的圆作为拉伸轮廓，设置拉伸类型为“2 边”，拉伸方向指向实体内部，设置起始点 S 为“−2mm”、结束点 E 为“0mm”，布尔运算选择“加运算”，单击“确定”按钮，完成出油嘴圆凸台的创建，如图 4-162 所示。

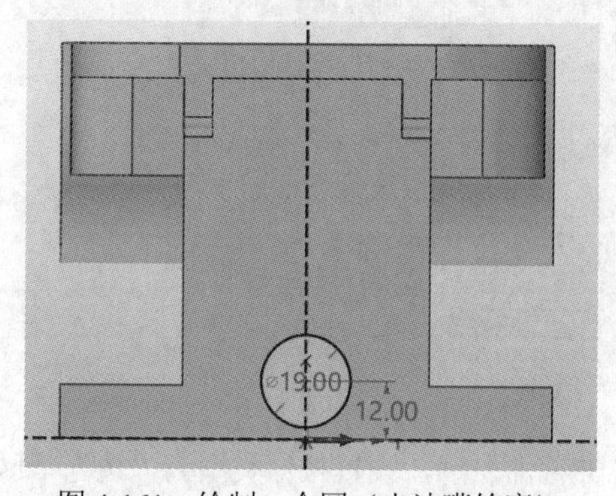

图 4-161 绘制一个圆（出油嘴轮廓）

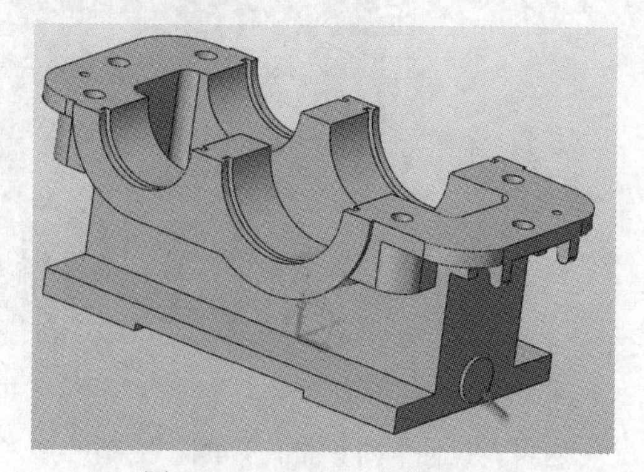

图 4-162 创建出油嘴圆凸台

2）在“造型”选项卡的“工程特征”面板中单击“孔”按钮，打开“孔”对话框，在“必选”选项组中单击“螺纹孔”按钮，选择出油嘴圆凸台外端面的圆心作为孔位置，在“孔规格”选项组中设置相应的螺纹参数，如图 4-163 所示，单击“确定”按钮，完成在出油嘴圆凸台中心处创建一个 M8×1 螺纹孔的操作，如图 4-164 所示。

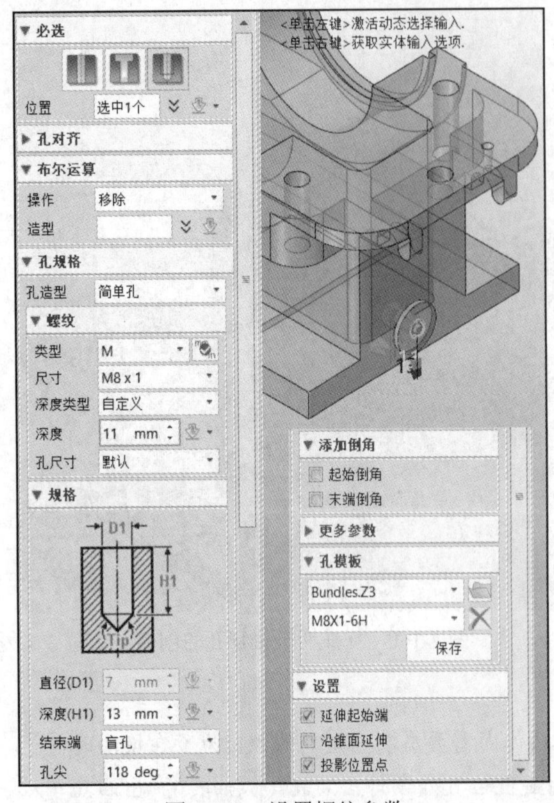

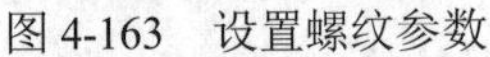
图 4-163 设置螺纹参数

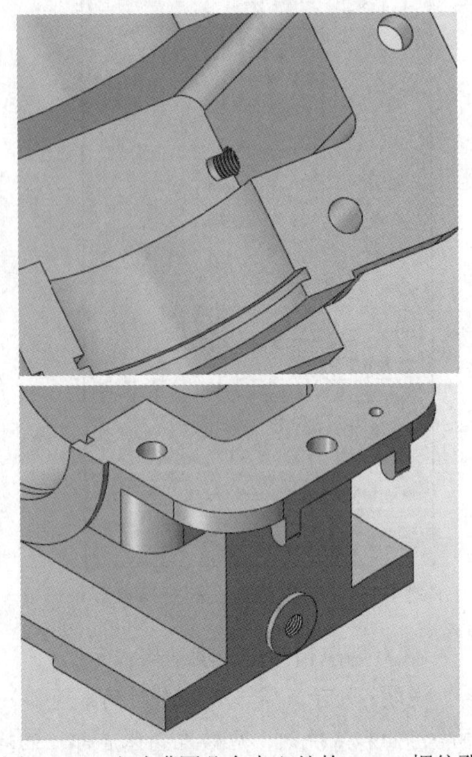
图 4-164 出油嘴圆凸台中心处的 M8×1 螺纹孔

3）在“造型”选项卡的“基础造型”面板中单击“拉伸”按钮，选择箱体内腔底部平面作为草绘平面，绘制图 4-165 所示的一个矩形并标注其长度和宽度，单击“退出”按钮，完成并退出草图的绘制。

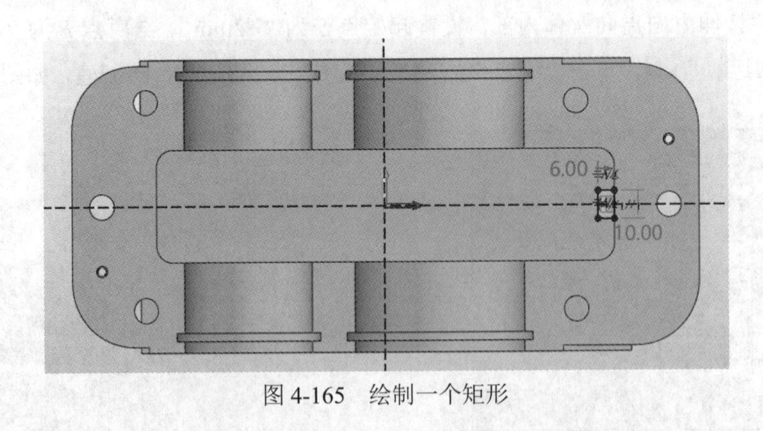

图 4-165 绘制一个矩形

返回“拉伸”对话框，以刚才绘制的矩形为拉伸截面轮廓，设置拉伸类型为“边”、开始点 S 为“0mm”、结束点 E 为“1.6mm”，拉伸方向由草绘平面指向箱体底座（向下），设置布尔运算为“减运算”，选择箱体实体造型为要从中减材料的实体，单击“确定”按钮，创建出油嘴处的矩形拉伸槽，如图 4-166 所示。

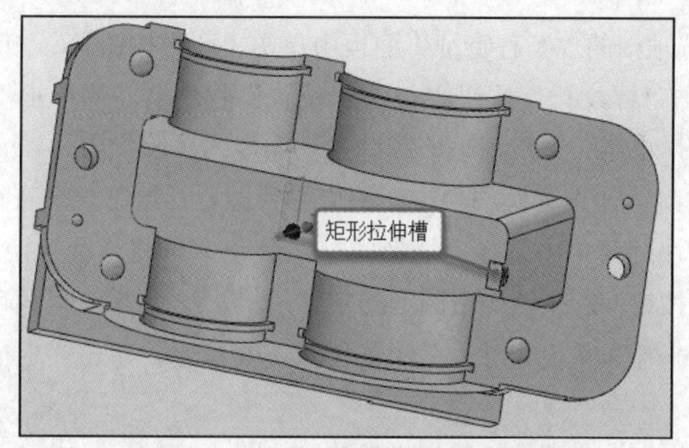

图 4-166 创建出油嘴处的矩形拉伸槽

15 创建箱体进油嘴结构。

1）在“造型”选项卡的“基础造型”面板中单击“拉伸”按钮，选择箱体左侧的实体面作为草绘平面，进入草图绘制模式，绘制图 4-167 所示的一个圆并标注其相应的尺寸，单击“退出”按钮，完成并退出草图的绘制。返回“拉伸”对话框，布尔运算选择“加运算”，设置拉伸方向为由草绘平面指向箱体实体内部、拉伸类型为“2 边”、起始点 S 为“−2mm”、结束点 E 为“0mm”，单击“确定”按钮，完成进油嘴圆凸台的创建，如图 4-168 所示。

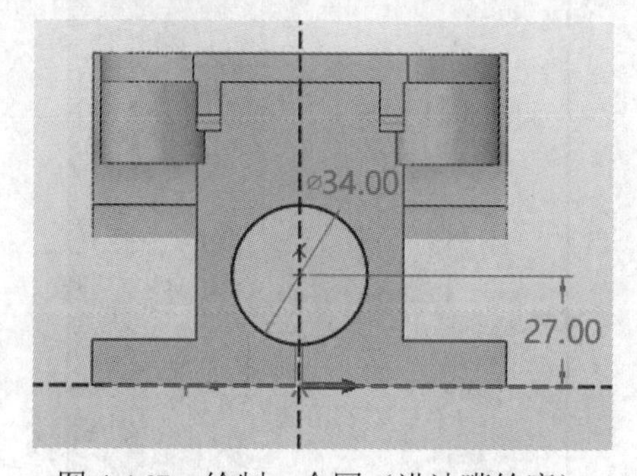

图 4-167 绘制一个圆（进油嘴轮廓）

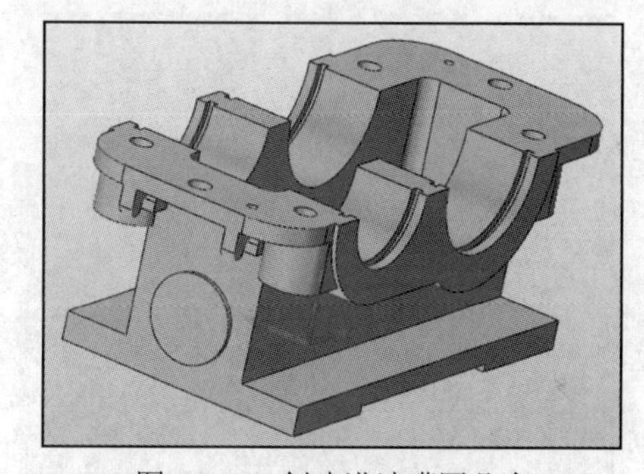

图 4-168 创建进油嘴圆凸台

2）在“造型”选项卡的“基础造型”面板中单击“圆柱体”按钮，打开“圆柱体”对话框，在“布尔运算”选项组中单击“减运算”按钮，选择进油嘴圆凸台外端面的圆心，在“必选”选项组中设置半径为“7mm”、长度为“−10mm”，如图 4-169 所示，单击“确定”按钮，完成圆柱体的减运算操作。

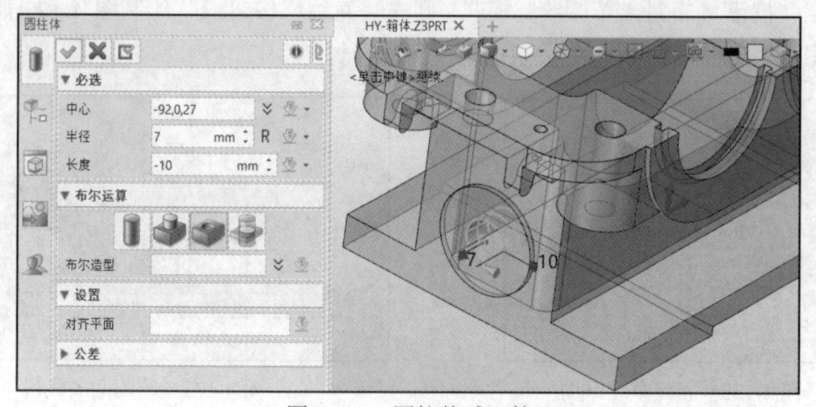

图 4-169 圆柱体减运算

3）在“造型”选项卡的“工程特征”面板中单击“孔”按钮，打开“孔”对话框，在“必选”选项组中单击“螺纹孔”按钮，在“位置”收集器右侧单击“展开”按钮，选择“草图”命令，选择箱体左侧进油嘴的圆凸台端面作为草绘平面。

先单击“圆”按钮，选择圆凸台端面的中心为圆心，绘制一个直径为 24mm 的圆，右击该圆，并从弹出的快捷菜单中选择“切换类型”命令，将该圆切换为以虚线显示的构造圆，接着单击“点”按钮，在该构造圆上指定 3 个点，之后单击“角度标注”按钮，选择“三点角度标注”来标注角度尺寸，效果如图 4-170 所示，单击“退出”按钮，完成并退出草图的绘制。

返回“孔”对话框，设置螺纹孔的规格参数，如图 4-171 所示，完成后单击“确定”按钮。

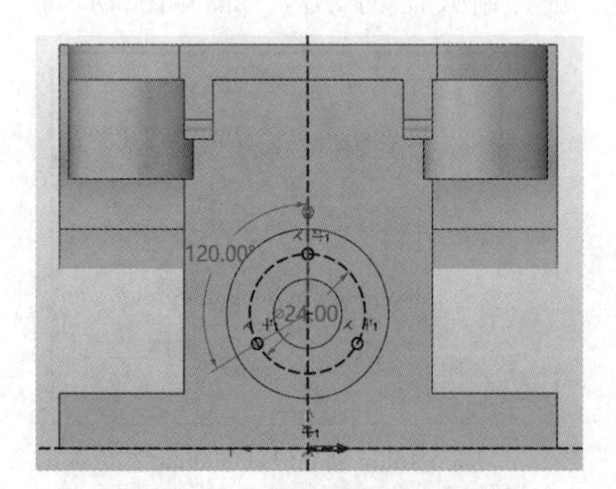

图 4-170　绘制构造圆及实体点

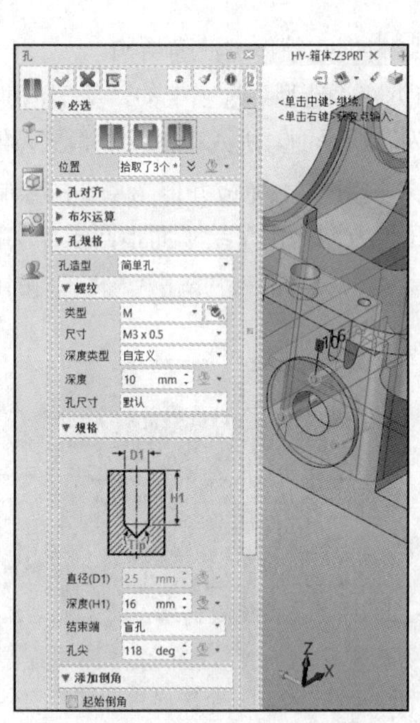

图 4-171　设置螺纹孔规格参数

16 创建网状筋结构。

1）在“造型”选项卡的“基础造型”面板中单击“草图”按钮，打开“草图”对话框，按快捷键“Ctrl+U”以辅助视图的方式显示模型，单击图 4-172 所示的实体面作为草绘平面，单击“确定”按钮，进入草图绘制模式。单击“直线”按钮，绘制图 4-173 所示的两条线段，单击“退出”按钮，完成并退出草图的绘制。

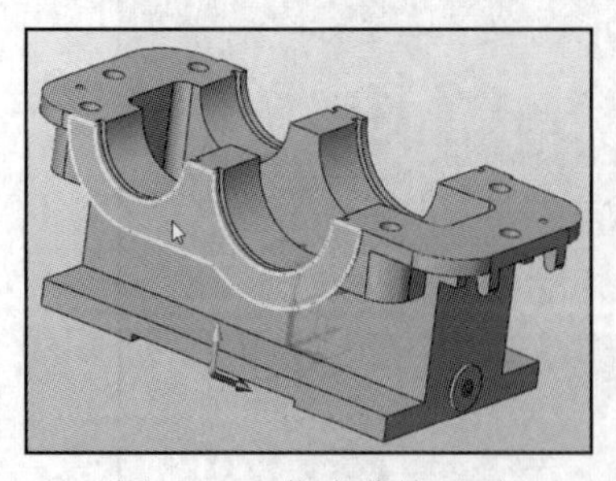

图 4-172　指定草绘平面

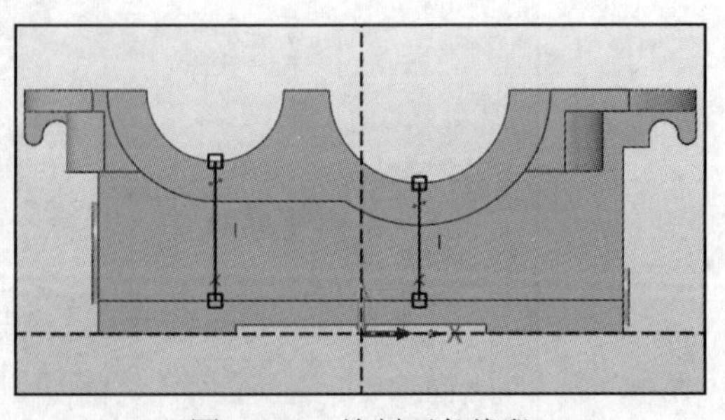

图 4-173　绘制两条线段

2）在“造型”选项卡的“工程特征”面板中单击“网状筋”按钮，打开“网状筋”对话框，选择刚才绘制的线段作为网状筋的轮廓，将加厚设置为“6mm”，如图 4-174 所示，单击“应用”按钮，完成网状筋 1 的创建，按快捷键“Ctrl+I”以等轴测视图显示模型，如图 4-175 所示。

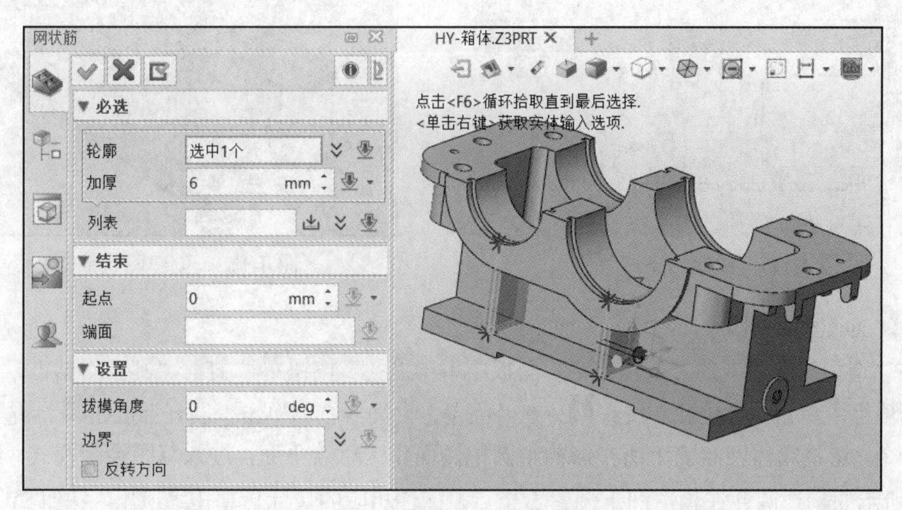

图 4-174　设置网状筋规格参数

3）在“网状筋”对话框的“轮廓”收集器右侧单击“展开”按钮，选择“草图”命令，在图形窗口中通过拖曳鼠标指针来翻转模型视图，在箱体网状筋 1 的另一侧单击图 4-176 所示的实体面作为草绘平面，进入草图绘制模式。

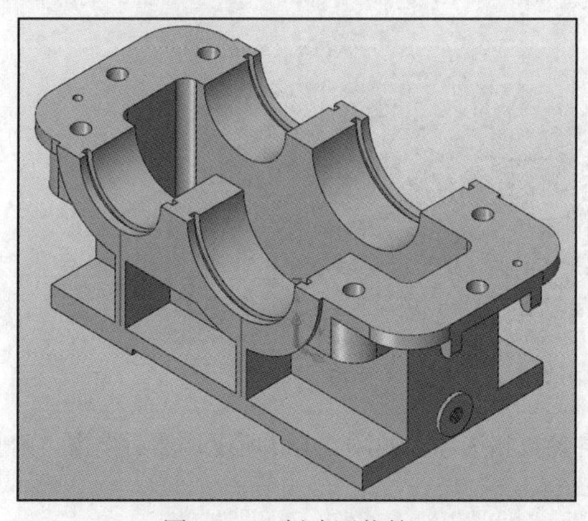

图 4-175　创建网状筋 1

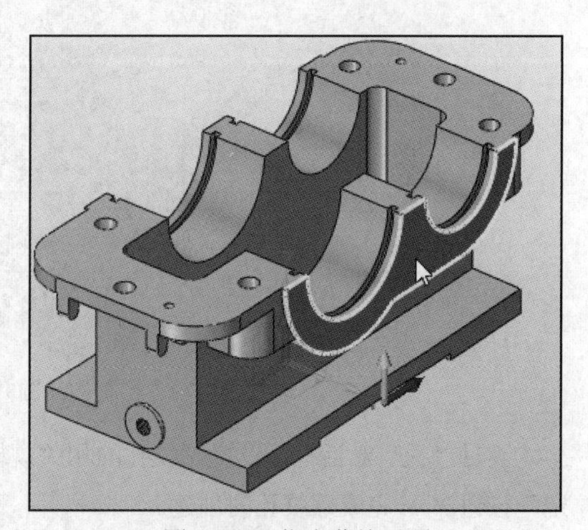

图 4-176　指定草绘平面

单击“直线”按钮，绘制图 4-177 所示的两条线段，单击“退出”按钮，完成并退出草图的绘制。接着在弹出的“ZW3D”对话框中，单击“是”按钮，确认继续进行下一步操作。

返回“网状筋”对话框，刚才绘制的线段自动作为网状筋的轮廓，设置加厚为“6mm”、起点为“0mm”、拔模角度为“0deg”，单击“确定”按钮，完成网状筋 2 的创建，如图 4-178 所示。

此时，可以将用作网状筋 1 轮廓的线段隐藏。

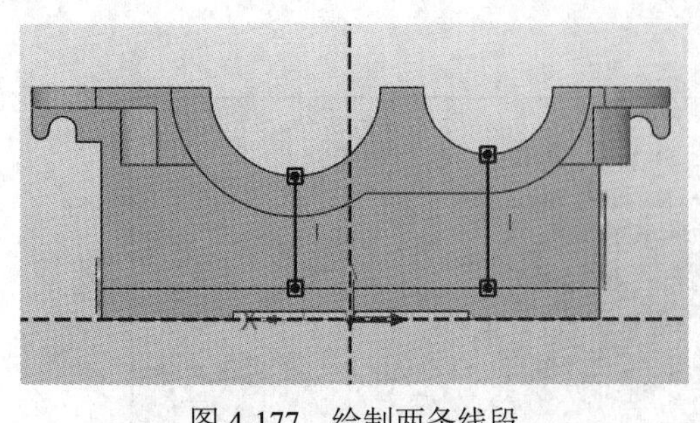

图 4-177　绘制两条线段

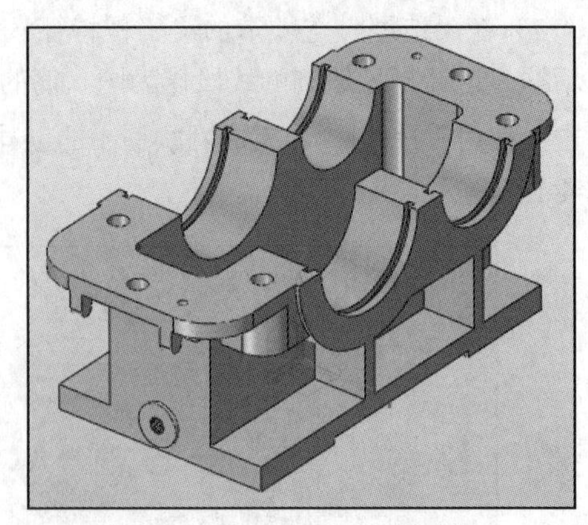

图 4-178　创建网状筋 2

17 创建螺纹孔。

在“造型”选项卡的“工程特征”面板中单击“孔”按钮，打开“孔”对话框，在“必选”选项组中单击“螺纹孔”按钮，在“位置”收集器右侧单击“展开”按钮，选择“草图”命令，选择箱体网状筋 1 所在侧的半圆槽侧面作为草绘平面，进入草图绘制模式。绘制图 4-179 所示的构造圆并在构造圆上创建 5 个点，标注相应的尺寸后单击“退出”按钮，完成并退出草图的绘制。

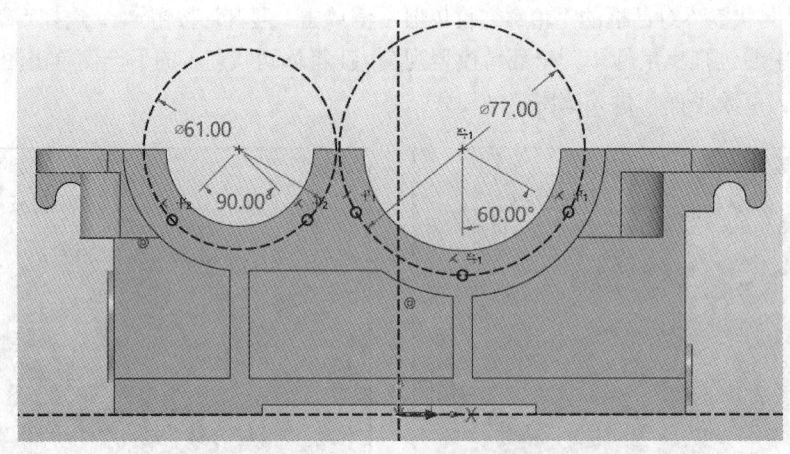

图 4-179　绘制构造圆并在构造圆上创建 5 个点

返回“孔”对话框，设置螺纹孔的相关规格参数和选项，如图 4-180 所示，然后单击“确定”按钮，完成螺纹孔的创建。

18 镜像螺纹孔。

在“造型”选项卡的“基础编辑”面板中单击“镜像特征”按钮，选择上一步（即步骤 17）创建的螺纹孔特征作为要镜像的特征，单击鼠标中键确认并进入下一步，选择 *XZ* 坐标面作为镜像平面，选中“复制”单选按钮，单击“确定”按钮，从而在另一侧的半圆槽侧面生成一组相应的螺纹孔。

19 创建圆角 1 特征。

在“造型”选项卡的“工程特征”面板中单击“圆角”按钮，设置圆形圆角半径 *R* 为 3mm，分别选择图 4-181 所示的边链创建圆角 1 特征。

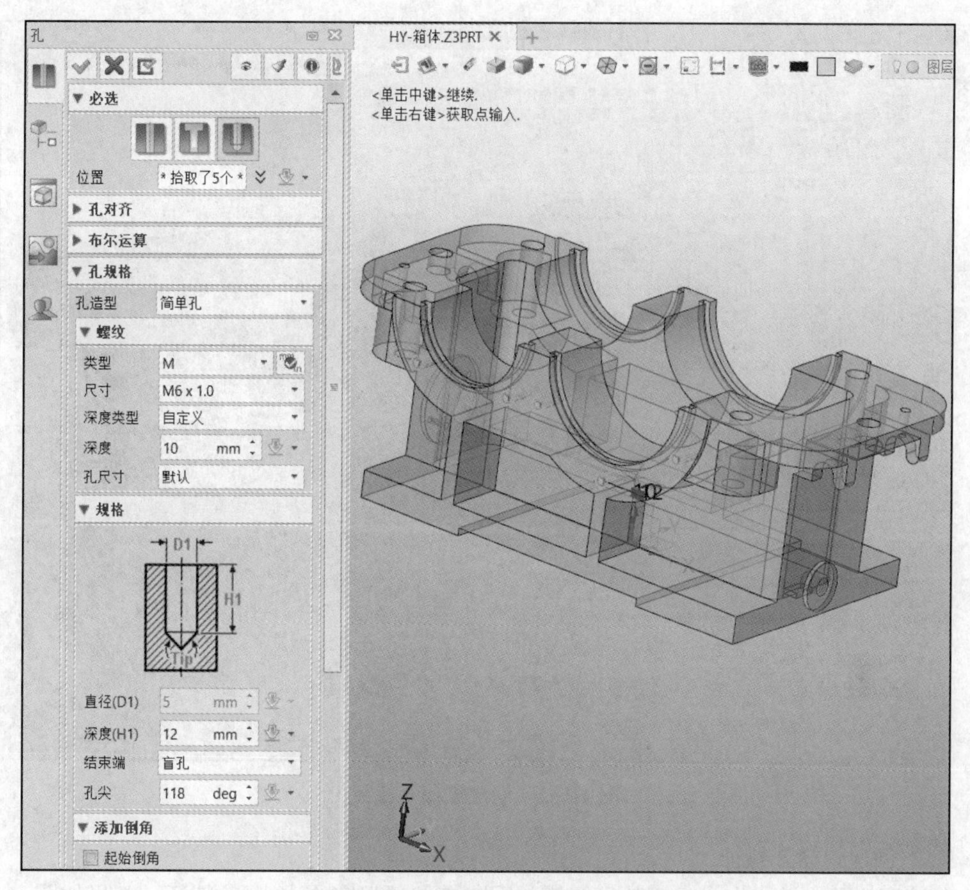

图 4-180 设置螺纹孔相关规格参数和选项

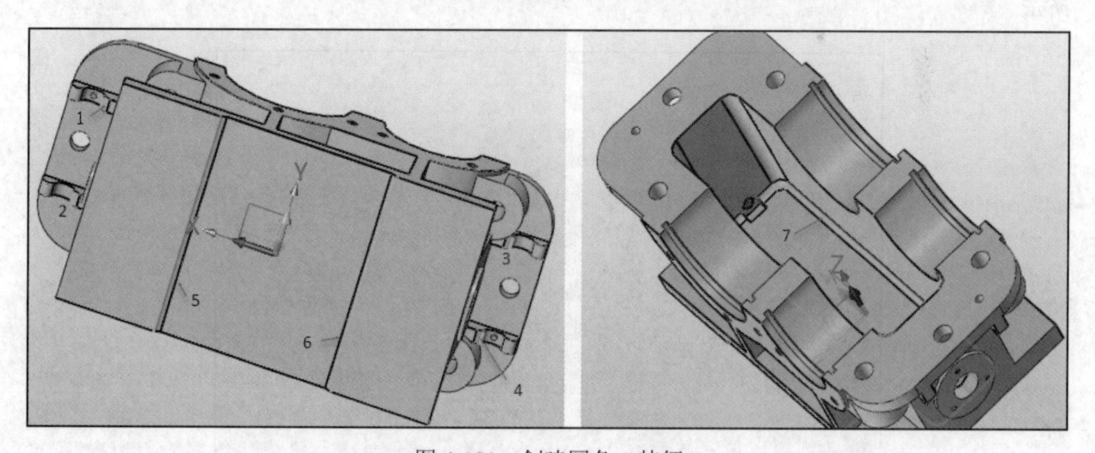

图 4-181 创建圆角 1 特征

20 创建拔模 1 特征。

在“造型”选项卡的“工程特征”面板中单击“拔模”按钮，选择“边拔模”和“对称拔模”类型，按快捷键“Ctrl+U”以辅助视图的方式显示模型，选择图 4-182 所示的 7 条边，设置拔模角度为“−5deg”，在“方向”选项组中单击激活“方向 P”收集器，定义 *Y* 轴为拔模方向，拔模边 *S* 选择“分割边”选项，然后单击“应用”按钮，完成拔模 1 特征的创建。

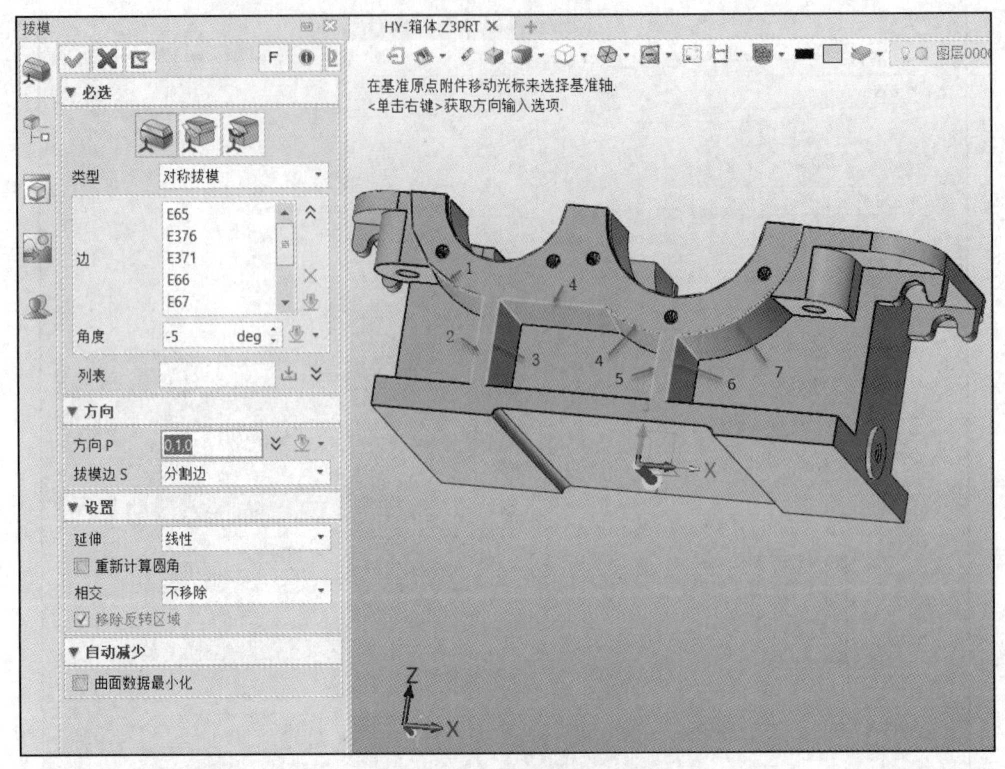

图 4-182　创建拔模 1 特征

21 创建拔模 2 特征。

使用同样的方法，在另一侧的半圆槽与网状筋创建相应的拔模 2 特征，效果如图 4-183 所示。

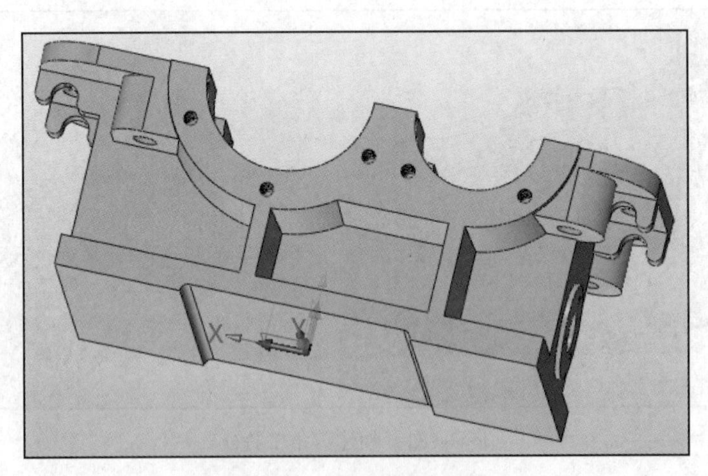

图 4-183　创建拔模 2 特征

22 在箱体底座上创建 4 个台阶孔。

在“造型”选项卡的“工程特征”面板中单击“孔”按钮，打开“孔”对话框，在“必选”选项组中单击“常规孔”按钮，在“位置”收集器右侧单击“展开”按钮，选择“草图”命令，选择箱体底座的顶面作为草绘平面（即用于放置台阶孔的实体面），在草绘平面上绘制图 4-184 所示的 4 个点，单击“退出”按钮，完成并退出草图的绘制。

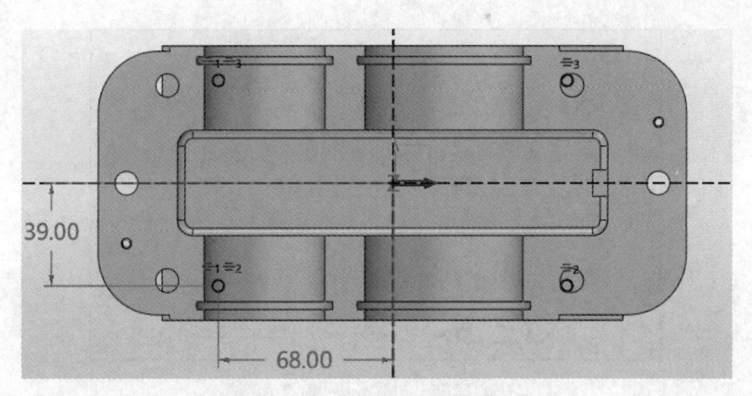

图 4-184 在草绘平面上绘制 4 个点

返回“孔”对话框，在“孔规格”选项组的“孔造型”下拉列表中选择“台阶孔”，并分别设置该台阶孔的相应参数和选项，如图 4-185 所示，注意要在“设置”选项组中取消勾选“延伸起始端”复选框，最后单击“确定”按钮，完成在箱体底座上创建 4 个台阶孔的操作。

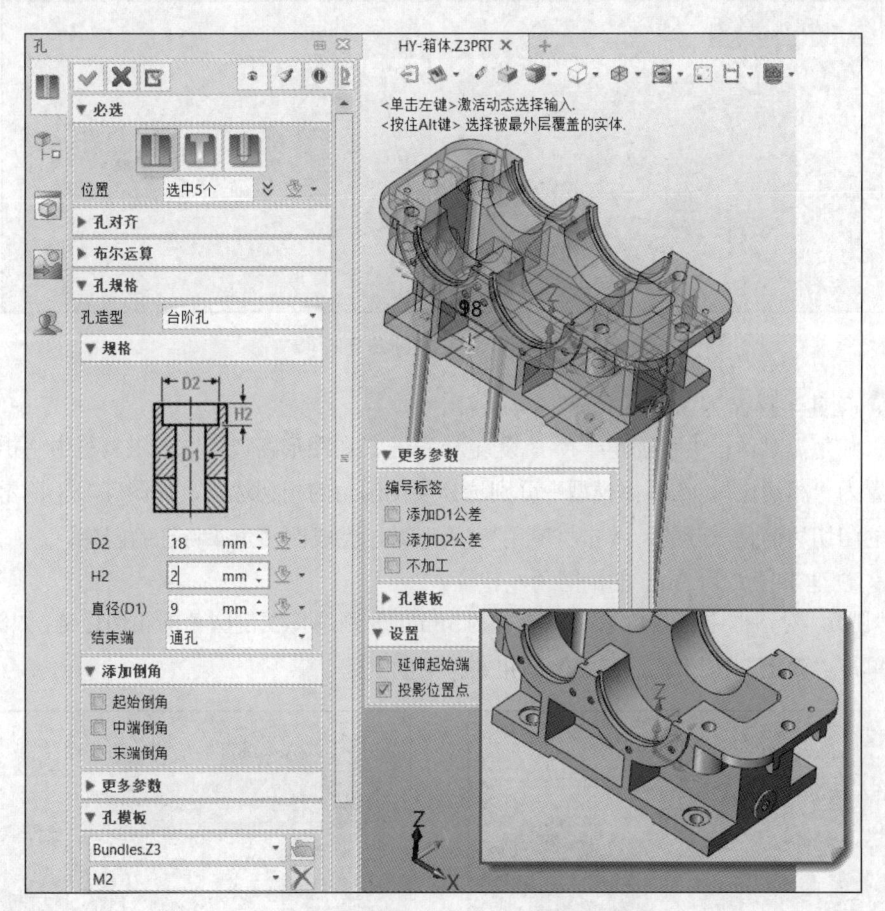

图 4-185 设置台阶孔的相应规格参数和选项

23 创建半径 R 为 5mm 的倒圆角 2 特征。

在“造型”选项卡的“工程特征”面板中单击“圆角”按钮，设置圆角半径 R 为 5mm，选择箱体底座 4 个竖直的短边线来进行倒圆角，如图 4-186 所示，单击“应用”按钮，完成倒圆角 2 特征的创建。

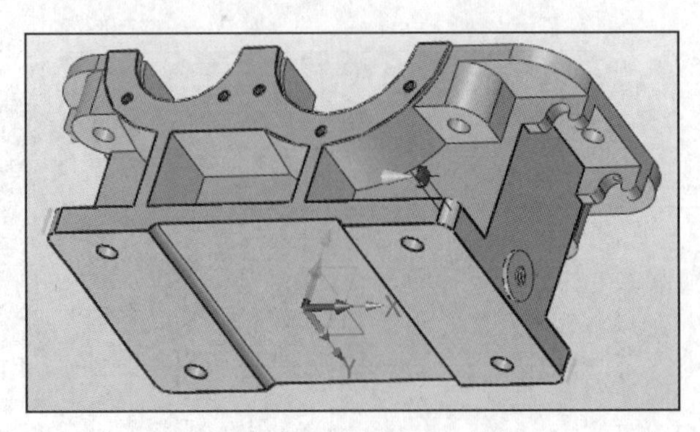

图 4-186 创建倒圆角 2 特征

24 创建半径 R 为 3mm 的倒圆角 3 特征。

在“圆角”对话框中将圆角半径 R 设置为 3mm，选择同一个方向的若干边线进行倒圆角，如图 4-187 所示，单击“应用”按钮，完成倒圆角 3 特征的创建。

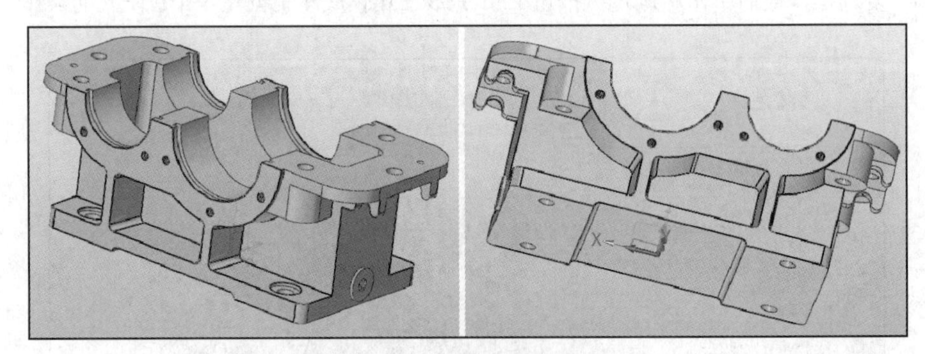

图 4-187 创建倒圆角 3 特征

25 创建半径 R 为 3mm 的倒圆角 4 特征。

在“圆角”对话框中将圆角半径 R 设置为 3mm，在图形窗口上方的工具栏中将拾取策略列表设置为“相切边”，在箱体模型中分别选择要倒圆角的相切边链，如图 4-188 所示，两侧倒圆角的相切边链是一致的，单击“应用”按钮，完成倒圆角 4 特征的创建。

26 创建半径 R 为 3mm 的倒圆角 5 特征。

在“圆角”对话框中将圆角半径 R 设置为 3mm，分别选择要倒圆角的相切边链，如图 4-189 所示，单击“确定”按钮，完成倒圆角 5 特征的创建。

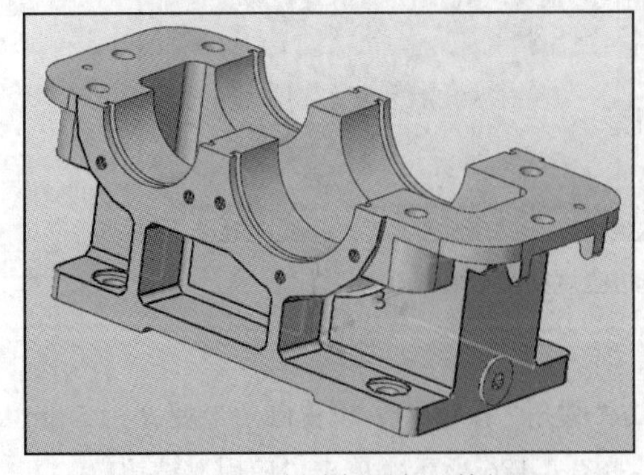

图 4-188 创建倒圆角 4 特征

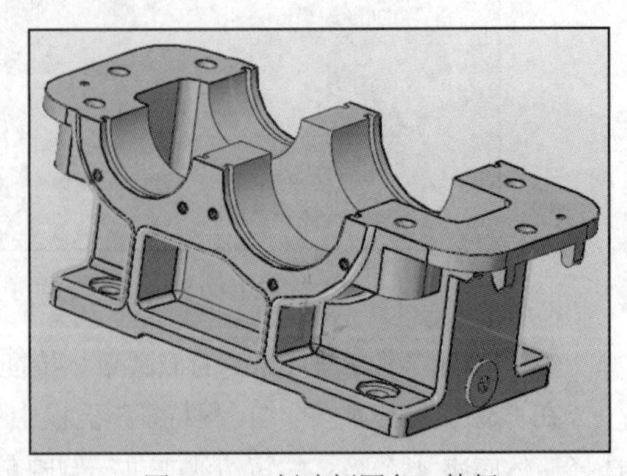

图 4-189 创建倒圆角 5 特征

27 保存文件。

至此，基本完成减速器箱体（箱底）的三维建模，如图 4-190 所示，按快捷键“Ctrl+S”保存文件。

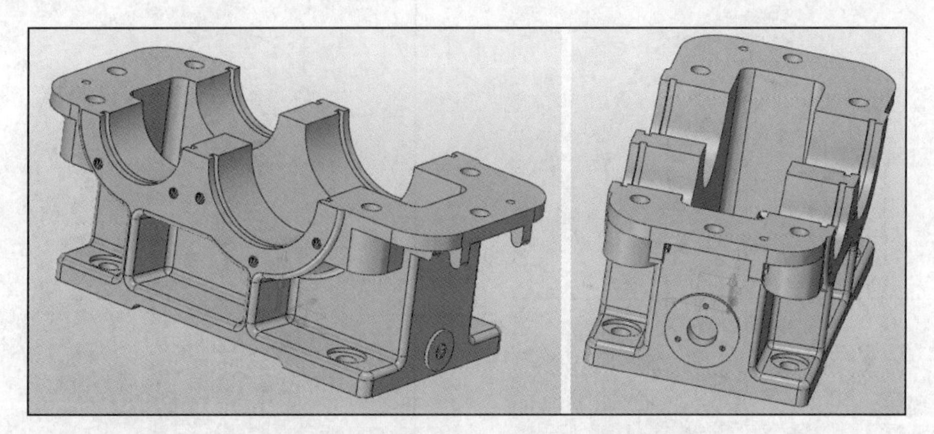

图 4-190 减速器箱体（箱底）三维模型

4.4.2 泵体三维建模

本小节要创建的齿轮油泵泵体模型如图 4-191 所示。严格来说，泵体是一种特殊的箱体类零件。

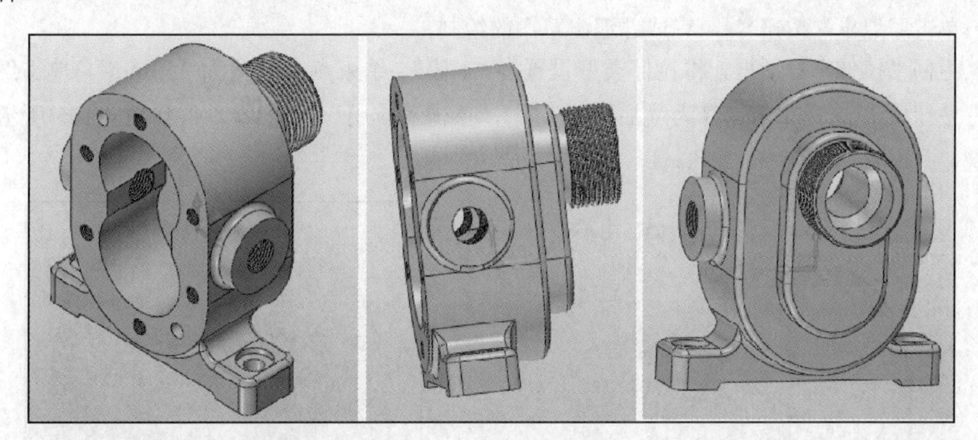

图 4-191 齿轮油泵泵体

泵体三维模型的建模步骤如下。

1 新建一个模型文件。

在中望 3D 的“快速访问”工具栏中单击“新建”按钮，弹出“新建文件”对话框，在“类型”选项组中选择“零件”，在“子类”选项组中选择“标准”，在“模板”选项组中选择“[默认]”，在“唯一名称”框中输入“HY-泵体”，然后单击“确认”按钮，进入 3D 建模界面。

2 以拉伸的方式创建一个实体特征。

在“造型”选项卡的“基础造型”面板中单击“拉伸”按钮，选择 *XZ* 坐标面作为草绘平面，快速进入草图绘制模式。绘制拉伸截面草图，如图 4-192 所示，然后单击“退出”按钮，完成并退出草图的绘制。

返回“拉伸”对话框，设置拉伸类型为“2 边”、起始点 S 为“0mm”、结束点 E 为“25mm”，单击“应用”按钮，创建图 4-193 所示的拉伸实体特征。

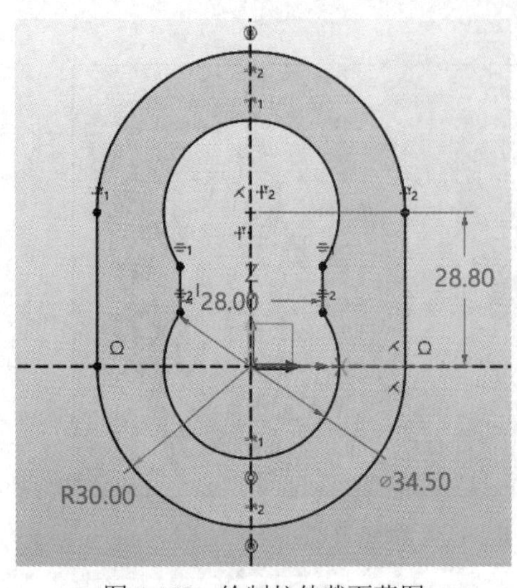

图 4-192 绘制拉伸截面草图

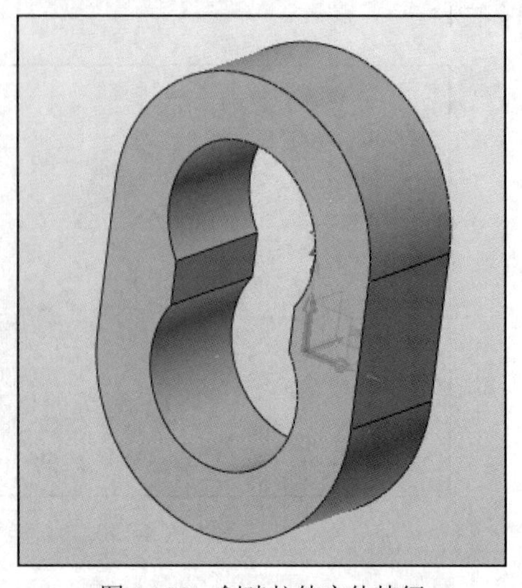
图 4-193 创建拉伸实体特征

3 拉伸加运算。

在“拉伸”对话框的“轮廓”收集器处于被选中状态时单击鼠标中键，弹出“草图”对话框，单击“使用先前平面”按钮再单击鼠标中键，进入草图绘制模式。绘制图 4-194 所示的草图，单击“退出”按钮，完成并退出草图的绘制。

返回“拉伸”对话框，将拉伸类型设置为“1 边”、结束点 E 设置为“13mm”，单击“反向”按钮，选择布尔运算为“加运算”，单击“应用”按钮，得到图 4-195 所示的模型。

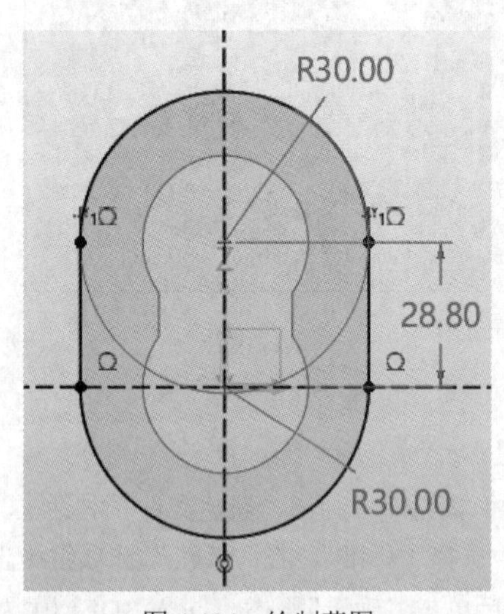

图 4-194 绘制草图

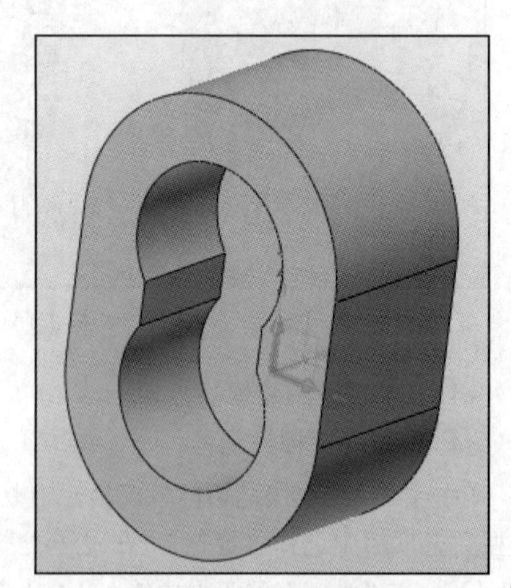
图 4-195 拉伸加运算

4 继续进行拉伸加运算操作。

在“拉伸”对话框的“轮廓”收集器处于被选中状态时单击鼠标中键，弹出“草图”对话框，单击“使用先前平面”按钮再单击鼠标中键，进入草图绘制模式。绘制图 4-196 所示的草图，单击“退出”按钮，完成并退出草图的绘制。

返回“拉伸”对话框，将拉伸类型设置为“1 边”，设置结束点 E 为“22mm”，拉伸方向指向 Y 轴正方向，布尔运算默认为“加运算”，单击“确定”按钮，得到图 4-197 所示的模型。

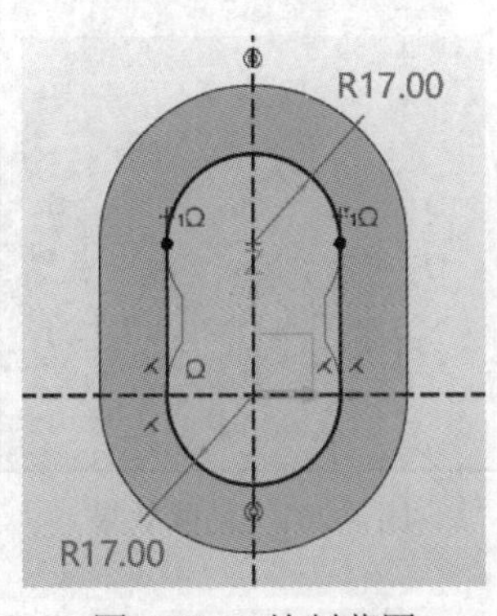

图 4-196　绘制草图

图 4-197　拉伸加运算

5 创建圆柱形凸台。

在“造型”选项卡的“基础造型”面板中单击“圆柱体”按钮，打开“圆柱体”对话框，在“布尔运算”选项组中选择“加运算”，在“必选”选项组中设置半径为“15mm”、长度为“18mm”，单击“中心”收集器右侧的“展开”按钮，选择“曲率中心”命令，如图 4-198 所示，接着选择图 4-199 所示的半圆形轮廓边以获取其曲率中心，将该中心作为圆柱体的放置点，然后在“圆柱体”对话框中单击“确定”按钮。

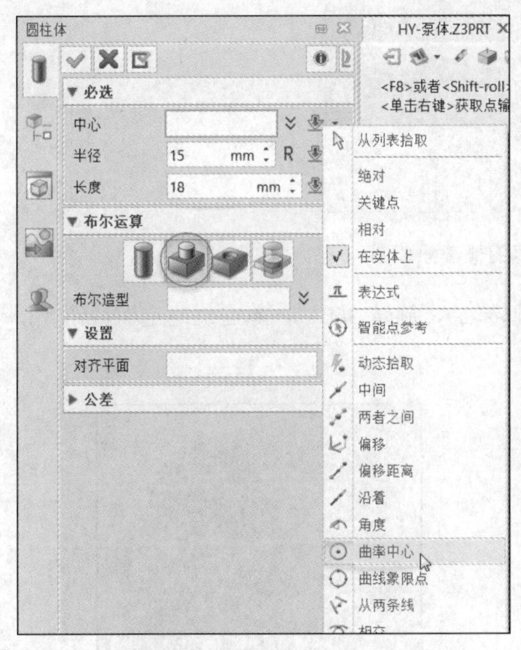

图 4-198　设置相关参数和选项

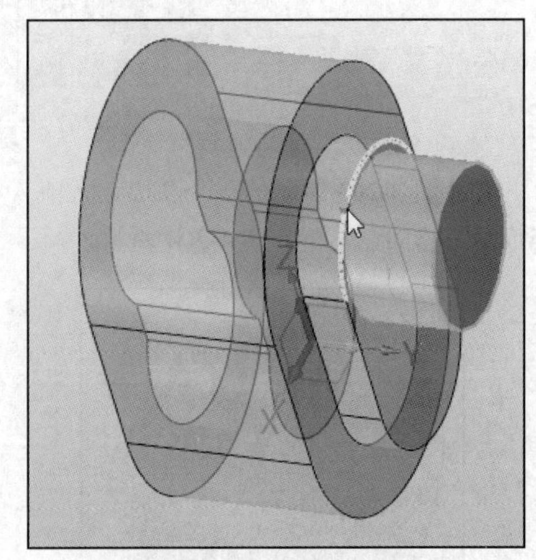
图 4-199　选择半圆形轮廓边

6 以旋转的方式切除出一个阶梯孔。

在“造型”选项卡的“基础造型”面板中单击“旋转”按钮，打开“旋转”对话框，设置布尔运算为“减运算”，选择 YZ 坐标面作为草绘平面，进入草图绘制模式，绘制

图 4-200 所示的旋转截面草图，标注尺寸后单击“退出”按钮，完成并退出草图的绘制。选择草图中最长的线段作为旋转轴，单击“应用”按钮，得到图 4-201 所示的切除效果。

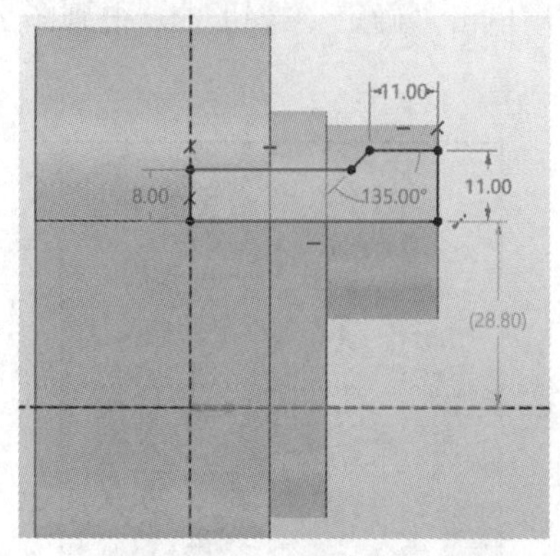

图 4-200 绘制旋转截面草图

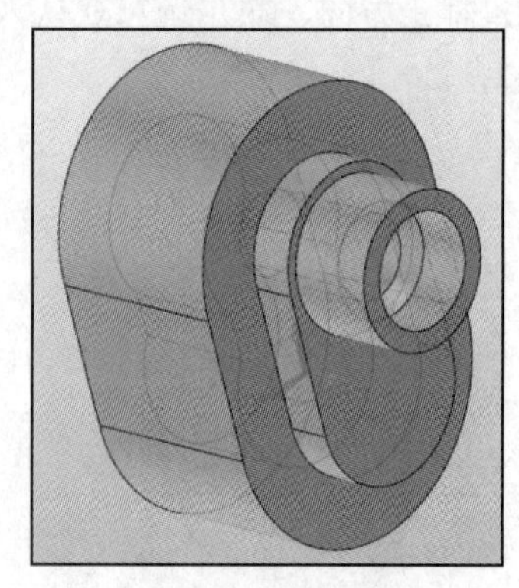
图 4-201 切除效果

7 创建退刀槽。

在“旋转”对话框中，默认的布尔运算为“减运算”，选择 *YZ* 坐标面作为草绘平面，进入草图绘制模式，单击“矩形”按钮，绘制图 4-202 所示的退刀槽截面草图，标注尺寸后单击“退出”按钮，完成并退出草图的绘制。

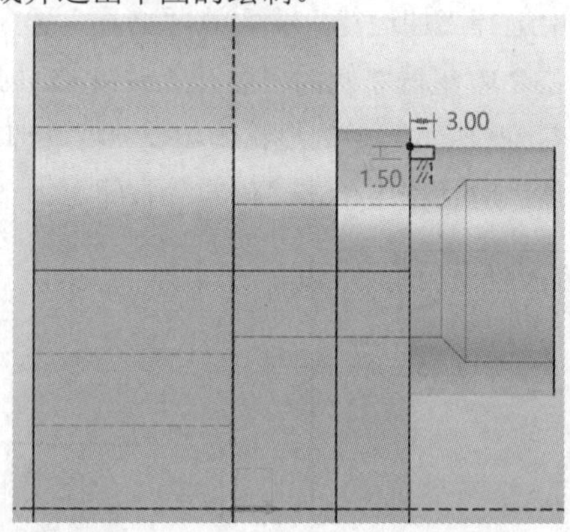

图 4-202 绘制退刀槽截面草图

选择图 4-203 所示的一个圆边定义轴 A（旋转轴），旋转 360°，单击“确定”按钮，完成退刀槽的创建，如图 4-204 所示。

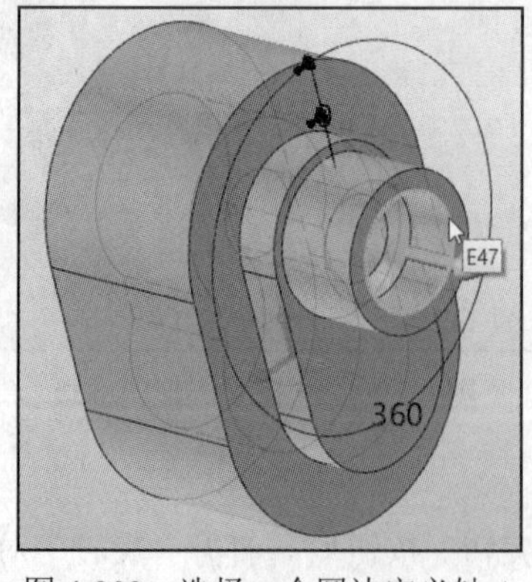

图 4-203 选择一个圆边定义轴 A

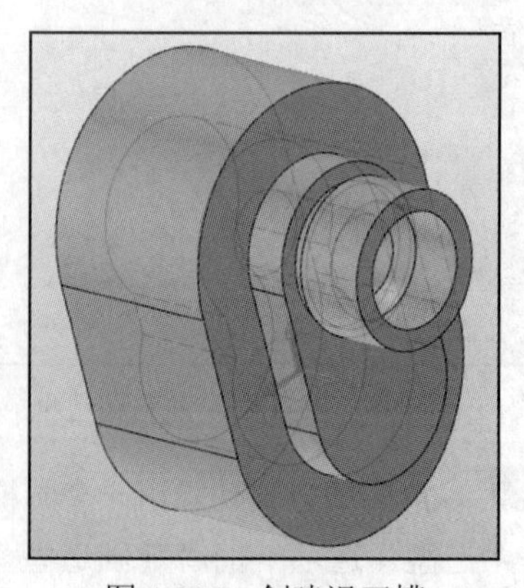
图 4-204 创建退刀槽

8 创建底座。

在“造型”选项卡的“基础造型”面板中单击“拉伸”按钮，选择 *XZ* 坐标面作为草绘平面，进入草图绘制模式，绘制图 4-205 所示的草图，添加必要的几何约束和尺寸约束（标注尺寸），单击“退出”按钮，完成并退出草图的绘制。

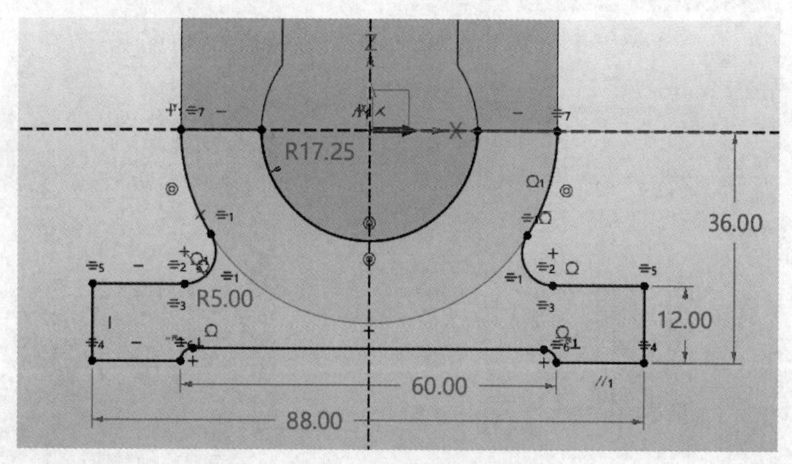

图 4-205 绘制草图

返回“拉伸”对话框，设置图 4-206 所示的拉伸参数和选项，单击“确定”按钮，完成底座的创建。

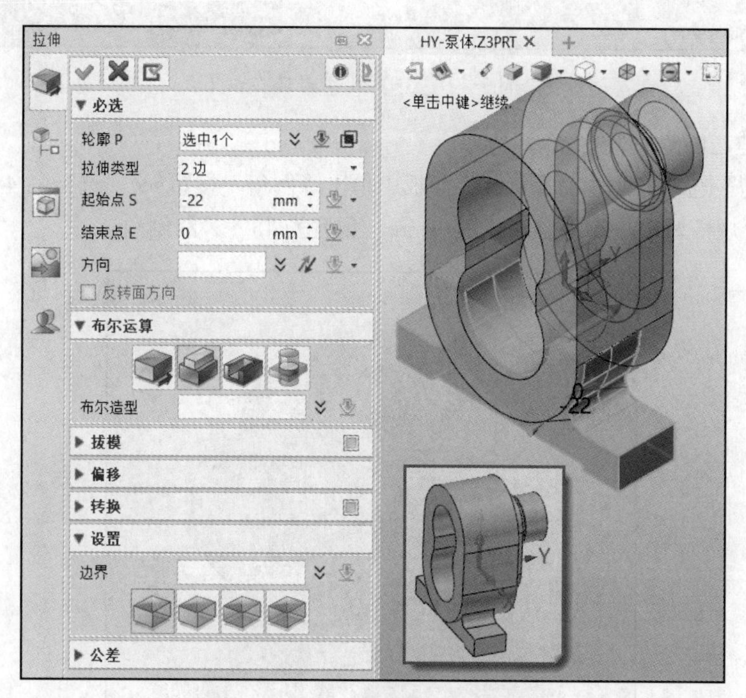

图 4-206 设置拉伸参数和选项

9 创建一个简单孔。

在“造型”选项卡的“基础造型”面板中单击“孔”按钮，设置图 4-207 所示的参数及选项，通过“曲率中心”的方式选择相应的圆边以定义孔的放置位置，最后单击“确定”按钮，完成一个简单孔的创建。

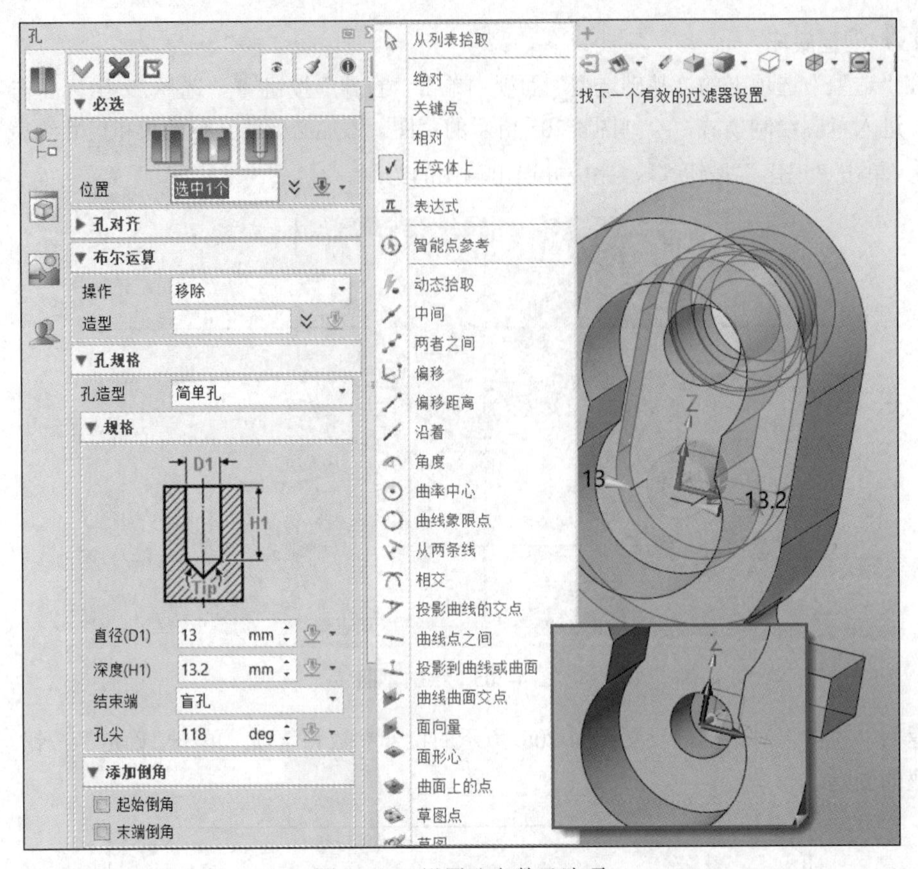

图 4-207 设置孔参数及选项

10 创建边倒角。

在“造型”选项卡的“工程特征”面板中单击“倒角”按钮，选择图 4-208 所示的圆边来创建一个规格为 C1（即倒角距离为 1mm、角度为 45°）的倒角。

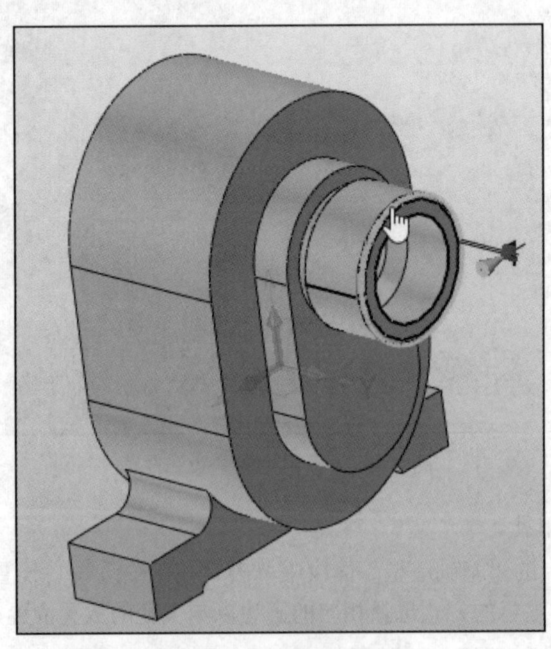

图 4-208 创建 C1 倒角

11 创建螺旋扫描特征。

1）在“造型”选项卡的“基础造型”面板中单击“草图”按钮，选择 *YZ* 坐标面作为草绘平面，进入草图绘制模式，单击“绘图”按钮、“通过点修剪/打断曲线”按钮、“快速标注”按钮等，绘制图 4-209 所示的螺纹截面草图，单击“退出”按钮，完成并退出草图的绘制。

图 4-209　绘制螺纹截面草图

2）在“造型”选项卡的“基础造型”面板中单击“螺旋扫掠”按钮，打开“螺旋扫掠”对话框，选择刚才绘制的螺纹截面草图作为螺旋扫描的轮廓，选择圆凸台的一条圆边，如图 4-210 所示，接着在“螺旋扫掠”对话框中设置匝数 *T* 为“12.25”、距离 *D* 为“1.5mm”、布尔运算为“减运算”、收尾为“向外”，如图 4-211 所示。

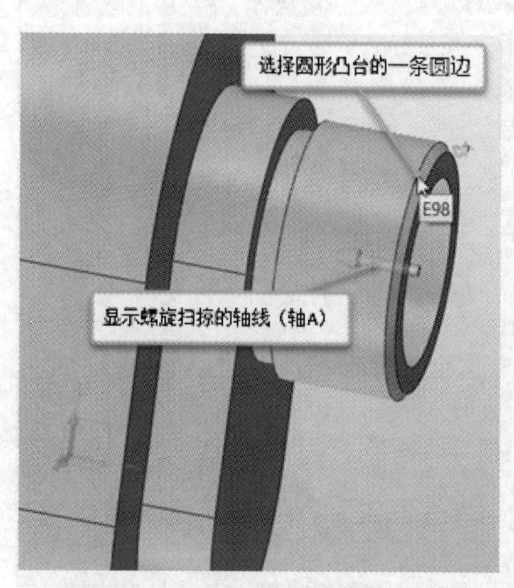

图 4-210　指定螺纹轮廓后指定轴线

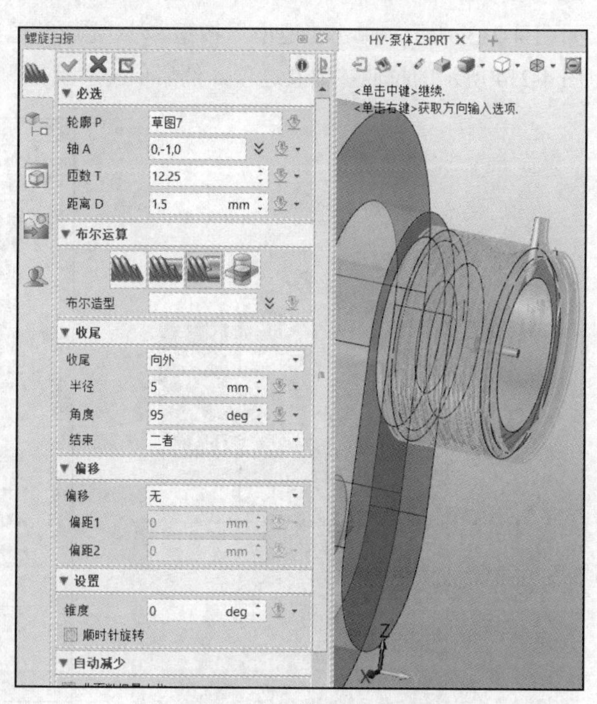

图 4-211　设置螺旋扫掠参数

技巧：如果发现螺旋扫掠的方向是反方向的，那么可以在“距离 D”文本框中输入负值来调整螺旋扫掠方向。另外，在“设置”选项组中还可以设置顺时针旋转等。

在“螺旋扫掠”对话框中，单击“确定”按钮，创建立体的外螺纹结构，如图 4-212 所示，此时可以将用作螺旋扫描轮廓的草图隐藏。

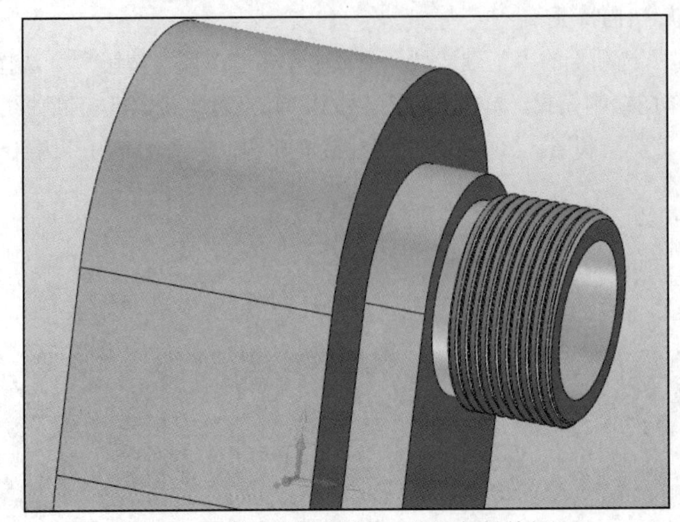

图 4-212 创建外螺纹结构（螺旋扫描特征）

12 在泵体的右侧面创建一个圆凸台。

按快捷键“Ctrl+I”以等轴测视图显示模型。

在“造型”选项卡的“基础造型”面板中单击“拉伸”按钮，选择泵体的右侧面作为草绘平面，单击“圆”按钮，绘制一个圆，并单击“快速标注”按钮，标注尺寸，如图 4-213 所示，单击“退出”按钮，完成并退出草图的绘制。在“拉伸”对话框中设置图 4-214 所示的拉伸参数及选项，然后单击“确定”按钮，完成圆凸台的创建。

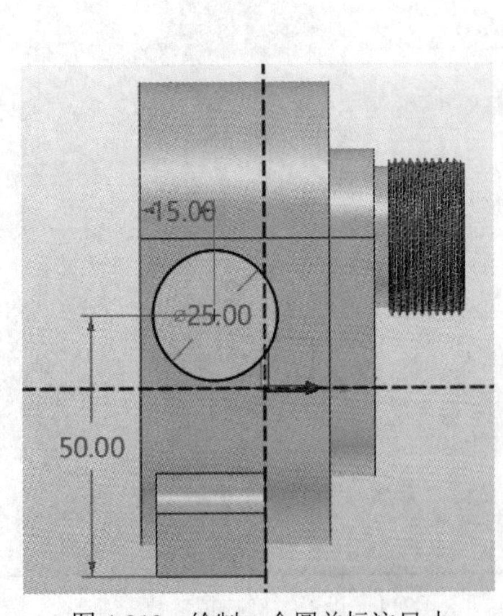

图 4-213 绘制一个圆并标注尺寸

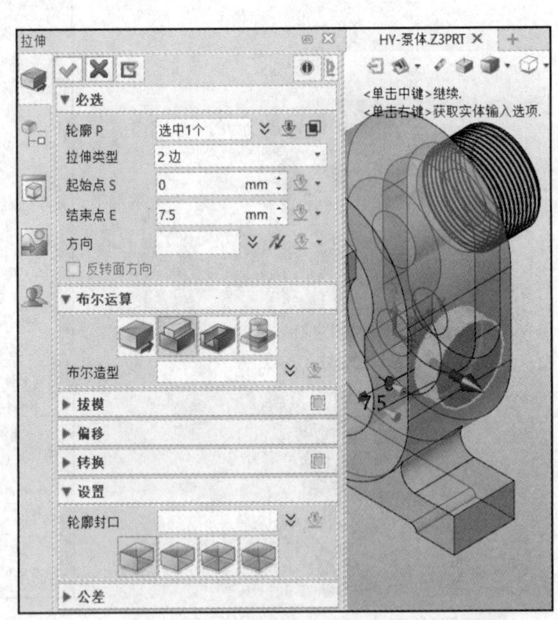

图 4-214 设置拉伸参数及选项

13 在右侧圆凸台上创建螺纹孔。

在“造型”选项卡的“工程特征”面板中单击“孔”按钮，选择“螺纹孔”类型，指定该螺纹孔的放置位置为右侧圆凸台端面的中心，孔的相关设置如图 4-215 所示，然后单击“确定”按钮完成操作。

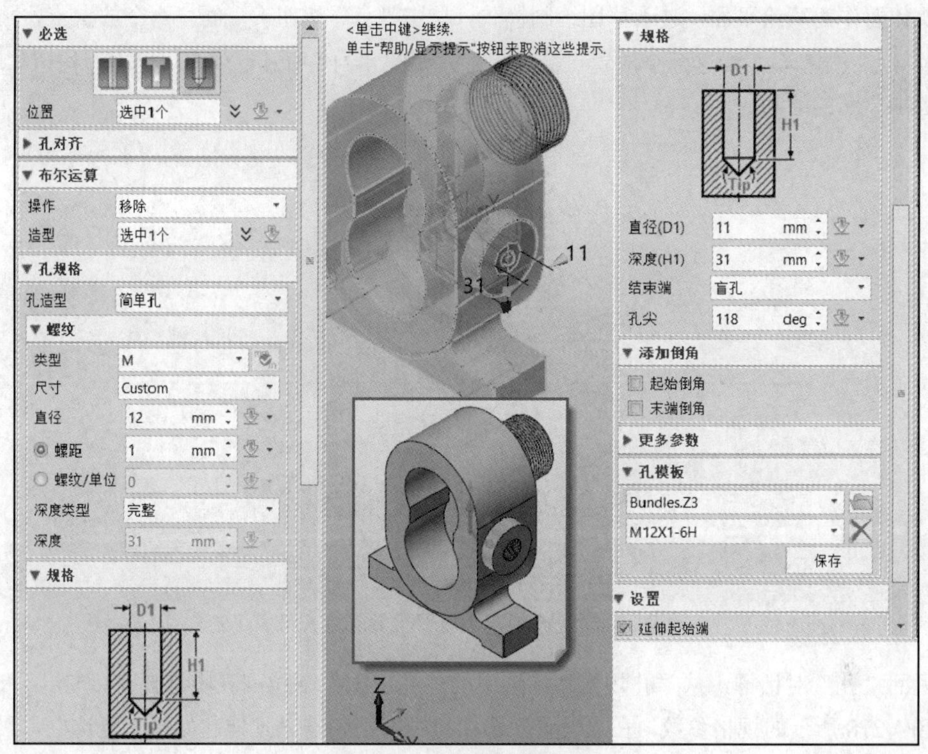

图 4-215 设置孔参数及选项

14 镜像圆凸台及位于其上的螺纹孔。

在“造型”选项卡的“基础编辑”面板中单击“镜像特征”按钮，选择刚才创建的右侧圆凸台及位于其上的螺纹孔作为要镜像的特征，单击鼠标中键确认后，选择 *YZ* 坐标面作为镜像平面，然后单击“确定”按钮，完成圆凸台及位于其上的螺纹孔的镜像，如图 4-216 所示。

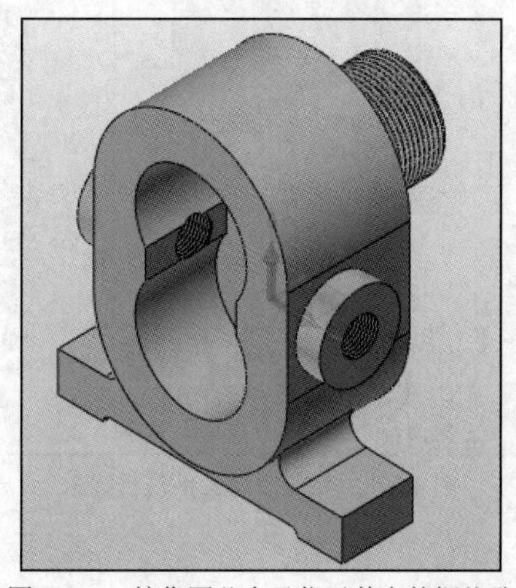

图 4-216 镜像圆凸台及位于其上的螺纹孔

15 创建两个台阶孔。

在“造型”选项卡的“工程特征”面板中单击“孔”按钮，再单击“常规孔”按钮，单击“位置”收集器右侧的“展开”按钮，选择“草图”命令，在模型中单击泵体底座上方的实体面作为草绘平面，进入草图绘制模式，单击“点”按钮，创建两个放置点，并单击“快速标注”按钮，为这两个放置点标注尺寸，如图 4-217 所示，单击“退出”按钮，完成并退出草图的绘制。

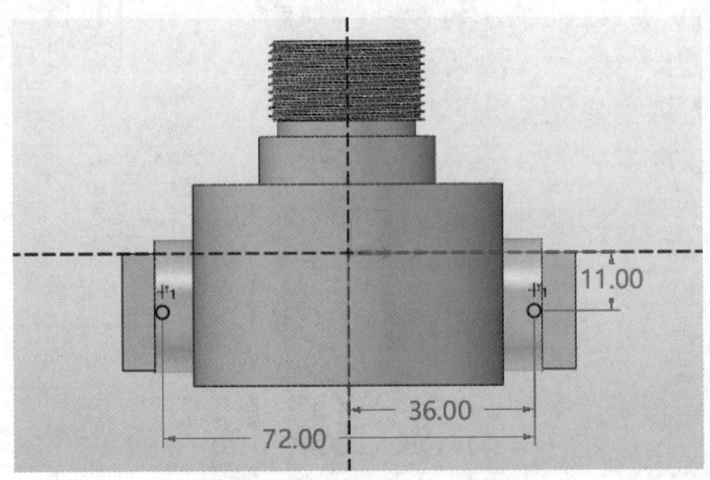

图 4-217 绘制两个放置点并标注尺寸

返回“孔”对话框，从“孔规格”选项组的“孔造型”下拉列表中选择“台阶孔”选项，设置图 4-218 所示的规格参数，在“设置”选项组中取消勾选“延伸起始端”复选框，最后单击“确定”按钮，完成两个台阶孔的创建。

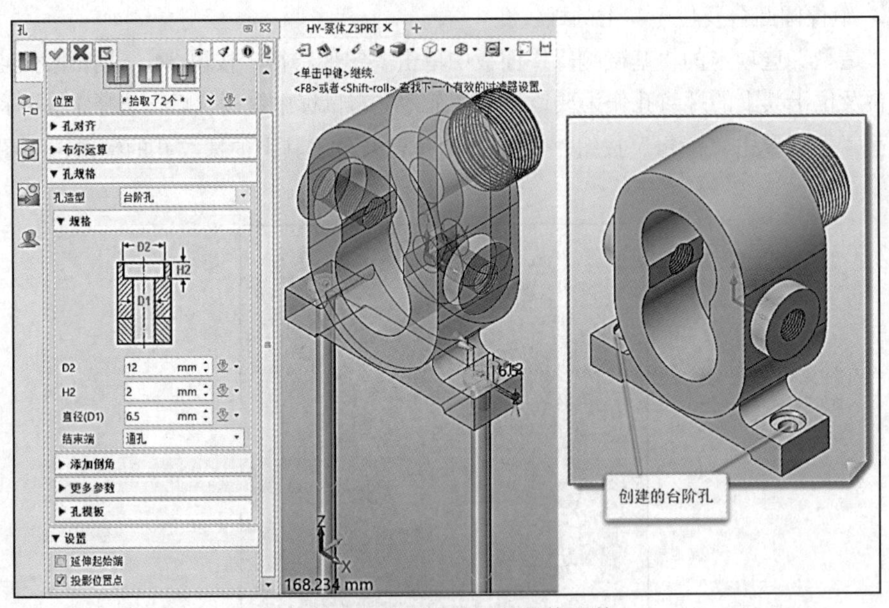

图 4-218 设置台阶孔的规格参数

16 创建两个锥形孔。

在“造型”选项卡的“工程特征”面板中单击“孔”按钮，再单击“常规孔”按钮，单击“位置”收集器右侧的“展开”按钮，选择“草图”命令，在模型中单击泵体与 *XZ* 坐标面平行的近端面作为草绘平面，进入草图绘制模式，使用相应的绘图工具、编辑命令和标注工具完成图 4-219 所示的圆和实体点的构造，单击“退出”按钮，完成并退出草图的绘制。

返回“孔”对话框，从“孔造型”下拉列表中选择“锥形孔”选项，设置锥形孔的规格参数，如图 4-220 所示，单击“应用”按钮，完成两个锥形孔的创建。

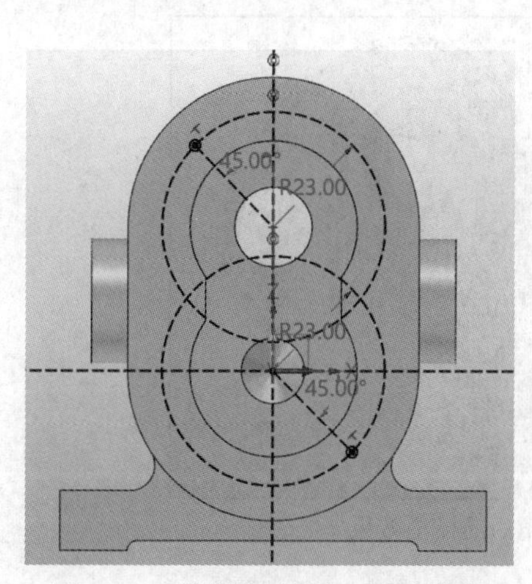

图 4-219 绘制构造圆和两个实体点

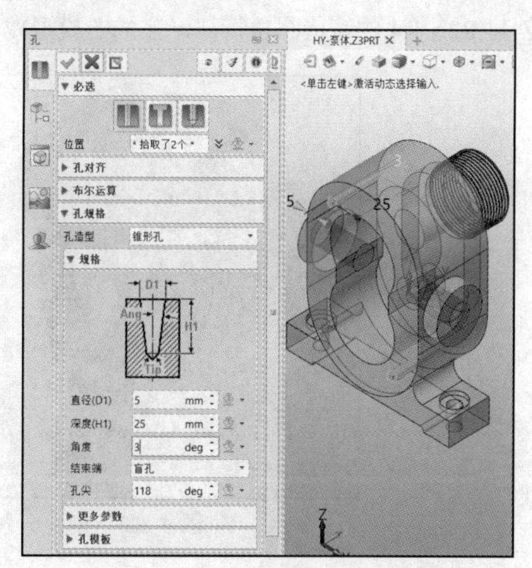

图 4-220 设置锥形孔的规格参数

17 创建一系列标准的螺纹孔。

在“孔”对话框中，单击“位置”收集器右侧的“展开”按钮，选择“草图”命令，单击“使用先前平面”按钮，同样在模型中单击泵体与 *XZ* 坐标面平行的近端面作为草绘平面，进入草图绘制模式，使用相应的绘图工具、编辑命令和标注工具完成图 4-221 所示圆和实体点的构造，单击“退出”按钮，完成并退出草图的绘制。

返回“孔”对话框，单击“螺纹孔”按钮，从“孔造型”下拉列表中选择“简单孔”选项，设置螺纹简单孔的规格参数，如图 4-222 所示，单击“确定”按钮，完成一系列螺纹孔的创建。

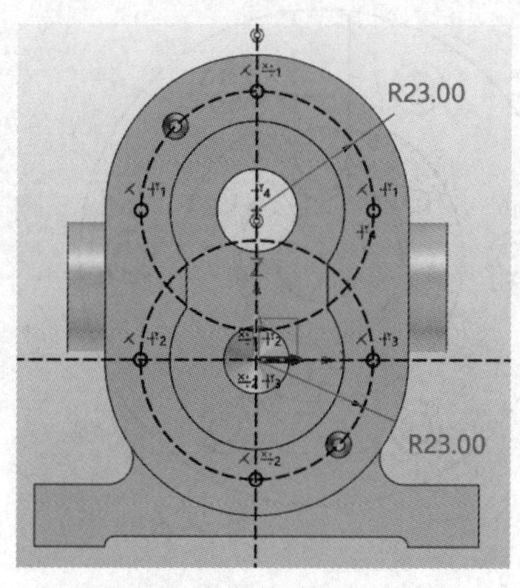

图 4-221 绘制构造圆和实体点

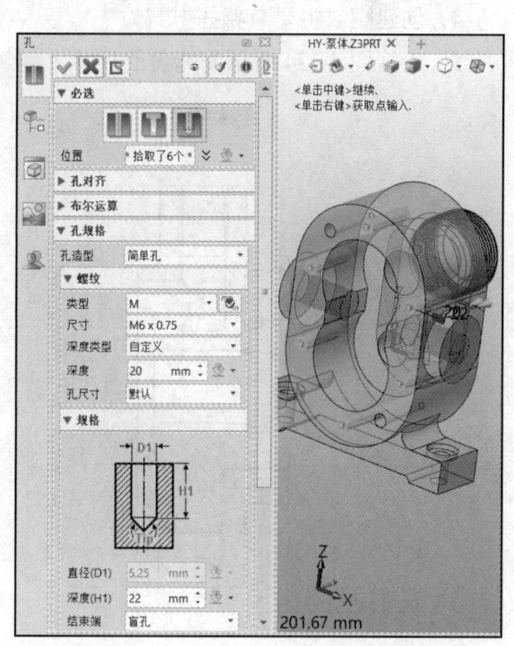

图 4-222 设置螺纹简单孔的规格参数

18 创建圆角。

在“造型”选项卡的“工程特征”面板中单击“圆角”按钮，在泵体实体模型中分别创建 R2～R4 的铸造圆角特征，完成的模型效果如图 4-223 所示。

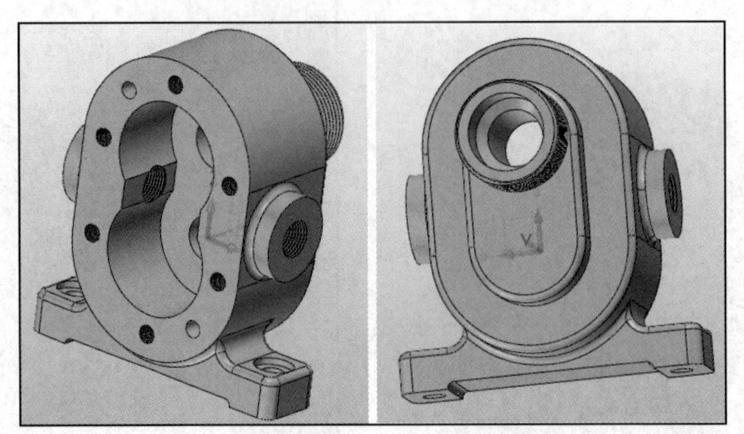

图 4-223　创建一系列圆角后的模型效果

19 保存泵体的模型文件。

在“快速访问”工具栏中单击“保存”按钮，保存泵体的模型文件。

4.5　思考与练习

1）分别总结叉架类零件、轴套类零件、盘盖类零件、箱体类零件的结构特点。

2）在中望 3D 中，如何对特征进行布尔运算？

3）创建孔特征时需要注意哪些方面？

4）创建螺纹主要有哪些方式？

5）根据图 4-224 所示的端盖的尺寸，创建该端盖的三维模型。

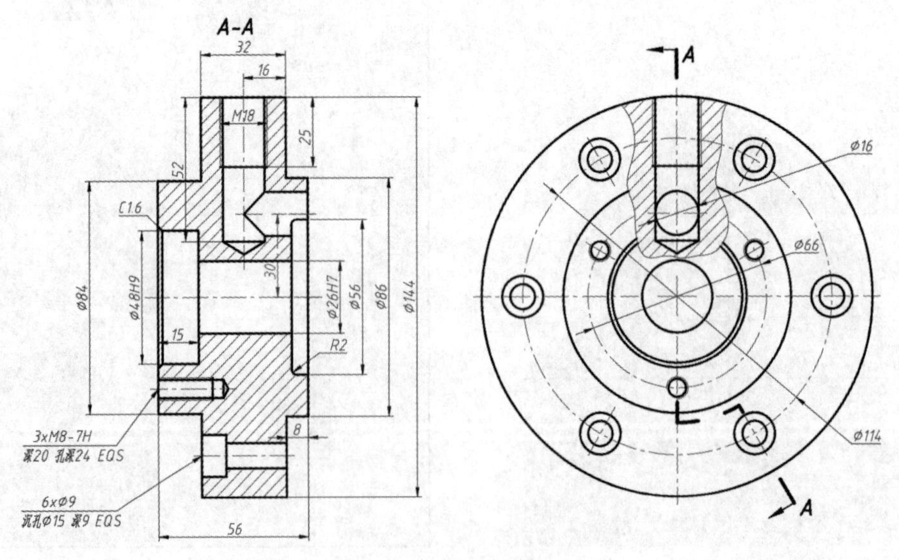

图 4-224　端盖的尺寸

6）根据图 4-225 所示的带轮的尺寸，创建该带轮的三维模型。

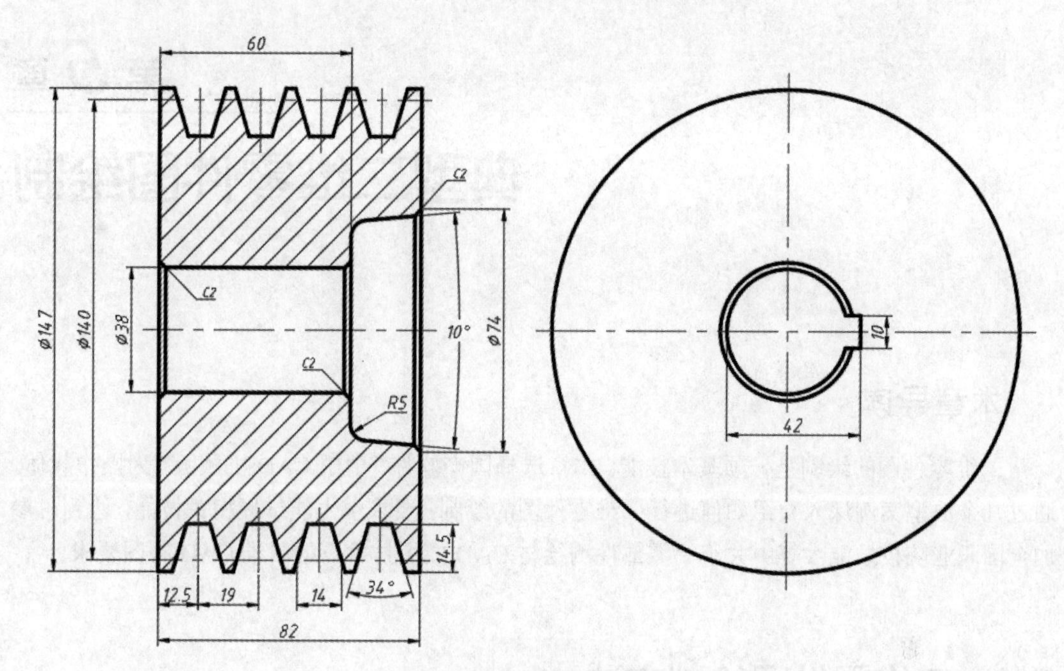

图 4-225 带轮的尺寸

7）上机练习：请自行设计并创建一个主动轴的三维模型。

8）上机练习：请自行设计并创建一个减速器箱体的上盖三维模型。

第 5 章

典型二维零件图绘制

本章导读

二维零件图的绘制是一项基本技能。本章选择国产软件“中望 CAD 机械版”为操作载体，通过几个典型案例深入介绍如何进行二维零件图的绘制，要求学生能掌握相关技能，达到可参加全国职业院校技能大赛中关于“零部件测绘与 CAD 成图技术”的二维 CAD 制图要求。

5.1 二维零件图绘制方法

二维零件图的绘制通常有两种典型方法，一种是直接在二维 CAD 软件中按照机械制图的规范来绘制二维零件图，另一种则是根据零件的三维模型绘制二维零件图，有时还需要将二维零件图导出并保存为 DWG 格式，然后在二维 CAD 软件中对导出来的二维零件图进行编辑处理，以获得符合机械制图相关标准和规范的零件图。

本书的二维 CAD 软件采用中望 CAD 机械版，三维 CAD 软件采用中望 3D。其中，在使用中望 CAD 机械版时，需要设置标准图框、图层及图层属性。

5.2 泵盖二维零件图

5.2.1 泵盖的特点

泵盖属于盘盖类零件，其整体形态呈扁平状，带有均匀分布的孔、销孔等结构。通常，主视图按照加工位置或安装位置原则，采用全剖方式（包括旋转剖视图等）表达零件内部的结构，其他视图则表达外形。

5.2.2 泵盖的视图表达

本小节的泵盖二维零件图中，采用主视图、左视图两个基本视图进行表达，主视图采用旋转剖表达两轴的安装位置、台阶孔及销孔的轴向结构特征，左视图则主要表达泵盖外部结构

上的台阶孔、销孔分布情况，

泵盖的二维零件图可直接采用中望 CAD 机械版绘制，具体的视图表达步骤如下。

1 视图表达之前的准备工作。

1）双击中望 CAD 机械版的启动图标来启动该软件，在“快速访问”工具栏中单击“新建”按钮，弹出“选择样板文件”对话框，从“Template”文件夹目录下选择“zwcadiso”图形样板，如图 5-1 所示，单击“打开”按钮。

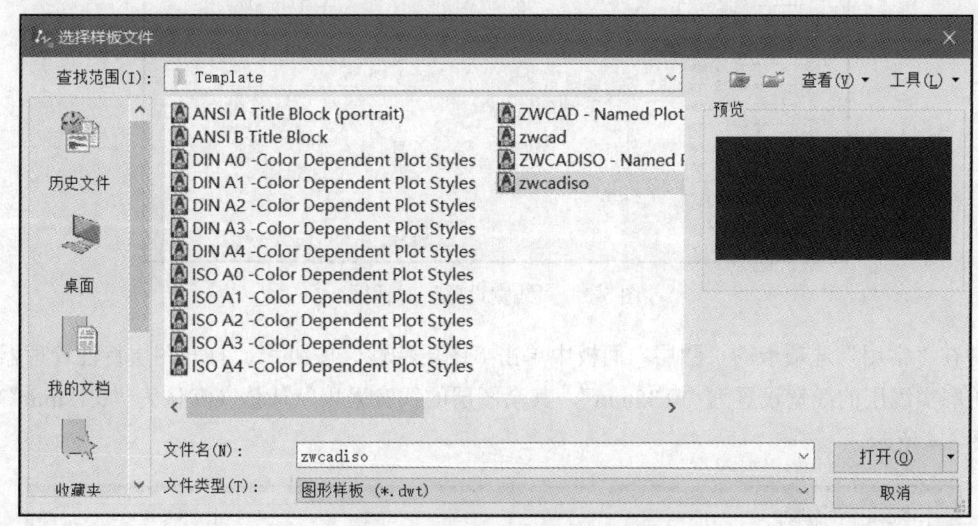

图 5-1　“选择样板文件”对话框

2）设置图幅。

在“机械”选项卡的“图框”面板中单击“图幅设置”按钮，打开“图幅设置”对话框，结合零件大小进行图 5-2 所示的相应设置，包括样式选择、图幅大小、图幅样式、绘图比例，以及标题栏、附加栏、代号栏等的设置，然后单击“确定”按钮。

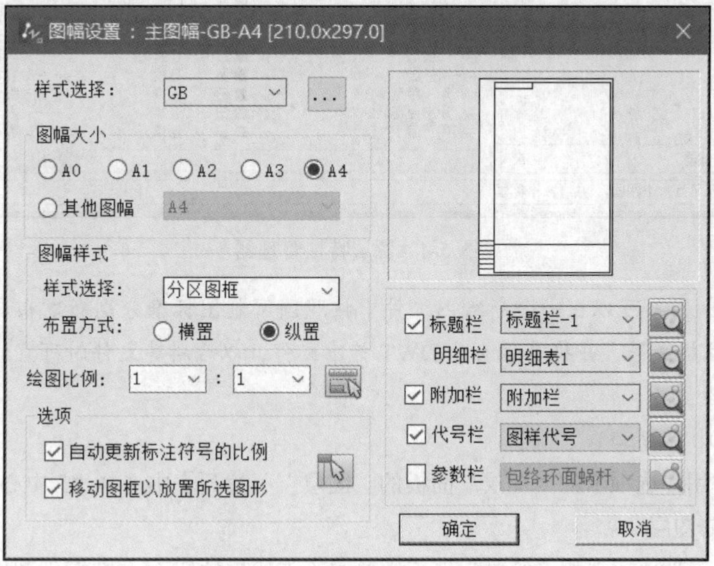

图 5-2　“图幅设置”对话框

3）设置线宽。

在“常用”选项卡的“属性”面板中，从“线宽”下拉列表中选择“线宽设置”选项，打开“线宽设置”对话框，将缺省线宽值设置为“0.25mm”，如图 5-3 所示，单击“确定”按钮。接着设置线宽“随层”。

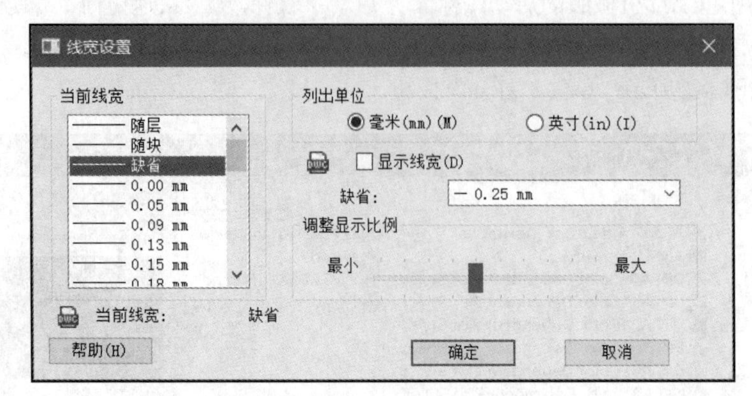

图 5-3 “线宽设置”对话框

在“常用”选项卡的“图层”面板中单击“图层特性”按钮，打开图层特性管理器，将轮廓实线层的线宽设置为“0.35mm”，其余图层的线宽采用默认值（默认为“0.18mm”），如图 5-4 所示。

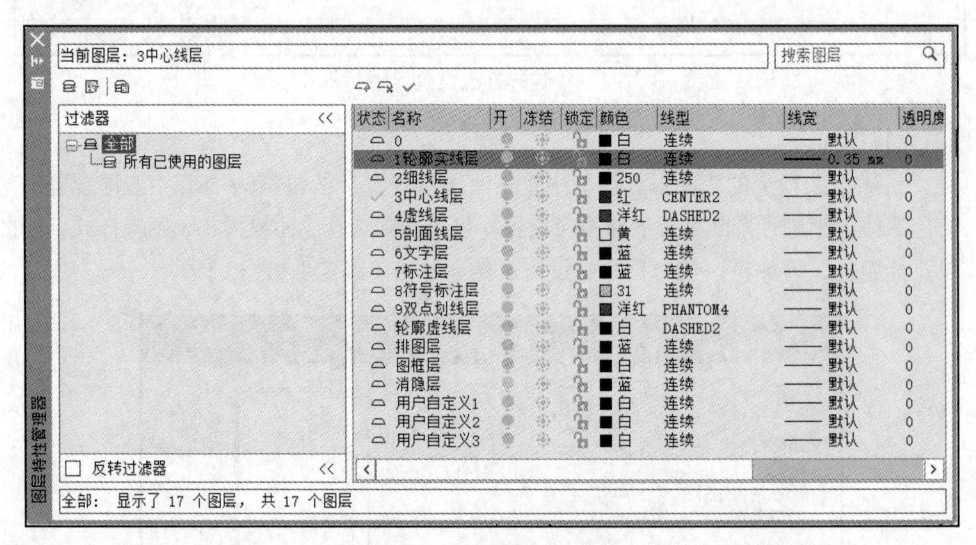

图 5-4 图层特性管理器

知识点拨：用户可以在一个新绘图文件中按照国家制图标准分别新建相应的图层特性、文字样式、标注样式等，并将其保存为 DWT 标准文件，以后新建文件时可直接调用该标准文件，无须重新设置。

2 绘制中心线。

1）在“常用”选项卡的“图层”面板的“图层”下拉列表中选择“3 中心线层”，从而将该层设置为当前图层。

2）在“常用”选项卡的“绘制”面板中单击“直线”按钮，在图纸图框内绘制主中心线，如图 5-5 所示。

3）依次单击“偏移”按钮、“圆：圆心、半径”按钮、“修剪”按钮等，绘制图5-6所示的辅助线。

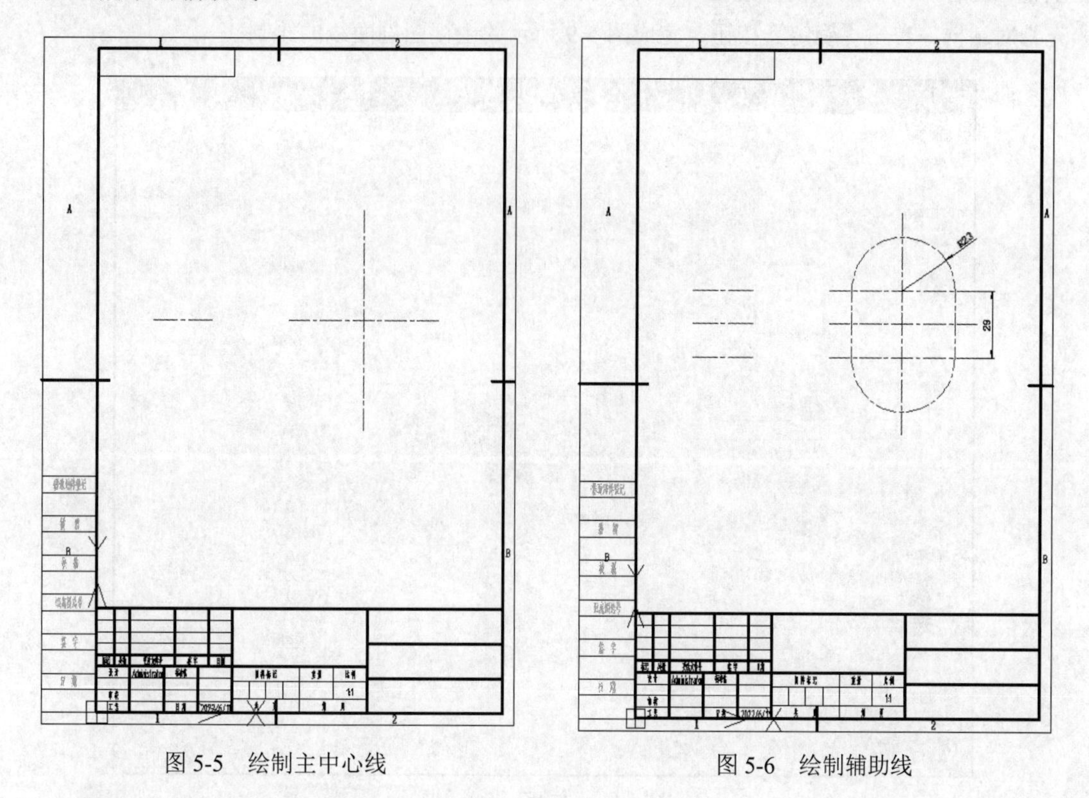

图5-5　绘制主中心线　　　图5-6　绘制辅助线

3 绘制相关轮廓线。

1）从“图层”下拉列表中选择“1 轮廓实线层”，从而将该层设置为当前图层。

2）灵活使用各种绘制工具和修改工具绘制图5-7所示的相关轮廓线，其中有几条添加线段所在的图层需要设置为“3 中心线层”。

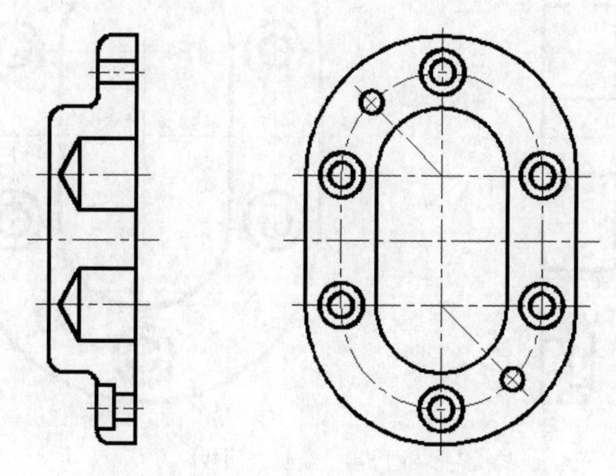

图5-7　绘制相关轮廓线

4 绘制剖面线。

1）从“图层”下拉列表中选择“5 剖面线层”，从而将该图层设置为当前图层。

2）在“常用”选项卡的“绘制”面板中单击“填充”按钮，弹出“填充”对话框，进行图 5-8 所示的图案填充设置，接着在“边界”选项组中单击“添加：拾取点”按钮，在主视图的各个所需区域内分别拾取一点，拾取完全部内部点后按“Enter”键确认，返回“填充”对话框，单击“确定”按钮，完成图 5-9 所示的主视图剖面线的绘制。

图 5-8 “填充”对话框

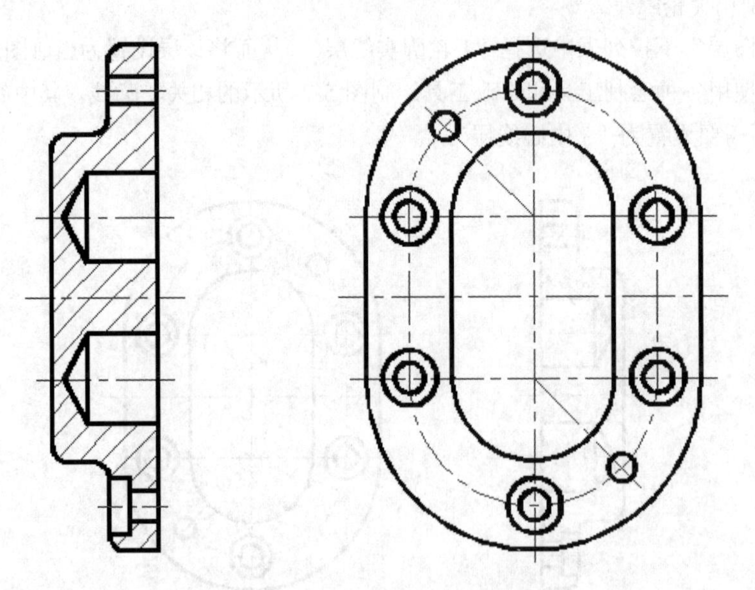

图 5-9 绘制剖面线

5 绘制剖切线及剖切符号。

切换至“机械”选项卡，在“创建视图”面板中单击“剖切线”按钮，选择若干点并进行相应的设置来绘制剖切线及剖切符号，效果如图 5-10 所示。

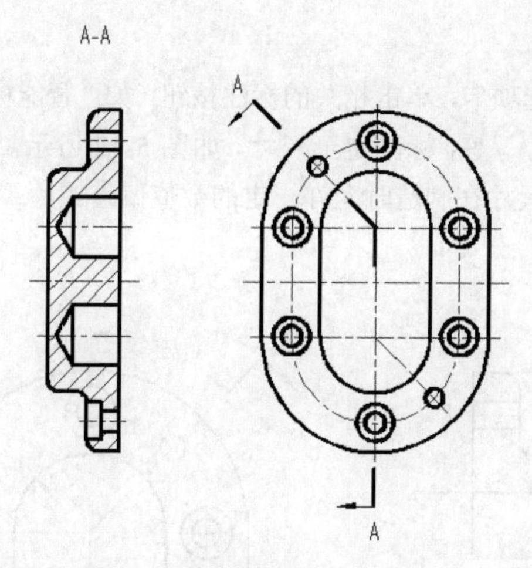

图 5-10 绘制剖切线及剖切符号

5.2.3 泵盖二维零件图的标注

泵盖二维零件图的标注包括尺寸标注、基准符号及形位公差标注、表面结构要求标注、技术要求标注和标题栏填写等。

1 设置标注用的图层。

在“常用”选项卡的“图层”面板的“图层”下拉列表中选择“7 标注层”，接着切换至“注释”选项卡，设置所需的标注样式，比如将标注样式设置为“GB-DIMSTYLE”。

2 标注定位尺寸。

在“注释”选项卡的“标注”面板中单击“快速标注”按钮，标注泵盖的一个线性定位尺寸，再单击“角度”按钮，标注两个角度定位尺寸，如图 5-11 所示，可通过“特性”选项板将选定的角度尺寸的标注样式设置为“GB-ANGULAR”。此外，也可单击“机械标注”选项卡中的相应尺寸标注按钮（如“线性标注”按钮、“角度标注”按钮）来标注尺寸。

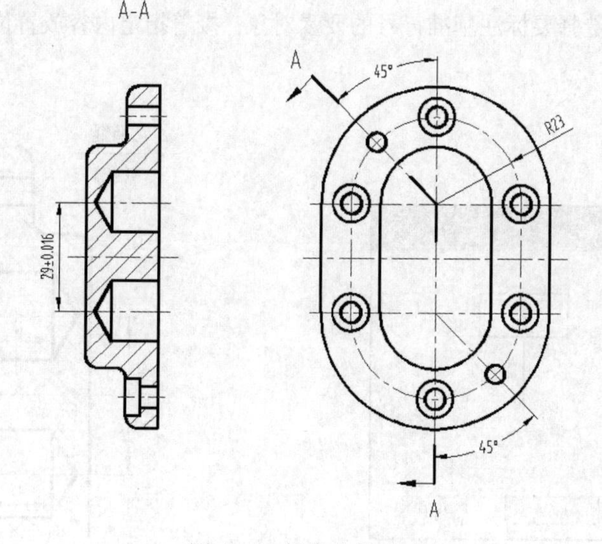

图 5-11 标注定位尺寸

3 标注定形尺寸。

切换至“机械标注”选项卡，单击相关的标注按钮（如“智能标注”按钮、“线性标注”按钮、“半径标注”按钮等）标注定形尺寸，如图 5-12 所示。其中，29±0.016 和 ϕ16H8 具有尺寸公差，表示所述尺寸在制造时允许一定的数值偏差。

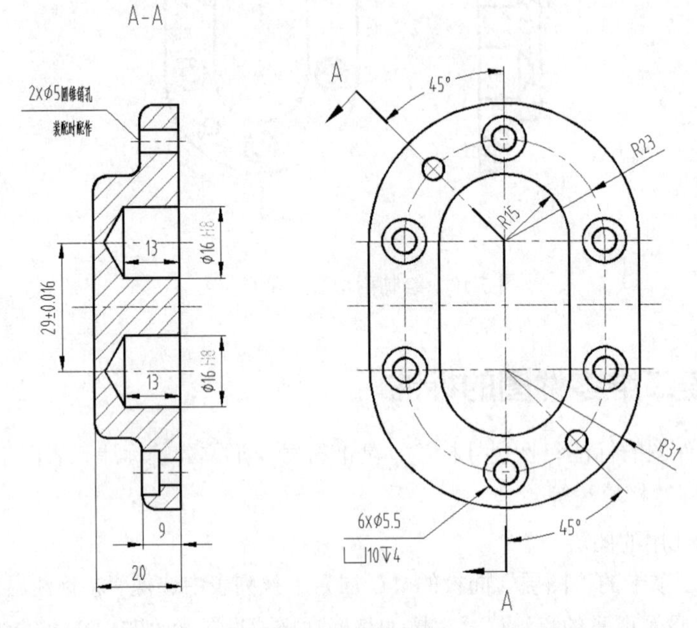

图 5-12 标注定形尺寸

4 标注基准符号和垂直度、平行度形位公差。

在本例中，泵盖两轴孔的轴线相互平行，端盖右端面与两轴孔的轴线垂直，这就产生了比较重要的形位公差要求，该要求主要是为了保证齿轮传动的平稳性，保证端盖与泵体联接的密封性。

1）在“机械标注”选项卡的“符号标注”面板中单击“基准符号”按钮，打开“基准标注符号 主图幅 GB”对话框，设置内容为“B”，箭头选择涂黑的三角形，如图 5-13 所示，单击“确定”按钮，选择要标注基准符号的要素对象，接着指定内容放置位置，效果如图 5-14 所示。

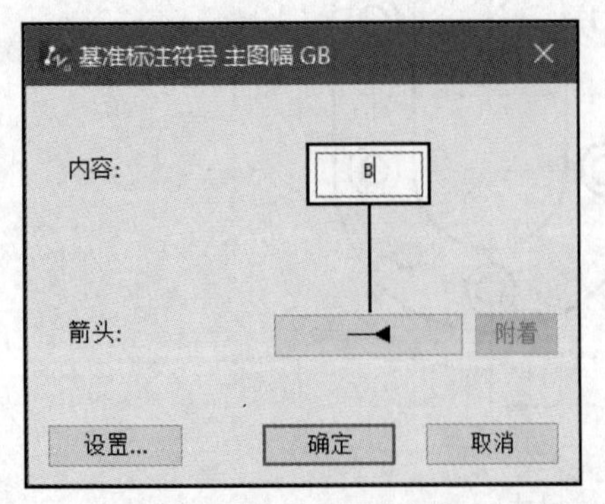

图 5-13 “基准标注符号 主幅图 GB”对话框

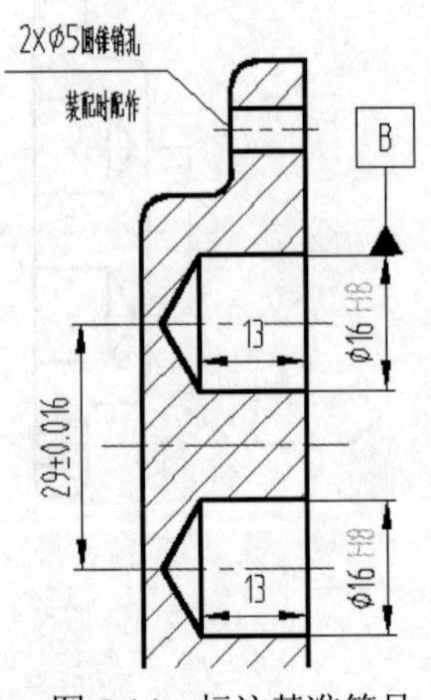

图 5-14 标注基准符号

2）在“机械标注”选项卡的“符号标注”面板中单击“形位公差”按钮，打开“形位公差 主图幅 GB”对话框，选择“垂直度”符号⊥，设置公差 1 为“0.05”、基准 1 为“B”，如图 5-15 所示，单击“确定”按钮，选择要附着的对象或引出点，以及指定垂直度放置位置，效果如图 5-16 所示。

形位公差 主图幅 GB
边框
引线
0.05
B
模板列表
插入符
Φ
基本尺
100
公差等
数据输入
顶部注释:
符号
公差 1
公差 2
基准 1
2
3
0.05
B
底部注释:
添加到模板
设置...
清除
风格保留
确定
取消

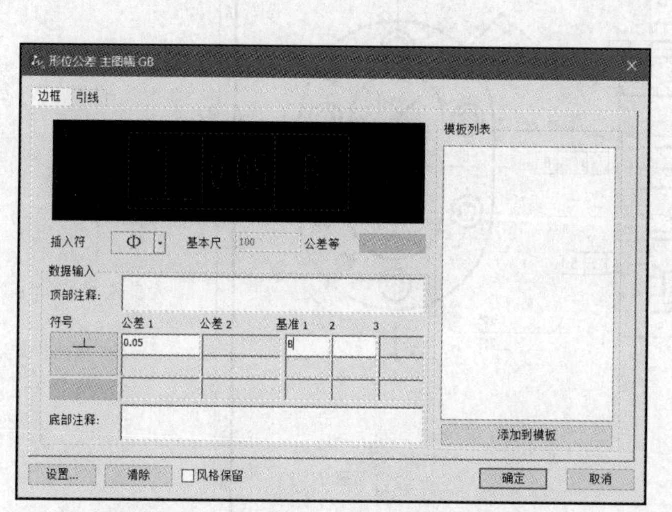

图 5-15 “形位公差 主图幅 GB”对话框

2×Φ5圆锥销孔
装配时配作
B
13
Φ16 H8
29±0.016
13
Φ16 H8
0.05
B
9
20

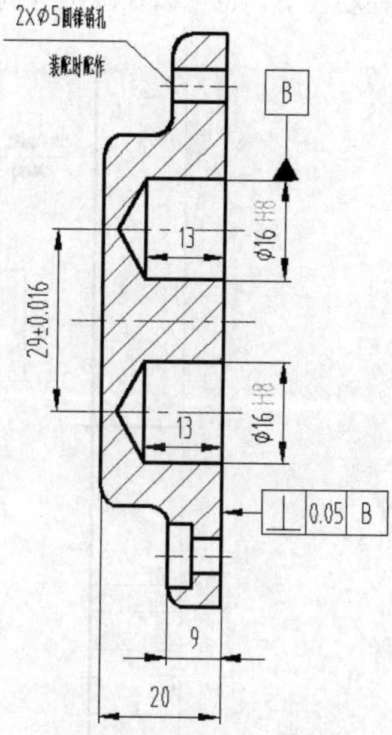

图 5-16 标注垂直度

3）使用同样的方法，单击“形位公差”按钮，标注一个平行度，效果如图 5-17 所示。

A-A
2×Φ5圆锥销孔
装配时配作
B
13
Φ16 H8
29±0.016
Φ0.04
B
13
Φ16 H8
0.05
B
9
20
A
45°
R23
R15
R31
6×Φ5.5
10
4
45°
A

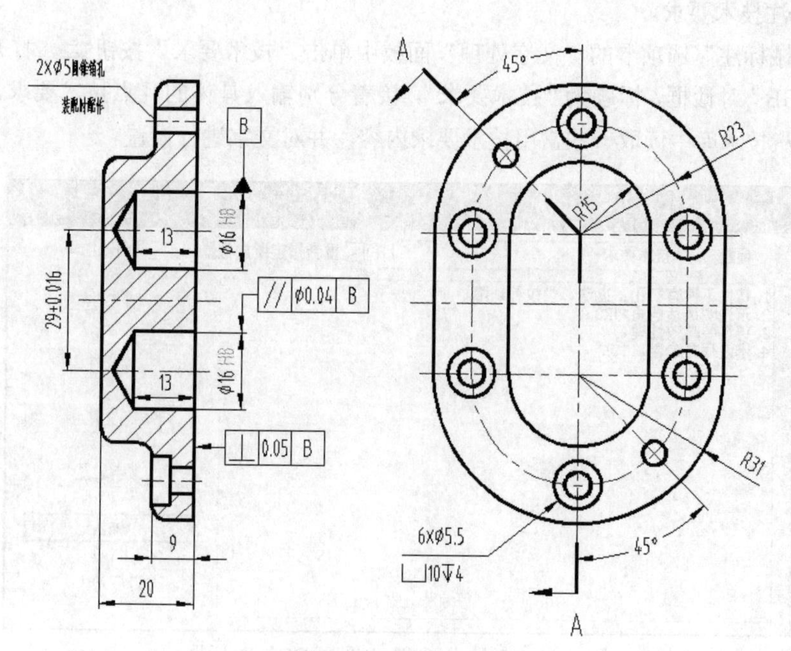

图 5-17 标注平行度

5 标注表面结构要求。

在“机械标注”选项卡的“符号标注”面板中单击“粗糙度”按钮，分别标注图 5-18 所示的表面结构要求，除了在图样视图上标注表面结构要求之外，还要在图样的标题栏附近统一标注，并在圆括号内给出无任何其他标注的基本图形符号（以表示图上已标注的内容）。在一些场合下，也可以在圆括号内给出图中已标注出的几个不同的表面结构要求。

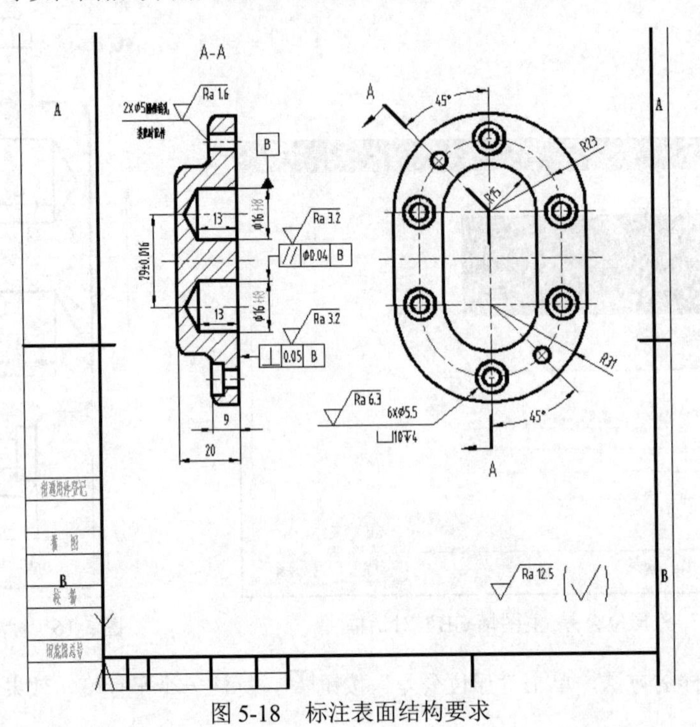

图 5-18 标注表面结构要求

6 标注技术要求。

在“机械标注”选项卡的“文字处理”面板中单击“技术要求”按钮，打开“技术要求 主图幅 GB”对话框，标题为“技术要求”，接着分别输入具体的几点技术要求，如图 5-19 所示，可以从技术库中读取一些常用技术要求内容，并对文字进行设置。

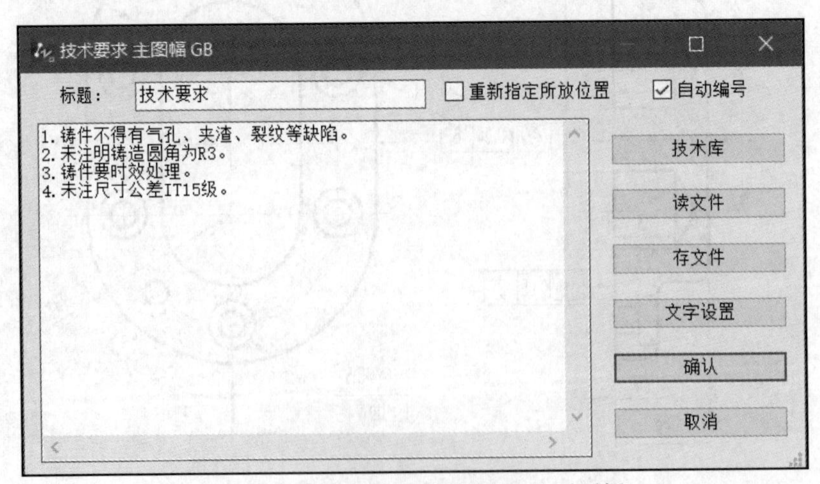

图 5-19 “技术要求 主图幅 GB”对话框

在“技术要求 主图幅 GB”对话框中单击“确认”按钮，在标题栏上方、视图下方指定一个文本区域以放置技术要求，如图 5-20 所示。

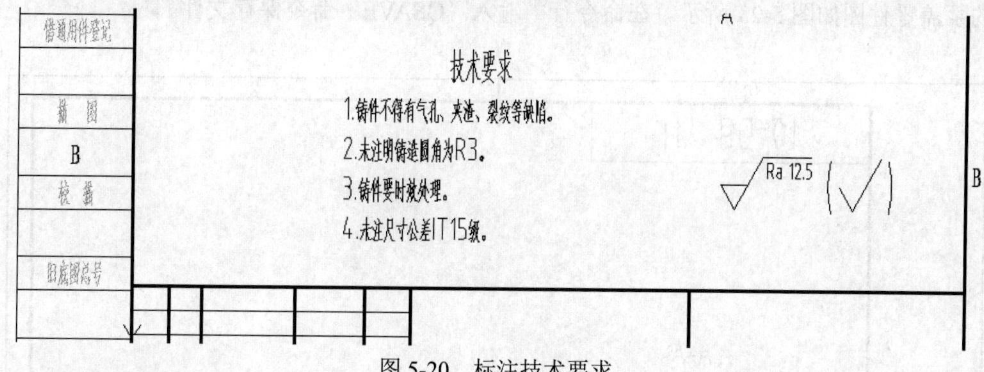

图 5-20 标注技术要求

7 填写标题栏。

切换至“机械”选项卡，单击“图框”面板中的“标题栏编辑”按钮，弹出“标题栏编辑 主图幅 GB”对话框，填写相关的内容，如图 5-21 所示，单击“确定”按钮，效果如图 5-22 所示。

标题栏编辑 主图幅 GB

文件(F) 编辑(E) 资源操作 格式(S) 帮助(H)

显示名称	填写内容
企业名称	桦意设计机构
图样名称	泵盖
图样代号	HY-BG-01
产品名称或材料标记	HT200
重量	
设计	钟日铭
审核	
标准化	
工艺	
日期	2022/6/11
共几页	1
第几页	1
比例	1:1
图纸张数	1
图幅	A4

提取表数据 提取块数据 通用资源库 >>

更新所有同名块 确定 取消

图 5-21 “标题栏编辑 主图幅 GB”对话框

					HT200			桦意设计机构
标记	处数	更改文件号	签字	日期				泵盖
设计	钟日铭	标准化			图样标记	重量	比例	
审核							1:1	HY-BG-01
工艺		日期	2022/6/11		共 1 页		第 1 页	

图 5-22 填写标题栏

8 保存文件。

可以适当调整视图在图纸图框内的放置位置，但要注意保持视图之间的对齐关系。完成后的泵盖零件图如图 5-23 所示。在命令行中输入“QSAVE”命令保存文件。

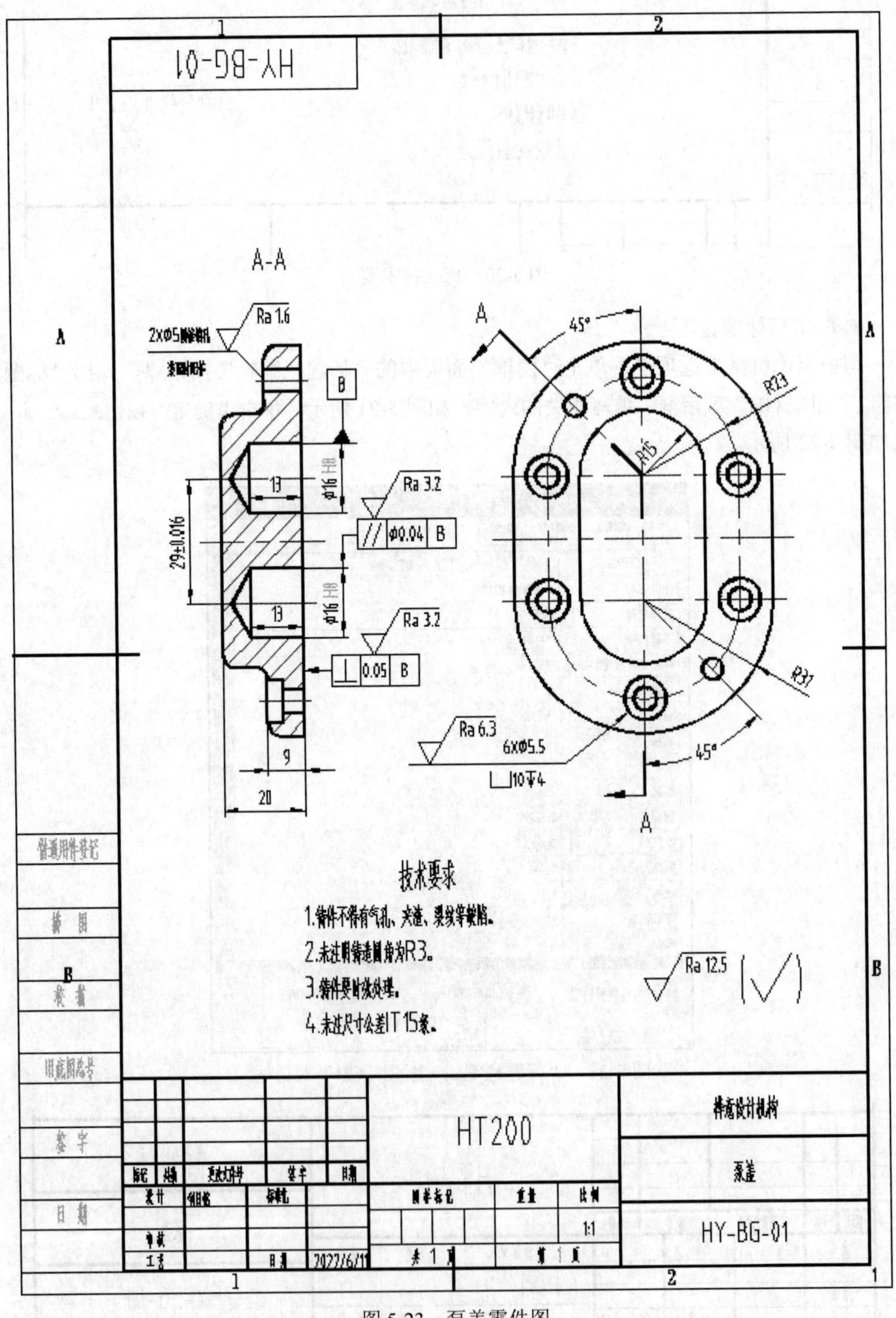

图 5-23 泵盖零件图

5.3 齿轮轴二维零件图

5.3.1 齿轮轴的特点

齿轮轴属于轴套类零件，其基本结构为同轴回转体，一般情况下采用一个基本视图表达主要形状，轴上的退刀槽、键槽等局部结构常采用局部放大图和断面图（或剖视图）等方法表达。

5.3.2 齿轮轴的视图表达

根据齿轮轴的结构特点来确定其视图表达方式，一个基本视图作为主视图，主视图上的齿轮采用简化画法，采用断面图表达键槽结构，齿轮旁的退刀槽结构采用局部放大图表达。

齿轮轴的二维零件图可直接采用中望 CAD 机械版绘制，具体的视图表达步骤如下。

1 设置绘图环境，修改图层属性。

1）启动中望 CAD 机械版，单击“新建”按钮，弹出“选择样板文件”对话框，选择“zwcad”图形样板，单击“打开”按钮，新建一个绘图文件。

2）在“常用”选项卡的“图层”面板中单击“图层特性”按钮，将“1 轮廓实线层”的线宽修改为“0.35mm”，其余各层线宽采用默认值，这里线宽的默认值设为“0.18mm”。

3）将“1 轮廓实线层”设置为当前图层。

2 切换至“机械”选项卡，在“构造工具”面板中单击“轴孔设计”按钮，接着根据命令行提示进行以下操作以绘制轴图形。

命令: _ZWMHOLEAXIS

请输入孔的第一点 或 [绘制轴(S)/起始直径(F):14.00 /终止直径(E):14.00 /中心线延伸长度(L):3.00 /绘制中心线:否(C)]:S↙

请输入轴的第一点 或 [绘制孔(H)/起始直径(F):14.00 /终止直径(E):14.00 /中心线延伸长度(L):3.00 /绘制中心线:否(C)]: //在图形窗口中指定一点作为轴的第一点

指定下一点 或 [绘制孔(H)/输入角度(A)/起始直径(F):14.00 /终止直径(E):14.00 /中心线延伸长度(L):3.00 /绘制中心线:否(C)]:F↙

请输入起始直径:<14>20↙

指定下一点 或 [绘制孔(H)/输入角度(A)/起始直径(F):20.00 /终止直径(E):20.00 /中心线延伸长度(L):3.00 /绘制中心线:否(C)]:20↙

指定下一点 或 [绘制孔(H)/起始直径(F):20.00 /终止直径(E):20.00 /中心线延伸长度(L):3.00 /绘制中心线:否(C)]:F↙

请输入起始直径:<20>19↙

指定下一点 或 [绘制孔(H)/起始直径(F):19.00 /终止直径(E):19.00 /中心线延伸长度(L):3.00 /绘制中心线:否(C)]:2↙

指定下一点 或 [绘制孔(H)/起始直径(F):19.00 /终止直径(E):19.00 /中心线延伸长度(L):3.00 /绘制中心线:否(C)]:F↙

请输入起始直径:<19>40↙

指定下一点 或 [绘制孔(H)/起始直径(F):40.00 /终止直径(E):40.00 /中心线延伸长度(L):3.00 /绘制中心线:否(C)]:28↙

指定下一点 或 [绘制孔(H)/起始直径(F):40.00 /终止直径(E):40.00 /中心线延伸长度(L):3.00 /绘制中心线:否(C)]:F↙

请输入起始直径:<40>19↙

指定下一点 或 [绘制孔(H)/起始直径(F):19.00 /终止直径(E):19.00 /中心线延伸长度(L):3.00 /绘制中心线:否(C)]:2↙

指定下一点 或 [绘制孔(H)/起始直径(F):19.00 /终止直径(E):19.00 /中心线延伸长度(L):3.00 /绘制中心线:否(C)]:F↙

请输入起始直径:<19>20↙

指定下一点 或 [绘制孔(H)/起始直径(F):20.00 /终止直径(E):20.00 /中心线延伸长度(L):3.00 /绘制中心线:否(C)]:46↙

指定下一点 或 [绘制孔(H)/起始直径(F):20.00 /终止直径(E):20.00 /中心线延伸长度(L):3.00 /绘制中心线:否(C)]:F↙

请输入起始直径:<20>17↙

指定下一点 或 [绘制孔(H)/起始直径(F):17.00 /终止直径(E):17.00 /中心线延伸长度(L):3.00 /绘制中心线:否(C)]:21↙

指定下一点 或 [绘制孔(H)/起始直径(F):17.00 /终止直径(E):17.00 /中心线延伸长度(L):3.00 /绘制中心线:否(C)]:F↙

请输入起始直径:<17>10↙

指定下一点 或 [绘制孔(H)/起始直径(F):10.00 /终止直径(E):10.00 /中心线延伸长度(L):3.00 /绘制中心线:否(C)]:2↙

指定下一点 或 [绘制孔(H)/起始直径(F):10.00 /终止直径(E):10.00 /中心线延伸长度(L):3.00 /绘制中心线:否(C)]:F↙

请输入起始直径:<10>14↙

指定下一点 或 [绘制孔(H)/起始直径(F):14.00 /终止直径(E):14.00 /中心线延伸长度(L):3.00 /绘制中心线:否(C)]:17↙

指定下一点 或 [绘制孔(H)/起始直径(F):14.00 /终止直径(E):14.00 /中心线延伸长度(L):3.00 /绘制中心线:否(C)]:C↙

指定下一点 或 [绘制孔(H)/起始直径(F):14.00 /终止直径(E):14.00 /中心线延伸长度(L):3.00 /绘制中心线:是(C)]:↙

完成图 5-24 所示的轴图形的绘制。

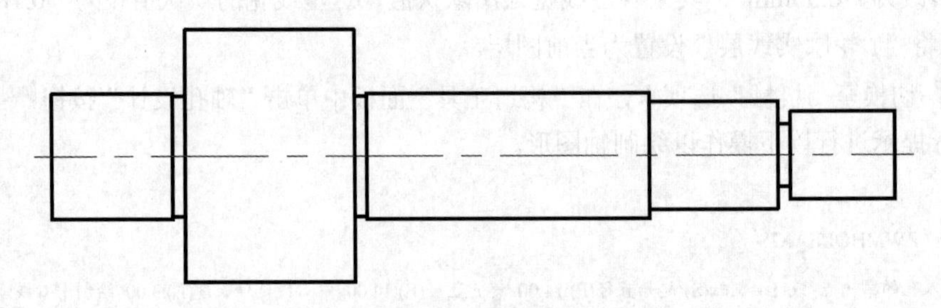

图 5-24 绘制轴图形

3 绘制齿轮、键槽、倒角、圆角、螺纹、通孔，如图 5-25 所示。

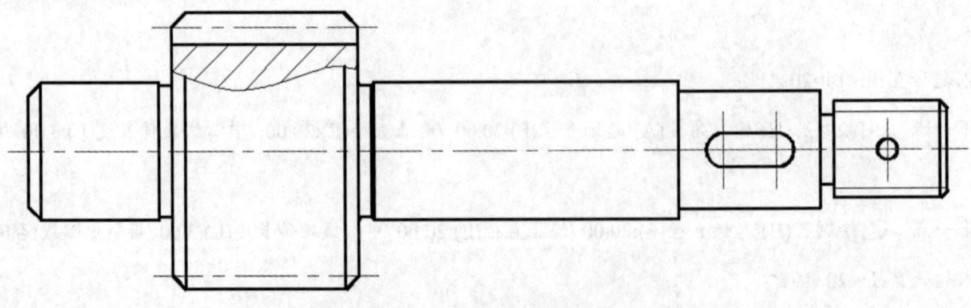

图 5-25 完成主视图图形的绘制

4 绘制轴上键槽处的断面图，如图 5-26 所示。

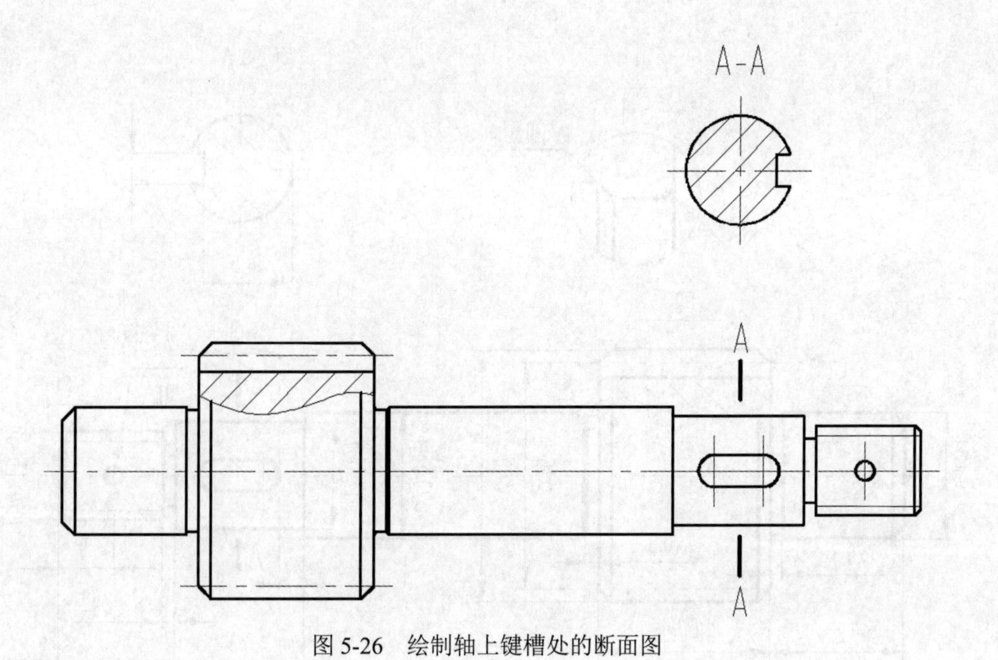

图 5-26 绘制轴上键槽处的断面图

5 绘制环形槽的局部放大图。

在“机械”选项卡的“创建视图”面板中单击“局部详图”按钮，创建图 5-27 所示的局部放大图，视图名称为“Ⅰ”，局部视图比例为“5:1”。

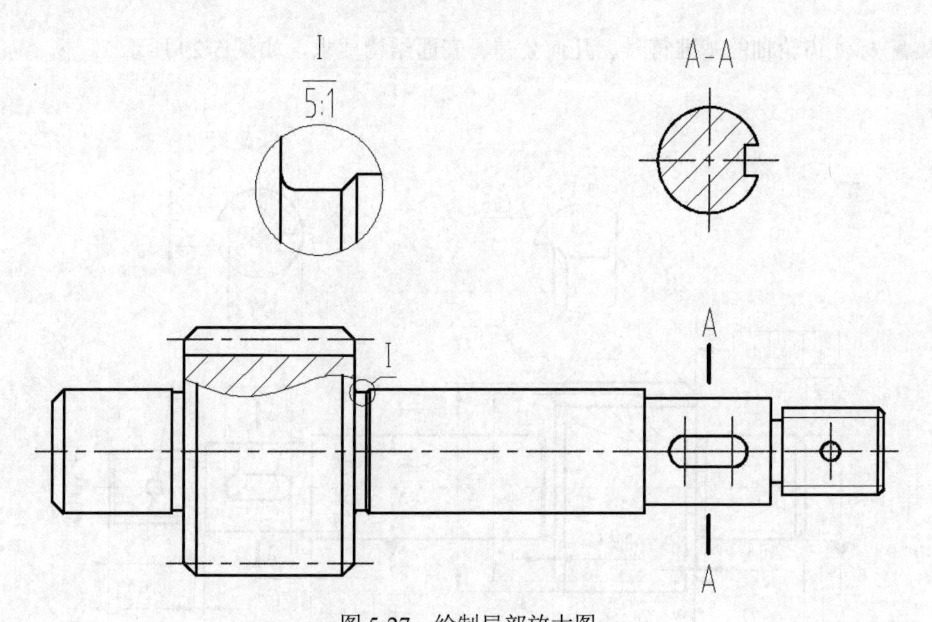

图 5-27 绘制局部放大图

5.3.3 齿轮轴二维零件图的标注

1 尺寸标注。

轴套类零件的尺寸标注比较有规律，一般可先统一标注轴的径向尺寸，再统一标注轴向尺寸，然后对其他视图进行统一标注即可，效果如图 5-28 所示。尺寸标注的图层为“7 标注层”。

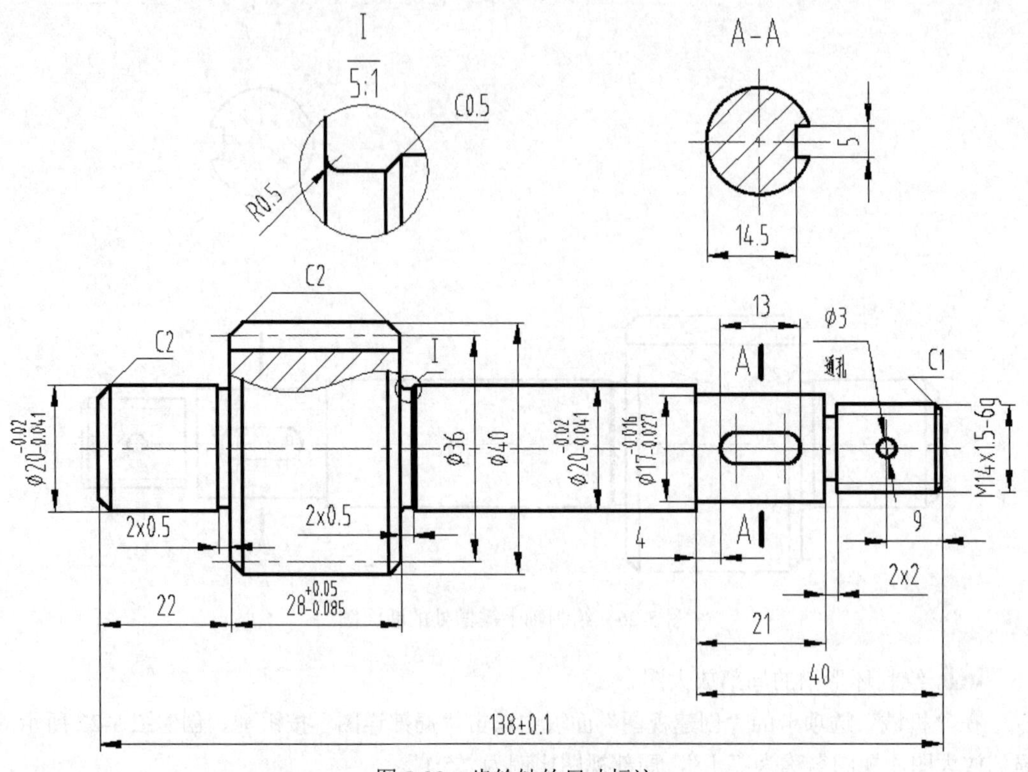

图 5-28　齿轮轴的尺寸标注

标注齿轮轴的基准符号、几何公差、表面结构要求，如图 5-29 所示。

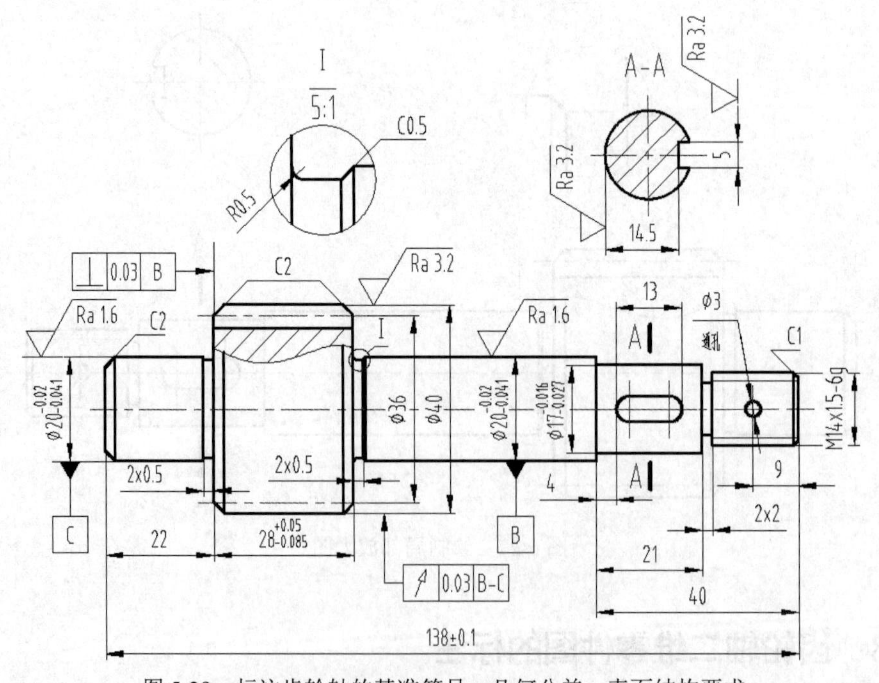

图 5-29　标注齿轮轴的基准符号、几何公差、表面结构要求

标注技术要求，调入图框和标题栏，以及填写标题栏。另外，齿轮参数需要在图样上表达出来，采用参数表来表达模数、齿数、齿形角、精度等级等参数，如图 5-30 所示。

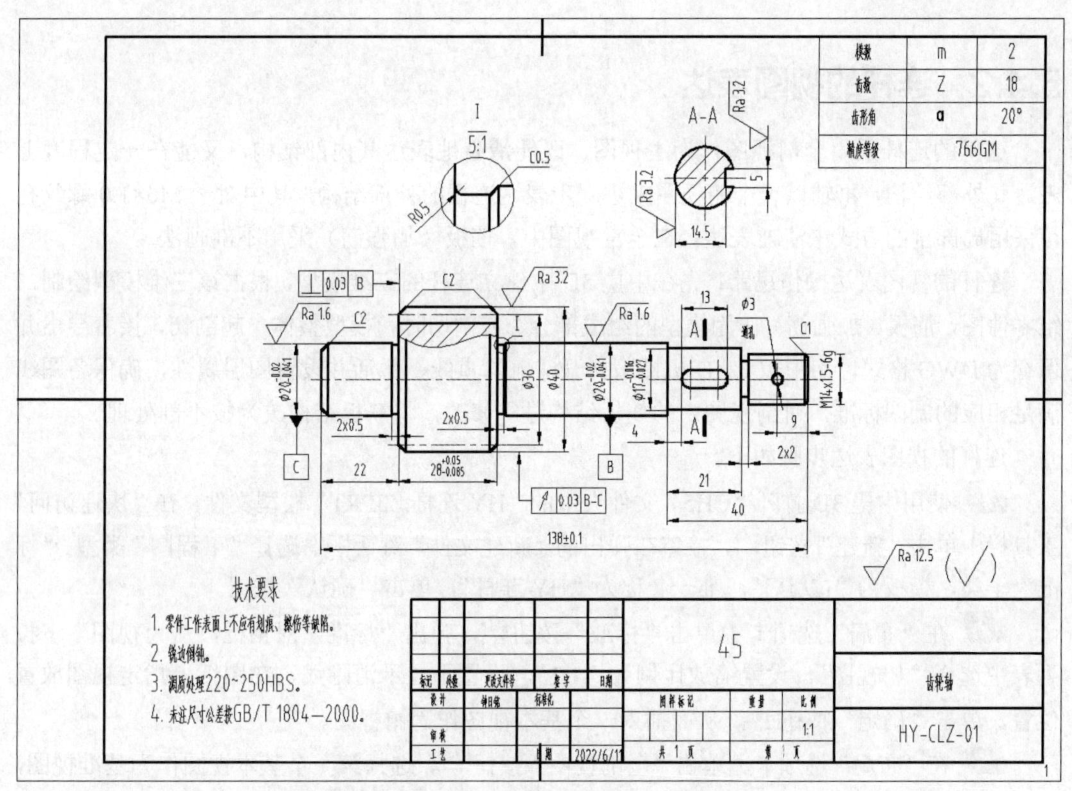

图 5-30 标注技术要求、标题栏、参数表等

5.4 连杆二维零件图

5.4.1 连杆的特点

连杆属于叉架类零件，这类零件的形状比较复杂，形式多样。从加工工艺上来看，一般是先采用铸造或焊接的方式获得坯件，再通过切削加工来制成。叉架类零件的工程图通常需要两个或两个以上的基本视图来表达，对于一些局部结构还经常需要采用局部视图、局部剖视图等方式辅以表达。

本小节以图 5-31 所示的连杆为例，介绍如何通过其三维模型来绘制其二维零件图。连杆的肋板在剖切图中采用不剖画法。

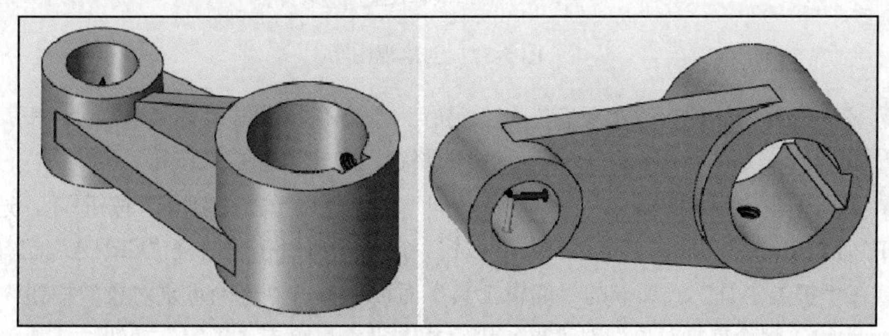

图 5-31 连杆模型

5.4.2 连杆的视图表达

这里的连杆采用全剖视图作为主视图，既能清楚地表达其内部结构，又能在一定程度上表达其外部结构，再辅以一个俯视图来进一步表达连杆的外部结构，其中对于 M6×1.0 螺纹孔可采用局部剖的方式来清晰表达。在全剖视图中，筋板（加强筋）采用不剖画法。

连杆的视图表达操作思路：先在中望 3D 中建立连杆的三维模型，根据该三维模型绘制二维零件图，筋板（加强筋）作为模型的组成部分，在剖切时和模型整体一起剖切，接着导出并保存为 DWG 格式，用中望 CAD 机械版打开，删除重线、激活并设置图层属性，确保各图线满足相应的制图标准，对剖视图中的筋板结构进行修改，将筋板结构改为按不剖处理。

连杆的视图表达步骤如下。

1 使用中望 3D 打开“CH5”文件夹中的“HY-连杆.Z3PRT”模型文件，在“快速访问”工具栏中单击“新建”按钮，接着在弹出的“新建文件”对话框中选择“工程图”类型、“标准”子类，模板为“[默认]”，唯一名称为“HY-连杆”，单击“确认”按钮。

2 在“布局”选项卡中单击“标准”按钮，弹出“标准”对话框，从“视图”下拉列表中选择“俯视图”，设置缩放比例为“1:1”，设置不显示消隐线，在图纸上指定视图放置位置，单击“确定”按钮，从而插入一个基本视图作为俯视图。

3 在“布局”选项卡上单击“全剖视图”按钮，选择第一个基本视图作为基准视图，选择定义剖面的点（分别选择左右两个圆的圆心位置），单击鼠标中键，在基本视图的上方区域选择剖面视图的位置，单击鼠标中键确认，此时生成的视图如图 5-32 所示。

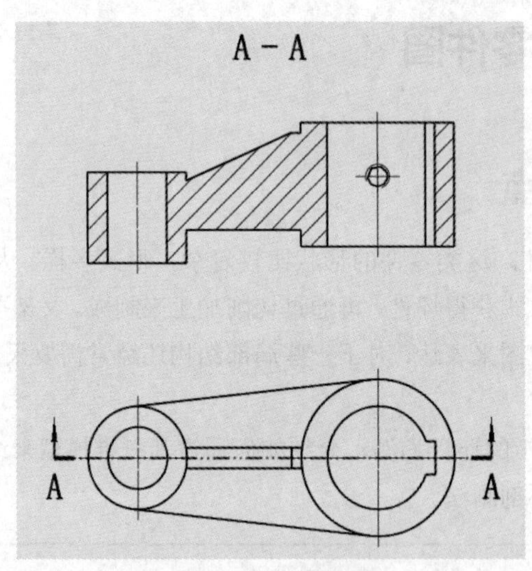

图 5-32 创建视图

4 依次选择“文件”→“保存”→“另存为”命令，弹出“另存为”对话框，将保存类型设置为“DWG File（*.dwg）”，指定保存的路径，单击“保存”按钮。

5 启用中望 CAD 机械版，在“快速访问”工具栏中单击“打开”按钮，选择刚保存的“HY-连杆.dwg”文件，单击“打开”按钮。此时，可以按快捷键“Ctrl+A”选择所有图线，接着在“扩展工具”选项卡的“编辑工具”面板中单击“删除重复对象”按钮，弹出图 5-33 所示的“删除重复对象”对话框，进行相关设置后单击“确定”按钮。

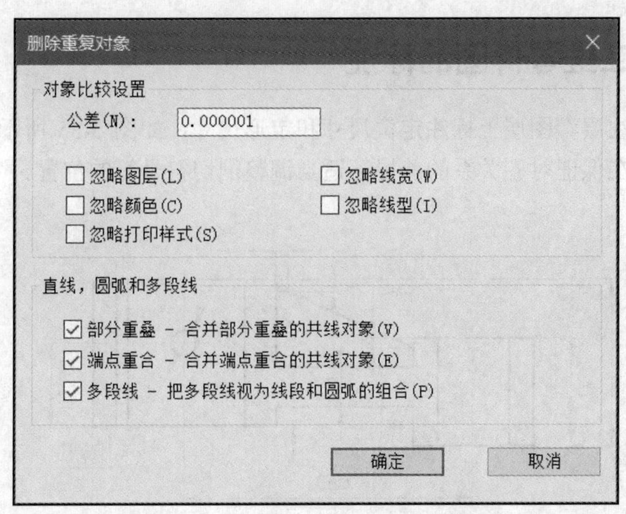

图 5-33　“删除重复对象”对话框

6 在“机械”选项卡的“图框”面板中单击“图幅设置”按钮，打开“图幅设置”对话框，样式选择“GB”，图幅大小为“A4”，图幅样式为“无分区图框”，布置方式为“纵置”，绘图比例为“1∶1”，勾选“自动更新标注符号的比例”复选框和“移动图框以放置所选图形”复选框，并勾选“标题栏”复选框，标题栏样式选择“标题栏-1”，单击“确定”按钮。

7 在“常用”选项卡的“图层”面板中单击“图层特性”按钮，修改图层特性，比如将“1 轮廓实线层”的线宽设置为“0.35mm”或“0.5mm”。接着可以选择相关的图线对其所在的图层进行设置。

8 以不剖方式修改筋板结构，并在俯视图中绘制一个局部剖视图以表示螺纹孔，如图 5-34 所示。

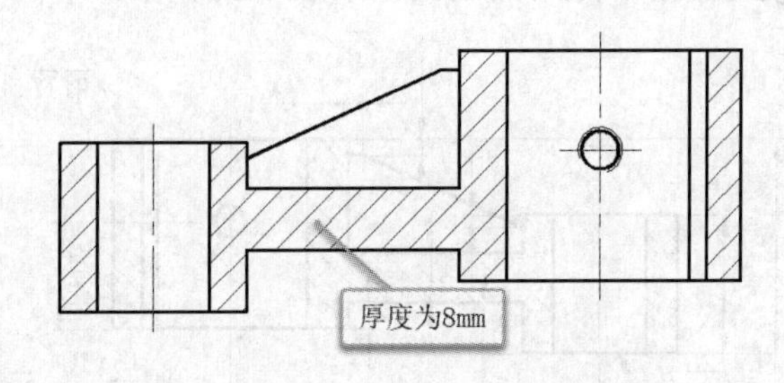

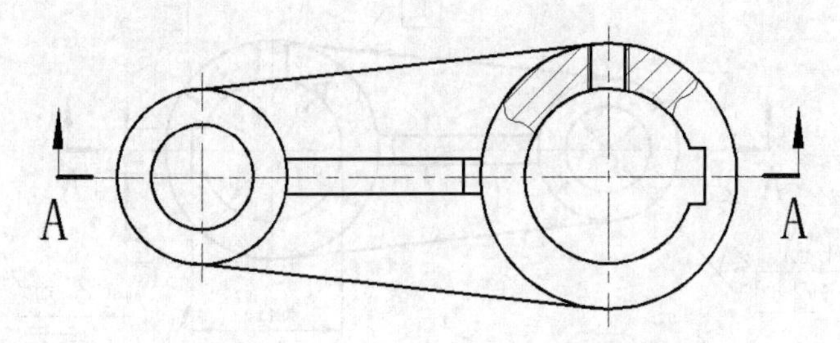

图 5-34　修改视图（筋板不剖，螺纹孔处局部剖）

5.4.3 连杆二维零件图的标注

1 在“7 标注层”图层上标注定位尺寸和定形尺寸，如图 5-35 所示。为了使标注的尺寸整洁美观，可以在保证对齐关系的前提下适当调整剖切符号等的位置。

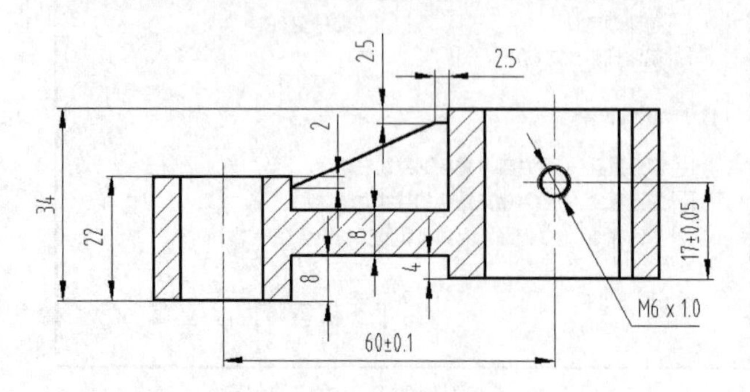

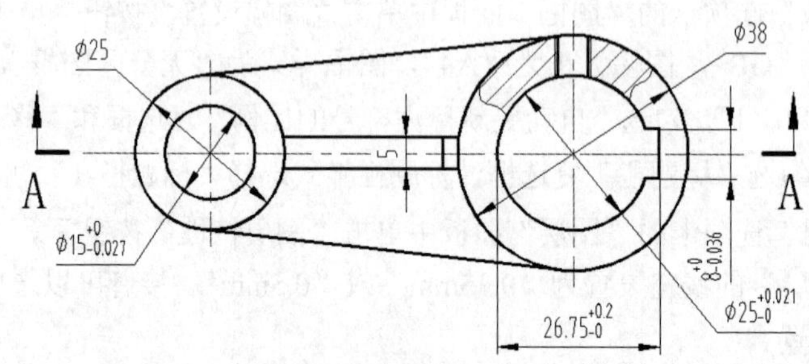

图 5-35 标注相关尺寸

2 标注连杆的几何公差、表面结构要求，如图 5-36 所示。

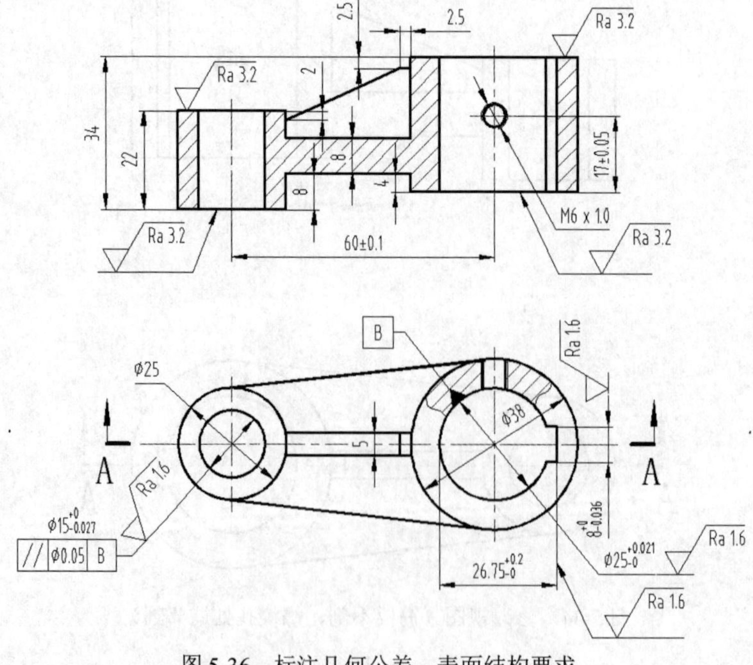

图 5-36 标注几何公差、表面结构要求

3 标注技术要求，处理调入的 A4 竖向图框，调整视图在图框的放置位置，并添加标题栏，如图 5-37 所示。

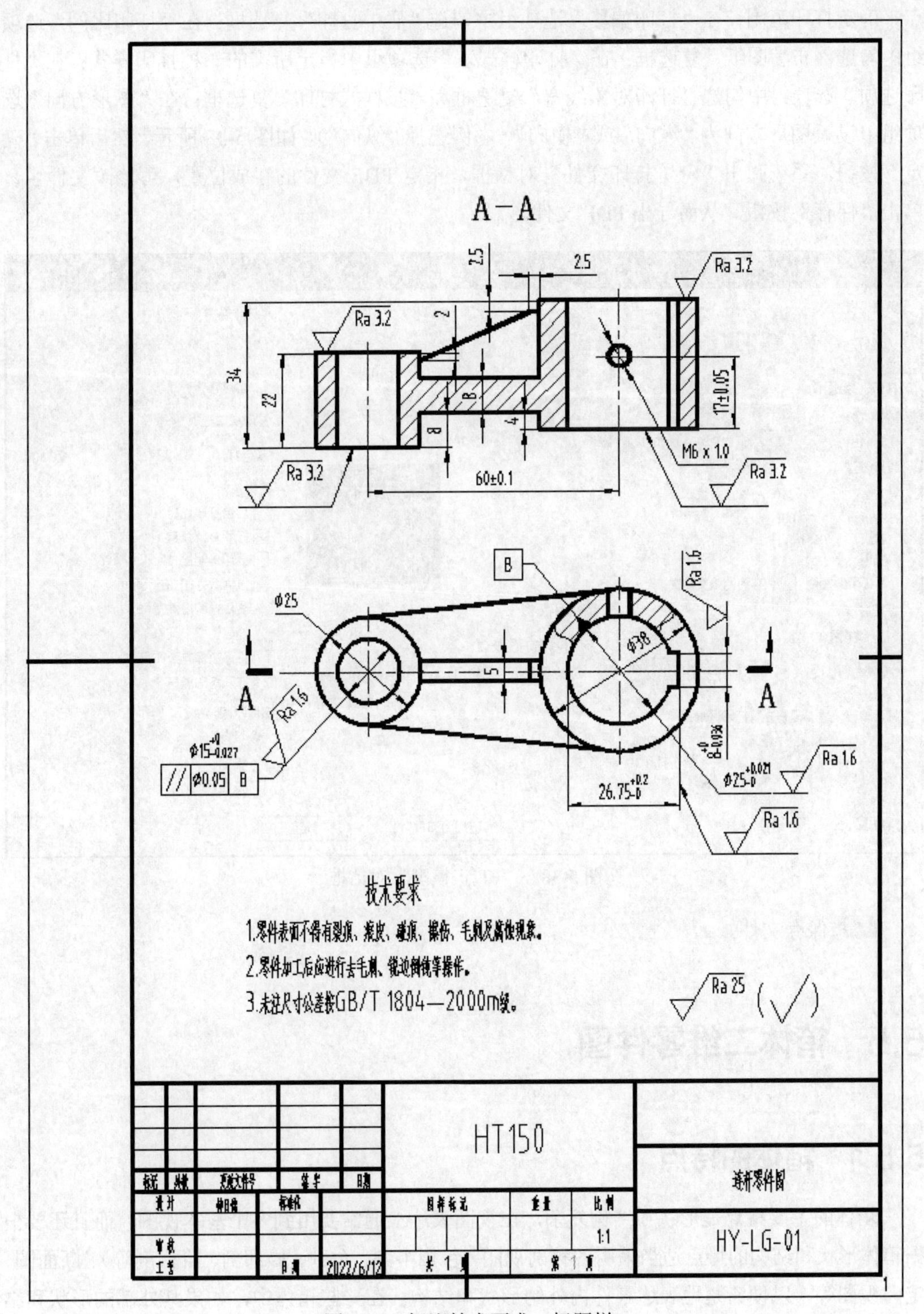

图 5-37　标注技术要求、标题栏

4 导出 PDF 文件。

切换至“输出”选项卡，在“打印”面板中单击“打印”按钮🖶，弹出“打印-模型”对话框，选择其中一种 PDF 打印机，指定纸张大小，比如选择“ISO A4（210.00×297.00 毫米）”；在“打印区域”选项组的“打印范围”下拉列表中选择“窗口”选项，指定窗口第一点和第二点来确定打印范围；在“打印偏移”选项组中勾选“居中打印”复选框；在“打印比例”选项组中勾选“布满图纸”复选框；在“打印样式表”选项组中指定所需的一种打印样式；在“打印选项”选项组中勾选“打印对象线宽”复选框和“按样式打印”复选框；在“图形方向”选项组中设置图形方向为“纵向”或“横向”（本例选择“纵向”），如图 5-38 所示，然后单击“确定”按钮，系统弹出“浏览打印文件”对话框，指定 PDF 文件的存放位置，可修改文件名，单击“保存”按钮，从而导出 PDF 文件。

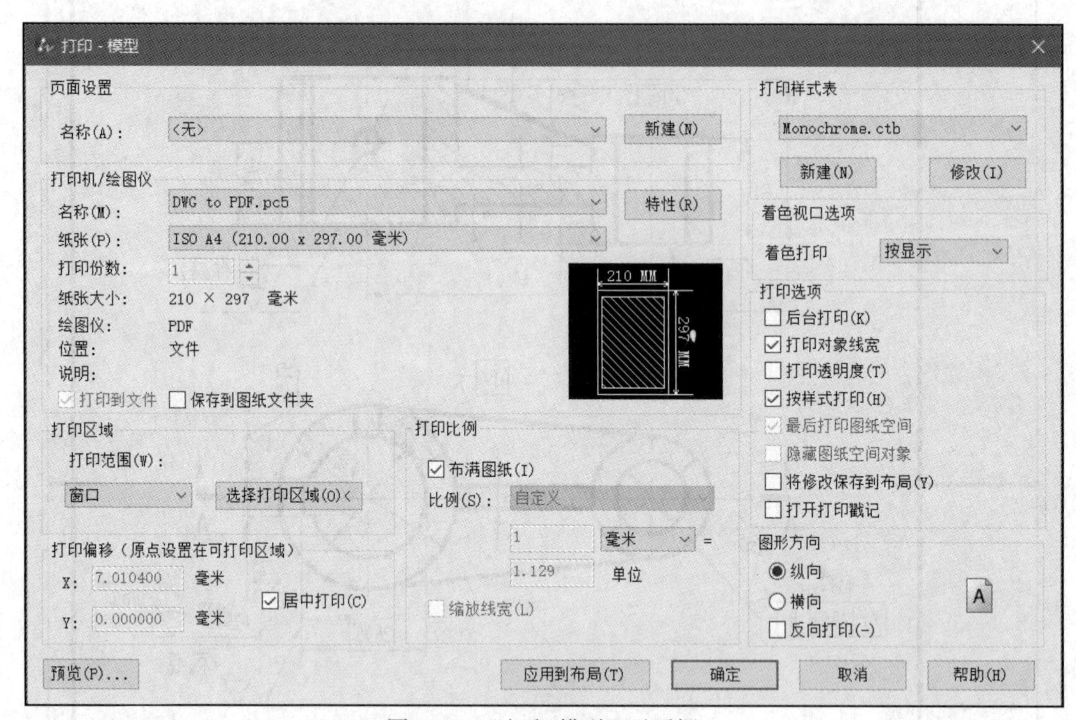

图 5-38　“打印-模型”对话框

保存文件。

5.5 箱体二维零件图

5.5.1 箱体的特点

箱体的主要特点是形状和结构复杂，在视图表达上通常要用到多个基本视图，而且还要根据箱体形状和结构的特点适当采用各种剖视图（包括半剖、全剖、局部剖、阶梯剖等）、断面图、定向视图等，以便清楚地表达零件内外的形状和结构。在一些箱体中，如果其外部的形状和结构简单而内部的形状和结构较为复杂，并且在形状和结构上具有对称特点，那么可以采用半剖视图；如果外部的形状和结构复杂，内部的简单，那么可以适当采用局部剖视图或虚线来表示，局部剖视图也适用于内部形状和结构复杂的多数情形；如果外部和内部的形状和结构都复杂，且投影重叠时，一般应分别表达外部的形状和结构及内部的形状和结构，内部形状和结构的表达多采用独立的全剖视图、阶梯剖视图、断面图等来实现，并在表达外部形状和结构的视图中辅以个别局部剖视图来表达细节结构，对于斜面上的形状和结构可采用定向视图表达。

5.5.2 箱体的视图表达

本小节以 4.4.1 小节中创建的一个箱体三维模型（这里取消了最后一个过渡圆角特征）为例，介绍该箱体二维零件图的创建过程，该箱体为减速器的箱底零件，如图 5-39 所示。本例的箱体二维零件图比较适合根据箱体三维模型生成二维零件图（即 3D 转 2D），导出为 DWG 格式文件，在中望 CAD 机械版中对二维零件图进行编辑处理，包括删除重线、修改线型、调整视图布局、补齐与优化视图等。在 3D 转 2D 的过程中，建议将每个视图的消隐线、切线隐藏。

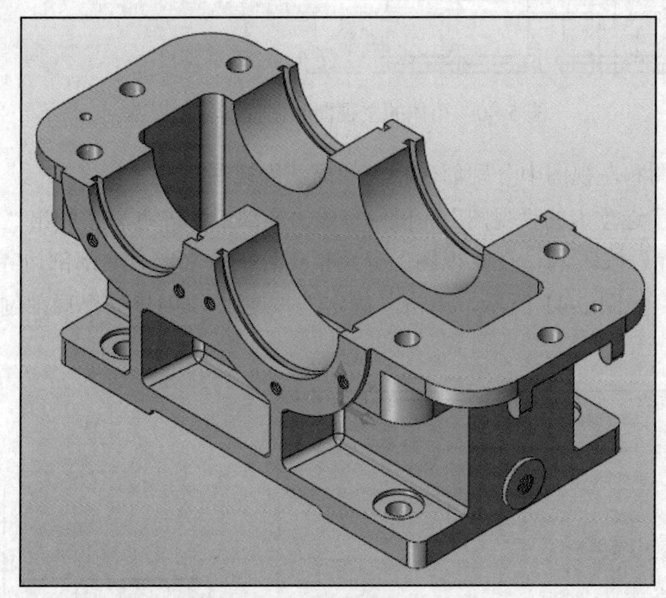

图 5-39 箱体三维模型（3D）

箱体的视图表达步骤如下。

1 使用中望 3D 打开“CH5”文件夹中的“HY-箱体 5-5.Z3PRT”模型文件，在“快速访问”工具栏中单击“新建”按钮，接着在弹出的“新建文件”对话框中选择“工程图”类型、“标准”子类，模板为“[默认]”，唯一名称为“HY-箱体（箱底）工程图”，单击“确认”按钮。

2 选择最能清晰表达其外部形状和结构且最能表达工作位置的视图作为主视图，并通过主视图创建投影视图来获得其俯视图和左视图。

在“布局”选项卡的“视图”面板中单击“标准”按钮，弹出“标准”对话框，从“视图”下拉列表中选择“前视图”，比例为“1∶2”，指定视图位置，从而创建箱体主视图。紧接着在弹出的“投影”对话框中，设置投影方法为“第一视角”，在主视图的下方区域指定一个位置以创建箱体俯视图，在主视图右侧放置左视图，然后单击“投影”对话框中的“确定”按钮，效果如图 5-40 所示。

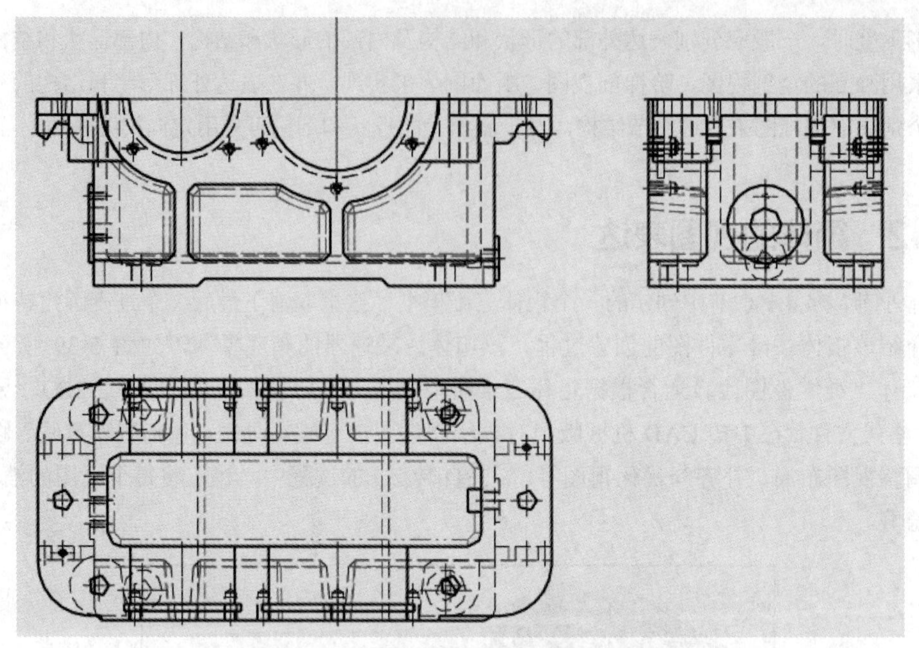

图 5-40 箱体的主视图、俯视图和左视图

3 在主视图和左视图中分别创建相关的局部剖视图。

1）在“布局”选项卡的“视图”面板中单击“局部剖”按钮，弹出“局部剖”对话框，单击“多段线边界”按钮，在主视图上分别指定若干点来定义局部剖边界线，单击鼠标中键后指定深度点，如图 5-41 所示，单击“确定”按钮，创建一个局部剖视图，如图 5-42 所示。

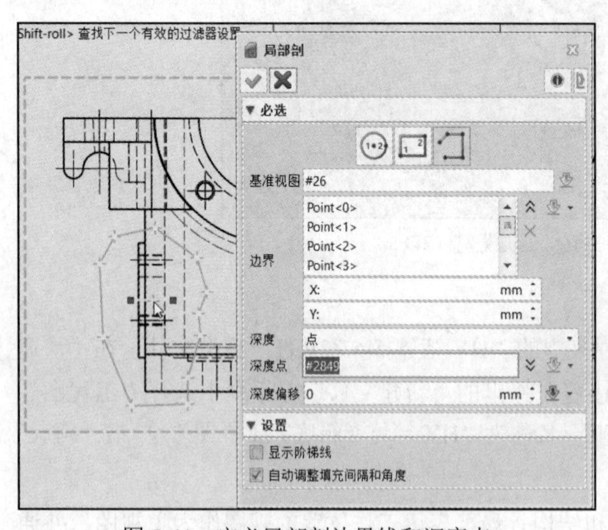

图 5-41 定义局部剖边界线和深度点

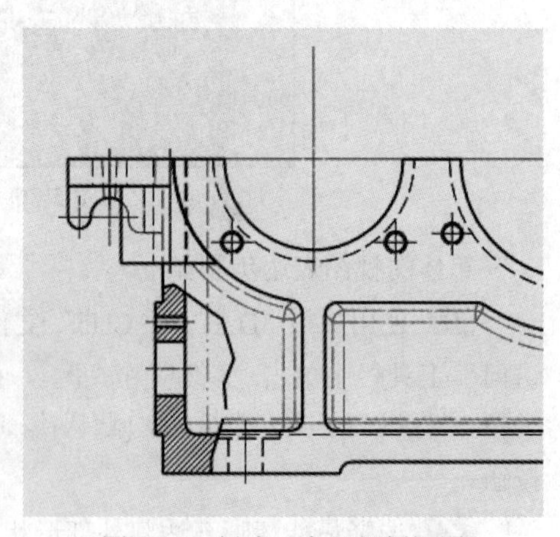

图 5-42 创建一个局部剖视图

2）使用同样的方法，在主视图和左视图中分别创建其他相应的局部剖视图，如图 5-43 所示。

4 创建一个全剖视图。

在“布局”选项卡的“视图”面板中单击“全剖视图”按钮，选择俯视图作为基准视图，接着定义剖面的多个点，指定剖切方向及视图的放置位置，效果如图 5-44 所示。

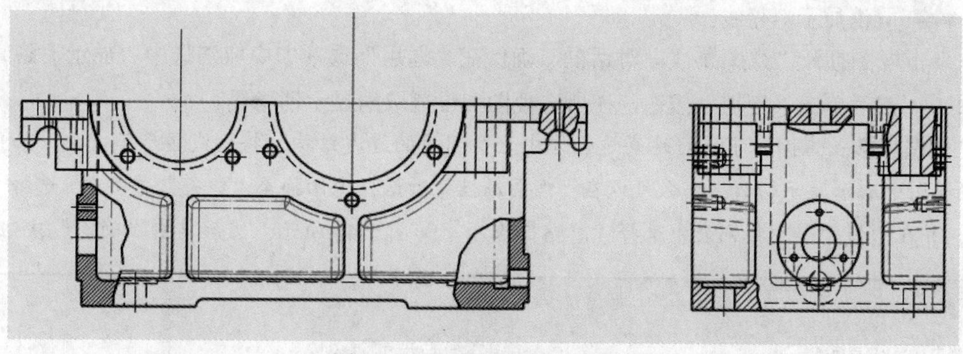

图 5-43　创建多个局部剖视图

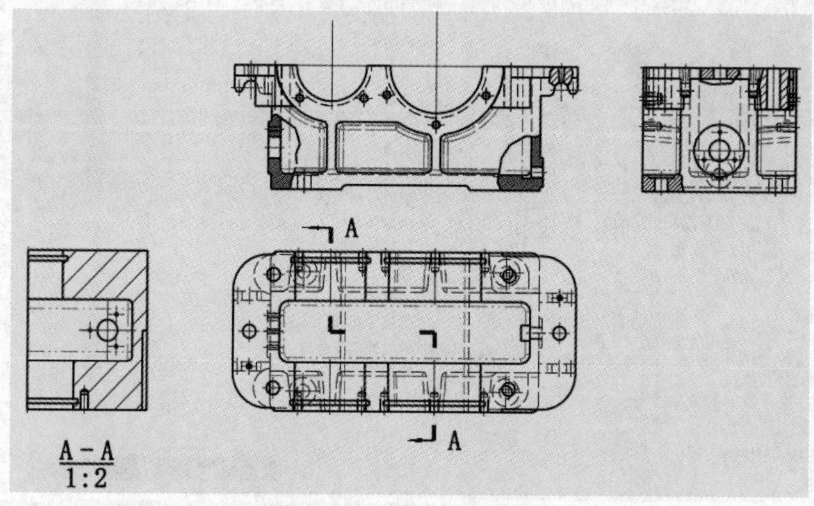

图 5-44　创建一个全剖视图

5 创建两个其他视图来表达该箱体。

根据视图表达的需要，单击“全剖视图”按钮，分别创建两个全剖视图，再单击“裁剪视图”按钮，对剖面 *C-C* 的视图进行裁剪，效果如图 5-45 所示。

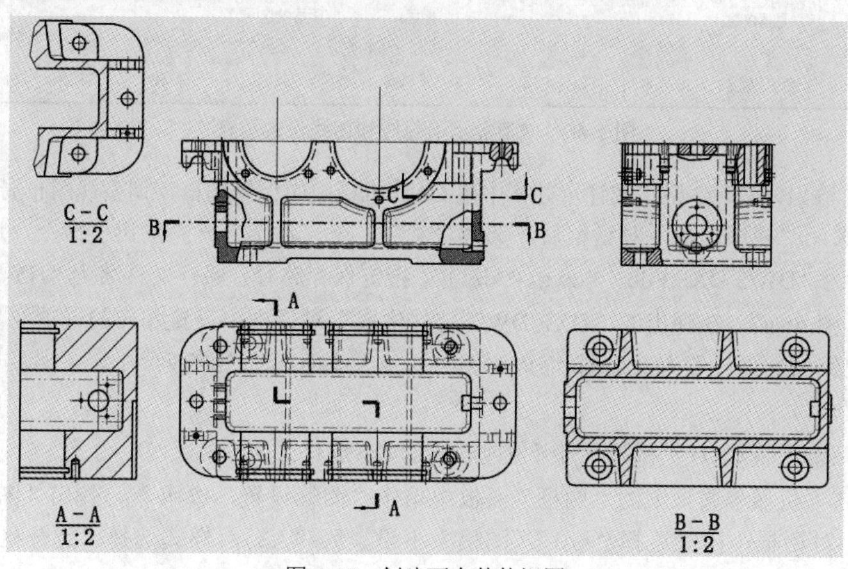

图 5-45　创建两个其他视图

6 取消显示消隐线。

双击视图打开“视图属性”对话框，确保在“通用”选项卡中取消选中“显示消隐线”选项，然后单击“应用”按钮，在所选视图上设置取消显示消隐线。

知识点拨：本例为了更好地表达箱体中主要圆角的过渡结构，将切线显示了出来。如果需要在视图中取消显示切线，那么可以在“视图属性”对话框中切换至“线条”选项卡，选择“切线”，并在“线型”下拉列表中选择“忽略”选项，如图5-46所示，然后单击“确定”按钮。

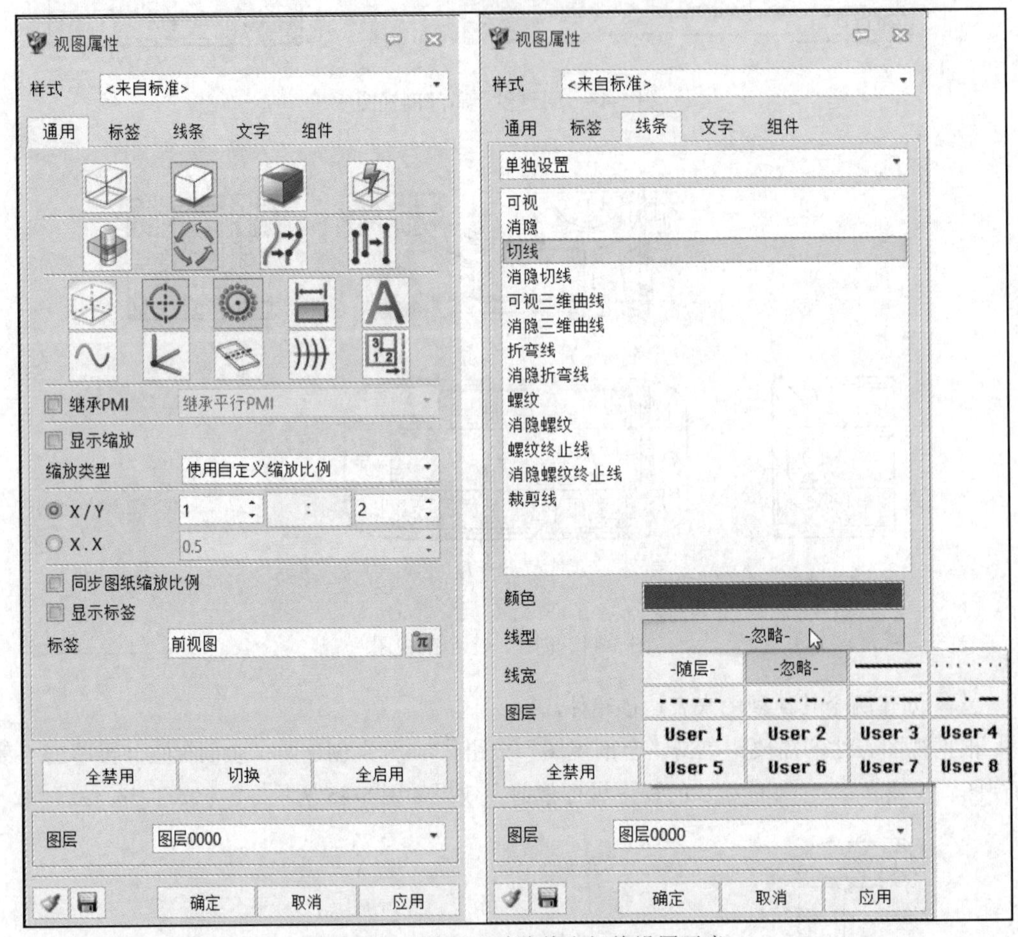

图5-46 取消显示消隐线和切线设置示意

7 输出为DWG格式文件，并在中望CAD机械版中调入图框，调整视图布局。

1）关闭“视图属性”对话框后，选择“文件”→“输出”→“输出”命令，选择“保存类型”为“DWG/DXF File（*.dwg，*.dxf）”，指定保存路径，保存文件名为“HY-箱体（箱底）工程图.dwg”，在弹出的“DXF/DWG文件生成”对话框中设置相应的选项及参数，其中将输出缩放比例设置为“视图 缩放比例=1/2”，即输出缩放比例为“1/2”，然后单击“确定”按钮。

2）启动中望CAD机械版，打开刚刚输出的DWG格式文件。

3）在“机械”选项卡的“图框”面板中单击“图幅设置”按钮，弹出“图幅设置：主图幅”对话框，样式选择“GB”，图幅大小设置为“A3”，样式选择“无分区图框”，布置方式为“横置”，绘图比例为“1∶2”，标题栏样式选择“标题栏-1”，单击“确定”

按钮，将所有视图放置在图纸图框内，调整各视图的布局放置位置，将剖视图 *A-A* 旋转一定的角度，并按投影关系放置在主视图的左边，删除一些多余的重线或辅助线，效果如图 5-47 所示。

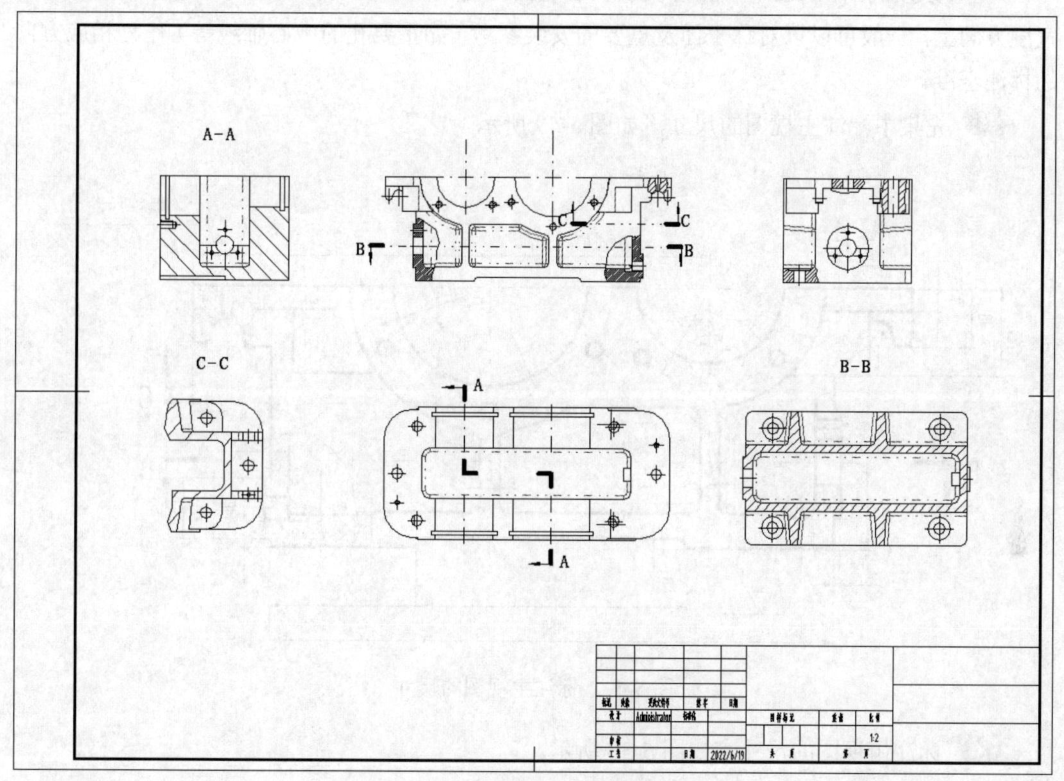

图 5-47 调入图框并调整视图局部

8 处理视图关系，调整线型，补全各视图线条，其中一个剖视图在筋板位置需要采用不剖的方式绘制，效果如图 5-48 所示。

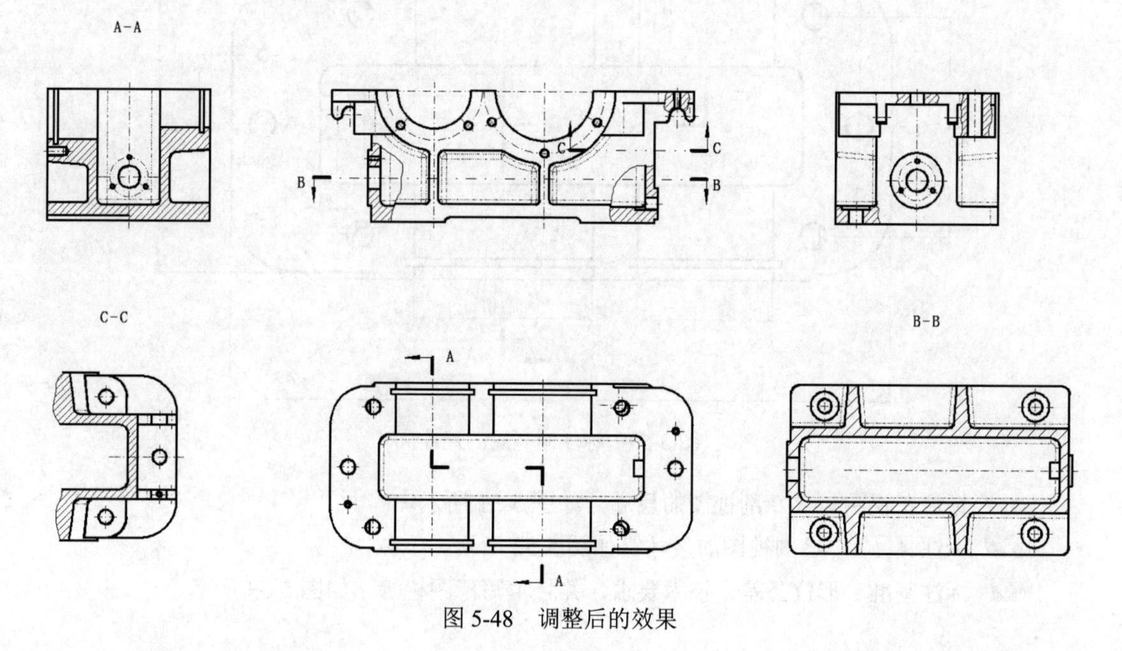

图 5-48 调整后的效果

5.5.3 箱体二维零件图的标注

对于减速器箱体来说，一般可以以安装底面作为高度方向的标注基准，而在长度方向、宽度方向上，一般可以以对称平面及重要的安装参考（如重要孔的中心轴线等）作为相应方向的标注基准。

1 先集中标注主视图的尺寸，如图 5-49 所示。

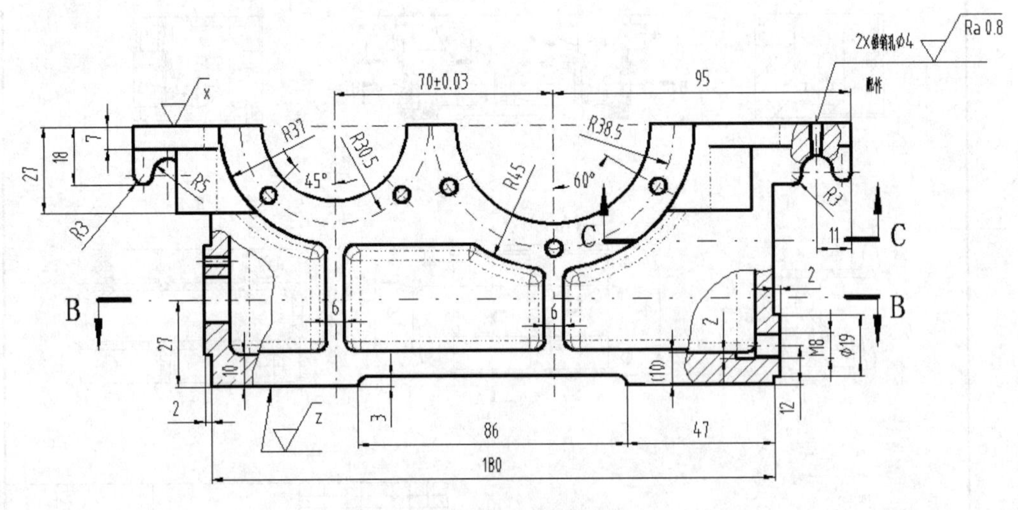

图 5-49 标注主视图的尺寸

2 标注俯视图的尺寸，如图 5-50 所示。

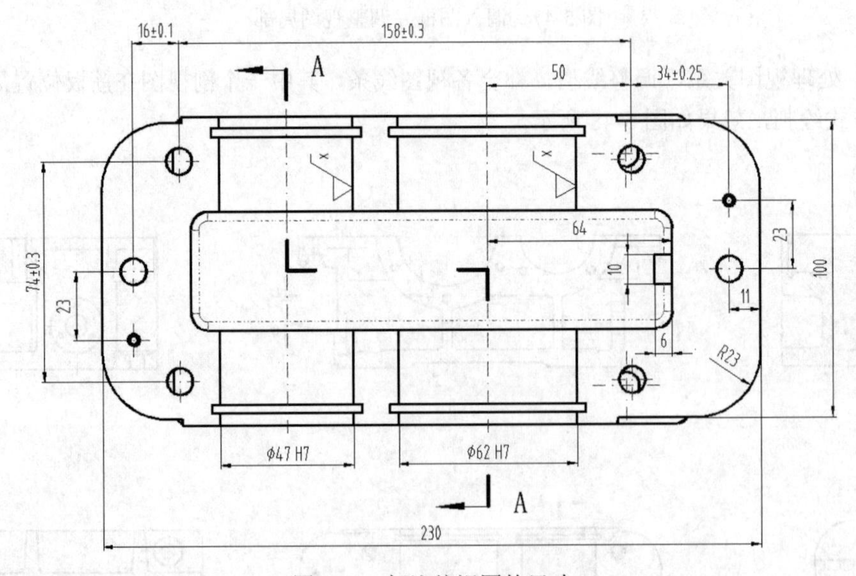

图 5-50 标注俯视图的尺寸

3 标注左视图与 *B-B* 剖视图的尺寸，如图 5-51 所示。

4 标注 *A-A*、*C-C* 剖视图的尺寸，如图 5-52 所示。

5 标注基准、形位公差、技术要求，并且填写标题栏等，如图 5-53 所示。

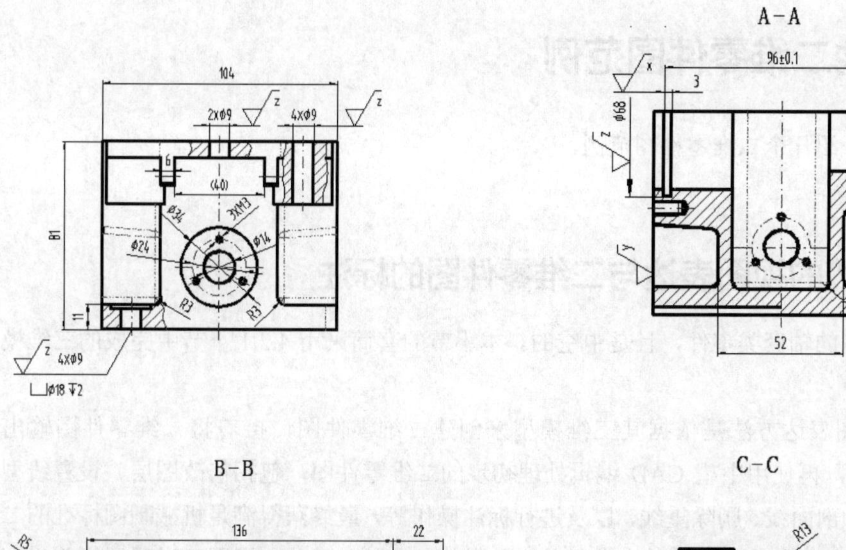

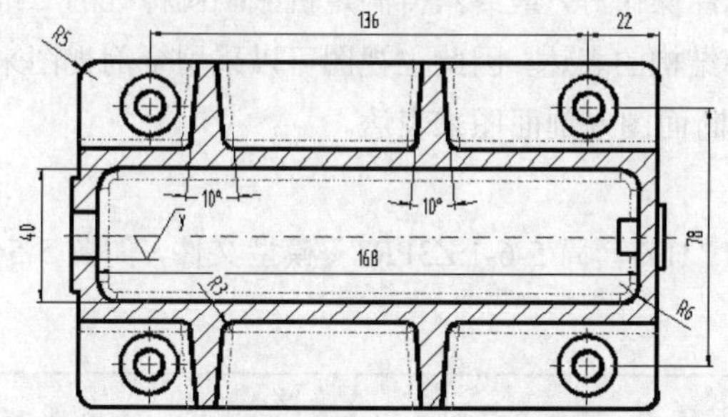

图 5-51 标注左视图与 *B-B* 剖视图的尺寸

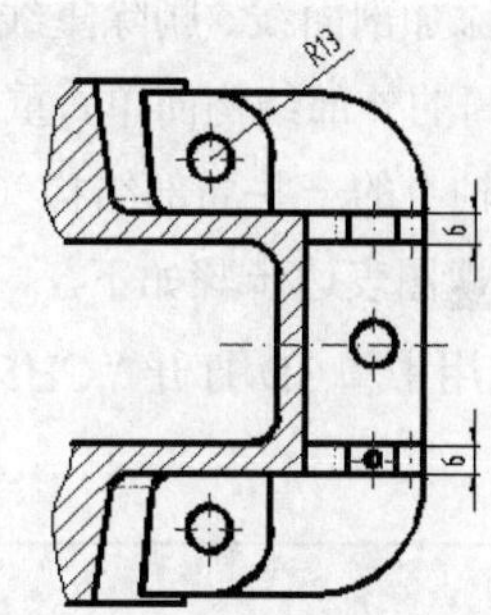

图 5-52 标注 *A-A*、*C-C* 剖视图的尺寸

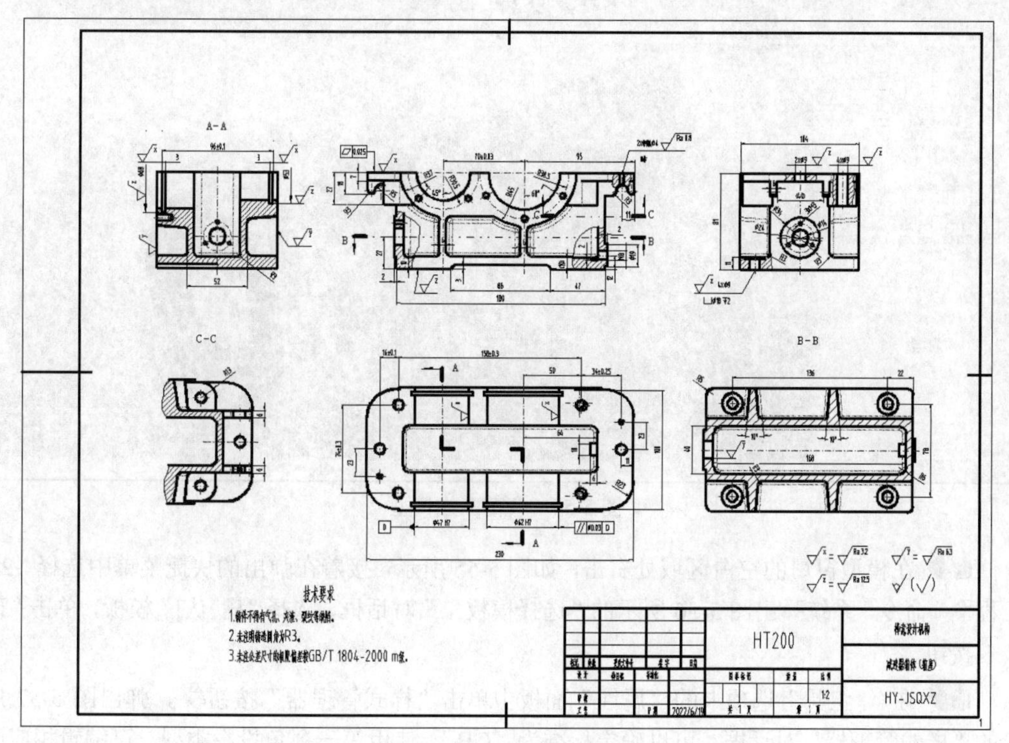

图 5-53 标注相关内容

5.6 其他二维零件图范例

本节继续介绍几个二维零件图范例。

5.6.1 套筒的视图表达与二维零件图的标注

套筒是典型的轴套类零件，且是中空的。本小节的套筒采用 4.2.1 小节中完成的三维模型作为范例。

套筒的视图表达方法是依据其三维模型来创建二维零件图，接着将二维零件图输出为 DWG 格式文件，再使用中望 CAD 编辑处理初步的二维零件图，包括修改图层、设置线型、在主视图中添加剖面线、删除重线，以及进行标注操作等，最终获得满足机械制图标准的二维零件图。套筒的外部结构简单，重点在于其内部结构的表达，因此主视图可以采用全剖视图来表达，对于轴上的一些局部结构（如孔），采用断面图或剖面图来表达。

套筒的视图表达步骤如下。

1 使用中望 3D 打开“CH5”文件夹中的“HY-套筒 5-6-1.Z3PRT”模型文件，如图 5-54 所示。

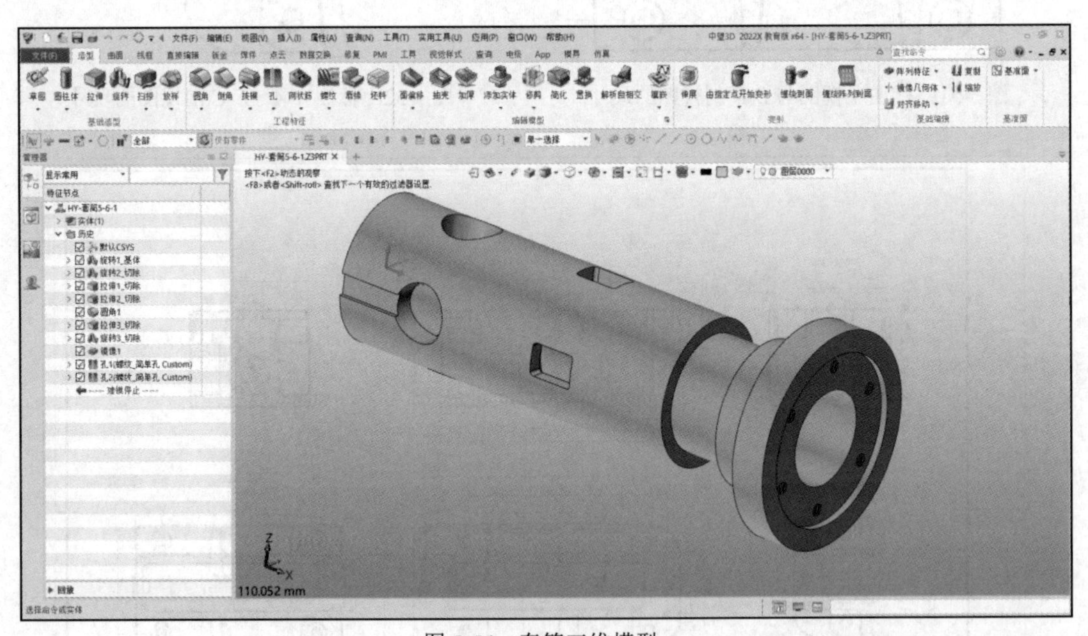

图 5-54 套筒三维模型

2 在模型窗口的空白区域处右击，如图 5-55 所示，接着在弹出的快捷菜单中选择“2D 工程图”命令，系统弹出图 5-56 所示的“选择模板...”对话框，选择“[默认]”模板，单击“确认”按钮。

3 在 “工具”选项卡的“属性”面板中单击“样式管理器”按钮，弹出图 5-57 所示的“样式管理器”对话框，可以确定标准为“GB”，使用第一视角投影类型，可编辑相应的样式，比如对“剖面视图样式（GB）”中的箭头样式进行相应修改，然后依次单击“应用”按钮和“确定”按钮。

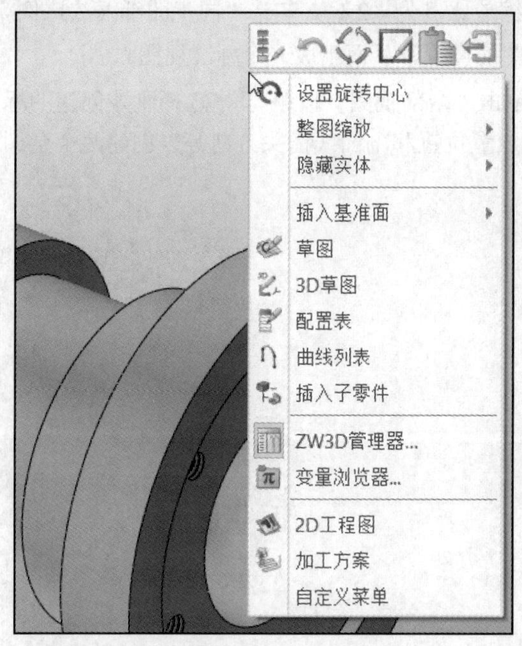

图 5-55 在模型窗口空白区域处右击

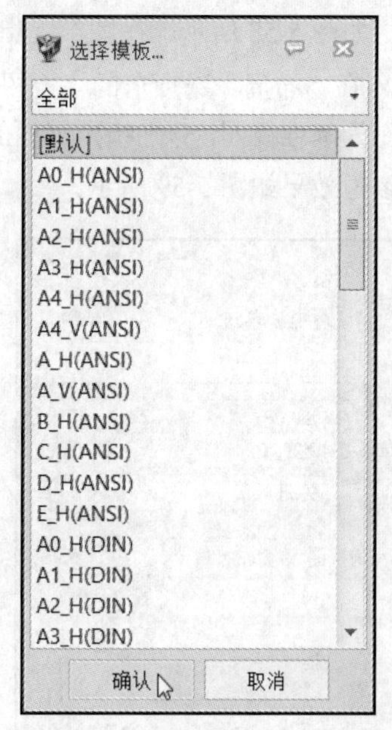

图 5-56 “选择模板...”对话框

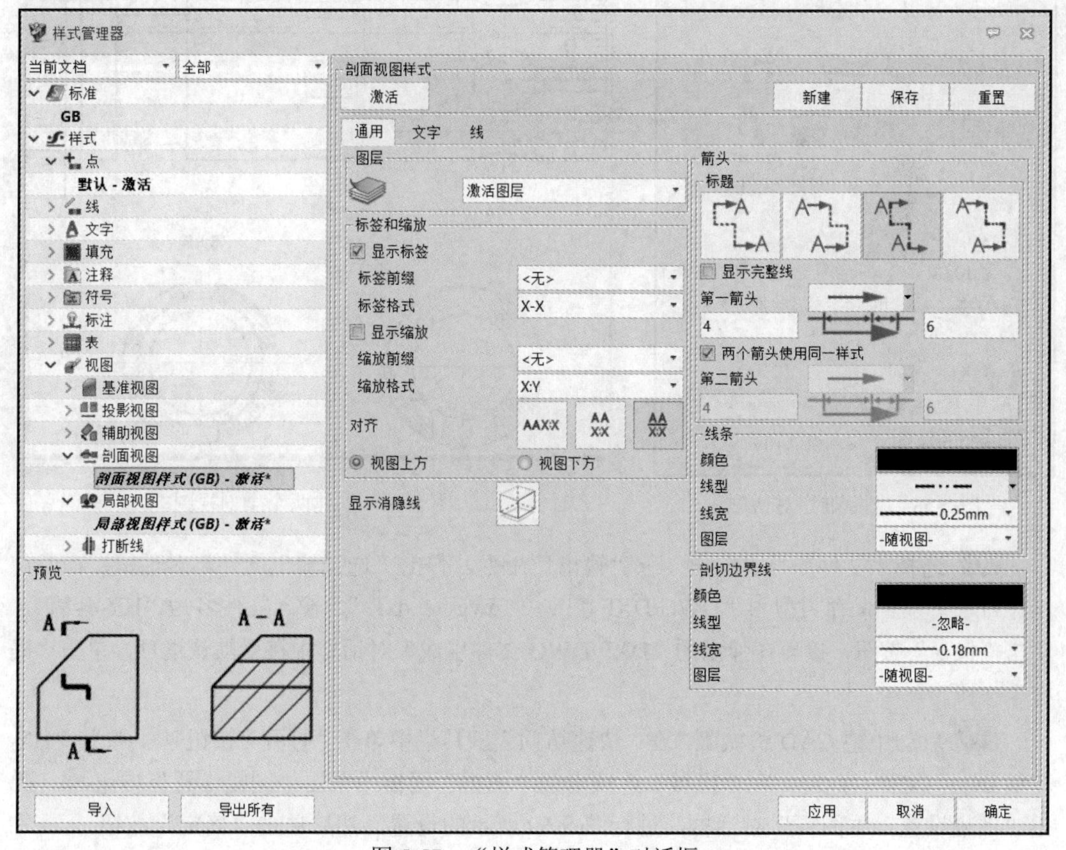

图 5-57 “样式管理器”对话框

4 切换至“布局”选项卡，单击“视图”面板中的“标准”按钮，弹出“标准”对话框，在“视图”下拉列表中选择“前视图”，在“缩放类型”下拉列表中选择“使用自定义缩放比例”选项，选中“X/Y”单选按钮，设置缩放比例为“2:1”，勾选“同步图纸缩放比例”复选框，如图 5-58 所示，在图纸上指定放置视图的位置，从而生成一个标准视图。

5 在“布局”选项卡的“视图”面板中单击“全剖视图”按钮，选择刚才创建的标准视图作为基准视图，分别指定剖面的点、剖面放置位置和剖面线箭头方向等来创建两个全剖视图，参考效果如图 5-59 所示。

图 5-58 “标准”对话框

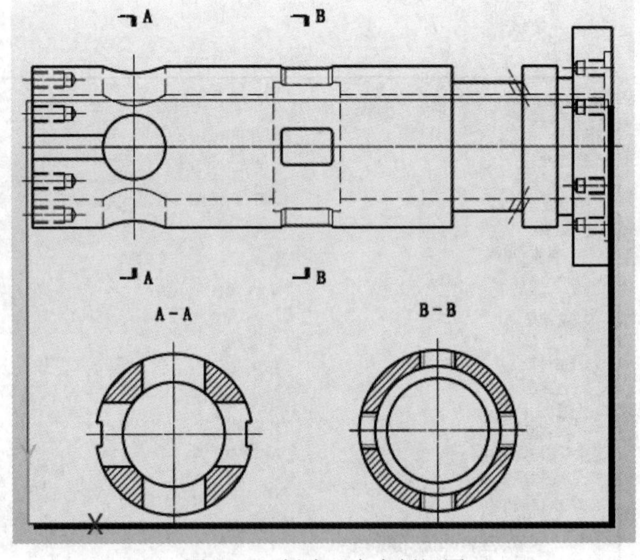

图 5-59 创建两个全剖视图

6 选择“文件”→“输出”→“输出”命令，弹出“选择输出文件”对话框，在当前工作目录下设置保存类型为“DWG/DXF File（*.dwg，*.dxf）”，输入文件名为“HY-套筒”，单击“保存”按钮，接着在弹出的“DXF/DWG 文件生成”对话框中接受默认选项，单击“确定”按钮。

7 启动中望 CAD 机械版，在“快速访问”工具栏中单击“打开”按钮，选择“HY-套筒.dwg”文件。此时，在“机械”选项卡的“图框”面板中单击“图幅设置”按钮，弹出“图幅设置：主图幅”对话框，进行图 5-60 所示的设置，然后单击“确定”按钮。

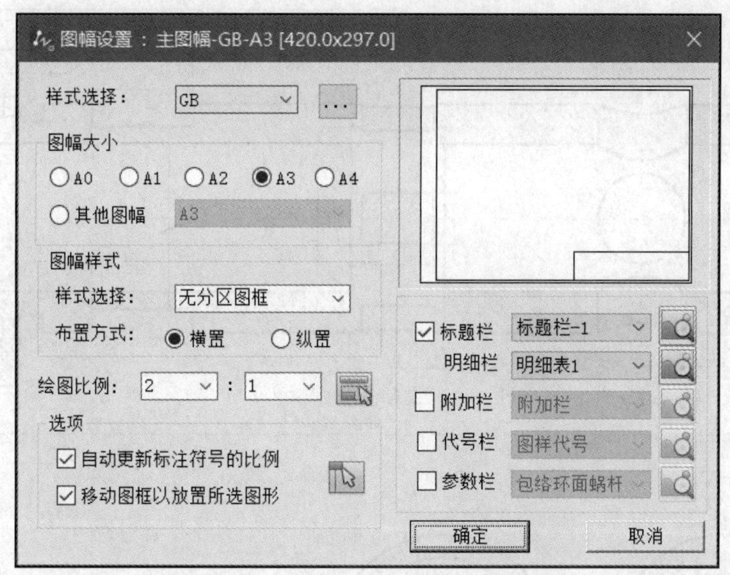

图 5-60 “图幅设置：主图幅”对话框

8 将各视图的位置适当微调，使各视图在 A3 图框内更清晰整洁。接着单击“扩展工具”选项卡的“编辑工具”面板中的“删除重复对象”按钮或“消除重线”按钮，来删除重线，再删除视图中不需要的图线、修改图层、添加剖面线和中心线，效果如图 5-61 所示。

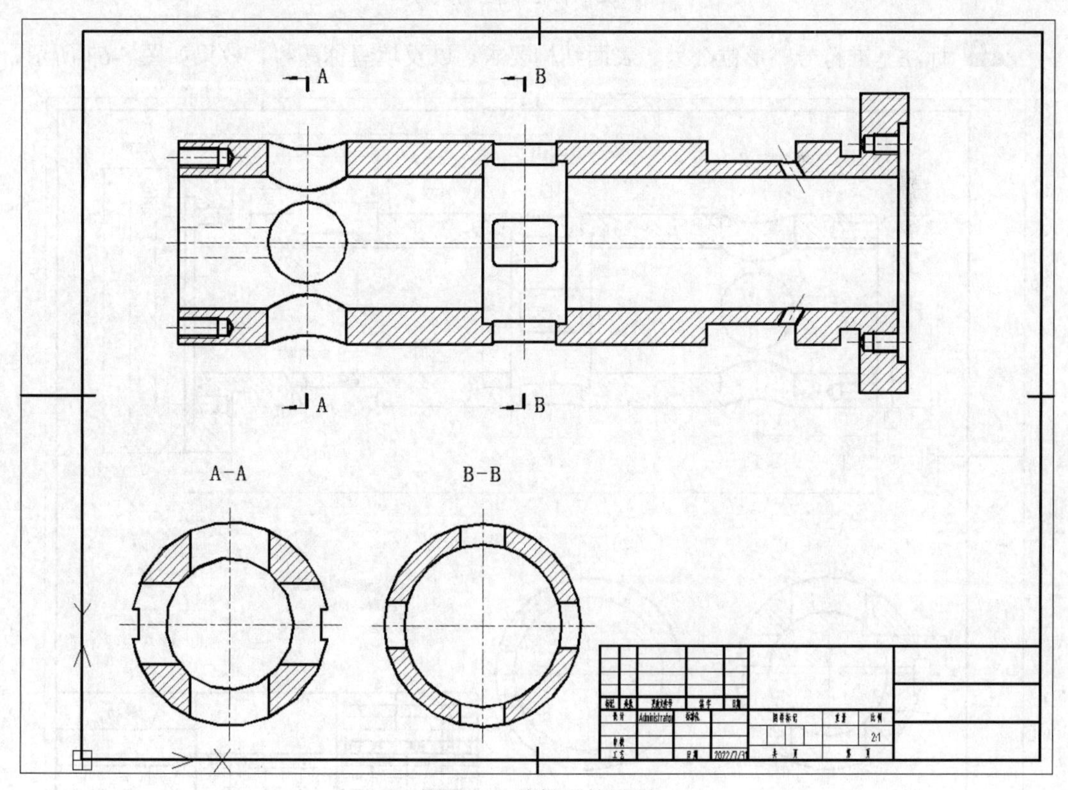

图 5-61 编辑后的视图

9 标注相应的尺寸，如图 5-62 所示。

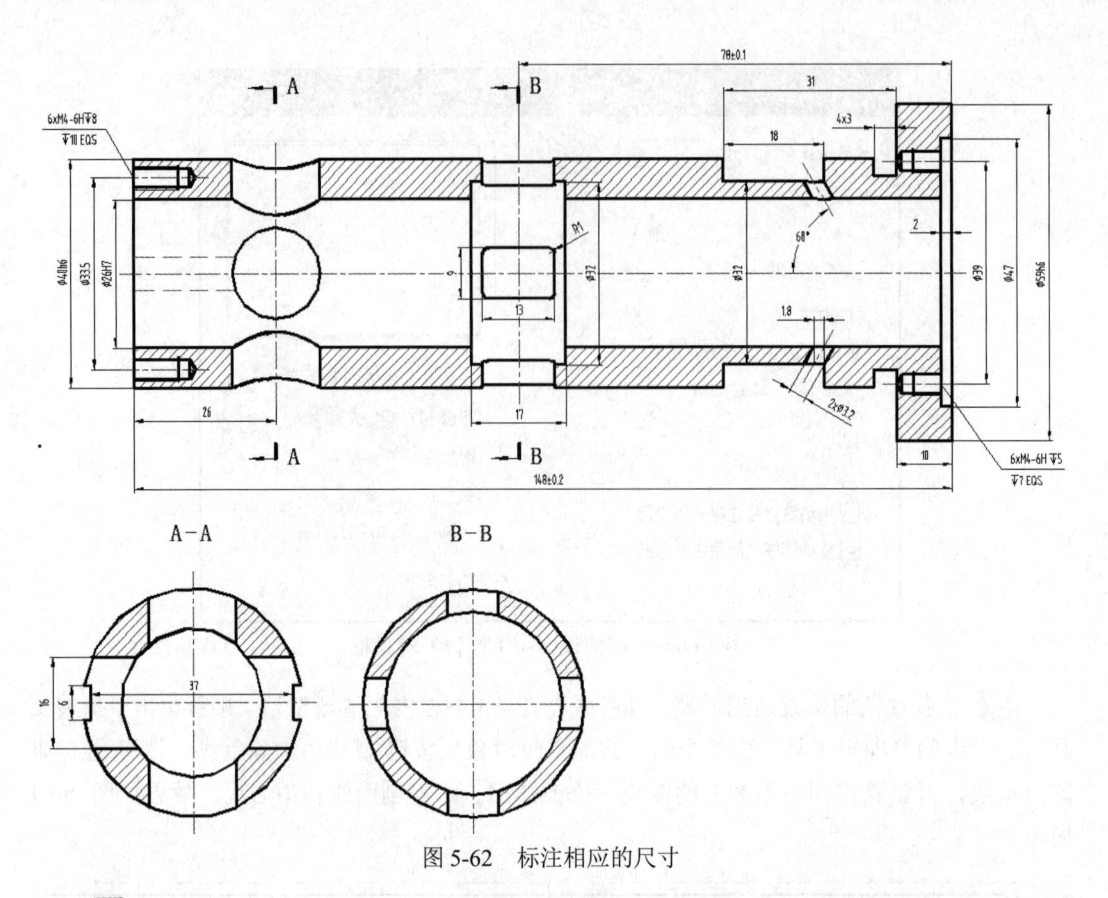

图 5-62 标注相应的尺寸

10 标注基准符号、形位公差、表面结构要求，以及填写标题栏，效果如图 5-63 所示。

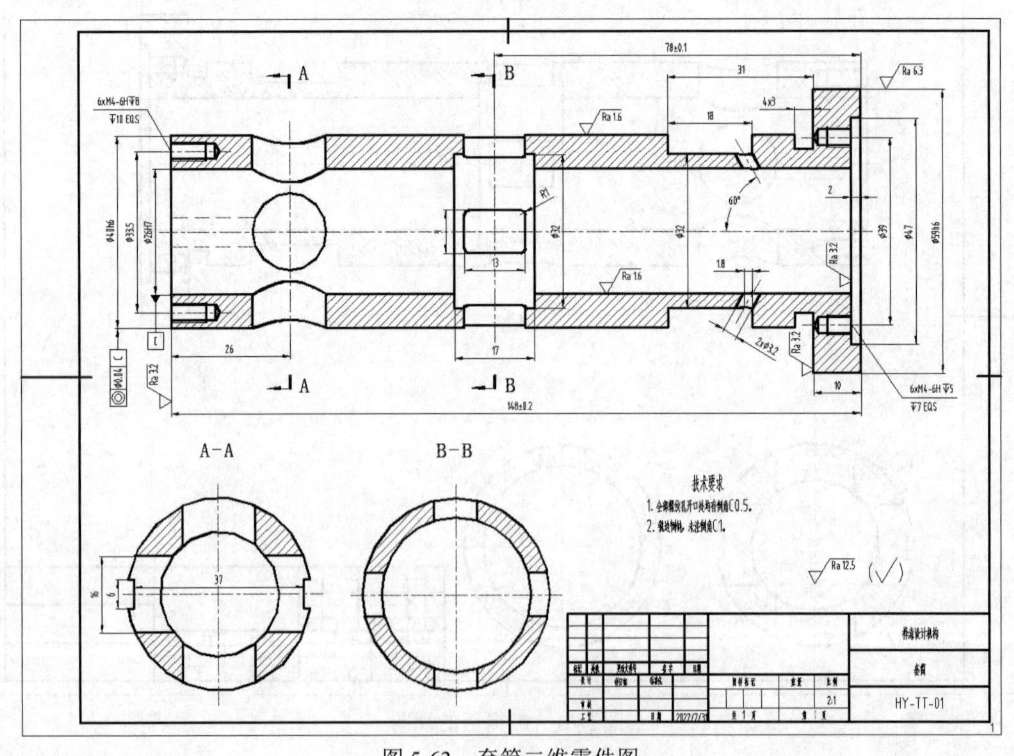

图 5-63 套筒二维零件图

11 保存文件。

5.6.2 泵体的视图表达与二维零件图的标注

泵体相对比较复杂，属于一种典型的箱体类零件。本小节以 4.4.2 小节中创建的一个泵体三维模型为例，介绍该泵体零件图的创建过程，即在中望 3D 中创建好该泵体的三维模型，接着根据该三维模型来绘制二维零件图，包括主视图、俯视图和旋转剖视图，其中主视图中采用多个局部剖视图来表达泵体内部的孔结构等，然后导出为 DWG 格式文件，在中望 CAD 机械版中对二维零件图进行编辑处理，包括删除重线、修改线型、补齐与优化视图和标注尺寸等。

泵体的视图表达步骤如下。

1 启动中望 3D，打开“CH5”文件夹中的“HY-泵体 5-6-2.Z3PRT”模型文件，在历史树列表上右击“默认 CSYS”特征，选择“显示”命令来显示该特征，效果如图 5-64 所示。

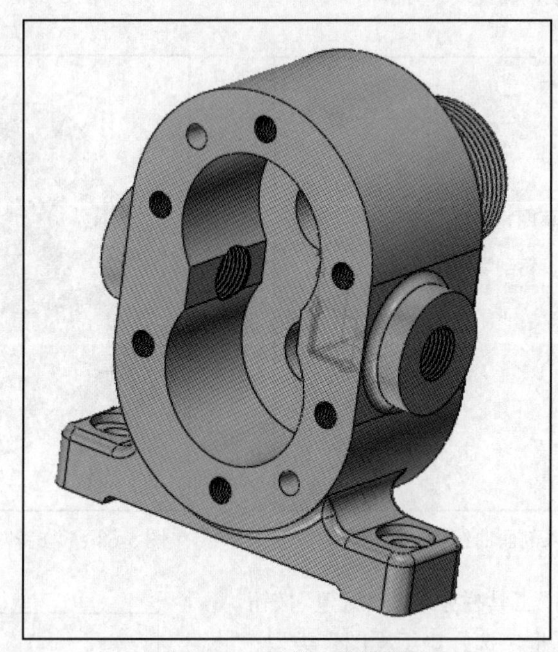

图 5-64 泵体三维模型

2 切换至“线框”选项卡，在“曲线”面板中单击“命名剖面曲线”按钮，在打开的“命名剖面曲线”对话框中单击位于“轮廓”收集器右侧的“展开”按钮，选择“草图”命令，如图 5-65 所示，打开“草图”对话框，从过滤器列表中选择“基准面”选项，在图形窗口中选择 *XZ* 基准面，进入草图绘制模式，绘制图 5-66 所示的直线段（先绘制竖直的线段，再绘制倾斜的线段，注意添加正确的约束关系），单击“退出”按钮，再在弹出的“ZW3D”对话框中单击“是”按钮，确认在当前草图中有开放环或交叉环，继续下面的操作。

返回“命名剖面曲线”对话框，在“名称”文本框中输入“旋转剖切线”，如图 5-67 所示，然后单击“确定”按钮，在模型中可以看出该“旋转剖切线”剖面曲线如图 5-68 所示。

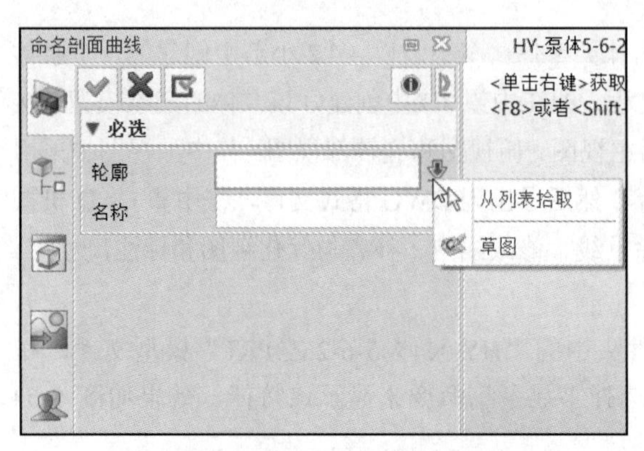

图 5-65 “命名剖面曲线”对话框

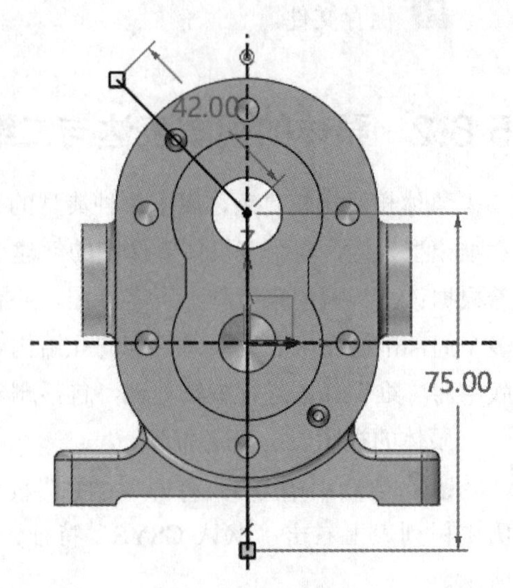

图 5-66 绘制直线段

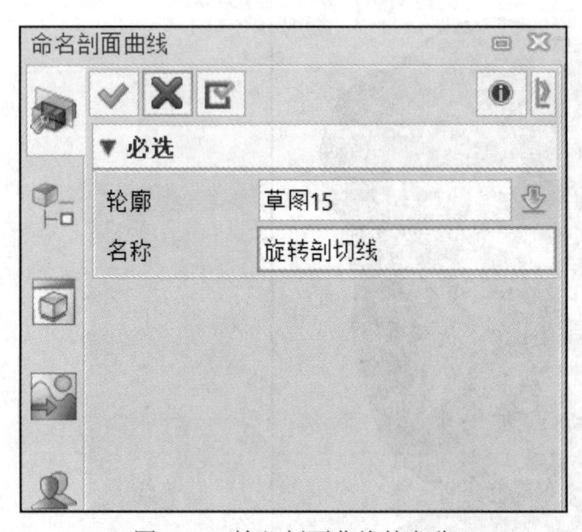

图 5-67 输入剖面曲线的名称

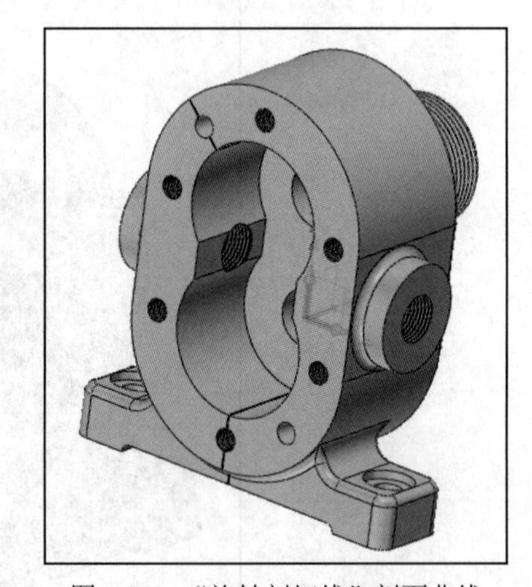

图 5-68 “旋转剖切线”剖面曲线

3 在“快速访问”工具栏中单击“新建”按钮，弹出“新建文件”对话框，选择“工程图”类型、“标准”子类、模板为“[默认]”，设置默认名称为“泵体工程图”，单击“确认”按钮。此时可以单击“工具”选项卡的“属性”面板中的“样式管理器”按钮来对相关的样式进行编辑。

4 切换至“布局”选项卡，单击“标准”按钮，弹出“标准”对话框，在“视图”下拉列表中选择“前视图”，取消选中“显示消隐线”选项，指定视图放置位置，创建一个标准视图，如图 5-69 所示，系统弹出“投影”对话框，直接单击“关闭”按钮。

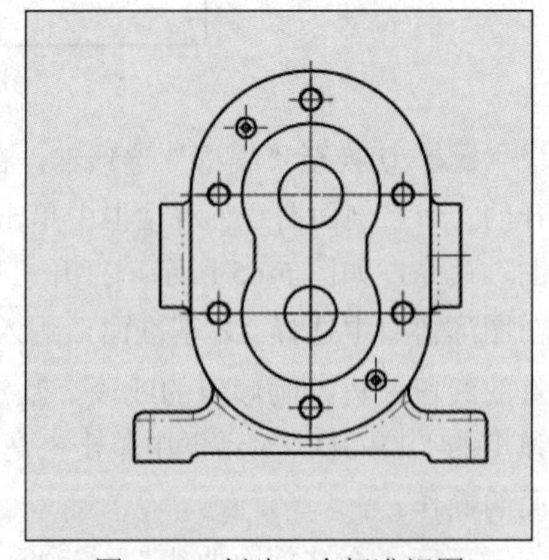

图 5-69 创建一个标准视图

5 在“布局”选项卡的“视图”面板中单击“弯曲剖视图”按钮，弹出图 5-70 所示的“弯曲剖视图”对话框，选择刚才创建的第一个标准视图作为基准视图，结合预览决定是否勾选“剖面线”选项组的“反转箭头”复选框（需要结合预览的箭头方向来判断），在此应不勾选 “反转箭头”复选框，视图标签默认为“A”，并选择剖视图位置。单击“确定”按钮，创建的弯曲剖视图如图 5-71 所示。

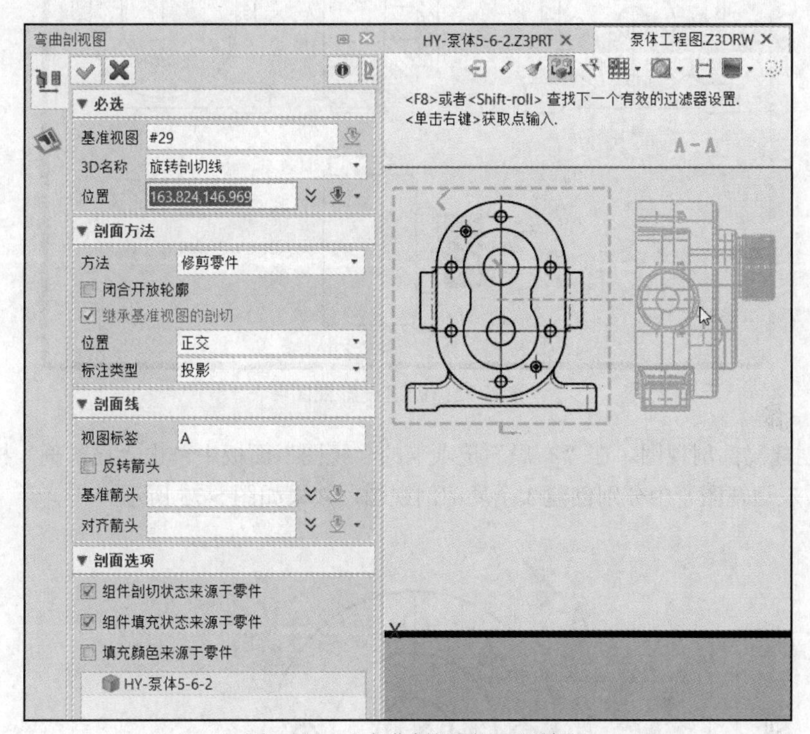

图 5-70 “弯曲剖视图”对话框

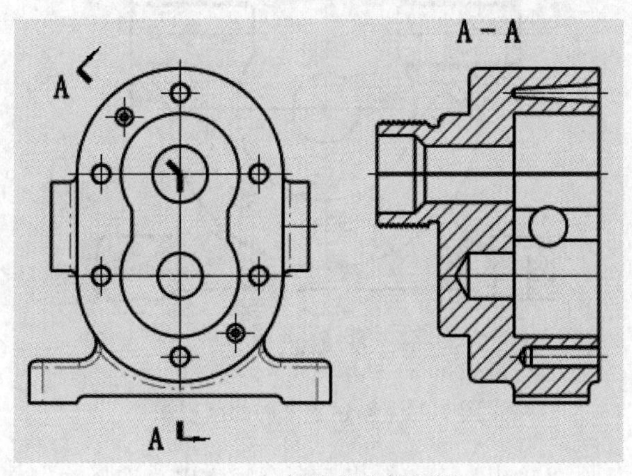

图 5-71 创建弯曲剖视图

6 创建投影视图。在“布局”选项卡的“视图”面板中单击“投影”按钮，弹出“投影”对话框，默认投影方式为“第一视角”，投影类型为“投影”，选择弯曲剖视图作为父视图（即投影视图的基准视图），在父视图右侧的正交投影通道上放置其第一个投影视图，接着在父视图正下方的正交投影通道上放置其第二个投影视图，然后单击“确定”按钮，效果如图5-72所示。

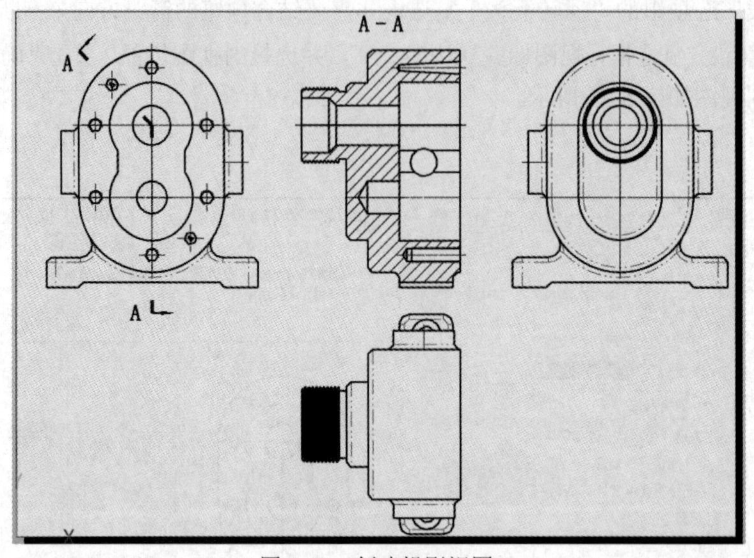

图5-72 创建投影视图

7 创建局部剖视图。在“布局”选项卡的“视图”面板中单击“局部剖”按钮，在右视图（最左边视图）中分别创建3个局部剖视图，效果如图5-73所示。

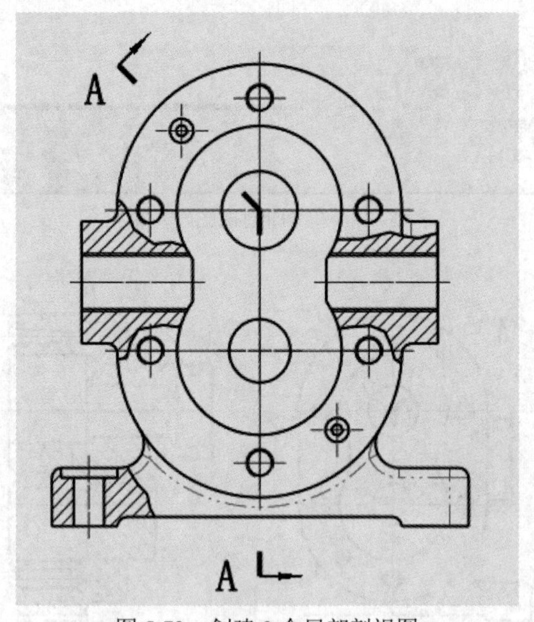

图5-73 创建3个局部剖视图

8 选择“文件”→“输出”→“输出”命令，弹出“选择输出文件”对话框，在当前工作目录下设置保存类型为“DWG/DXF File（*.dwg，*.dxf)”，将文件名输入为“HY-泵体工程图”，单击“保存”按钮，接着在弹出的“DXF/DWG 文件生成”对话框中设置输出缩放比例为“默认”，默认该比例为“1∶1”，单击“确定”按钮。

9 运行中望CAD机械版，打开刚保存的“HY-泵体工程图.dwg”文件。

10 在“机械”选项卡的“图框”面板中单击“图幅设置”按钮，进行图 5-74 所示的图幅设置，确定后可以适当微调各视图在图框内的位置，注意各视图之间的投影关系。

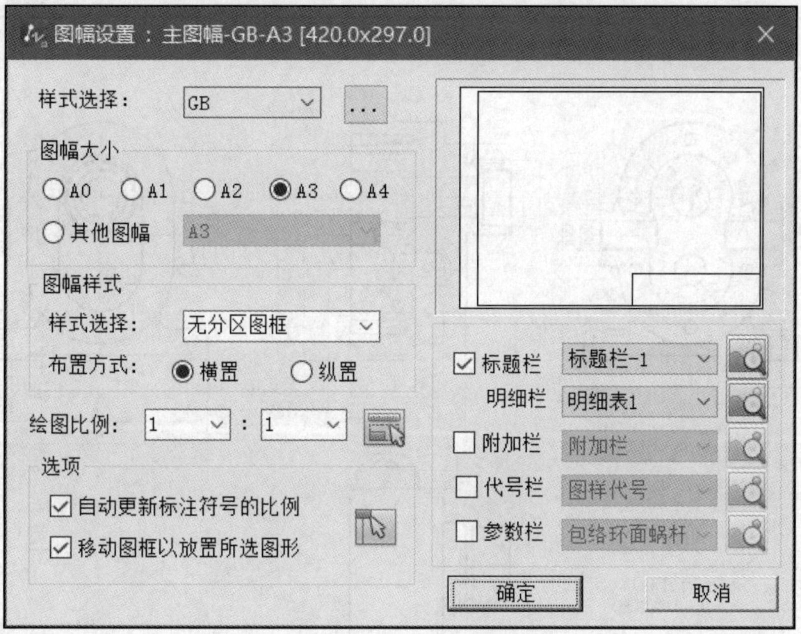

图幅设置：主图幅-GB-A3 [420.0x297.0]

样式选择：GB

图幅大小

A0 A1 A2 A3 A4

其他图幅 A3

图幅样式

样式选择：无分区图框

布置方式：横置 纵置

绘图比例：1 : 1

选项

自动更新标注符号的比例

移动图框以放置所选图形

标题栏 标题栏-1

明细栏 明细表1

附加栏 附加栏

代号栏 图样代号

参数栏 包络环面蜗杆

确定 取消

图 5-74 图幅设置

对视图进行删除重线、修改线型、重新编辑局部剖视图的局部剖切边界和剖面线、补充中心线、将螺纹结构改为标准简化画法等操作，效果如图 5-75 所示。

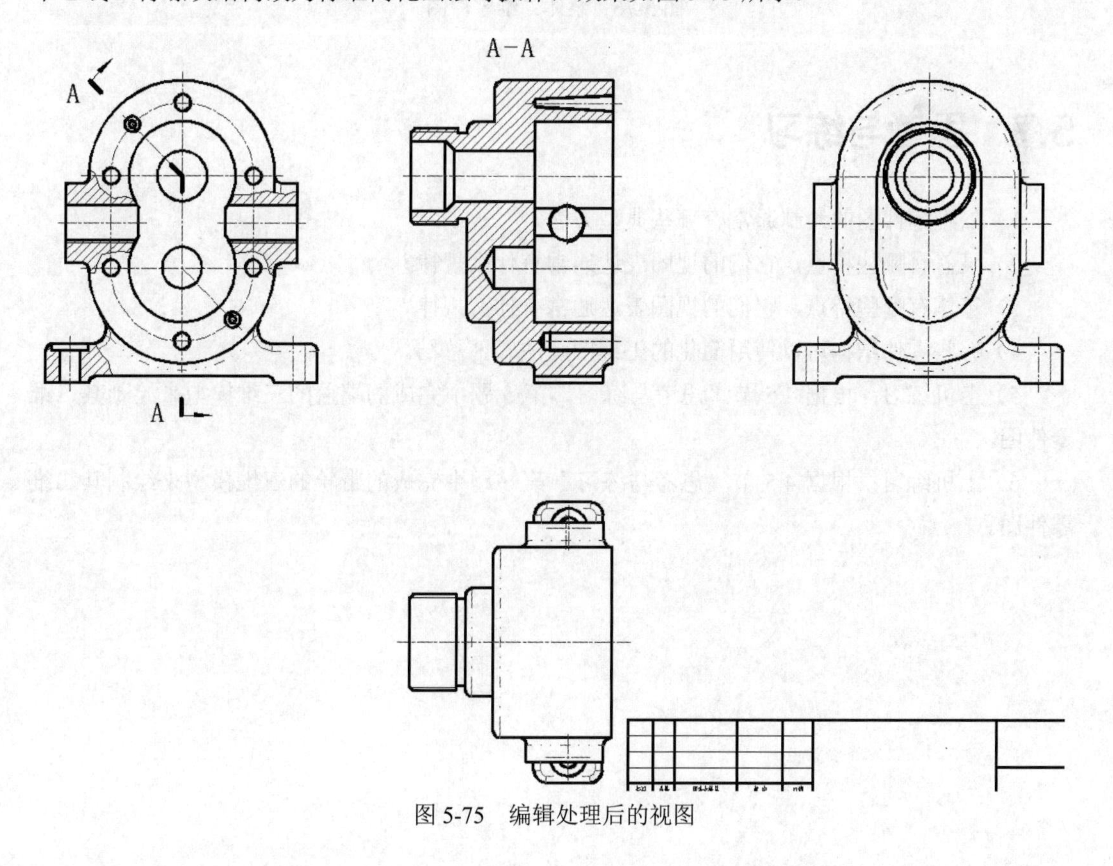

图 5-75 编辑处理后的视图

11 对视图进行标注尺寸、标注表面结构要求、标注形位公差，以及填写标题栏等操作，效果如图 5-76 所示。

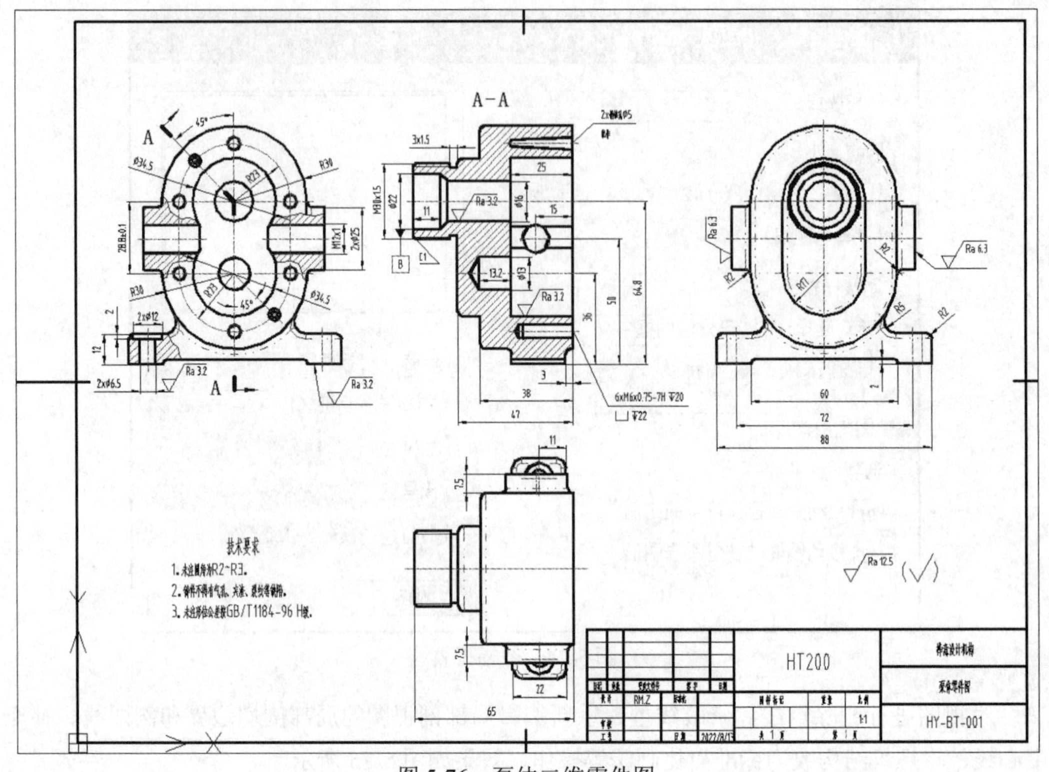

图 5-76 泵体二维零件图

5.7 思考与练习

1）二维零件图的绘制通常有哪些典型方法？

2）泵盖有哪些特点，它们的视图表达通常有什么规律？

3）箱体有哪些特点，它们的视图表达通常有什么规律？

4）哪些零件结构可以使用简化的工程图画法？请总结。

5）上机练习：根据 4.5 节“思考与练习”第 5 题中完成的端盖的三维模型来绘制其二维零件图。

6）上机练习：根据 4.5 节“思考与练习”第 6 题中完成的带轮的三维模型来绘制其二维零件图。

第6章 典型零件质检报告

本章导读

在设计与制造零件的过程中，质检报告对评估零件是否合格、如何处理该零件，以及检查零件设计是否正确、合理都至关重要。

本章先介绍质检报告基础，再以两个典型零件为例介绍如何编制相应的质检报告。

6.1 质检报告基础

质检报告的全称是质量检测报告，是根据设计要求、技术要求或标准化要求，对零件、产品或工程进行质量检测与质量监督，并根据相关标准对检测结果进行分析研究后编写出来的可以反映零件、产品或工程质量情况的书面报告。

在设计零件时，通常会为零件中重要的尺寸标注出公差，该公差被称为尺寸公差，它是指在零件制造过程中由于一些因素的影响导致加工完成后的实际尺寸存在一定的误差。尺寸公差是一个没有符号的绝对值，表示允许尺寸的变动量，是基于公称尺寸的变动量，所谓的公称尺寸是由图样规范确定的理想形状的尺寸。

要加工零件，首先需要一张零件图，该零件图对关键尺寸标识了相应的公差要求，工人按照零件图标识的公差要求加工零件，加工完成后必须对有公差要求的尺寸严格检测，这就需要质检。质检的基本工作就是选择合适的测量工具以正确的测量方法对项目进行测量，然后判断尺寸是否合格，检测结果以零件质检报告的形式体现。质检报告除了包括判定项目是否合格之外，还包括对零件的处理意见（检测结论），典型的处理意见（检测结论）有：合格品——入库；次品——返修；废品——废弃。

为了保障质量，应该加强对零件的质检力度，严格做到首检、中检、终检及日常巡检，但具体的质检方案还要根据实际情况来确定。

表 6-1 是某工厂对皮带精轮的质检报告，其中包括的主要内容有产品名称、型号规格、生产批次号、抽检数量（或检测件数）、序号、技术要求（包括尺寸要求或形位公差等）、测量器具、实测结果、项目判定、检验结论（处理意见）等。各个机构或部门所编写的质检报告的格式会有所差异，但内容基本都是一样的。

表 6-1 皮带精轮质检报告

<table>
<tr><td colspan="2">产品名称</td><td>皮带精轮</td><td colspan="2">型号规格</td><td colspan="3">HY-PL-A01</td></tr>
<tr><td colspan="2">生产批次号</td><td>P2208-02</td><td colspan="2">抽检数量</td><td colspan="3">5 只</td></tr>
<tr><td rowspan="2">序号</td><td rowspan="2">技术要求/mm</td><td rowspan="2">测量器具</td><td colspan="5">实测结果</td><td rowspan="2">项目判定</td></tr>
<tr><td>1#</td><td>2#</td><td>3#</td><td>4#</td><td>5#</td></tr>
<tr><td>①</td><td>Φ52.5（0/−0.1）</td><td>游标卡尺</td><td>52.49</td><td>52.48</td><td>52.42</td><td>52.47</td><td>52.44</td><td>合格</td></tr>
<tr><td>②</td><td>Φ47.3±0.1</td><td>游标卡尺</td><td>47.25</td><td>47.32</td><td>47.35</td><td>47.23</td><td>47.29</td><td>合格</td></tr>
<tr><td>③</td><td>Φ45.5±0.1</td><td>游标卡尺</td><td>45.46</td><td>45.50</td><td>45.52</td><td>45.51</td><td>45.45</td><td>合格</td></tr>
<tr><td>④</td><td>Φ41（+0.03/−0.02）</td><td>游标卡尺</td><td>41.01</td><td>41.00</td><td>40.99</td><td>41.02</td><td>40.98</td><td>合格</td></tr>
<tr><td>⑤</td><td>Φ24（0/−0.03）</td><td>游标卡尺
/内径百分表</td><td>23.98</td><td>24.00</td><td>23.98</td><td>23.99</td><td>23.97</td><td>合格</td></tr>
<tr><td>⑥</td><td>Φ8.2（+0.1/−0.05）</td><td>游标卡尺</td><td>8.25</td><td>8.20</td><td>8.17</td><td>8.19</td><td>8.23</td><td>合格</td></tr>
<tr><td>⑦</td><td>Φ30（0/−0.05）</td><td>外径千分尺</td><td>29.99</td><td>29.98</td><td>29.96</td><td>29.99</td><td>29.97</td><td>合格</td></tr>
<tr><td>⑧</td><td>Φ52.2</td><td>游标卡尺</td><td>52.25</td><td>52.16</td><td>52.19</td><td>52.23</td><td>52.18</td><td>合格</td></tr>
<tr><td>⑨</td><td>Φ57</td><td>游标卡尺</td><td>56.98</td><td>57.10</td><td>57.06</td><td>56.99</td><td>57.08</td><td>合格</td></tr>
<tr><td>⑩</td><td>Φ58.6</td><td>游标卡尺</td><td>58.62</td><td>58.63</td><td>57.98</td><td>58.61</td><td>57.97</td><td>合格</td></tr>
<tr><td>⑪</td><td>29.3±0.1</td><td>游标卡尺</td><td>29.36</td><td>29.31</td><td>29.27</td><td>29.33</td><td>29.29</td><td>合格</td></tr>
<tr><td>⑫</td><td>3</td><td>深度游标
卡尺</td><td>2.98</td><td>2.99</td><td>3.00</td><td>2.96</td><td>2.97</td><td>合格</td></tr>
<tr><td>⑬</td><td>4.3</td><td>深度游标
卡尺</td><td>4.32</td><td>4.35</td><td>4.31</td><td>4.29</td><td>4.31</td><td>合格</td></tr>
<tr><td>⑭</td><td>5.2</td><td>深度游标
卡尺</td><td>5.26</td><td>5.22</td><td>5.23</td><td>5.19</td><td>5.17</td><td>合格</td></tr>
<tr><td>⑮</td><td>7.5</td><td>深度游标
卡尺</td><td>7.51</td><td>7.47</td><td>7.49</td><td>7.55</td><td>7.53</td><td>合格</td></tr>
<tr><td>⑯</td><td>1</td><td>深度游标
卡尺</td><td>0.99</td><td>0.96</td><td>1.01</td><td>0.97</td><td>1.02</td><td>合格</td></tr>
<tr><td>⑰</td><td>同轴度 0.1</td><td>偏摆仪</td><td>0.07</td><td>0.09</td><td>0.07</td><td>0.09</td><td>0.10</td><td>合格</td></tr>
<tr><td>⑱</td><td>平行度 0.05</td><td>偏摆仪</td><td>0.04</td><td>0.03</td><td>0.06</td><td>0.08</td><td>0.05</td><td>合格</td></tr>
<tr><td>⑲</td><td>圆柱度 0.13</td><td>偏摆仪</td><td>0.14</td><td>0.12</td><td>0.11</td><td>0.09</td><td>0.10</td><td>合格</td></tr>
<tr><td>⑳</td><td>单跳动 0.1</td><td>偏摆仪</td><td>0.09</td><td>0.06</td><td>0.08</td><td>0.07</td><td>0.09</td><td>合格</td></tr>
<tr><td colspan="2">检验结论</td><td colspan="7">合格，符合入库标准</td></tr>
<tr><td colspan="2">检验员/日期</td><td colspan="2">肖一凡 2022.08.23</td><td colspan="2">审核/日期</td><td colspan="3">刘飞翔 2022.08.24</td></tr>
</table>

6.2 轴的质检报告

本节对一个轴进行检测，并编写其质检报告。

6.2.1 轴零件图示例

图 6-1 为一个轴的零件图，该零件图标识了关键尺寸的公差要求，加工完该零件后，必须对有公差要求的尺寸进行严格检测。下面根据图样要求，选择合适的测量工具以正确的测量方法进行检测，最后根据检测数据判断相应尺寸是否合格。

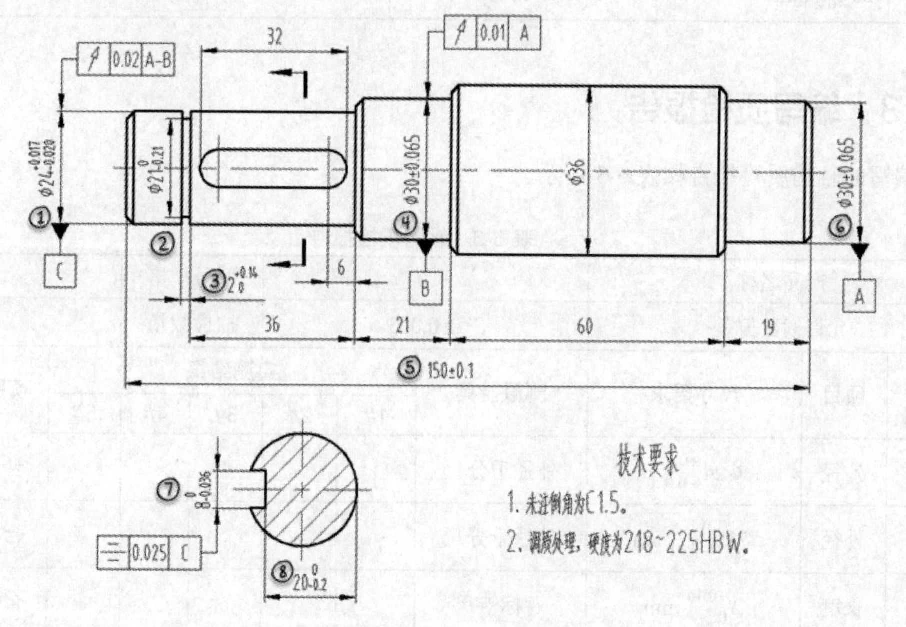

图 6-1　轴零件图示例

从上述轴零件图中确认尺寸公差的检测内容，其中的待测尺寸（主要指标注有公差的尺寸）包括：① $\Phi 24_{-0.020}^{+0.017}$ mm，② $\Phi 21_{-0.21}^{0}$ mm，③$2_{0}^{+0.14}$ mm，④ Φ（30±0. 065）mm，⑤（150±0.1）mm，⑥ Φ（30±0.065）mm，⑦$8_{-0.036}^{0}$ mm，⑧$20_{-0.2}^{0}$ mm。

6.2.2 选择测量工具

针对轴零件中的尺寸公差选择合适的测量工具。

测量外径选用 0～25mm 外径千分尺、25～50mm 外径千分尺，测量长度选用常见的 0～200mm 游标卡尺。本例选择的测量工具及测量方法如表 6-2 所示。

表 6-2　轴待测尺寸的测量工具及测量方法

序号	测量项目	测量工具	测量方法
①	$\Phi 24_{-0.020}^{+0.017}$ mm	0～25mm 外径千分尺	用外径千分尺多次测量外径，取平均值
②	$\Phi 21_{-0.21}^{0}$ mm	0～25mm 外径千分尺	用外径千分尺多次测量外径，取平均值
③	$2_{0}^{+0.14}$ mm	0～200mm 游标卡尺	用游标卡尺多次测量长度，取平均值
④	Φ（30±0.065）mm	25～50mm 外径千分尺	用外径千分尺多次测量外径，取平均值

续表

序号	测量项目	测量工具	测量方法
⑤	（150±0.1）mm	0～200mm 游标卡尺	用游标卡尺多次测量长度，取平均值
⑥	Φ（30±0.065）mm	25～50mm 外径千分尺	用外径千分尺多次测量外径，取平均值
⑦	$8_{-0.036}^{0}$ mm	0～200mm 游标卡尺	用游标卡尺多次测量长度，取平均值
⑧	$20_{-0.2}^{0}$ mm	0～200mm 游标卡尺	用游标卡尺多次测量长度，取平均值

6.2.3 编写质检报告

编写的轴的质检报告如表 6-3 所示。

表 6-3 轴的质检报告

产品名称						型号规格			
允许读数偏差			±0.003			抽检数量			
序号	项目	尺寸要求	测量器具	实测结果					项目判定
				1#	2#	3#	4#	5#	
①	外径	$\Phi24_{-0.020}^{+0.017}$	外径千分尺						合格 否
②	外径	$\Phi21_{-0.21}^{0}$ mm	外径千分尺						合格 否
③	长度	$2_{0}^{+0.14}$ mm	游标卡尺						合格 否
④	外径	Φ（30±0.065）mm	外径千分尺						合格 否
⑤	长度	（150±0.1）mm	游标卡尺						合格 否
⑥	外径	Φ（30±0.065）mm	外径千分尺						合格 否
⑦	长度	$8_{-0.036}^{0}$ mm	游标卡尺						合格 否
⑧	长度	$20_{-0.2}^{0}$ mm	游标卡尺						合格 否
检测结论		合格品		次品				废品	
处理意见									
检测员/日期				审核员/日期					

检测结论一般是指根据零件的实测结果来判断该零件是属于合格品、次品还是废品。对零件的处理意见主要分以下 3 种情况。

- 合格品：入库。
- 次品：返修。如何返修要根据具体尺寸来分析及处理。例如，如果轴的某个直径尺寸偏大，那么可以采用车削的方式对该零件进行返修处理。
- 废品：对该零件进行废弃处理，不能再用于生产。

注意：检测结论一栏也可以和处理意见合并在一起。

6.3 泵盖的质检报告

本节对盘盖类零件中的泵盖进行检测，并编写其质检报告。

6.3.1 泵盖零件图示例

图 6-2 为一个泵盖的零件图，该零件图标识了关键尺寸的公差要求，加工完该零件后，必须对有公差要求的尺寸进行严格检测。下面根据图样要求，选择合适的测量工具以正确的测量方法进行检测，最后根据检测数据判断相应尺寸是否合格。

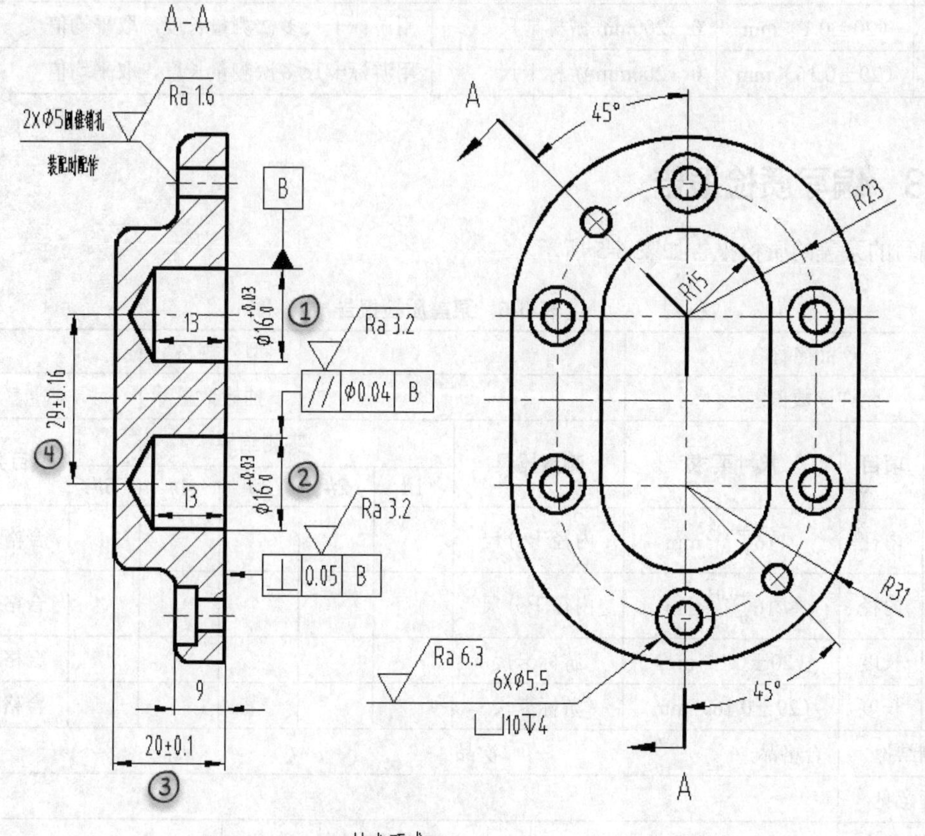

图 6-2　泵盖零件图示例

上述泵盖零件图中标写有尺寸公差的尺寸为待测尺寸，包括 $\Phi16_{0}^{+0.03}$ mm（两处）、（20±0.1）mm、（29±0.16）mm。

6.3.2 选择测量工具

针对泵盖中的尺寸公差选择合适的测量工具。

测量内径选用 0～25mm 内径千分尺，测量长度选用常见的 0～200mm 游标卡尺。本例选择的测量工具及测量方法如表 6-4 所示。

表 6-4 泵盖待测尺寸的测量工具及测量方法

序号	测量项目	测量工具	测量方法
①	$\Phi16_{0}^{+0.03}$ mm	0～25mm 内径千分尺	用内径千分尺多次测量内径，取平均值
②	$\Phi16_{0}^{+0.03}$ mm	0～25mm 内径千分尺	用内径千分尺多次测量内径，取平均值
③	（20±0.1）mm	0～200mm 游标卡尺	用游标卡尺多次测量长度，取平均值
④	（29±0.16）mm	0～200mm 游标卡尺	用游标卡尺多次测量长度，取平均值

6.3.3 编写质检报告

编写的泵盖的质检报告如表 6-5 所示。

表 6-5 泵盖质检报告

<table>
<tr><td colspan="3">产品名称</td><td colspan="3"></td><td colspan="2">型号规格</td><td colspan="2"></td></tr>
<tr><td colspan="3">允许读数偏差</td><td colspan="3"></td><td colspan="2">抽检数量</td><td colspan="2"></td></tr>
<tr><td rowspan="2">序号</td><td rowspan="2">项目</td><td rowspan="2">尺寸要求</td><td rowspan="2">测量器具</td><td colspan="5">实测结果</td><td rowspan="2">项目判定</td></tr>
<tr><td>1#</td><td>2#</td><td>3#</td><td>4#</td><td>5#</td></tr>
<tr><td>①</td><td>内径</td><td>$\Phi16_{0}^{+0.03}$ mm</td><td>内径千分尺</td><td></td><td></td><td></td><td></td><td></td><td>合格 否</td></tr>
<tr><td>②</td><td>内径</td><td>$\Phi16_{0}^{+0.03}$ mm</td><td>内径千分尺</td><td></td><td></td><td></td><td></td><td></td><td>合格 否</td></tr>
<tr><td>③</td><td>长度</td><td>（20±0.1）mm</td><td>游标卡尺</td><td></td><td></td><td></td><td></td><td></td><td>合格 否</td></tr>
<tr><td>④</td><td>长度</td><td>（29±0.16）mm</td><td>游标卡尺</td><td></td><td></td><td></td><td></td><td></td><td>合格 否</td></tr>
<tr><td colspan="2">检测结论</td><td colspan="8">合格品 次品 废品</td></tr>
<tr><td colspan="2">处理意见</td><td colspan="8"></td></tr>
<tr><td colspan="2">检测员/日期</td><td colspan="2"></td><td colspan="3">审核员/日期</td><td colspan="3"></td></tr>
</table>

检测结论一般是指根据零件的实测结果来判断该零件是属于合格品、次品还是废品。对零件的处理意见主要分以下 3 种情况。

- 合格品：入库。
- 次品：返修。如何返修要根据具体尺寸来分析及处理。例如，如果泵盖的某个直径尺寸偏大，那么可以采用车削的方式对该零件进行返修处理。
- 废品：对该零件进行废弃处理，不能再用于生产。

注意：检测结论一栏也可以和处理意见合并在一起。

6.4 思考与练习

1）什么是零件的质检报告？

2）什么样的尺寸需要标注其尺寸公差？

3）零件的质检报告主要包括哪些内容？

4）上机练习：编写一个连杆的质检报告。

5）上机练习：编写一个箱体的质检报告。

第 7 章 装配设计及装配图

本章导读

装配设计及其装配图的绘制是学习零部件测绘必须掌握的技能。本章先介绍装配设计方法、基于中望 3D 的产品三维装配，接着以一个比较有代表性的平口虎钳装配设计案例来深入介绍三维装配前期工作、零部件的三维装配、利用三维模型导出二维装配图等内容，然后介绍如何使用中望 CAD 完成二维装配图的绘制，具体包括二维装配图的视图表达和二维装配图的标注等。

7.1 装配设计方法

产品或设备的零件设计好了之后，按照一定的连接关系或位置关系装配在一起，从而构成完整的产品或设备，这种装配设计方法是比较传统的、实用的自底向上设计方法。当产品比较简单，不需要频繁做设计变更，或者只需在现有产品的基础上进行零部件的改良设计时，使用的装配设计方法大部分是这种方法。

此外，还有一种比较常见的装配设计方法——自顶向下设计方法，也称自上而下设计方法。这种装配设计方法要求先从产品或设备的顶层开始设计，构建好整体布局，再分层设计各个零部件，是从“整体”到“个体”的细化设计，可以让设计团队在设计过程中更容易把握统一的设计意图，特别适合需要协同设计、频繁修改的设计项目。这种方法中比较典型的一类设计场景是先设计好产品或设备的整体外观造型，接着在该整体外观造型的基础上拆分出各个零部件，再分别设计各个零部件的细节结构。

7.2 基于中望 3D 的产品三维装配

机械工程师或相关设计人员除了掌握必要的零部件测绘方法及技能外，还要掌握产品三维装配设计技能。

中望 3D 具有强大的三维设计与装配功能，其装配设计是一个独立的模块，用户利用零件设计模块和装配设计模块可以很好地完成产品设计。比较常规的方法是，在中望 3D 的装配设计模块中，将在零件设计模块中创建好的三维零件模型通过一定的位置关系、约束关系装配在一起，从而实现产品功能，之后再通过干涉检查命令检查产品零部件之间是否存在相互干涉情况，以验证产品零部件结构设计的合理性。中望 3D 还可以为产品零部件创建爆炸视图，其装配动画功能令设计出的产品的结构和功能更加直观、形象，便于相关人员的交流。

对于进行零部件测绘的工作人员来说，通常需要对独立零部件进行测绘。具体方法是根据测绘草图在中望 3D 中进行各零部件的建模，然后利用中望 3D 的装配设计模块以自底向上的设计方法进行装配，所完成的零部件三维模型可以进行相关的干涉检查与装配动画的仿真操作，最后根据装配好的零部件产品来创建相应的二维装配图，在一些二维装配图中还需要对某些零部件进行剖切处理，以表达零部件产品内部的形状和结构等。和二维零件图类似，由三维模型生成的二维装配图也可以被保存为 DWG 格式的文件，再用中望 CAD 或中望 CAD 机械版打开，并进行相应的修改，以获得满足国家制图标准的二维装配图。

图 7-1 为利用中望 3D 进行星型发动机零部件装配的一个操作界面。

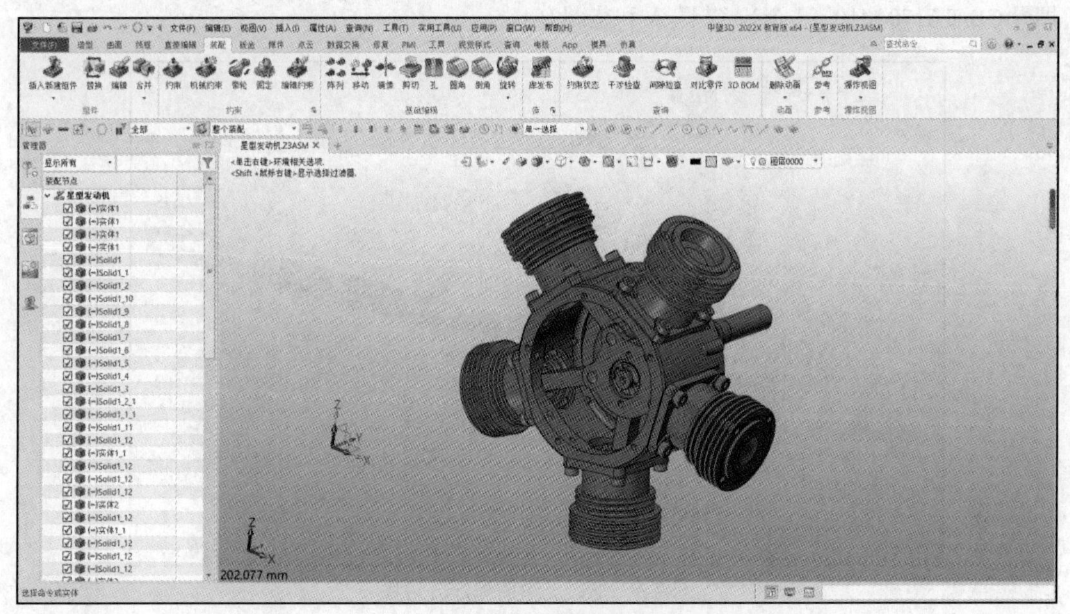

图 7-1 中望 3D 操作界面

7.3 平口虎钳装配设计案例

本节以典型的平口虎钳装配设计为例，深入介绍三维装配与二维装配图的绘制方法及技巧。

7.3.1 三维装配的前期工作

三维装配的前期工作主要是了解平口虎钳的结构特点，对平口虎钳的各个零件进行测量，并绘制出它们的草图和零件图，接着分别建立每个零件的三维模型。

平口虎钳的整体立体图如图 7-2 所示。

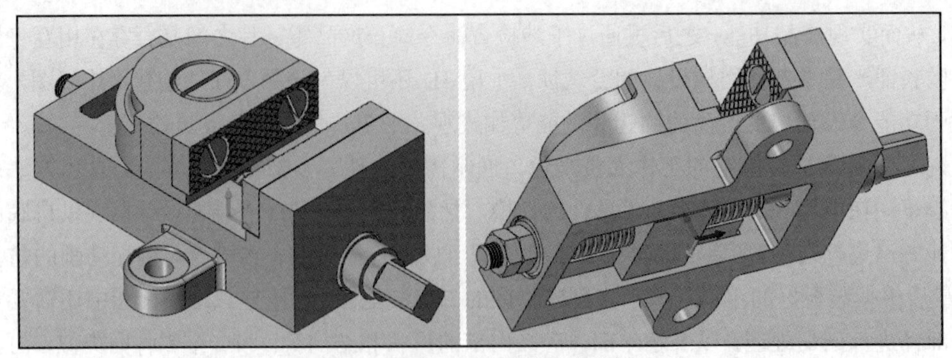

图 7-2 平口虎钳的整体立体图

平口虎钳的爆炸分解图如图 7-3 所示。从该爆炸分解图中可以看出该平口虎钳的组成零件包括钳座、活动钳身、方块螺母、固定螺钉、护口板（钳口板）、螺杆、开槽沉孔螺钉（4 个）、螺母 GB/T 6170 M10（2 个）、垫圈 A 和垫圈 B。

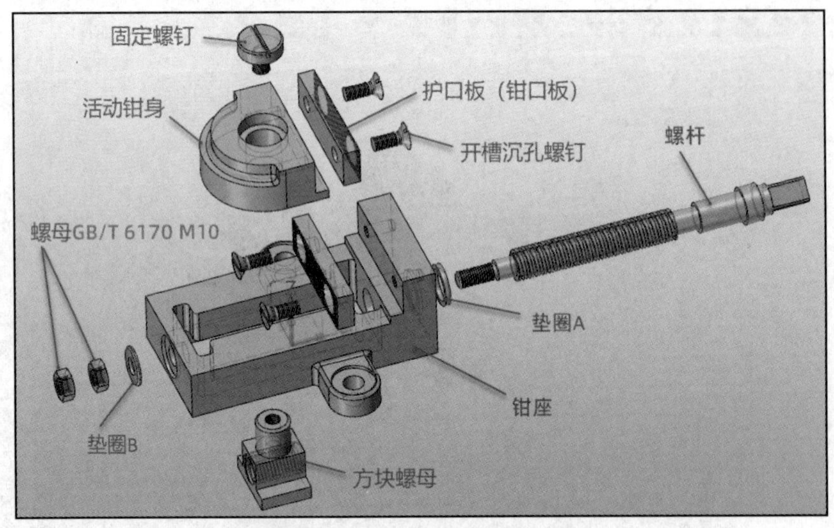

图 7-3 平口虎钳的爆炸分解图

1. 钳座建模

根据测绘得到的钳座的零件图如图 7-4 所示（也可以绘制成草图形式），接着根据零件图或零件草图，运用中望 3D 建立该零件的三维模型，步骤如下。

1 新建一个模型文件。

在中望 3D 的“快速访问”工具栏中单击“新建”按钮，弹出“新建文件”对话框，在“类型”选项组中选择“零件”，在“子类”选项组中选择“标准”，在“模板”选项组中选择“[默认]”，在“唯一名称”框中输入“HY-钳座”，然后单击“确认”按钮，进入 3D 建模界面。

2 创建拉伸底座基体。

在“造型”选项卡的“基础造型”面板中单击“拉伸”按钮，打开“拉伸”对话框，选择 *XY* 坐标面作为草绘平面，快速进入草图绘制模式，绘制图 7-5 所示的草图并标注相应的尺寸，单击“退出”按钮，完成并退出草图的绘制。

返回“拉伸”对话框，在“必选”选项组中设置拉伸类型为“2 边”、起始点 *S* 为“0mm”、结束点 *E* 为“30mm”，单击“应用”按钮，完成图 7-6 所示的拉伸底座基体的创建。

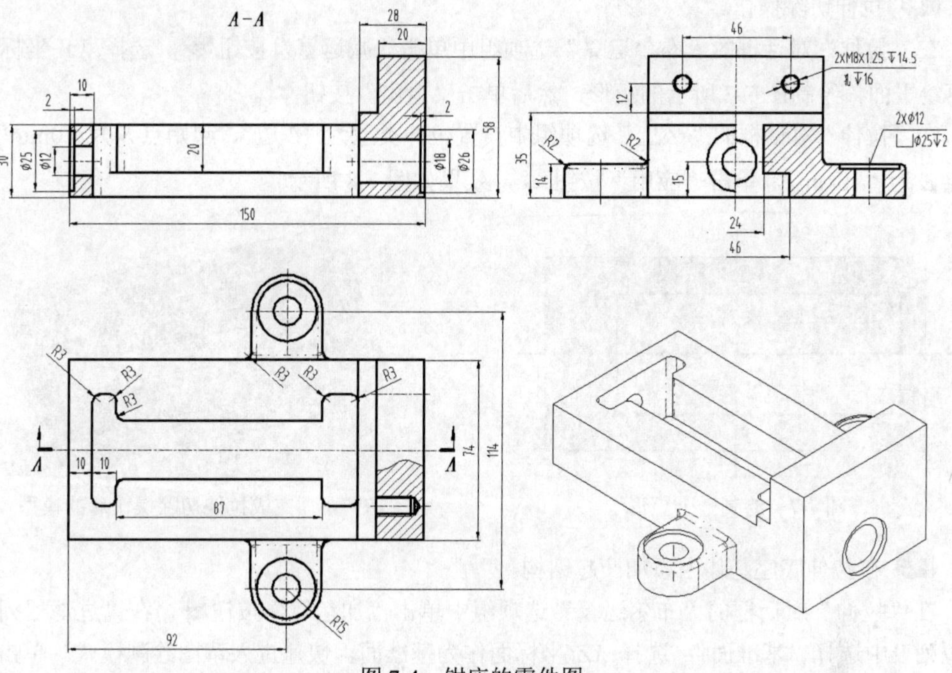

图 7-4　钳座的零件图

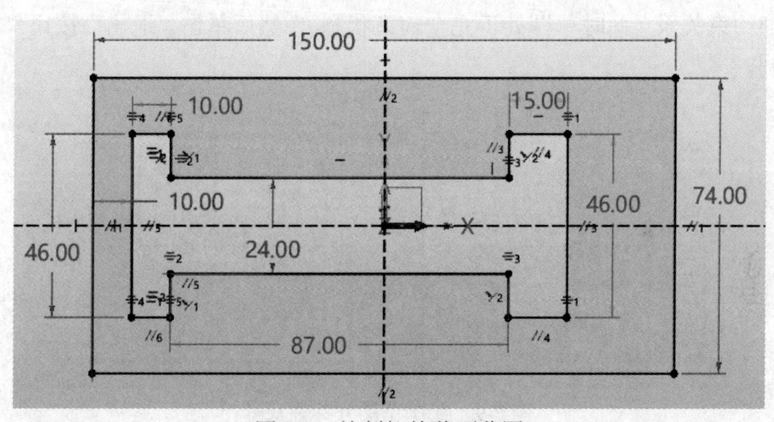

图 7-5　绘制拉伸截面草图

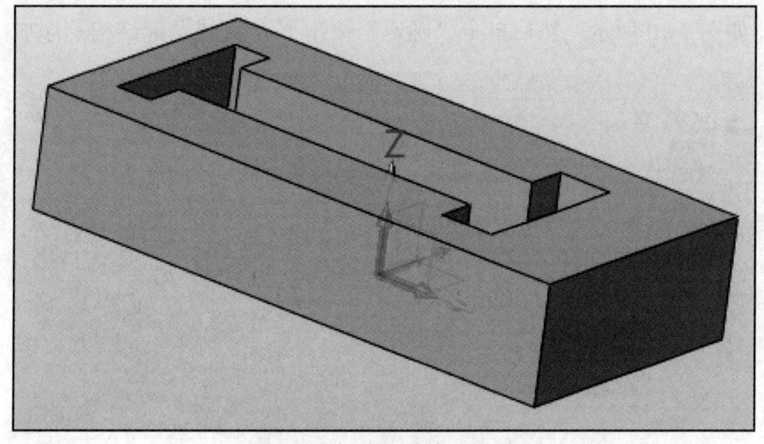

图 7-6　创建拉伸底座基体

3 拉伸切除操作。

在“拉伸”对话框的“布尔运算”选项组中单击“减运算”按钮，选择 *XY* 坐标面作为草绘平面，绘制图 7-7 所示的矩形，然后单击“退出”按钮。

在“拉伸”对话框的“必选”选项组中设置拉伸类型为“2 边”、起始点 *S* 为“0mm”、结束点 *E* 为“10mm”，单击“应用”按钮，效果如图 7-8 所示。

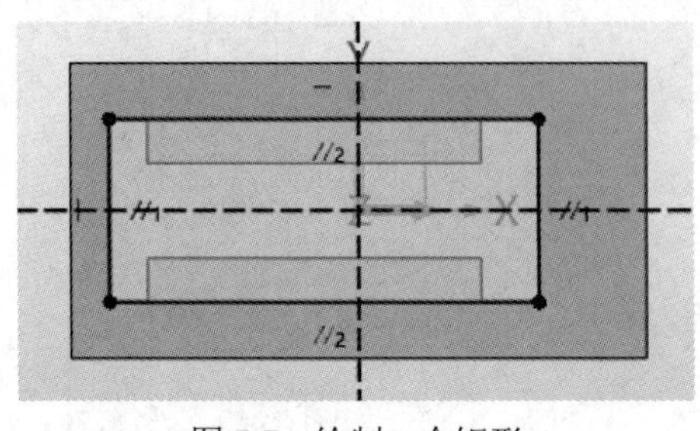

图 7-7 绘制一个矩形

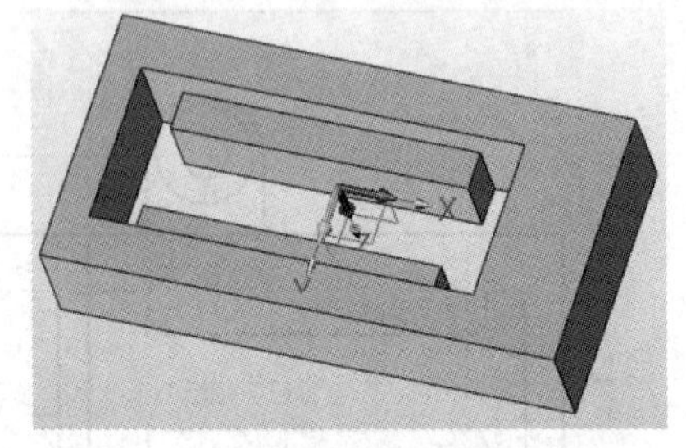

图 7-8 完成拉伸切除操作后的模型

4 在拉伸底座基体上添加凸起结构。

在“拉伸”对话框的“布尔运算”选项组中单击“加运算”按钮，在“过滤器列表”下拉列表中选择“基准面”，选择 *XZ* 坐标面作为基准面，快速进入草图绘制模式。单击“绘图”按钮，绘制图 7-9 所示的草图，并单击“创建标注”按钮，为草图标注所需的尺寸，直到明确全部约束关系（此时草图处于完全约束状态），然后单击“退出”按钮，完成并退出草图的绘制。

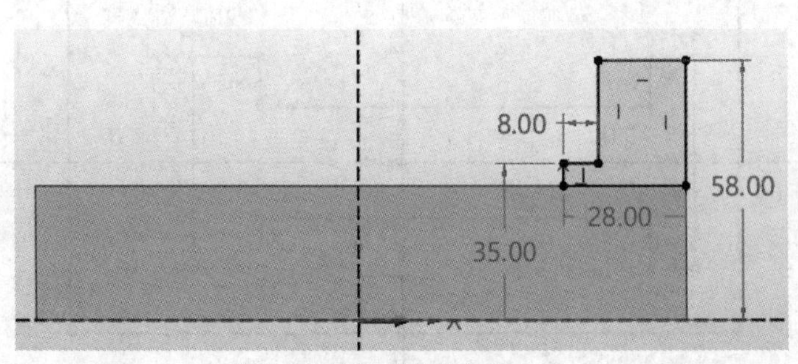

图 7-9 绘制草图并标注尺寸

返回“拉伸”对话框，默认拉伸类型为“2 边”，设置起始点 *S* 为“−37mm”、结束点 *E* 为“37mm”，如图 7-10 所示，然后单击“确定”按钮，完成凸起结构的添加。

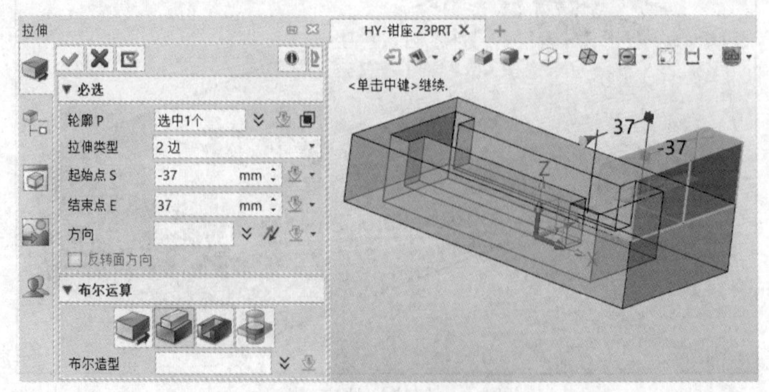

图 7-10 添加凸起结构

5 创建一个台阶孔。

在“造型”选项卡的“工程特征”面板中单击“孔”按钮，在“孔”对话框的“必选”选项组中单击“常规孔”按钮，在“孔规格”选项组的“孔造型”下拉列表中选择“台阶孔”选项，设置其相应的规格参数，如图 7-11 所示，在“必选”选项组的“位置”收集器右侧单击“展开”按钮，并选择“草图”命令，在图 7-12 所示的实体面上单击以选择该面作为草绘平面，进入草图绘制模式，单击“点”按钮+，在草图中绘制一个点，接着单击“创建标注”按钮，标注其尺寸，如图 7-13 所示，单击“退出”按钮，完成并退出草图的绘制。

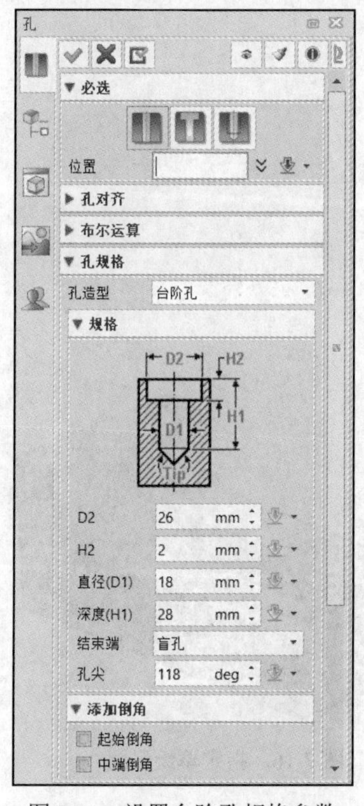

图 7-11　设置台阶孔规格参数

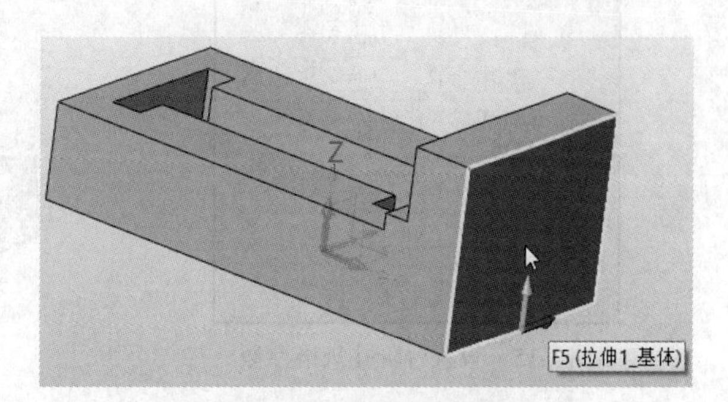

图 7-12　指定草绘平面

在“孔”对话框中单击“应用”按钮，完成图 7-14 所示的台阶孔的创建。

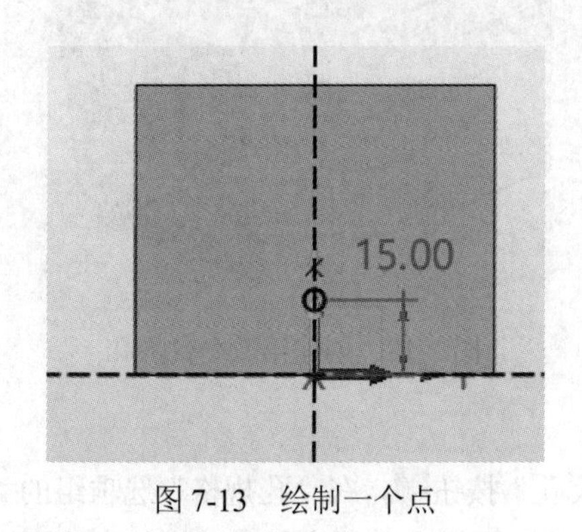

图 7-13　绘制一个点

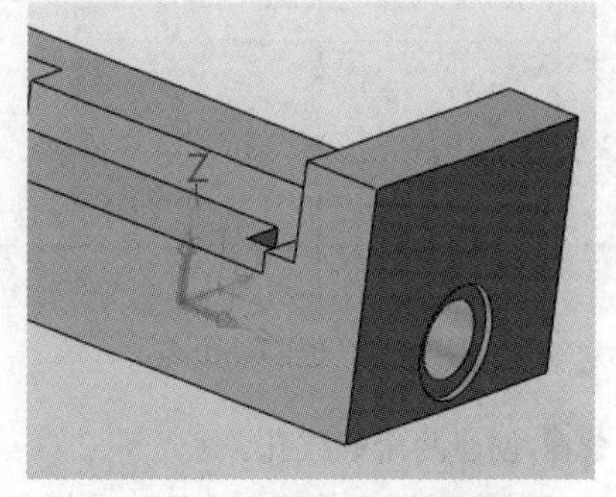

图 7-14　创建一个台阶孔

6 继续创建一个台阶孔。

在“孔”对话框中将台阶孔的规格参数按照图 7-15 所示进行设置，在“必选”选项组的

“位置”收集器右侧单击“展开”按钮，并选择“草图”命令，在图 7-16 所示的实体面上单击以选择该面作为草绘平面，进入草图绘制模式，单击“点”按钮+，在草图中绘制一个点，接着单击“创建标注”按钮，标注其尺寸，如图 7-17 所示，单击“退出”按钮，完成并退出草图的绘制。

在“孔”对话框中单击“应用”按钮，完成图 7-18 所示的第 2 个台阶孔的创建。

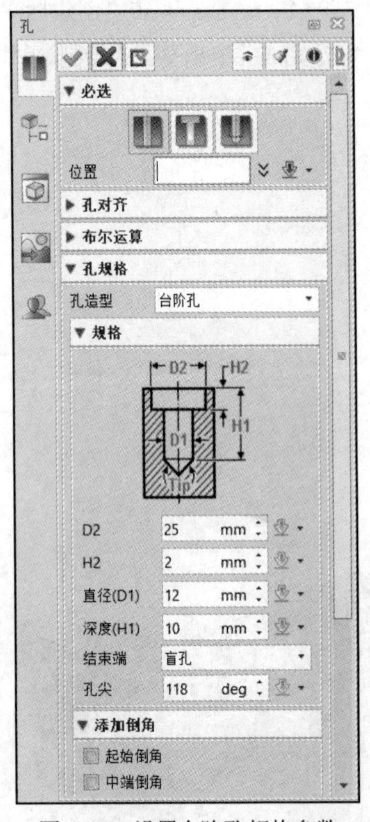

图 7-15 设置台阶孔规格参数

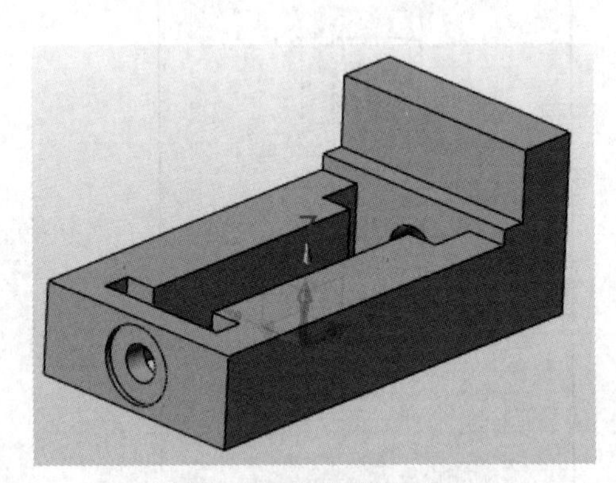

图 7-16 指定草绘平面

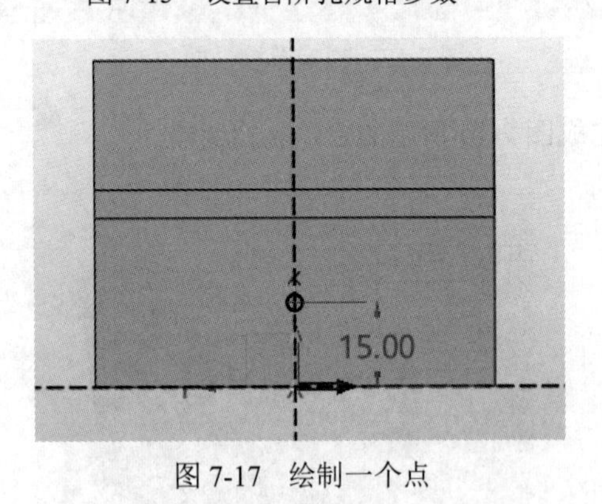

图 7-17 绘制一个点

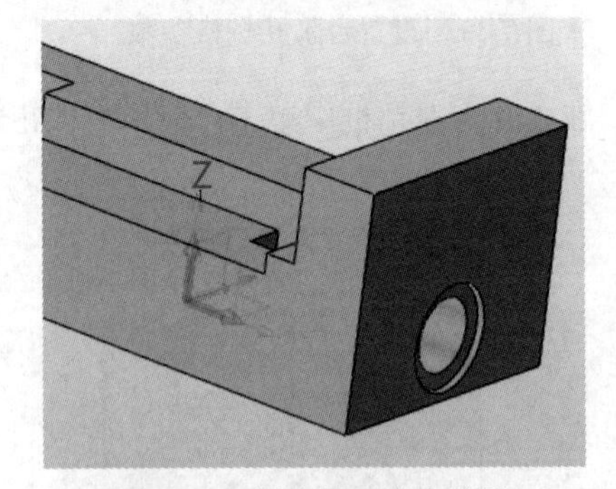

图 7-18 创建第 2 个台阶孔

7 创建两个螺纹孔。

在“孔”对话框的“必选”选项组中单击“螺纹孔”按钮，在“孔规格”选项组的“孔造型”下拉列表中选择“简单孔”，接着在“螺纹”子选项组和“规格”子选项组中分别设置相应的参数和选项，如图 7-19 所示，在“必选”选项组的“位置”收集器右侧单击“展开”按钮，并选择“草图”命令，在图 7-20 所示的实体面上单击以选择该面作为草绘平面，进入草图绘制模式，单击“点”按钮+，在草图中绘制两个点，接着单击“创建标注”按钮，标注其尺寸，如图 7-21 所示，单击“退出”按钮，完成并退出草图的绘制。

在“孔”对话框中单击“确定”按钮，完成图 7-22 所示的两个螺纹孔的创建。

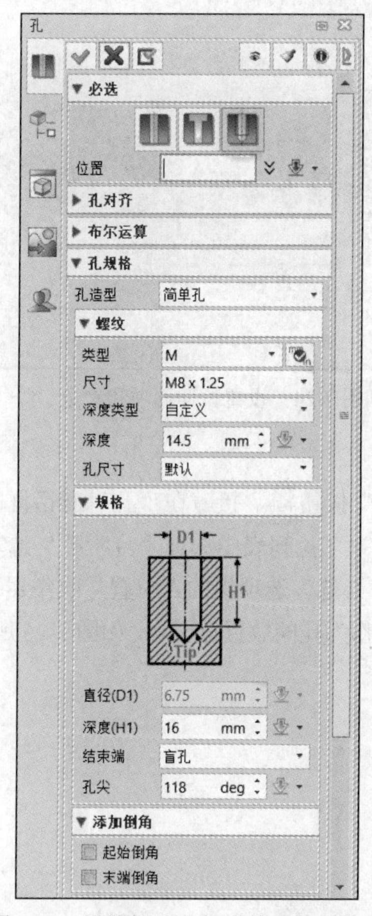

图 7-19　设置螺纹孔相应的参数和选项

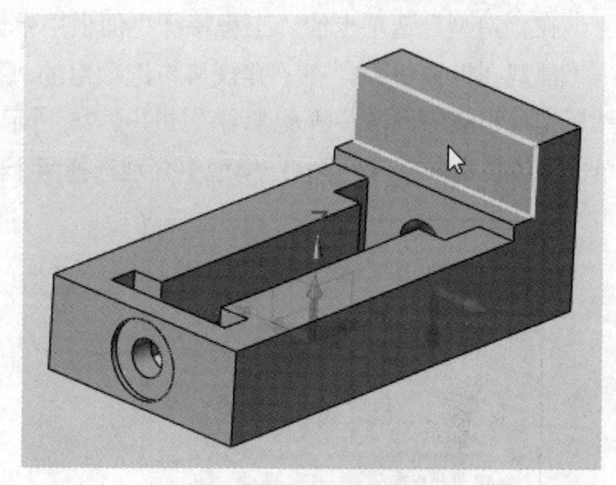

图 7-20　指定草绘平面

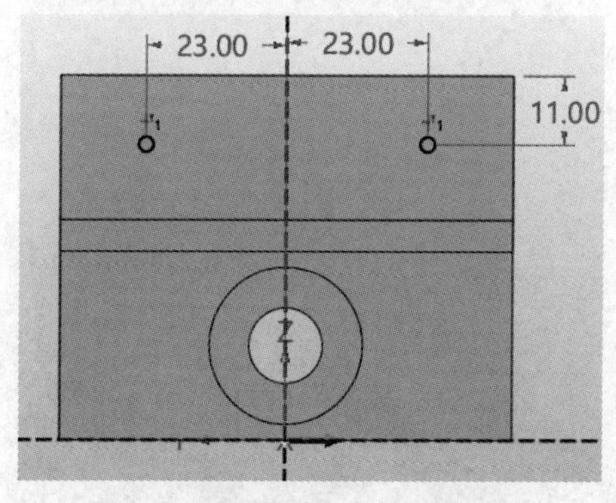

图 7-21　绘制两个点并标注尺寸

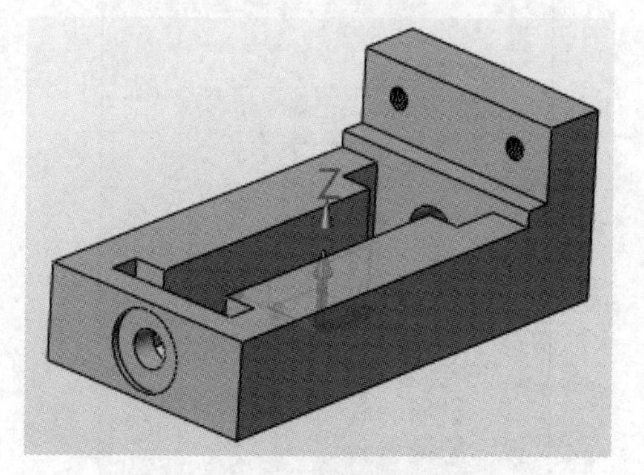

图 7-22　创建两个螺纹孔

S 创建拉伸凸台。

在“造型”选项卡的“基础造型”面板中单击“拉伸”按钮，选择 *XY* 坐标面作为草绘平面，绘制图 7-23 所示的拉伸凸台的截面，单击“退出”按钮，完成并退出草图的绘制。

返回“拉伸”对话框，在“必选”选项组中设置拉伸类型为“1 边”、结束点 *E* 为“14mm”、布尔运算为“加运算”，如图 7-24 所示，然后单击“确定”按钮，完成拉伸凸台的创建。

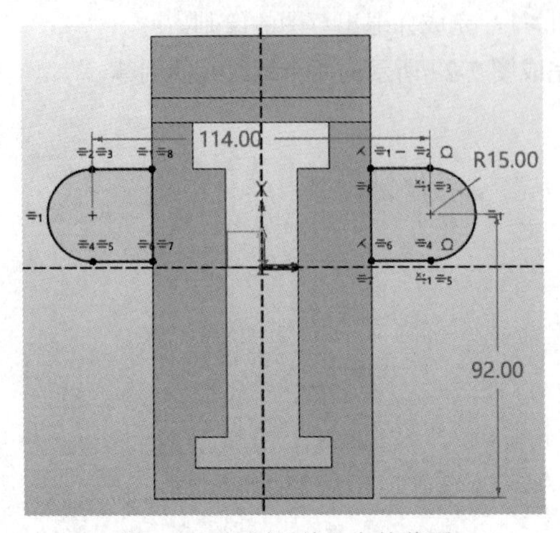

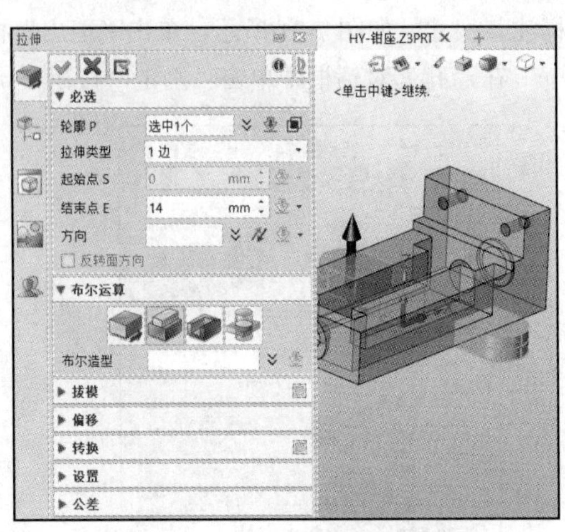

图 7-23 绘制拉伸凸台的截面

图 7-24 设置拉伸选项和参数

9 创建台阶孔特征。

在“造型”选项卡的“工程特征”面板中单击“孔”按钮，接着在“孔”对话框中单击“常规孔”按钮，在“孔规格”选项组的“孔造型”下拉列表中选择“台阶孔”选项，然后设置相应的规格参数及选项，如图 7-25 所示，在“必选”选项组的“位置”收集器框内单击将该收集器激活，接着在模型中分别选择两个圆心点作为孔的放置位置点，如图 7-26 所示。

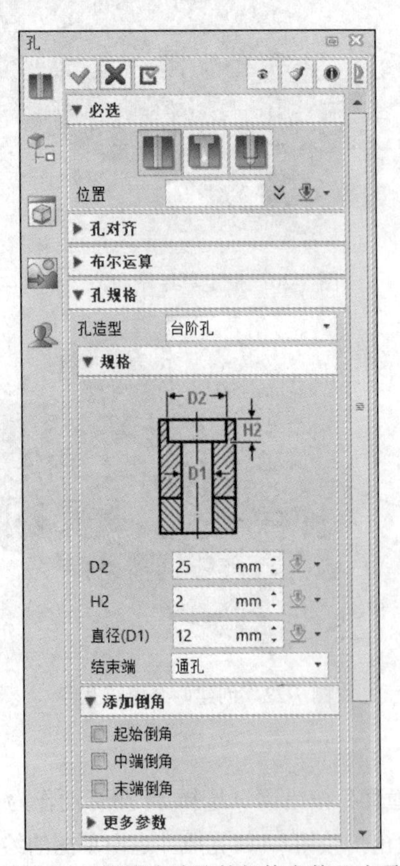

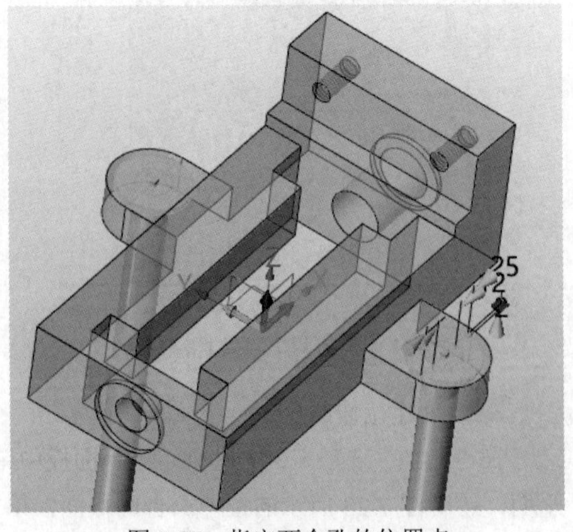

图 7-25 设置台阶孔的规格参数及选项

图 7-26 指定两个孔的位置点

在“孔”对话框中单击“确定”按钮，完成两个台阶孔的创建，效果如图7-27所示。

10 创建圆角。

在“造型”选项卡的“工程特征”面板中单击“圆角”按钮，打开“圆角”对话框，设置圆角半径为“3mm”，在模型中选择要进行倒圆角处理的边，如图7-28所示，然后单击“应用”按钮。

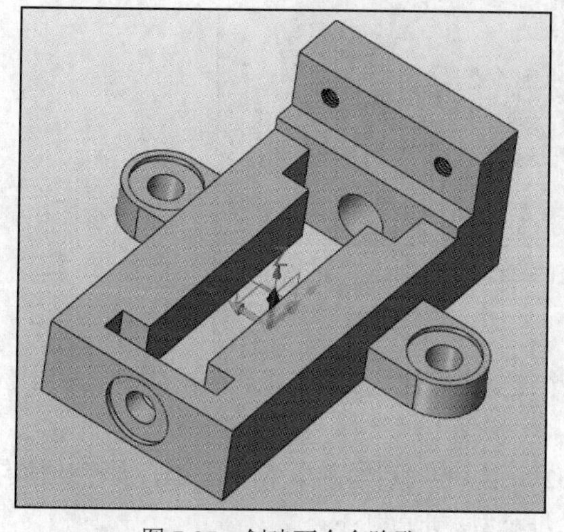

图7-27 创建两个台阶孔

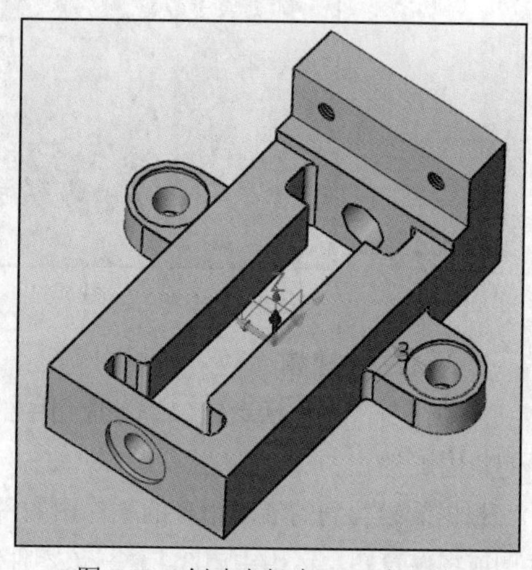

图7-28 创建半径为3mm的圆角

11 继续创建圆角。

在“圆角”对话框中将圆角半径设置为“5mm”，选择图7-29所示的两条边线，单击“应用”按钮。

在“圆角”对话框中将圆角半径设置为“2mm”，选择图7-30所示的两条边线，注意在选择边线之前，可以从位于图形窗口上方工具栏的“拾取策略列表”下拉列表中选择“相切边”选项，以便选择要倒圆角的相切边，单击“确定”按钮。

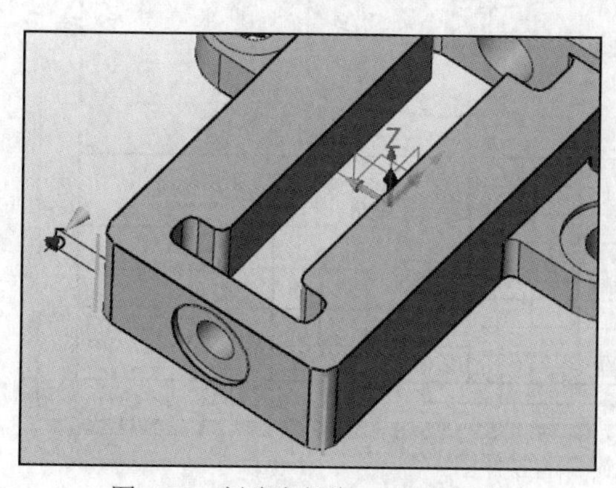

图7-29 创建半径为5mm的圆角

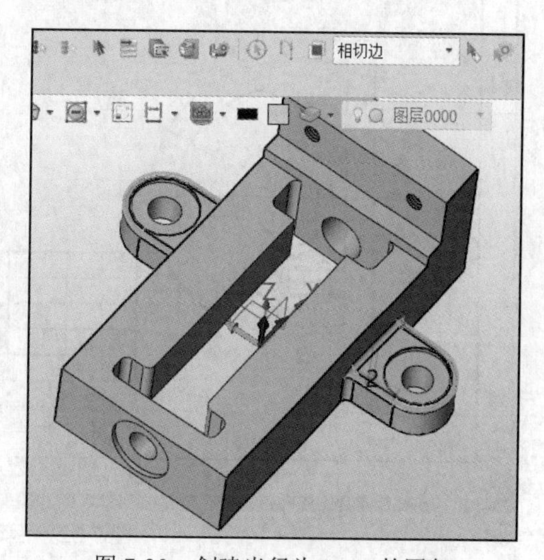

图7-30 创建半径为2mm的圆角

12 保存文件。

在“快速访问”工具栏中单击“保存”按钮，保存图7-31所示的模型文件。

图 7-31 钳座的三维模型

2. 活动钳身建模

活动钳身（也称活动钳口）是虎钳中的一个盘盖类零件，它用在虎钳装配体中，与钳座一起紧固工件。

根据测绘得到的活动钳身的零件图如图 7-32 所示（也可以绘制成草图形式），接着根据零件图或零件草图，运用中望 3D 建立该零件的三维模型，步骤如下。

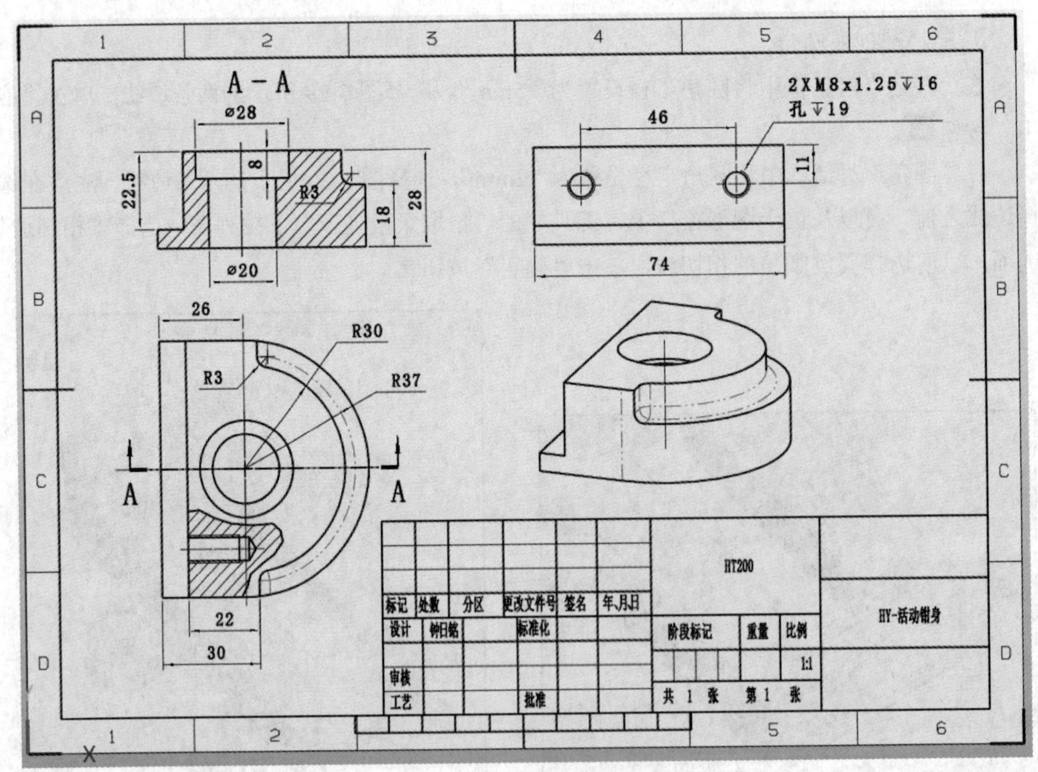

图 7-32 活动钳身的零件图

1 新建一个模型文件。

在中望 3D 的“快速访问”工具栏中单击“新建”按钮，弹出“新建文件”对话框，在“类型”选项组中选择“零件”，在“子类”选项组中选择“标准”，在“模板”选项组中选择

“[默认]”，在“唯一名称”框中输入“HY-活动钳身”，然后单击“确认”按钮，进入3D建模界面。

2 创建拉伸基本体。

在“造型”选项卡的“基础造型”面板中单击“拉伸”按钮，选择*XY*坐标面作为草绘平面，绘制图7-33所示的草图，单击“退出”按钮，完成并退出草图的绘制。

在“拉伸”对话框中设置拉伸类型为“1边”、结束点*E*为“28mm”，单击“确定”按钮，创建图7-34所示的拉伸基本体。

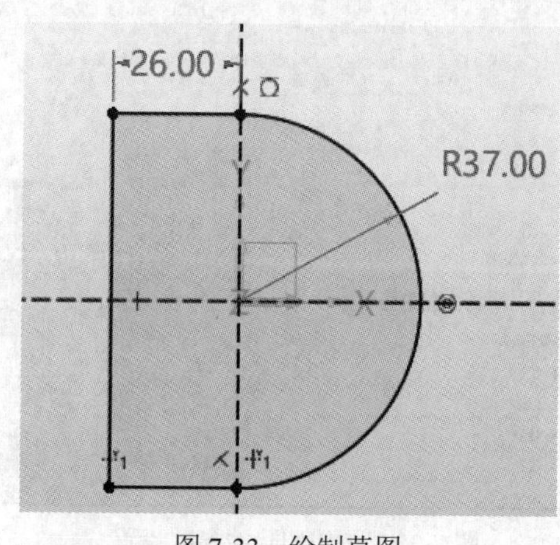

图7-33　绘制草图

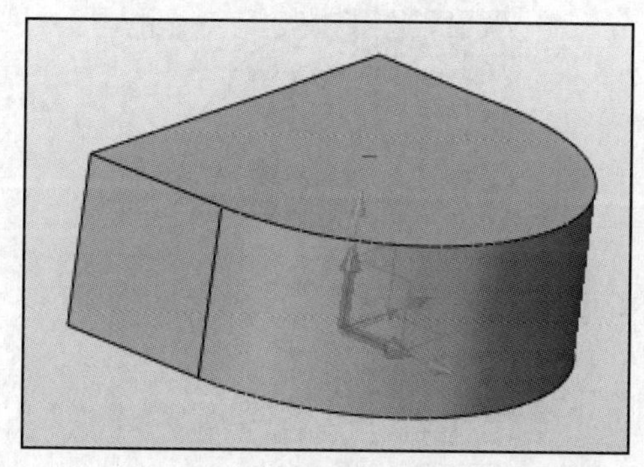

图7-34　创建拉伸基本体

3 拉伸减材料操作。

在“造型”选项卡的“基础造型”面板中单击“拉伸”按钮，打开“拉伸”对话框，在“布尔运算”选项组中单击“减运算”按钮，在“必选”选项组中单击“轮廓”收集器右侧的“展开”按钮，并从弹出的下拉列表中选择“草图”命令，选择拉伸基本体顶面作为草绘平面，绘制图7-35所示的截面并标注尺寸，单击“退出”按钮，完成并退出草图的绘制。

在“拉伸”对话框中设置拉伸类型为“1边”、结束点*E*为“22.5mm”，单击“反向”按钮，再单击“应用”按钮，效果如图7-36所示。

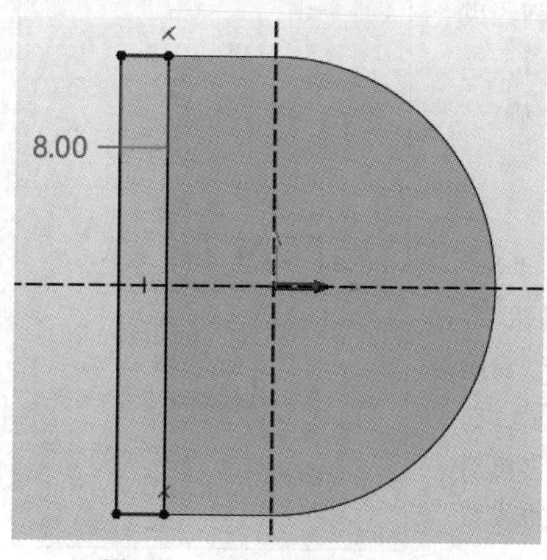

图7-35　绘制截面并标注尺寸

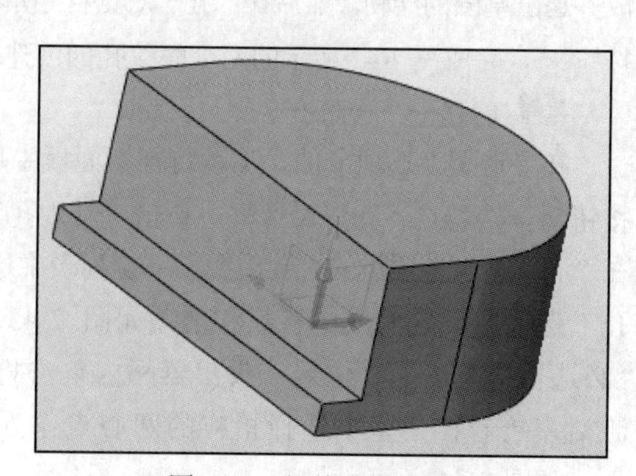

图7-36　拉伸减材料操作

4 继续以拉伸的方式切除材料。

在“拉伸”对话框的“轮廓”收集器右侧单击“展开”按钮，并从弹出的下拉列表中选择“草图”命令，在打开的“草图”对话框中单击“使用先前平面”按钮，单击鼠标中键进入草图绘制模式，绘制图 7-37 所示的草图，单击“退出”按钮，完成并退出草图的绘制。接着在“拉伸”对话框中设置朝模型实体内部拉伸切除的深度为“10mm”，如图 7-38 所示，最后单击“确定”按钮。

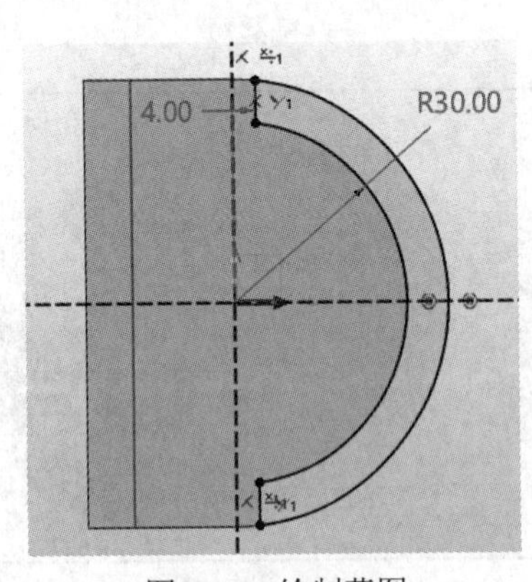

图 7-37 绘制草图

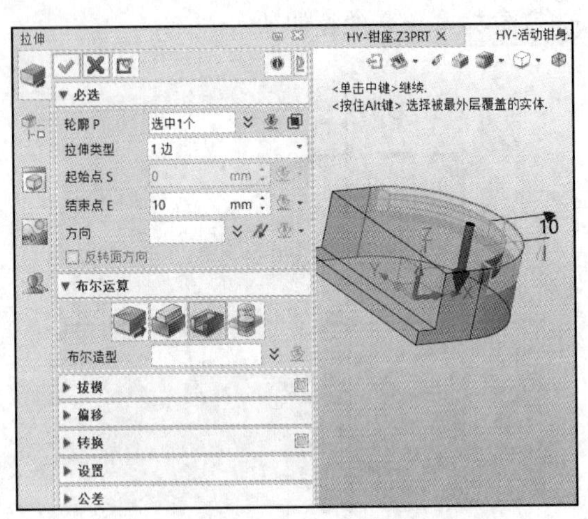

图 7-38 拉伸切除的参数设置

5 创建两个螺纹孔。

在“孔”对话框的“必选”选项组中单击“螺纹孔”按钮，在“孔规格”选项组的“孔造型”下拉列表中选择“简单孔”，接着在“螺纹”子选项组和“规格”子选项组中分别设置相应的参数和选项，如图 7-39 所示。在“必选”选项组的“位置”收集器右侧单击“展开”按钮，并选择“草图”命令，在图 7-40 所示的实体面上单击以选择该面作为草绘平面，进入草图绘制模式，单击“点”按钮+，在草图中创建两个点，注意为两个点添加几何约束和尺寸约束，如图 7-41 所示，单击“退出”按钮，完成并退出草图的绘制。然后在“孔”对话框中单击“确定”按钮，完成图 7-42 所示的两个螺纹孔的创建。

6 创建一个台阶孔。

在“造型”选项卡的“工程特征”面板中单击“孔”按钮，接着在“孔”对话框中单击“常规孔”按钮，在“孔规格”选项组的“孔造型”下拉列表中选择“台阶孔”选项，设置的规格参数和选项如图 7-43 所示。在“必选”选项组的“位置”收集器框内单击将该收集器激活，接着在模型中选择相应的圆心点作为孔的放置点，如图 7-44 所示。

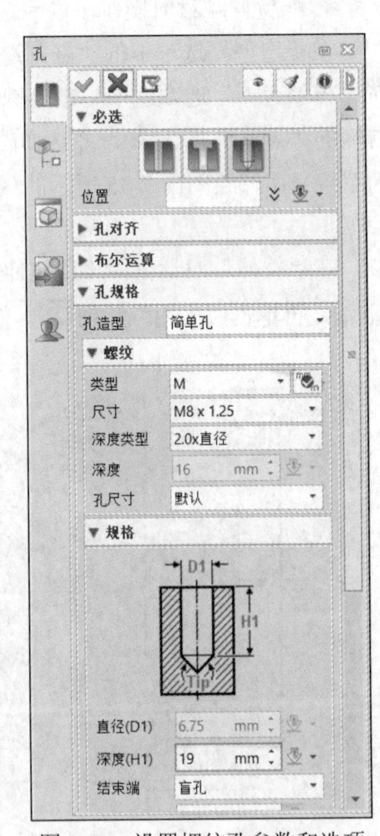

图 7-39 设置螺纹孔参数和选项

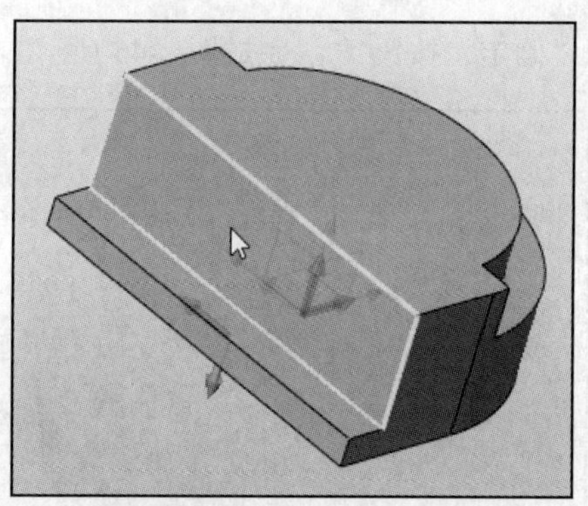

图 7-40 指定草绘平面

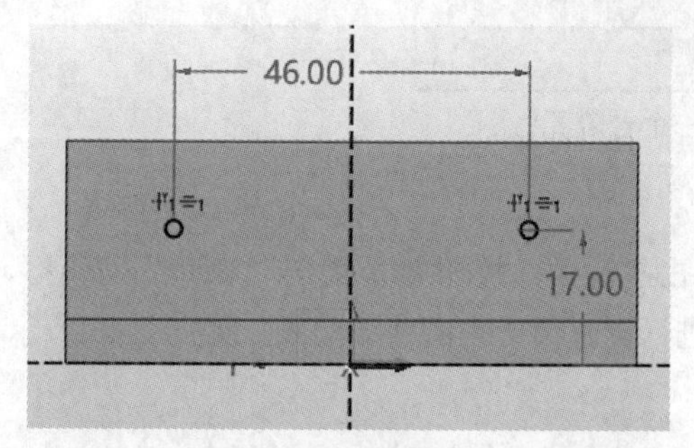

图 7-41 创建两个点

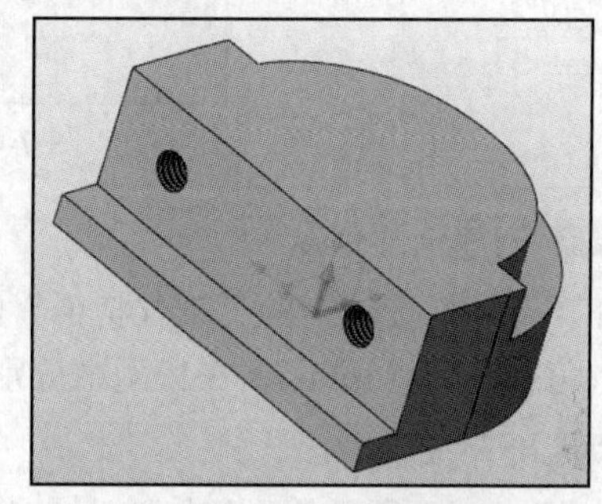

图 7-42 创建两个螺纹孔

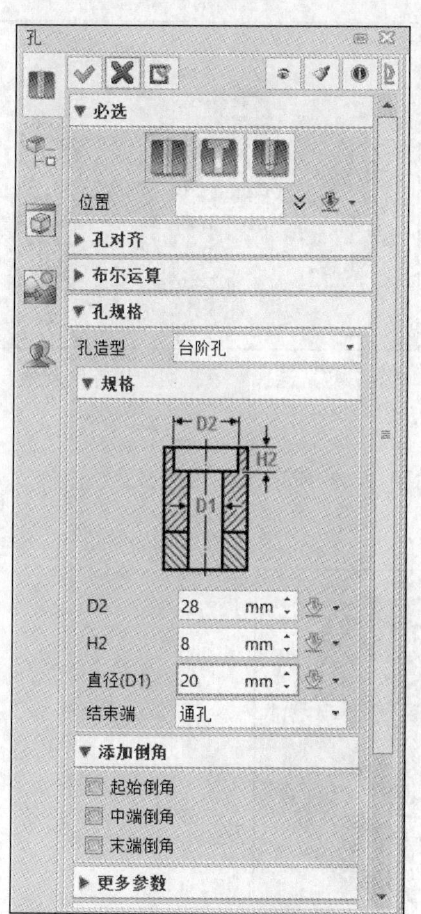

图 7-43 设置台阶孔的规格参数和选项

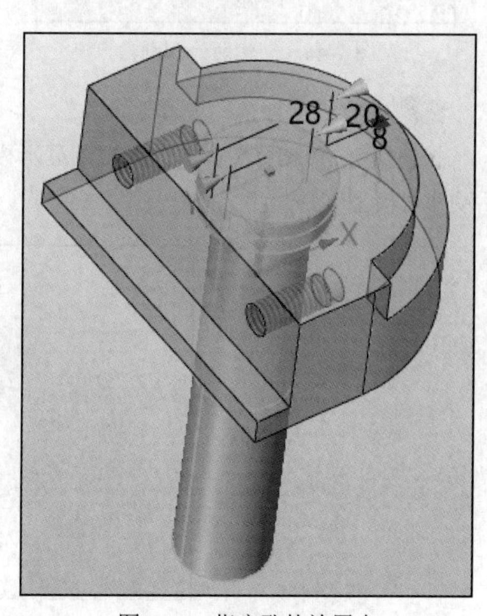

图 7-44 指定孔的放置点

在“孔”对话框中单击“确定”按钮，完成图 7-45 所示的台阶孔的创建。

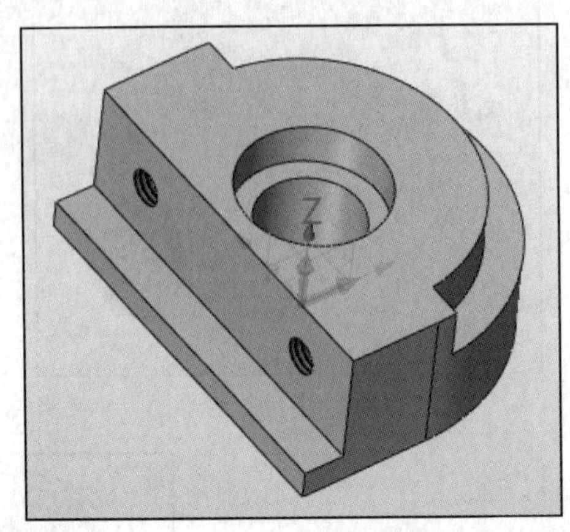

图 7-45 创建一个台阶孔

7 创建倒圆角。

在“造型”选项卡的“工程特征”面板中单击“圆角”按钮，打开“圆角”对话框，设置圆角半径为“3mm”，在模型中分别选择要进行倒圆角处理的两条边线，如图 7-46 所示，单击“应用”按钮。

选择图 7-47 所示的一条相切边进行倒圆角，单击“确定”按钮。

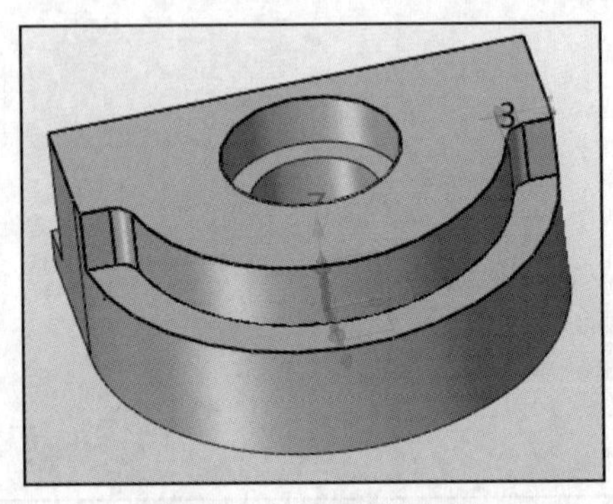

图 7-46 创建两处倒圆角

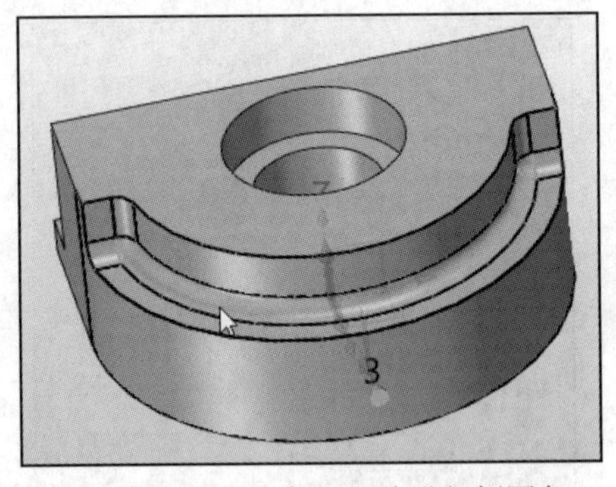

图 7-47 选择一条相切边进行倒圆角

8 调整模型视角，保存文件。

按快捷键“Ctrl+I”以等轴测视图显示模型，如图 7-48 所示。按快捷键“Ctrl+S”，保存活动钳身模型文件。

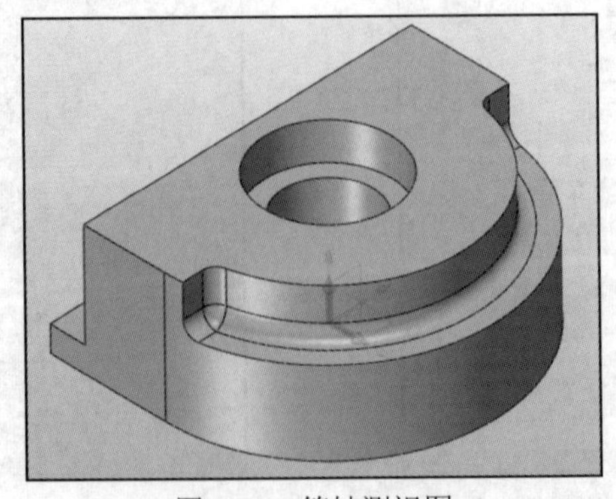

图 7-48 等轴测视图

3. 螺杆建模

根据测绘得到的螺杆的零件图如图 7-49 所示（也可以绘制成草图形式），接着根据零件图或零件草图，运用中望 3D 建立该零件的三维模型，步骤如下。

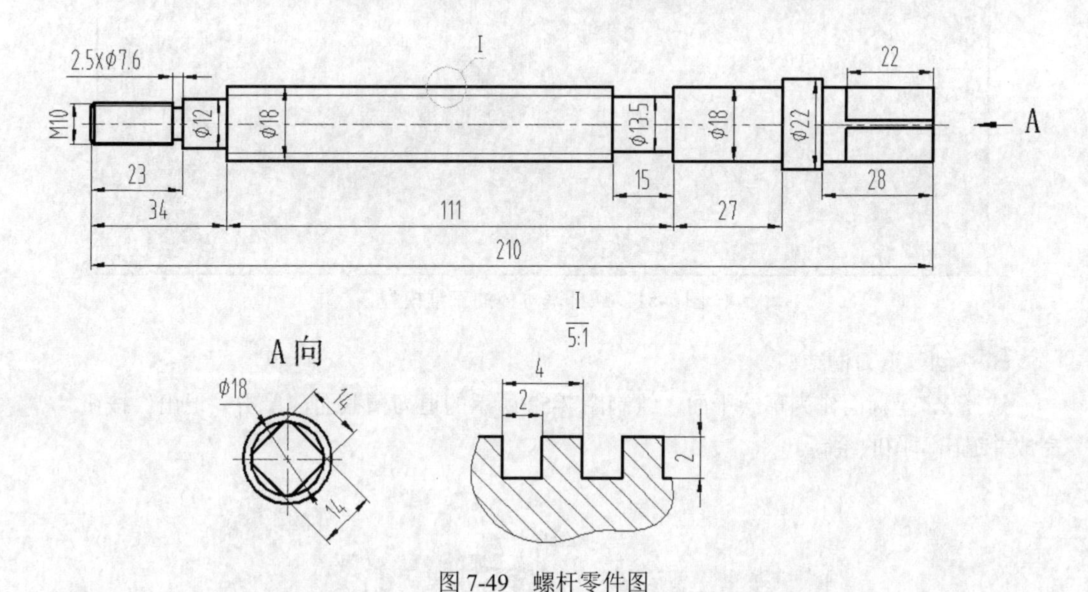

图 7-49 螺杆零件图

1 新建一个模型文件。

在中望 3D 的“快速访问”工具栏中单击“新建”按钮，弹出“新建文件”对话框，在“类型”选项组中选择“零件”，在“子类”选项组中选择“标准”，在“模板”选项组中选择“[默认]”，在“唯一名称”框中输入“HY-螺杆”，然后单击“确认”按钮，进入 3D 建模界面。

2 创建螺杆基本体。

在“造型”选项卡的“基础造型”面板中单击“旋转”按钮，打开“旋转”对话框，选择 *XZ* 坐标面作为草绘平面，进入草图绘制模式，在 *XZ* 坐标面上绘制图 7-50 所示的旋转截面草图（竖直方向上的尺寸为径向对称尺寸），单击“退出”按钮，完成并退出草图的绘制。

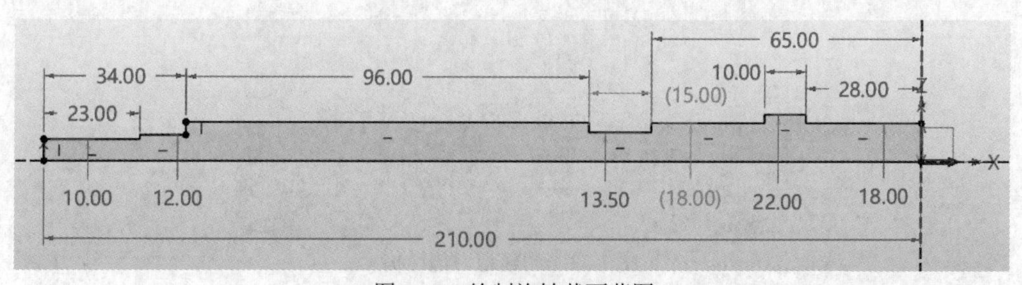

图 7-50 绘制旋转截面草图

返回“旋转”对话框，选择 *X* 轴作为旋转轴，默认旋转类型为“2 边”，设置起始角度 *S* 为“0deg”、结束角度 *E* 为“360deg”，单击“应用”按钮，完成图 7-51 所示的螺杆基本体模型的创建。

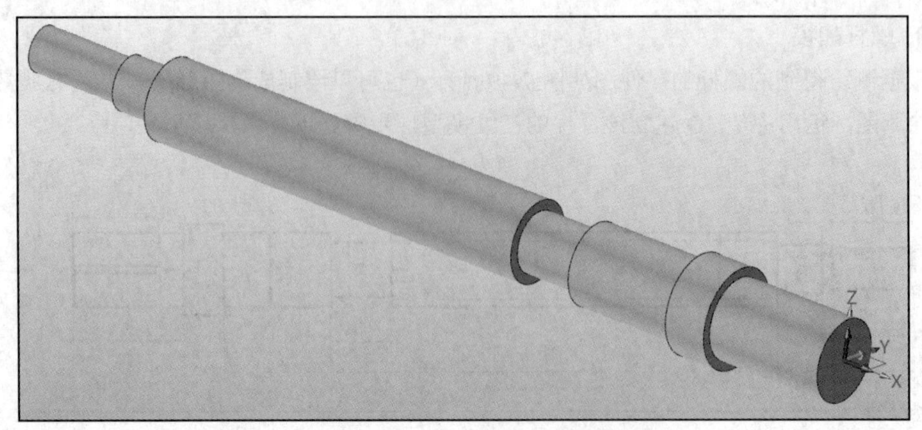

图 7-51 螺杆基本体的三维模型

3 创建退刀槽结构。

选择 *XZ* 坐标面作为草绘平面，绘制图 7-52 所示的退刀槽截面，单击“退出”按钮，完成并退出草图的绘制。

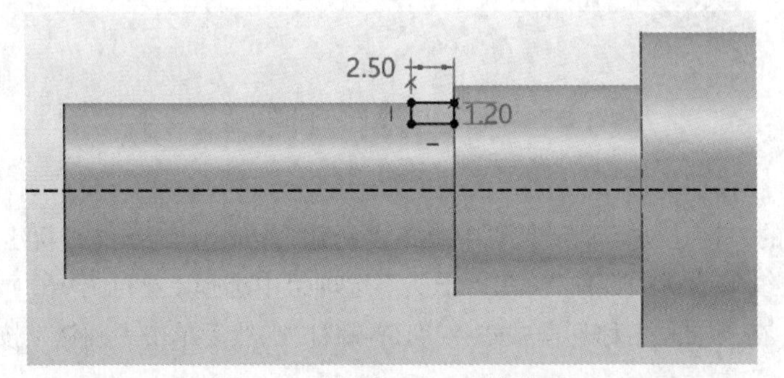

图 7-52 绘制矩形退刀槽截面

返回“旋转”对话框，选择 *X* 轴作为旋转轴，在“布尔运算”选项组中单击“减运算”按钮，单击“确定”按钮，完成图 7-53 所示的退刀槽结构的创建。

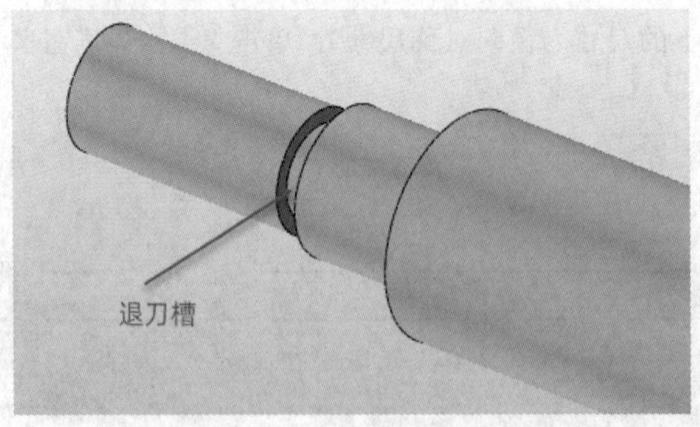

图 7-53 创建退刀槽结构

4 以拉伸的方式切除材料。

在“造型”选项卡的“基础造型”面板中单击“拉伸”按钮，打开“拉伸”对话框，在“布尔运算”选项组中单击“减运算”按钮，在螺杆基本体右侧端面（见图 7-54）上单击以将该端面作为草绘平面，绘制图 7-55 所示的截面并标注尺寸，单击“退出”按钮，完成并退出草图的绘制。

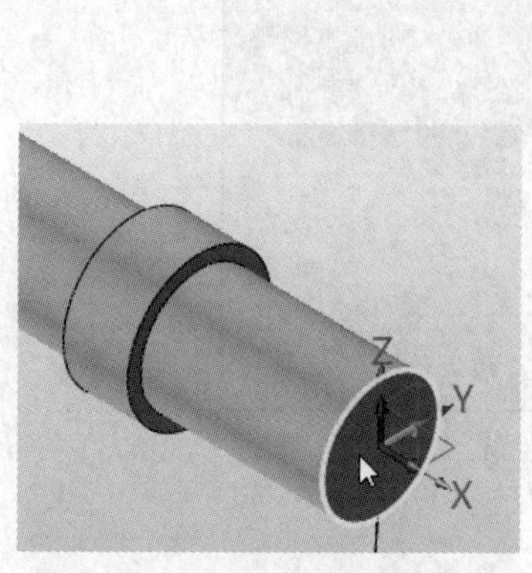

图 7-54 选择端面为草绘平面

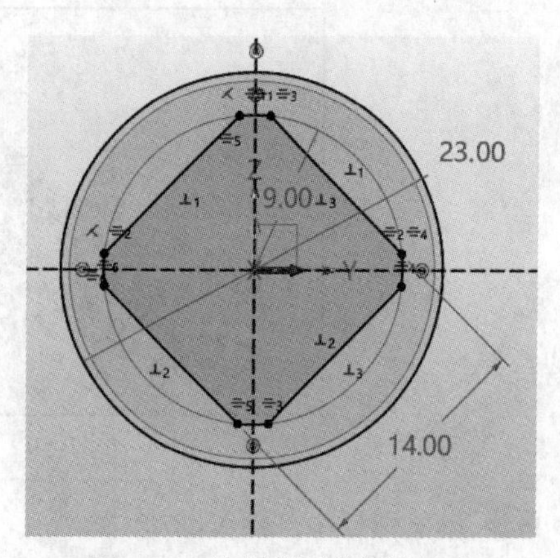

图 7-55 绘制截面并标注尺寸

返回“拉伸”对话框，设置拉伸类型为“2边”、起始点 *S* 为“0mm”、结束点 *E* 为“22mm”，单击“反向”按钮，确保拉伸方向为从草绘平面指向实体模型一侧，单击“确定”按钮，效果如图 7-56 所示。

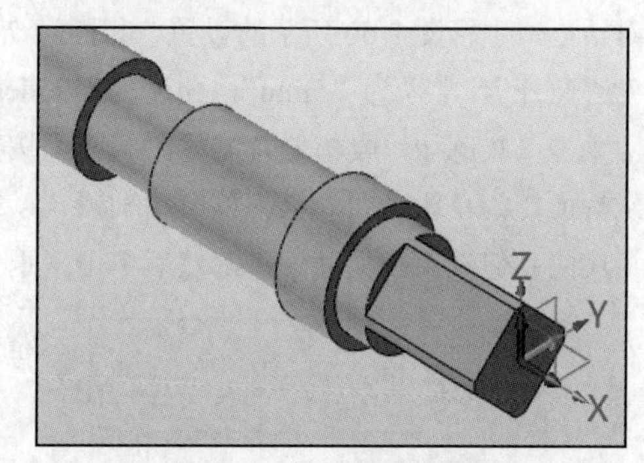

图 7-56 拉伸切除的效果

标记外部螺纹特征。

在“造型”选项卡的“工程特征”面板中单击“标记外部螺纹”按钮，打开“标记外部螺纹”对话框，在“螺纹规格”选项组的“类型”下拉列表中选择“M”，尺寸选择为“M10×1.5”，在“长度类型”下拉列表中选择“完整”选项，勾选“端部倒角”复选框，设置倒角距离为“1mm”、角度为“45deg”，如图 7-57 所示。

在图 7-58 所示的圆柱曲面上单击以选择螺纹的圆柱曲面。

图 7-57 “标记外部螺纹”对话框的设置

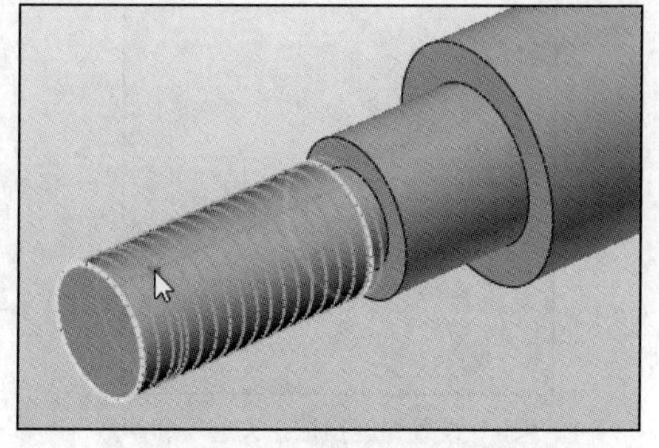

图 7-58 选择螺纹的圆柱曲面

在“标记外部螺纹”对话框中单击“确定”按钮，完成外部螺纹特征的标记，效果如图 7-59 所示。

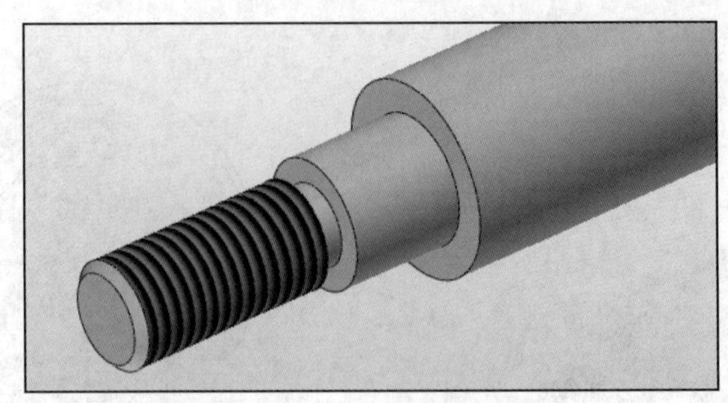

图 7-59　标记外部螺纹特征

6 创建螺杆中部螺纹结构

在“造型”选项卡的“基础造型”面板中单击“螺旋扫掠”按钮，打开“螺旋扫掠”对话框，进行图 7-60 所示的设置，将匝数 *T* 设置为“27”，将距离 *D* 设为“4mm”，收尾选项为“向外”，半径为“5mm”，角度为“95deg”，结束选项为“二者”，接着在“必选”选项组中单击“轮廓 P”收集器右侧的“展开”按钮，选择“草图”命令，在图形窗口中选择 *XZ* 坐标面作为草绘平面，进入草图绘制模式，绘制图 7-61 所示的螺纹截面，注意为该截面添加相应的几何约束和尺寸约束，然后单击“退出”按钮，完成并退出草图的绘制。

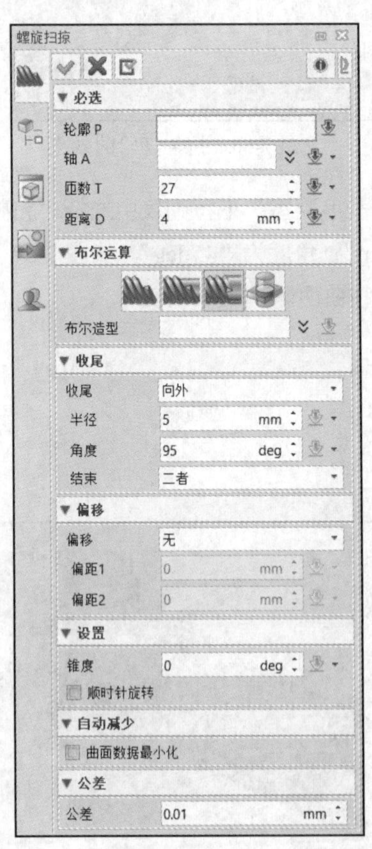

图 7-60　设置螺旋扫掠相关选项和参数

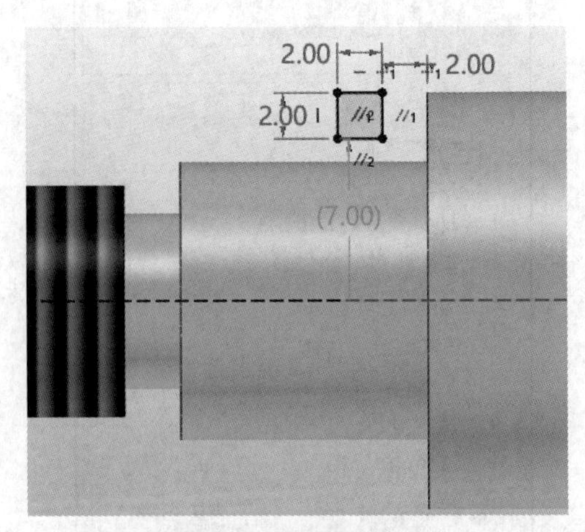

图 7-61　绘制螺纹截面

返回对话框，选择绘制的草图作为螺旋扫描的轮廓（即作为螺纹截面），选择 *X* 轴作为螺旋中心轴，单击“确定”按钮，完成图 7-62 所示的螺纹结构的创建。

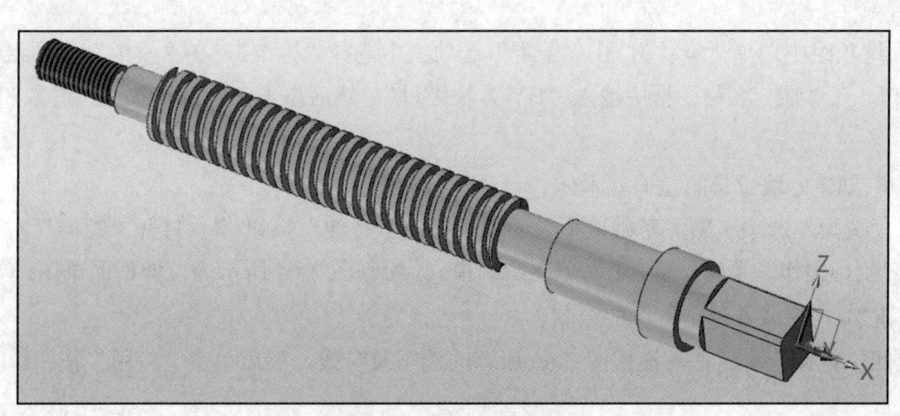

图 7-62　创建螺纹结构

另外，也可以单击“造型”选项卡的“工程特征”面板中的“螺纹”按钮来创建螺纹结构。

7 保存文件。

按快捷键“Ctrl+U”以默认的辅助视图显示模型，再按快捷键“Ctrl+S”保存螺杆模型文件。

4. 方块螺母建模

根据测绘得到的方块螺母的零件图如图 7-63 所示（也可以绘制成草图形式），接着根据零件图或零件草图，运用中望 3D 建立该零件的三维模型，步骤如下。

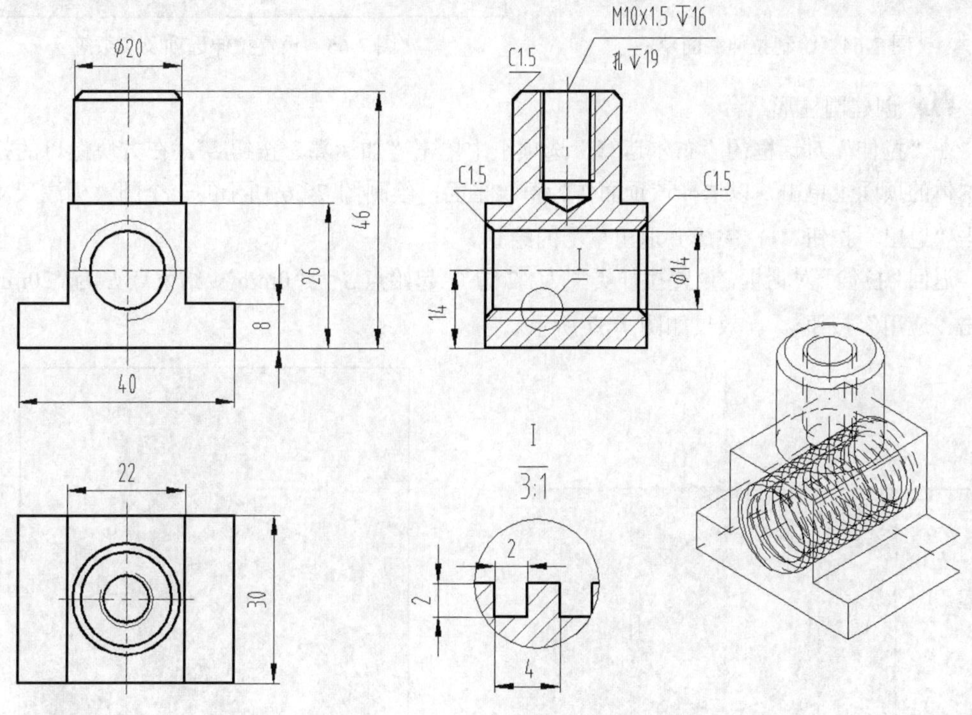

图 7-63　方形螺母的零件图

1 新建一个模型文件。

在中望 3D 的“快速访问”工具栏中单击“新建”按钮，弹出“新建文件”对话框，在

“类型”选项组中选择“零件”，在“子类”选项组中选择“标准”，在“模板”选项组中选择“[默认]”，在“唯一名称”框中输入“HY-方块螺母”，然后单击“确认”按钮，进入 3D 建模界面。

2 创建方块螺母的拉伸基本体。

在“造型”选项卡的“基础造型”面板中单击“拉伸”按钮，打开“拉伸”对话框，选择 *XZ* 坐标面作为草绘平面，进入草图绘制模式，绘制图 7-64 所示的拉伸截面草图，单击“退出”按钮，完成并退出草图的绘制。

返回“拉伸”对话框，设置图 7-65 所示的选项及参数，然后单击“应用”按钮。

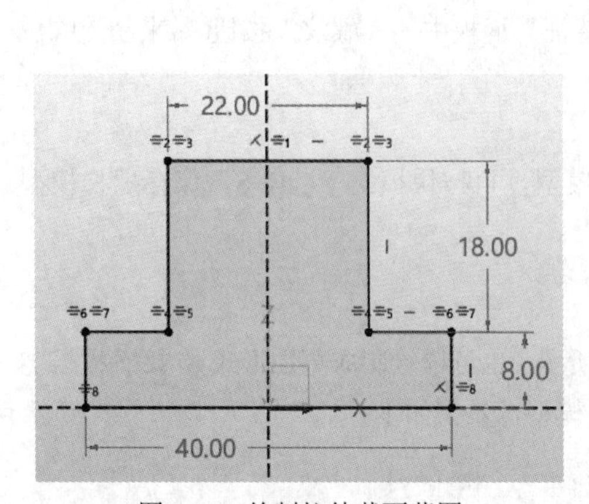

图 7-64 绘制拉伸截面草图

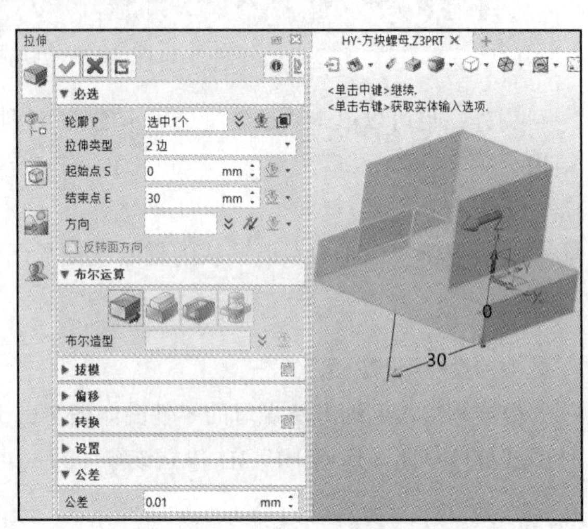

图 7-65 设置拉伸选项及参数等

3 创建圆柱形凸台。

在“拉伸”对话框的“布尔运算”选项组中单击“加运算”按钮，在方块螺母的拉伸基本体的顶面上单击，以选择该顶面作为草绘平面，绘制图 7-66 所示的一个圆，标注尺寸后单击“退出”按钮，完成并退出草图的绘制。

返回“拉伸”对话框，设置拉伸类型为“2 边”、起始点 *S* 为“0mm”、结束点 *E* 为“20mm”，单击“应用”按钮，效果如图 7-67 所示。

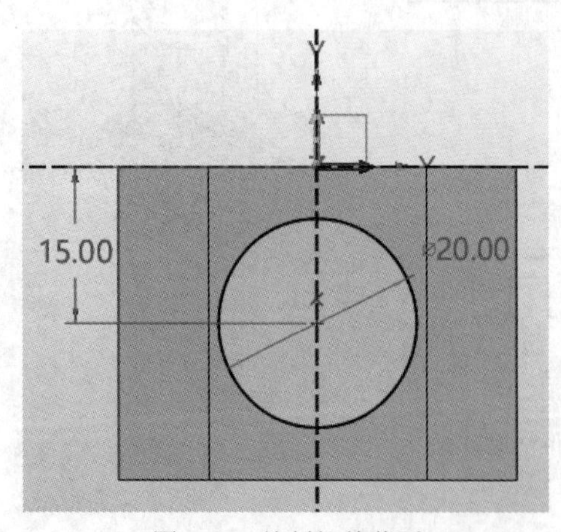

图 7-66 绘制拉伸截面

图 7-67 创建圆柱形的拉伸凸台

4 创建一个通孔。

在“拉伸”对话框的“布尔运算”选项组中单击“减运算”按钮，在图 7-68 所示的前端面上单击，以选择该端面作为草绘平面，进入草图绘制模式，绘制图 7-69 所示的一个圆并标注其相应的尺寸，单击“退出”按钮，完成并退出草图的绘制。

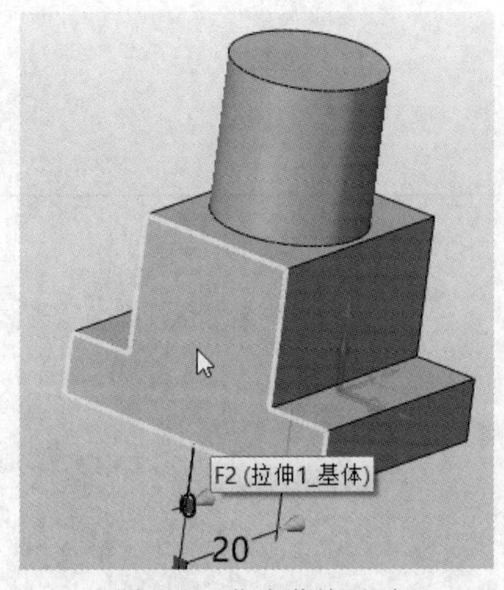

图 7-68 指定草绘平面

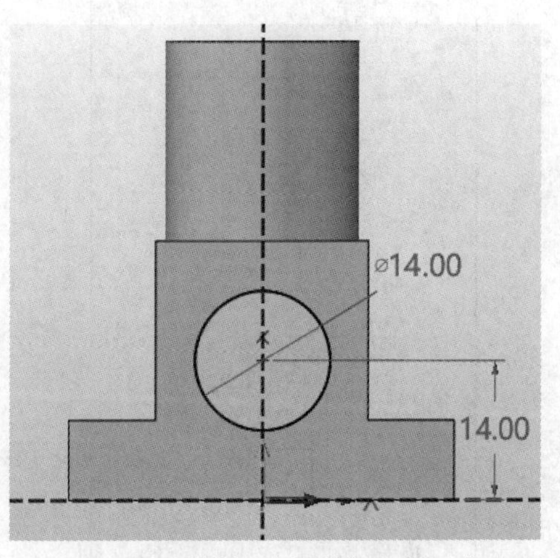

图 7-69 绘制一个圆并标注其尺寸

返回“拉伸”对话框，从“必选”选项组的“拉伸类型”下拉列表中选择“1 边”选项，单击“反向”按钮，将拉伸方向箭头切换至从草绘平面指向实体内部，单击“结束点 E”收集器右侧的“展开”按钮，并选择“穿过所有”选项，然后在“拉伸”对话框上单击“确定”按钮，完成图 7-70 所示的一个通孔的创建。

图 7-70 创建一个通孔

5 创建 M10 螺纹孔。

在“造型”选项卡的“工程特征”面板中单击“孔”按钮，打开“孔”对话框，在“必选”选项组中单击“螺纹孔”按钮，接着在“孔规格”选项组的“孔造型”下拉列表中选择“简单孔”选项，分别设置螺纹的相关选项及参数等，如图 7-71 所示，然后在方块螺母模型中单击其顶面圆的圆心以选定该圆心点，将其定义为螺纹孔的放置位置，如图 7-72 所示，最后单击“确定”按钮，完成 M10 螺纹孔的创建。

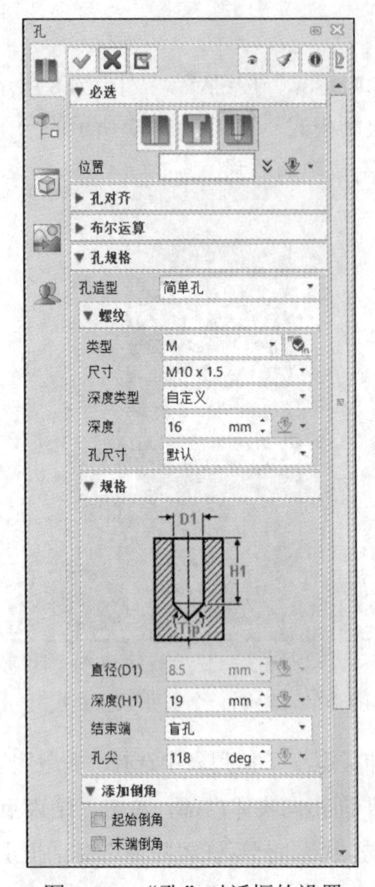

图 7-71 “孔”对话框的设置

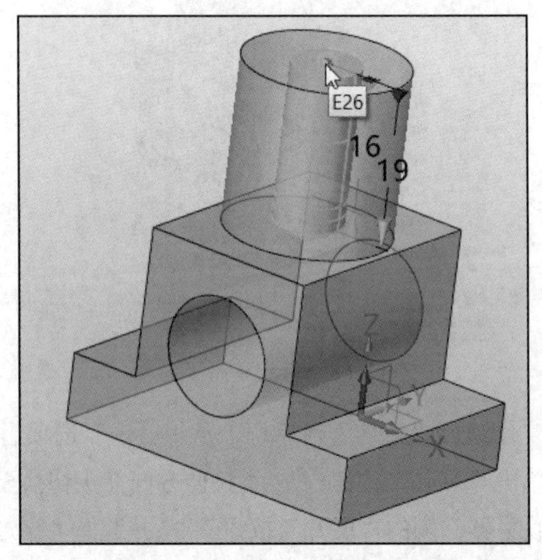

图 7-72 选择螺纹孔的放置位置

6 创建倒角特征。

在“造型”选项卡的“工程特征”面板中单击“倒角”按钮，打开“倒角”对话框，设置倒角距离为“1.5mm”，选择图 7-73 所示的 3 条圆边，单击“确定”按钮，完成倒角特征的创建。

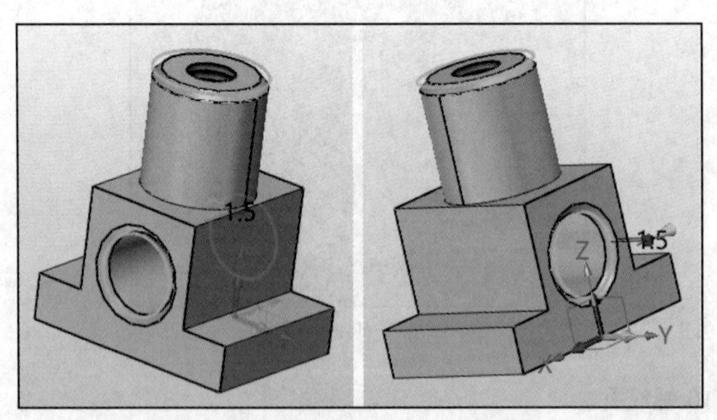

图 7-73 选择要倒角的 3 条边

7 创建方块截面的螺孔结构。

在“造型”选项卡的“基础造型”面板中单击“螺旋扫掠”按钮，打开“螺旋扫掠”对话框，在“布尔运算”选项组中单击“减运算”按钮，接着在“必选”选项组中单击位于“轮廓 P”收集器右侧的“展开”按钮，然后选择“草图”命令，如图 7-74 所示，弹出

“草图”对话框，从过滤器列表中选择“基准面”，如图 7-75 所示，然后在图形窗口中选择 *YZ* 坐标面作为草绘平面，系统快速进入草图绘制模式。

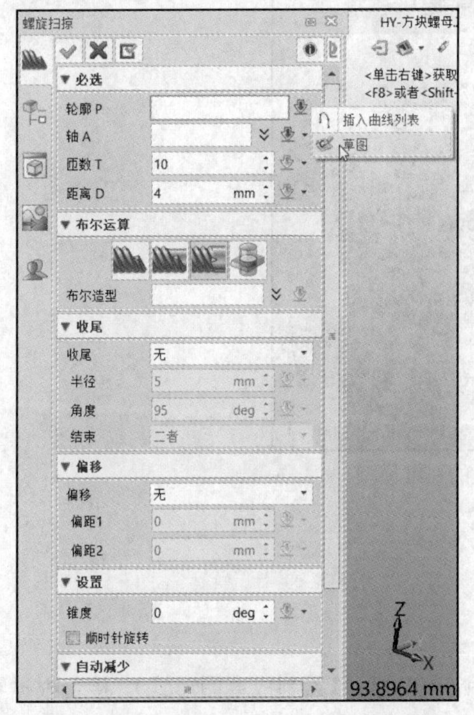

图 7-74　“螺旋扫掠”对话框的设置

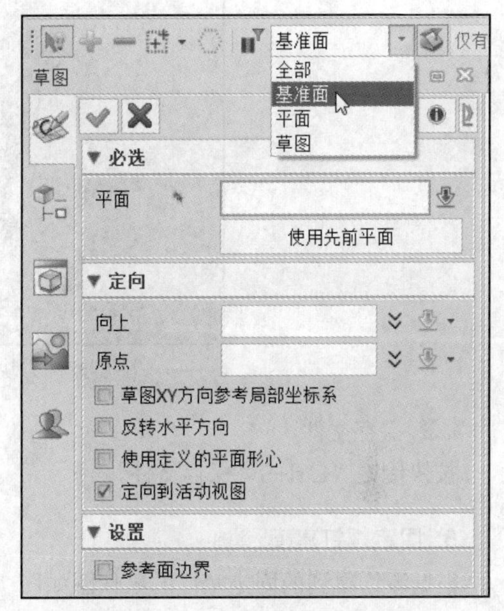

图 7-75　设置过滤器列表选项

绘制图 7-76 所示的一个矩形，单击“退出”按钮，完成并退出草图的绘制。选择刚才绘制的矩形草图作为螺旋扫掠的轮廓，在“轴 A”收集器右侧单击“展开”按钮，选择“中心线”命令，在图形窗口中选择方块螺母的通孔圆柱面，然后设置匝数 *T* 为“10”、距离 *D* 为“4mm”、收尾为“无”，如图 7-77 所示。

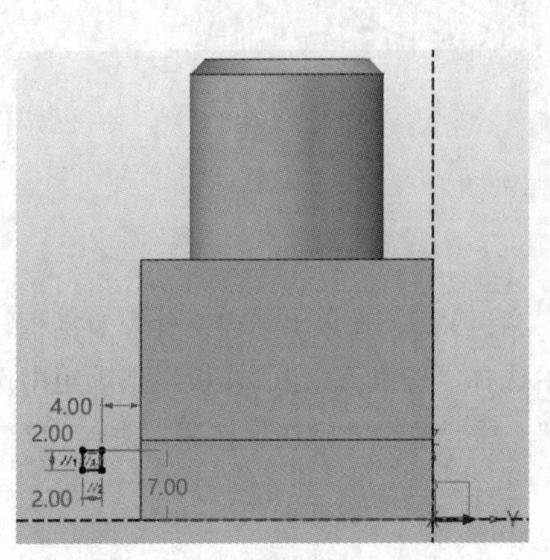

图 7-76　绘制螺旋扫掠截面

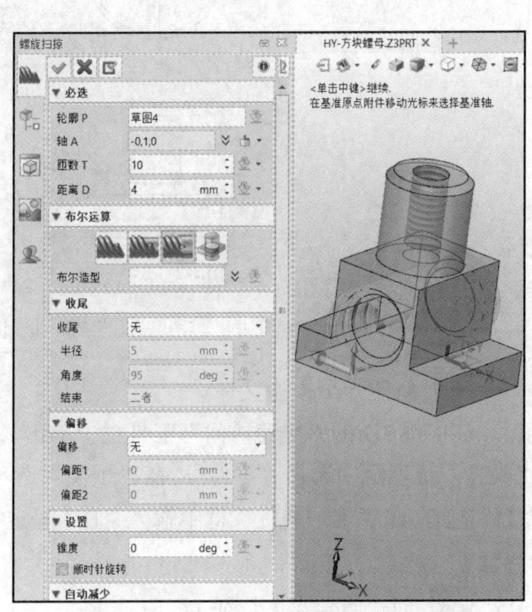

图 7-77　螺旋扫掠的相关设置及操作

在“螺旋扫掠”对话框中单击“确定”按钮，此时方块螺母的三维模型如图7-78所示。

图7-78 方块螺母的三维模型

8 保存文件。

按快捷键“Ctrl+S”保存文件。

5. 固定螺钉建模

根据测绘得到的固定螺钉的零件图如图7-79所示（也可以绘制成草图形式），接着根据零件图或零件草图，运用中望3D建立该零件的三维模型，步骤如下。

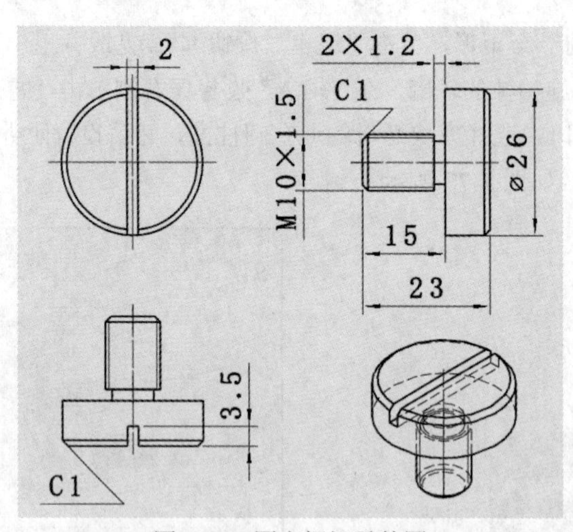

图7-79 固定螺钉零件图

1 新建一个模型文件。

在中望3D的“快速访问”工具栏中单击“新建”按钮，弹出“新建文件”对话框，在“类型”选项组中选择“零件”，在“子类”选项组中选择“标准”，在“模板”选项组中选择“[默认]”，在“唯一名称”框中输入“HY-固定螺钉”，然后单击“确认”按钮，进入3D建模界面。

2 创建旋转实体特征。

在“造型”选项卡的“基础造型”面板中单击“旋转”按钮，打开“旋转”对话框。

选择 XZ 坐标面作为草绘平面，绘制图 7-80 所示的旋转截面，标注尺寸后单击“退出”按钮，完成并退出草图的绘制。

返回“旋转”对话框，选择 Z 轴为旋转轴，设置旋转类型为“2 边”、起始角度 S 为“0deg”、结束角度 E 为“360deg”，单击“确定”按钮，完成图 7-81 所示的旋转实体特征的创建。

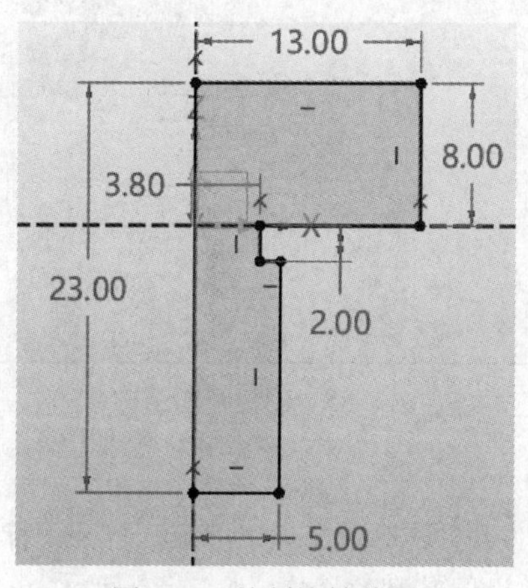

图 7-80 绘制旋转截面

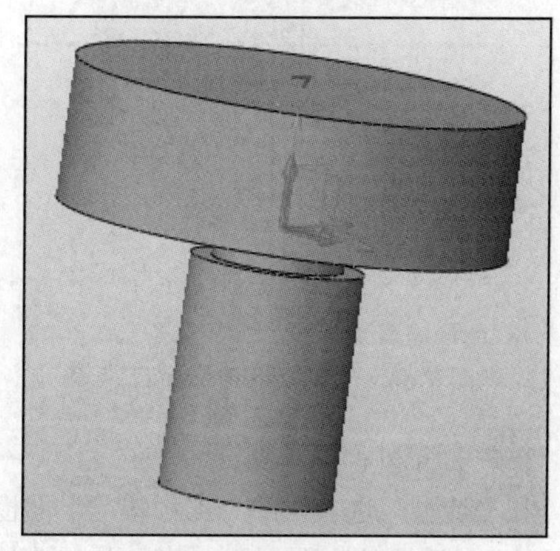

图 7-81 创建旋转实体特征

3 创建倒角特征。

在“造型”选项卡的“工程特征”面板中单击“倒角”按钮，打开“倒角”对话框，设置倒角距离为“1mm”，选择图 7-82 所示的 1 条圆边，单击“确定”按钮，完成图 7-83 所示的倒角特征的创建。

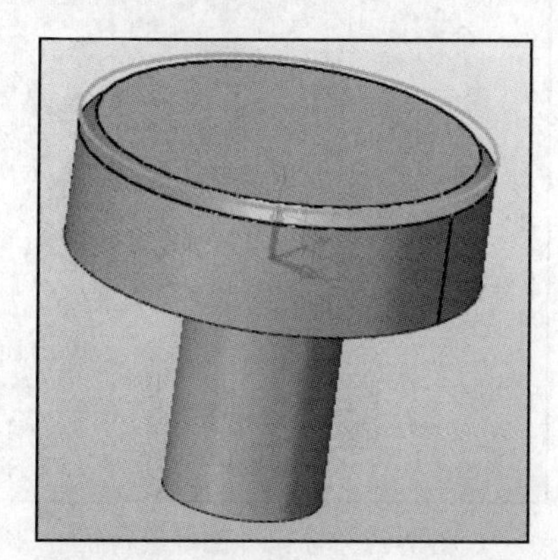

图 7-82 选择要倒角的 1 条圆边

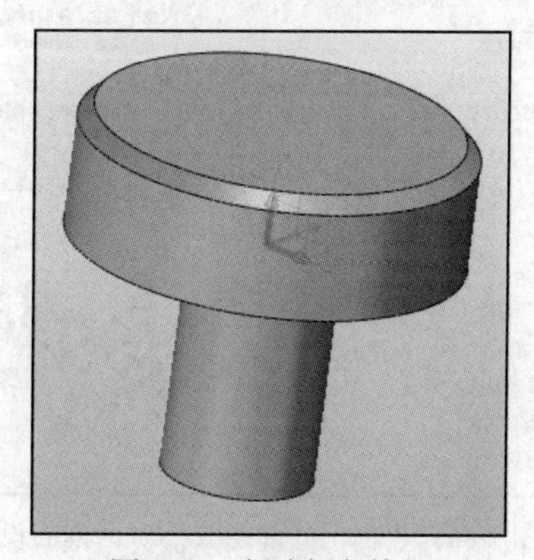

图 7-83 创建倒角特征

4 创建开槽结构。

在“造型”选项卡的“基础造型”面板中单击“拉伸”按钮，打开“拉伸”对话框。在“布尔运算”选项组中单击“减运算”按钮，选择模型的顶部端面作为草绘平面，进入草图绘制模式，绘制图 7-84 所示的矩形并标注其尺寸，单击“退出”按钮，完成并退出草图的绘制。

返回“拉伸”对话框，在“必选”选项组的“拉伸类型”下拉列表中选择“1 边”，设置结束点 E 为“3.5mm”，单击“反向”按钮，使得拉伸方向箭头由草绘平面指向实体模型一侧，单击“确定”按钮，完成图 7-85 所示的开槽结构的创建。

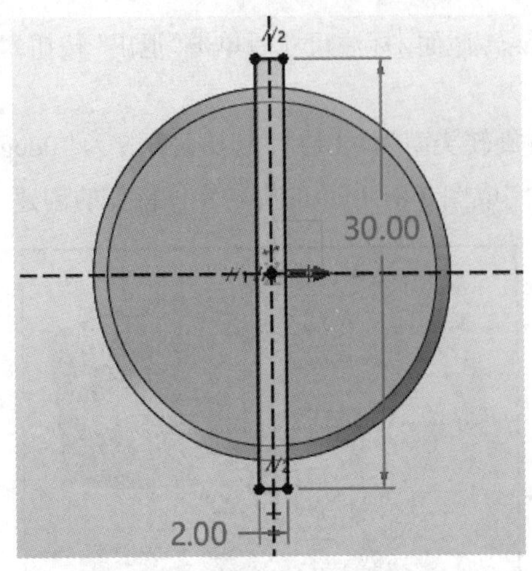

图 7-84 绘制矩形并标注尺寸

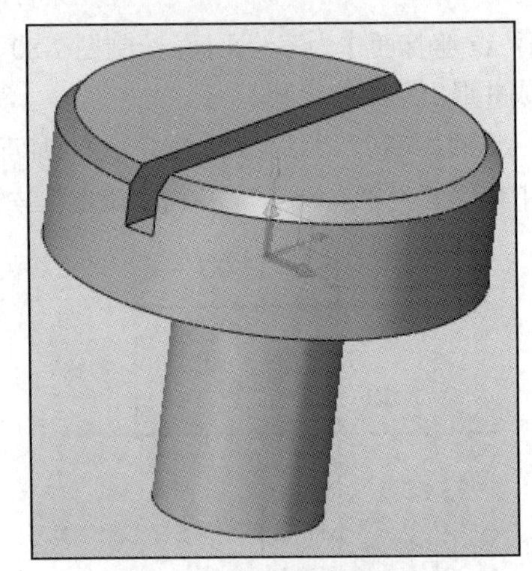

图 7-85 创建开槽结构

5 标记外部螺纹特征。

在“造型”选项卡的“工程特征”面板中单击“标记外部螺纹”按钮，打开“标记外部螺纹”对话框，选择要标记外部螺纹的圆柱曲面，并设置其螺纹规格，如尺寸为“M10×1.5”，长度类型为“完整”，勾选“端部倒角”复选框，设置倒角距离为“1mm”、角度为“45deg”，如图 7-86 所示，然后单击“确定”按钮，效果如图 7-87 所示。

图 7-86 “标记外部螺纹”对话框的设置

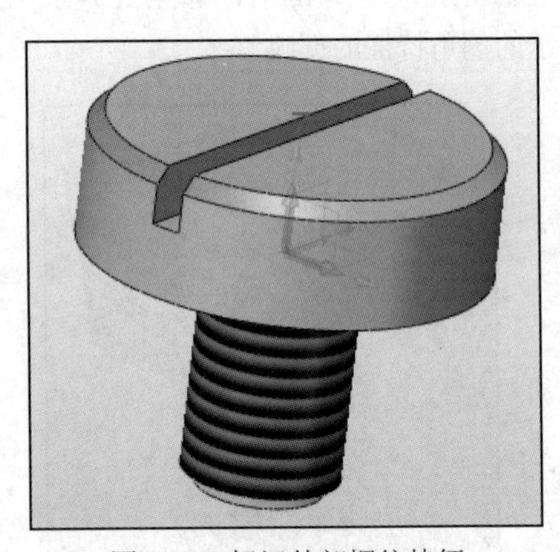

图 7-87 标记外部螺纹特征

6 保存文件。

按快捷键“Ctrl+S”保存文件。

6. 护口板建模

根据测绘得到的护口板的参考零件图如图 7-88 所示（也可以绘制成草图形式），护口板工作面上的花纹可根据参考图样自行确定，花纹深度为“0.3mm”，接着根据零件图或零件草图，运用中望 3D 建立该零件的三维模型，步骤如下。

1 新建一个模型文件。

在中望 3D 的“快速访问”工具栏中单击“新建”按钮，弹出“新建文件”对话框，在“类型”选项组中选择“零件”，在“子类”选项组中选择“标准”，在“模板”选项组中选择“[默认]”，在“唯一名称”框中输入“HY-护口板”，然后单击“确认”按钮，进入3D建模界面。

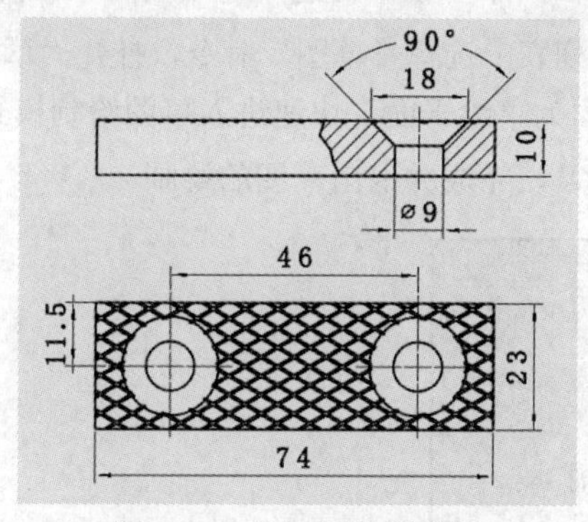

图7-88 护口板的零件图

2 在“造型”选项卡的“基础造型”面板中单击“拉伸”按钮，打开“拉伸”对话框，选择*XZ*坐标面作为草绘平面，绘制图7-89所示的草图，单击“退出”按钮，完成并退出草图的绘制。

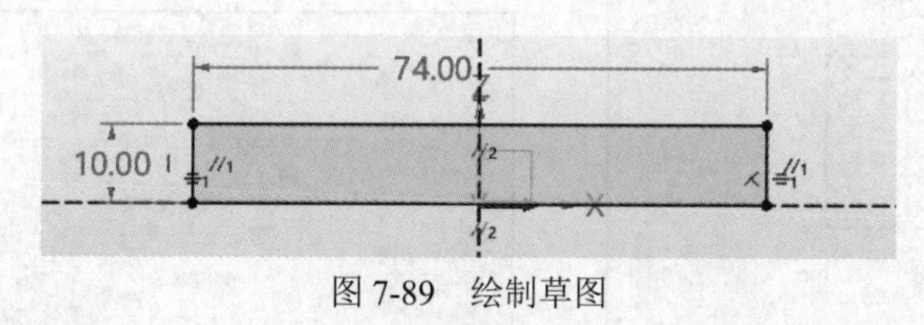

图7-89 绘制草图

返回“拉伸”对话框，在“必选”选项组的“拉伸类型”下拉列表中选择“对称”选项，在“结束点E”文本框中输入“11.5”，如图7-90所示，然后单击“确定”按钮。

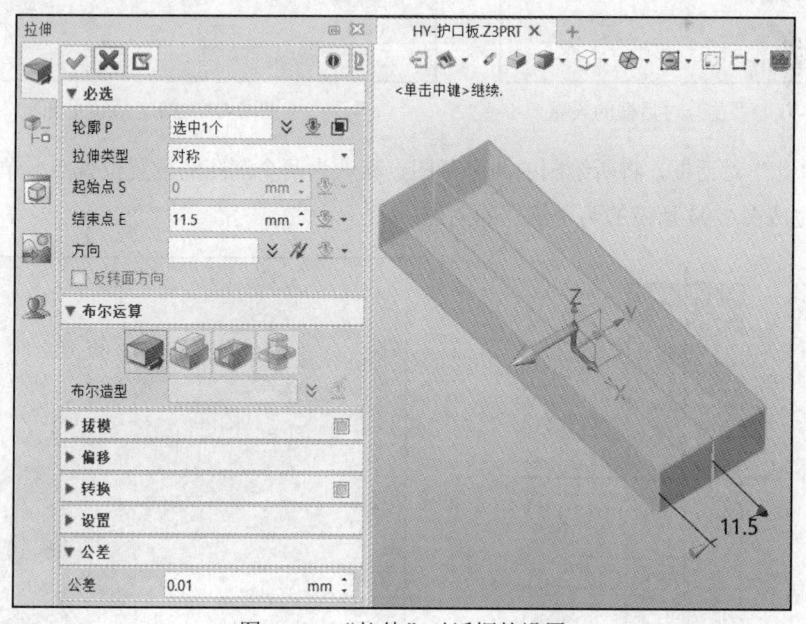

图7-90 “拉伸”对话框的设置

3 创建两个沉孔。

在“造型”选项卡的“工程特征”面板中单击“孔”按钮，在“必选”选项组中单击 “常规孔”按钮，在“孔规格”选项组的“孔造型”下拉列表中选择“沉孔”选项，接着设置其规格参数和选项，如图 7-91 所示，在“必选”选项组的“位置”收集器右侧单击“展开”按钮，接着从打开的下拉列表中选择“草图”命令，打开“草图”对话框，在图 7-92 所示的实体顶面上单击以指定该面为草绘平面，快速进入草图绘制模式。绘制图 7-93 所示的两个草图点，单击“退出”按钮，完成并退出草图的绘制。

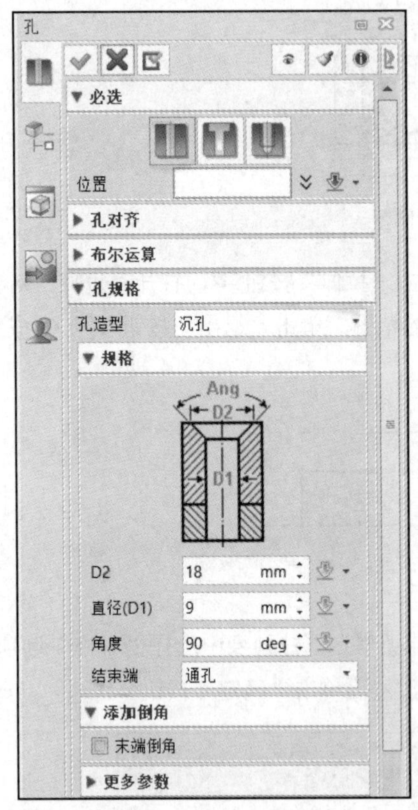

图 7-91 “孔”对话框的设置

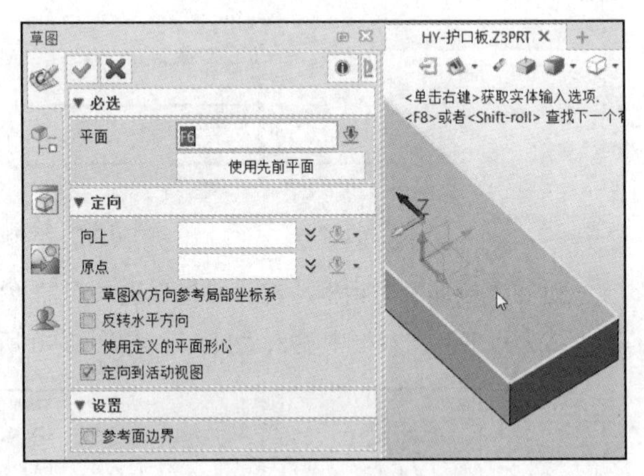

图 7-92 指定草绘平面

返回“孔”对话框，将所绘制的两个草图点默认为两个沉孔的放置位置点，单击“确定”按钮，完成图 7-94 所示的两个沉孔的创建。

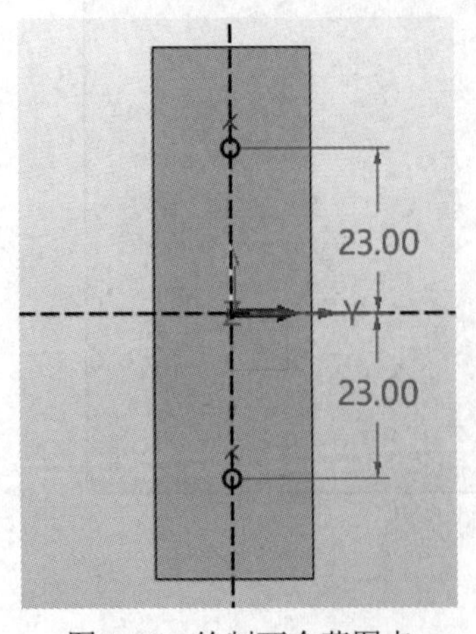

图 7-93 绘制两个草图点

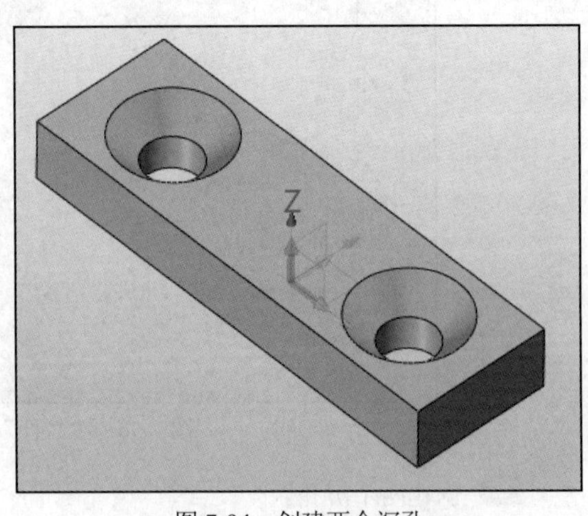

图 7-94 创建两个沉孔

4 创建切槽。

在“造型”选项卡的“基础造型”面板中单击“拉伸”按钮，打开“拉伸”对话框，在“布尔运算”选项组中单击“减运算”按钮，选择要创建的切槽的顶面作为草绘平面，单击“矩形”按钮，并选择“中心-角度”方式来绘制图 7-95 所示的一个倾斜的矩形，标注尺寸后单击“退出”按钮，完成并退出草图的绘制。

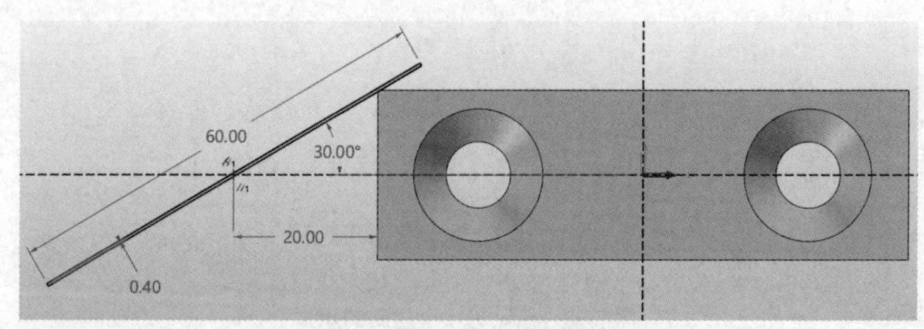

图 7-95　绘制一个倾斜的矩形

在“拉伸”对话框的“必选”选项组中将拉伸类型设置为“2 边”，设置起始点 *S* 为“0mm”、结束点 *E* 为“0.3mm”、拉伸方向为从草绘平面指向实体，单击“确定”按钮，完成切槽的创建。

5 阵列操作。

确保选中步骤 4 所创建的切槽，在“造型”选项卡的“基础编辑”面板中单击“阵列特征”按钮，打开“阵列特征”对话框，此时步骤 4 所创建的切槽自动作为阵列的特征（即作为阵列基准对象），在“必选”选项组中单击“线性”按钮，选择 *X* 轴正方向（1,0,0）作为线性阵列的第一方向，设置阵列数目为“20”、间距为“6mm”，如图 7-96 所示，然后单击“确定”按钮，效果如图 7-97 所示。

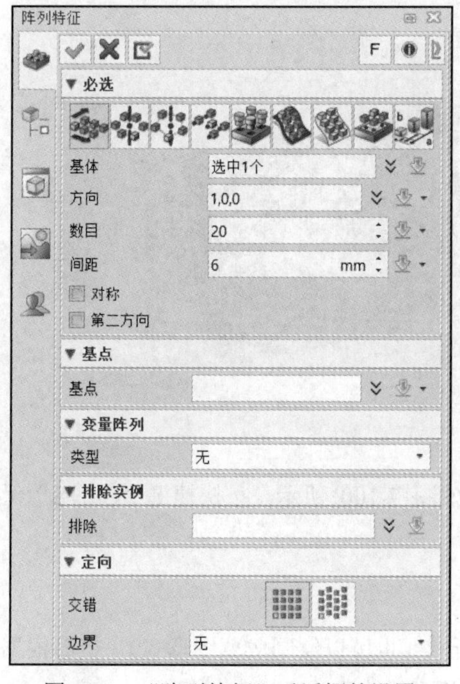

图 7-96　“阵列特征”对话框的设置

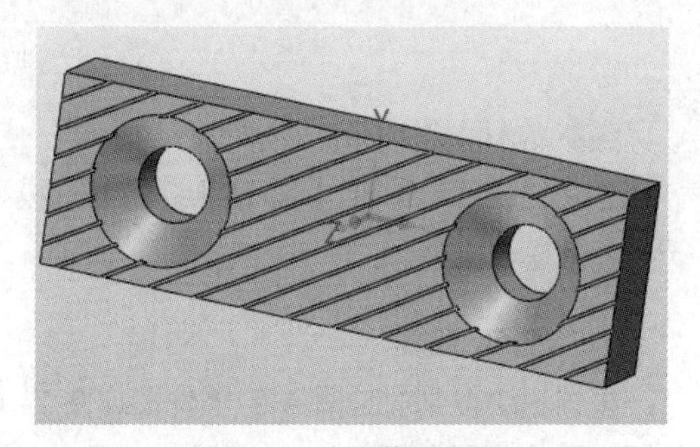

图 7-97　阵列特征（1）

6 创建另外一个方向的切槽。

在“造型”选项卡的“基础造型”面板中单击“拉伸”按钮，打开“拉伸”对话框，默认“布尔运算”为“减运算”，选择要创建的切槽的顶面作为草绘平面，单击“矩形”按钮，并选择“中心-角度”方式来绘制图 7-98 所示的一个倾斜的矩形，标注尺寸后单击“退出”按钮，完成并退出草图的绘制。

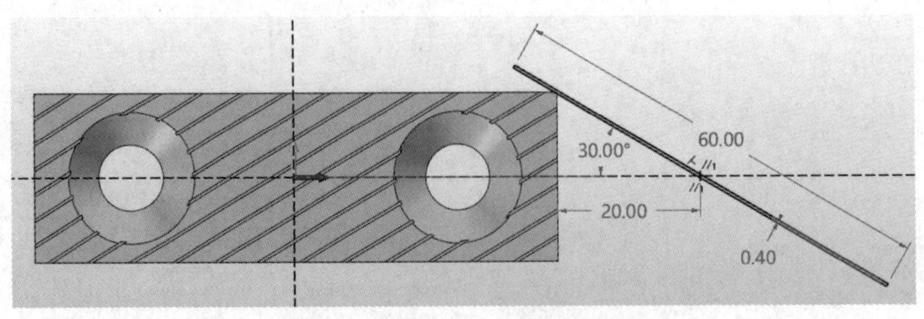

图 7-98 绘制另一个倾斜的矩形

在“拉伸”对话框的“必选”选项组中将拉伸类型设置为“2 边”，设置起始点 S 为“0mm”、结束点 E 为“0.3mm”、拉伸方向为从草绘平面指向实体，单击“确定”按钮，完成另外一个方向的切槽的创建。

7 对另一个方向的切槽进行阵列操作。

确保选中步骤 **6** 所创建的另一个方向的切槽，在“造型”选项卡的“基础编辑”面板中单击“阵列特征”按钮，打开“阵列特征”对话框，此时步骤 **6** 所创建的另一方向的切槽自动作为阵列的特征（即作为阵列基准对象），在“必选”选项组中单击“线性”按钮，在“方向”收集器右侧单击“展开”按钮，并选择–X 轴（显示为“−1,0,0”）作为该线性阵列的第一方向，设置阵列数目为“20”、间距为“6mm”，然后单击“确定”按钮，效果如图 7-99 所示。

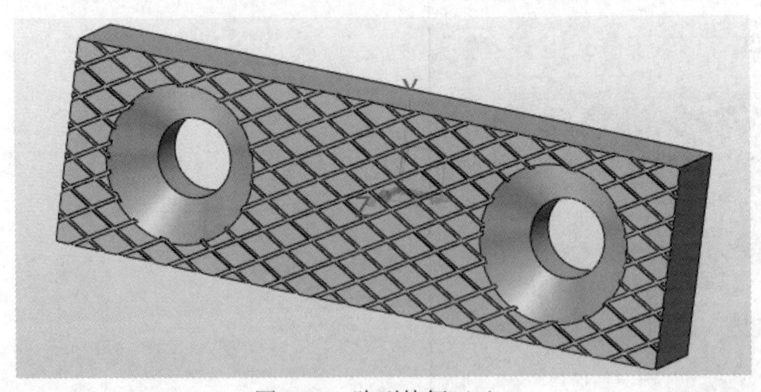

图 7-99 阵列特征（2）

8 调整模型视角，保存文件。

按快捷键“Ctrl+I”以等轴测视图显示模型，如图 7-100 所示。按快捷键“Ctrl+S”保存护口板的模型文件。

7. 垫圈 A 建模

根据测绘得到的垫圈 A 的零件图如图 7-101 所示（也可以绘制成草图形式），接着根据零件图或零件草图，运用中望 3D 建立该零件的三维模型，步骤如下。

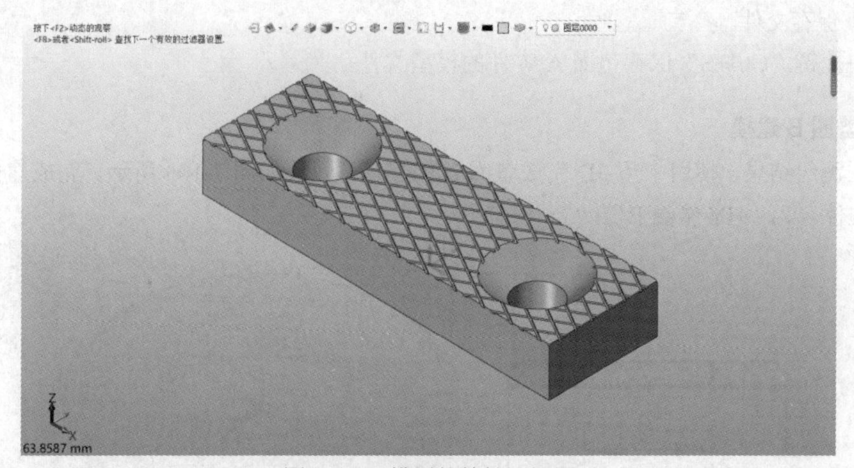

图 7-100 模型的等轴测视图

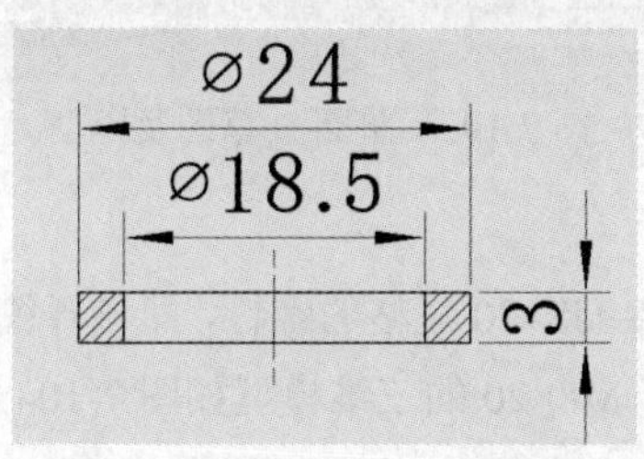

图 7-101 垫圈 A 的零件图

1 新建一个模型文件。

在中望 3D 的“快速访问”工具栏中单击“新建”按钮，弹出“新建文件”对话框，在“类型”选项组中选择“零件”，在“子类”选项组中选择“标准”，在“模板”选项组中选择“[默认]”，在“唯一名称”框中输入“HY-垫圈 A”，然后单击“确认”按钮，进入 3D 建模界面。

2 创建旋转实体。

在“造型”选项卡的“基础造型”面板中单击“旋转”按钮，打开“旋转”对话框，选择 *XZ* 坐标面作为草绘平面，快速进入草图绘制模式，绘制图 7-102（a）所示的旋转截面并标注尺寸，接着单击“退出”按钮，完成并退出草图的绘制。

返回“旋转”对话框，选择 *Z* 轴作为旋转轴，默认旋转类型为“2 边”，设置起始角度 *S* 为“0deg”、结束角度 *E* 为“360deg”，单击“确定”按钮，效果如图 7-102（b）所示。

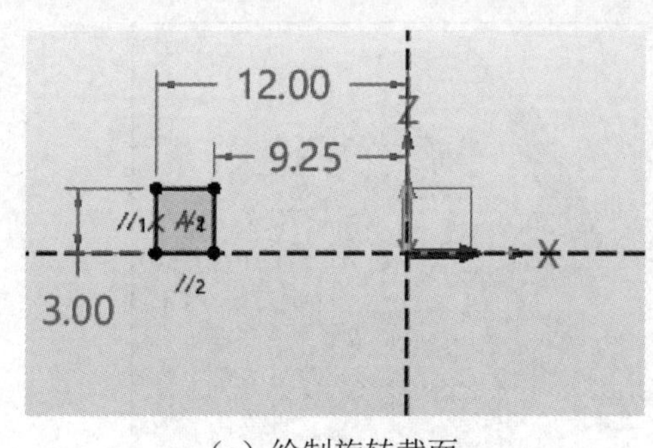

（a）绘制旋转截面

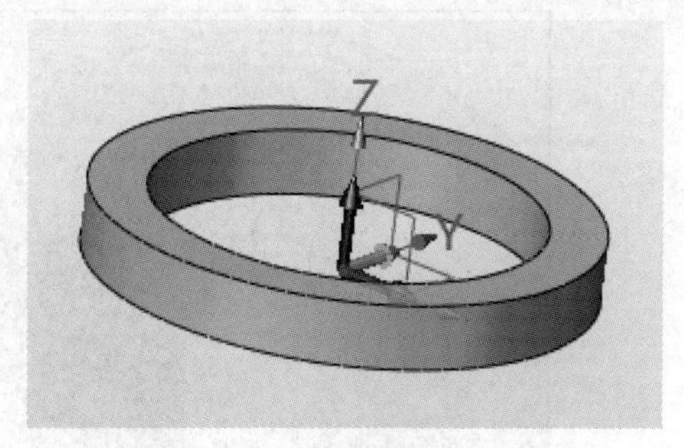

（b）创建旋转实体

图 7-102 创建垫圈 A 旋转实体

3 保存文件。

按快捷键“Ctrl+S”保存垫圈 A 零件的模型文件。

8. 垫圈 B 建模

根据测绘结果，使用中望 3D 完成垫圈 B 的建模，效果如图 7-103 所示。完成建模后保存文件，文件名为“HY-垫圈 B”。

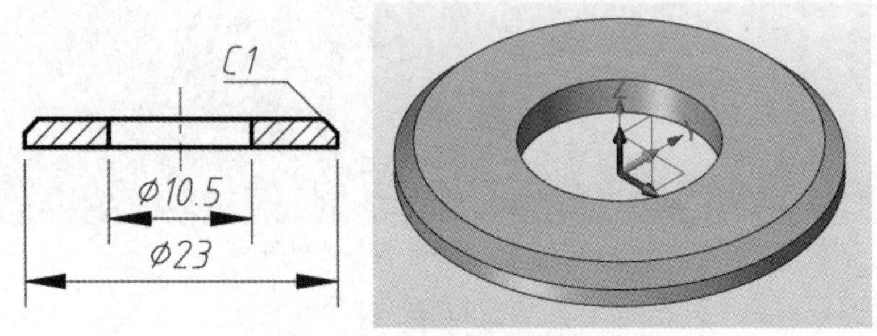

图 7-103 垫圈 B 草图及模型

9. 开槽沉孔螺钉 M8×20

开槽沉孔螺钉选用 GB/T 68 M8×20 规格的螺钉，即该开槽沉孔螺钉的螺纹规格为 M8，公称长度 *l*=20mm。开槽沉孔螺钉 M8×20 的三维模型如图 7-104 所示。

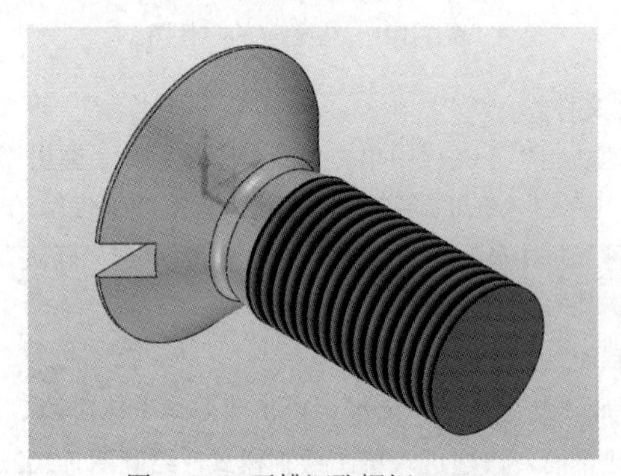

图 7-104 开槽沉孔螺钉 M8×20

10. 螺母 M10

螺母选用 GB/T 6170 M10 规格的螺母，其三维模型如图 7-105 所示。

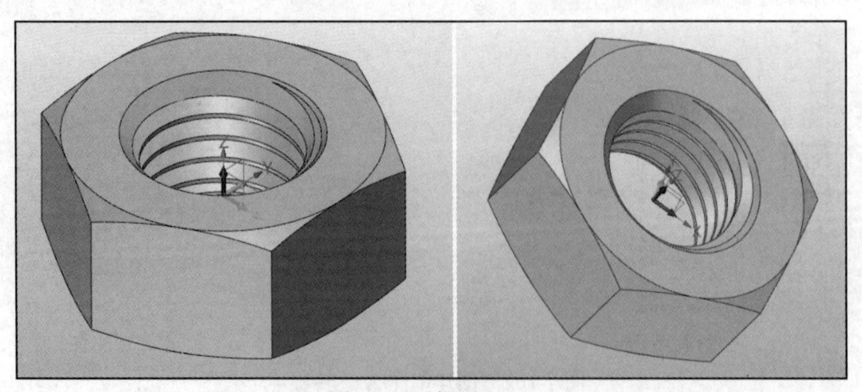

图 7-105 螺母 M10

7.3.2 平口虎钳的三维装配

平口虎钳的各个零件都需要建模，其中的标准件，如螺钉 GB/T 68 M8×20 和螺母 GB/T 6170 M10 的模型可以从标准件库里选择，本书也提供这两个标准件的模型。三维装配是将所有零件按照各零件之间的位置关系和约束关系装配在一起，形成一个完整的平口虎钳三维模型。

平口虎钳三维模型的装配步骤如下。

1 新建一个装配文件。

运行中望 3D，接着在“快速访问”工具栏上单击“新建”按钮，弹出“新建文件”对话框，选择“装配”类型、“标准”子类、“[默认]”模板，输入名称为“HY_平口虎钳”，如图 7-106 所示，然后单击“确认”按钮。

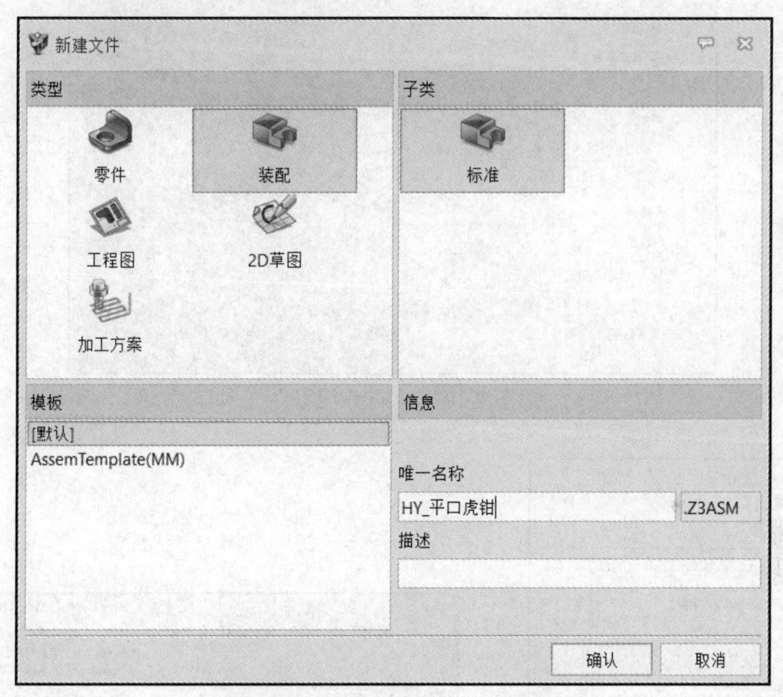

图 7-106 “新建文件”对话框

2 装配第一个零件——钳座零件。

在“装配”选项卡的“组件”面板中单击“插入”按钮，选择“HY-钳座”零件，单击“打开”按钮，在“插入”对话框的“放置”选项组中勾选“固定组件”复选框，在“类型”下拉列表中选择“点”选项，选择原点（0,0,0），如图 7-107 所示，确定后便完成在原点放置钳座零件的操作。

3 组装方块螺母。

在“装配”选项卡的“组件”面板中单击“插入”按钮，打开“插入”对话框，在“必选”选项组中单击“浏览”按钮，在弹出的“打开”对话框中选择“HY-方块螺母”零件，并单击“打开”按钮。返回“插入”对话框，在“放置”选项组中取消勾选“固定组件”复选框，从“插入后”下拉列表中选择“插入后对齐”选项，如图 7-108 所示。

添加一个同心约束。在图形窗口中任意指定一点临时放置方块螺母，此时弹出“编辑约束”

对话框，在“约束”选项组中单击“同心”按钮◎，接着在方块螺母中选择螺孔内径的一个圆柱曲面，以及在钳座零件中选中一个孔圆柱曲面，如图 7-109 所示，注意默认方向是否正确，接着单击“应用”按钮。

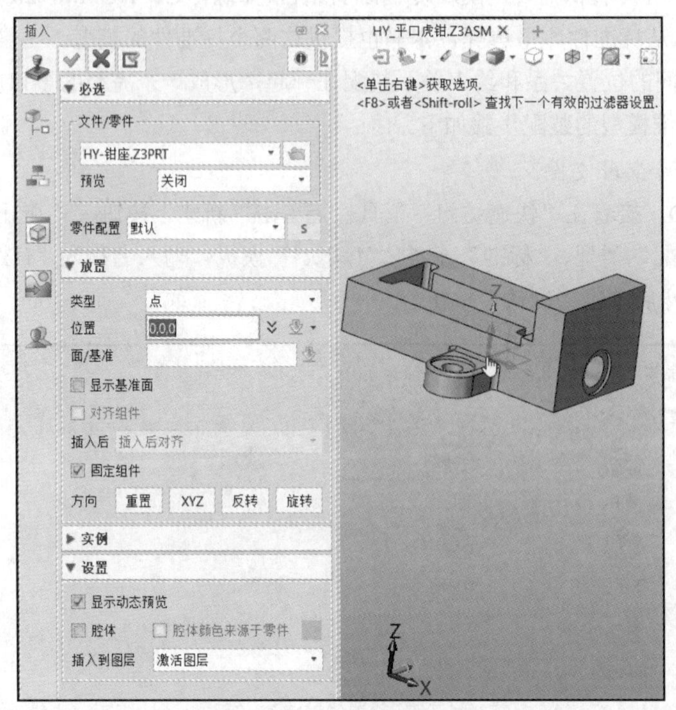

图 7-107 装配钳座零件

图 7-108 “插入”对话框的设置

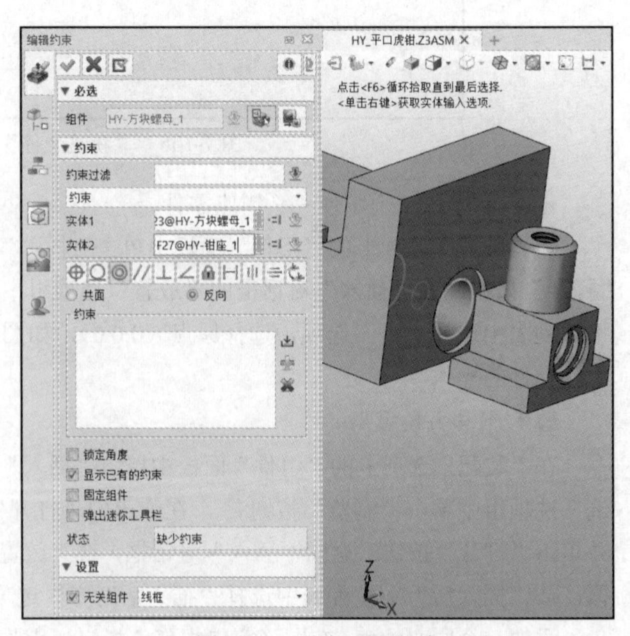

图 7-109 添加同心约束

再添加一个距离约束。在“约束”子选项组中单击“添加”按钮，再单击“距离”按钮，分别在方块螺母和钳座零件中选择相应的平整面来进行距离约束，如图 7-110 所示，设置两者的距离值为“45mm”，然后单击“应用”按钮。

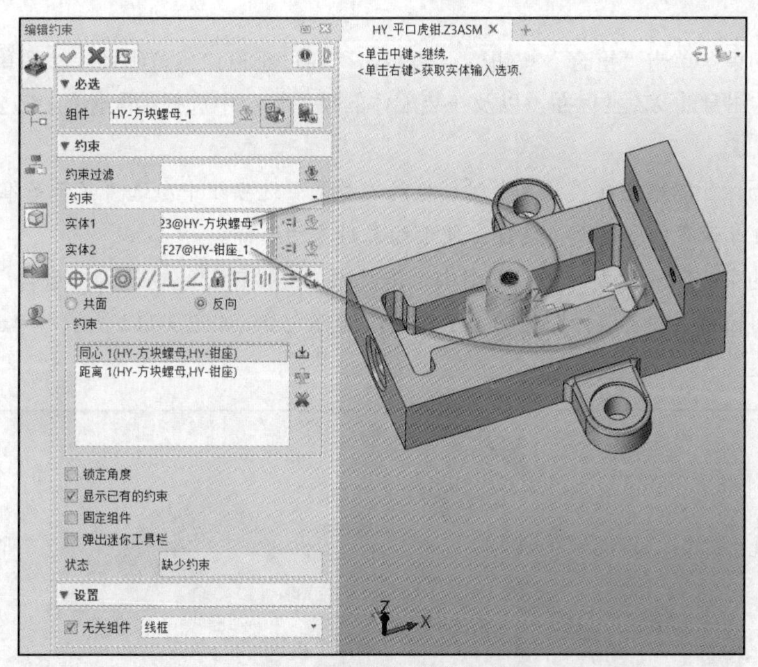

图 7-110　添加距离约束

此时，状态还是提示“缺少约束”，再给方块螺母和钳座添加一个平行约束以充分约束方块螺母。在“约束”子选项组中单击“添加”按钮，再单击“平行”按钮，分别在方块螺母和钳座上选择要平行约束的实体面，单击“应用”按钮，此时状态提示为“明确约束”，再单击“编辑约束”对话框的“确定”按钮。图 7-111 为方块螺母和钳座的平行约束关系。

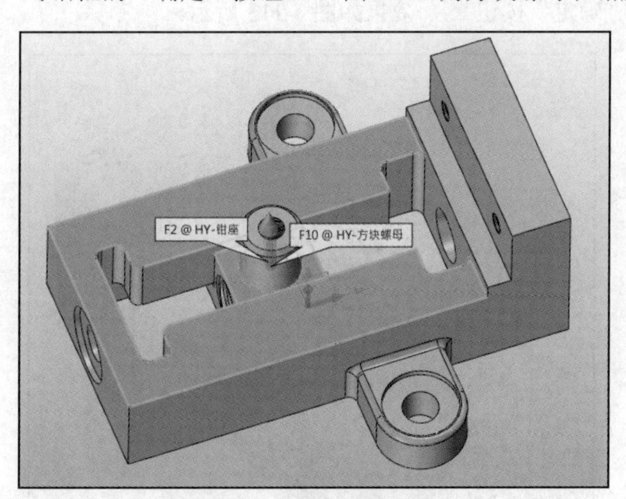

图 7-111　添加平行约束

4 组装活动钳身。

在“装配”选项卡的“组件”面板中单击“插入”按钮，打开“插入”对话框，在“必选”选项组中单击“浏览”按钮，在弹出的“打开”对话框中选择“HY-活动钳身”零件，并单击“打开”按钮。返回“插入”对话框，从“预览”下拉列表中选择“图像”选项，零件配置选项为“默认”，默认插入后的操作方式为“插入后对齐”，确保取消勾选“固定组件”复选框，先在图形窗口中任意位置指定一点以临时放置活动钳身，系统弹出“编辑约束”对话框。

第一组约束：单击“重合”按钮，再单击“通过小窗口预览组件”按钮，以在小窗口中选择活动钳身的XZ坐标面，以及在装配体的模型窗口中选择装配体的XZ坐标面，单击“应用”按钮。

操作技巧：可以事先在“插入”对话框的“放置”选项组中勾选“显示基准面”复选框，以显示模型自身带有的基准面，这样会便于约束对象的选择。

第二组约束：在“约束”子选项组中单击“添加”按钮，默认为“重合”约束，选择活动钳身的底面，接着选择钳座的上工作面，偏移为0，如图7-112所示，单击“应用”按钮。

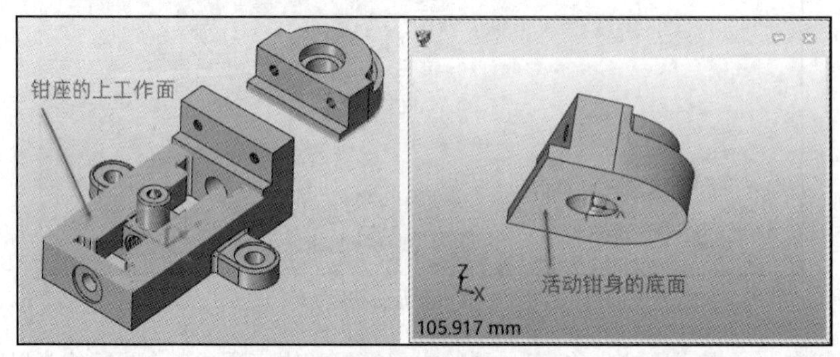

图7-112 添加重合约束

第三组约束：在“约束”子选项组中单击“添加”按钮，再单击“同心”按钮，分别在活动钳身和方块螺母上选择要操作的圆柱曲面，单击“应用”按钮，然后单击“编辑约束”对话框中的“确定”按钮，效果如图7-113所示。

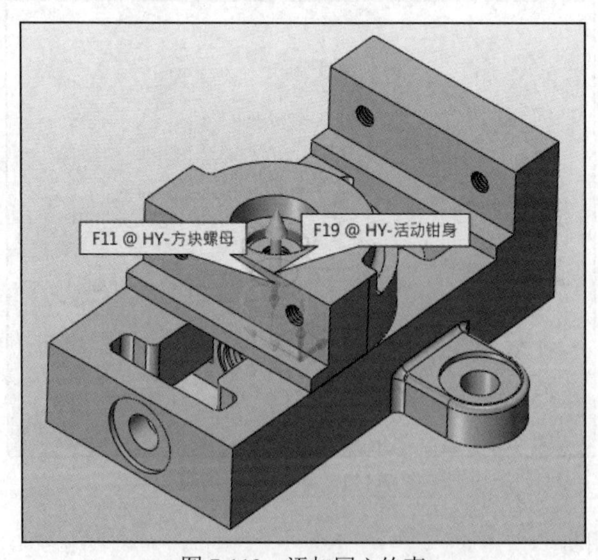

图7-113 添加同心约束

此时，发现活动钳身的一个约束方位反了，怎么办？

很简单，可以对该约束进行编辑处理，方法是在“装配管理”管理器窗口中展开“约束”节点，选择并右击活动钳身的“重合 1”约束，如图 7-114 所示，接着从弹出的快捷菜单中选择“重定义”命令，打开“重定义约束”对话框，在“约束”选项组中选中“相反”单选按钮以切换重合方位，如图 7-115 所示，然后单击“确定”按钮。

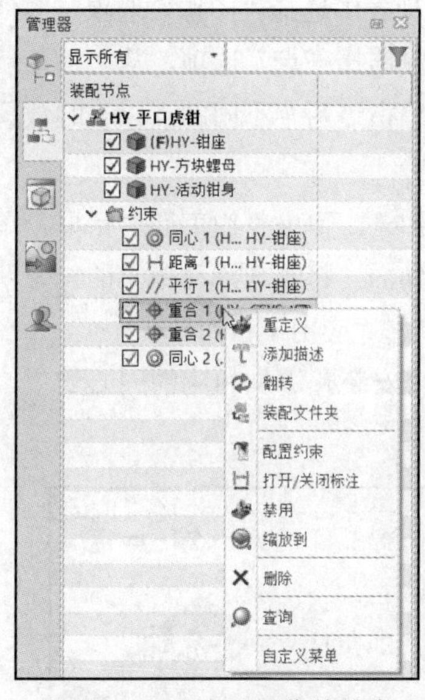

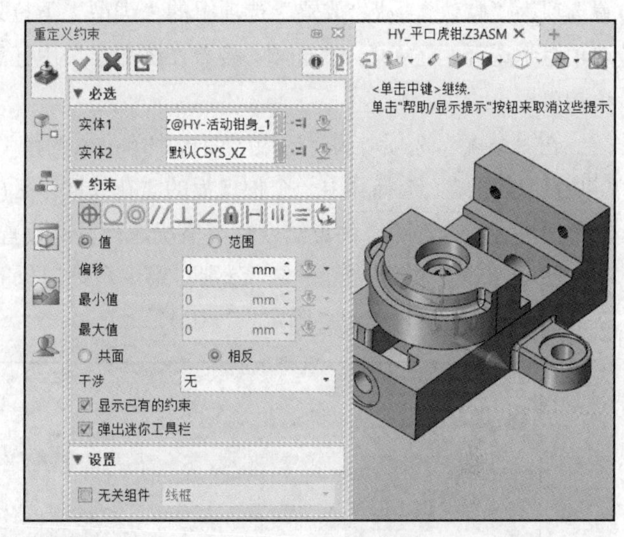

图 7-114 右击要操作的约束　　　图 7-115 反向设置

5 组装固定螺钉。

在“装配”选项卡的“组件”面板中单击“插入”按钮，打开“插入”对话框，在“必选”选项组中单击“浏览”按钮，在弹出的“打开”对话框中选择“HY-固定螺钉”零件，并单击“打开”按钮。返回“插入”对话框，从“预览”下拉列表中选择“图像”选项，零件配置选项为“默认”，默认插入后的操作方式为“插入后对齐”，确保取消勾选“固定组件”复选框，从“放置”选项组的“类型”下拉列表中选择“自动孔对齐”选项，接着将鼠标指针置于活动钳身零件的一个圆环面上以指定检测孔的面，如图 7-116 所示，然后单击“确定”按钮。

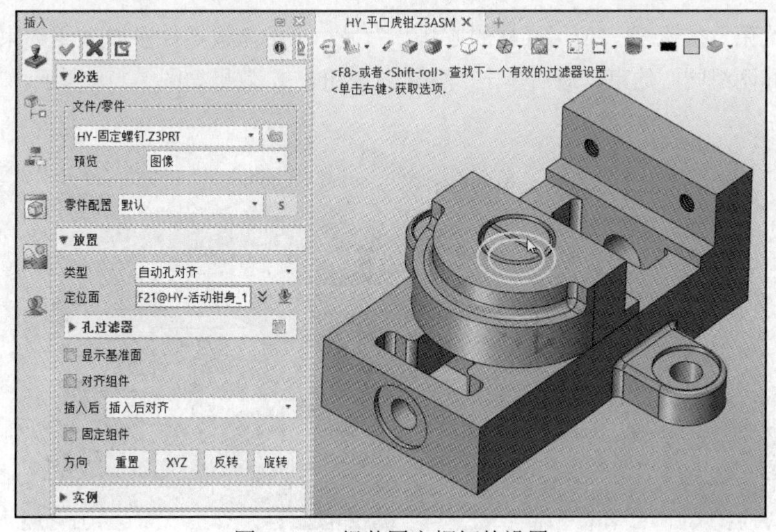

图 7-116 组装固定螺钉的设置

思考：如果勾选“固定组件”复选框会得到什么样的效果呢？

6 组装两个护口板。

在“装配”选项卡的“组件”面板中单击“插入”按钮，打开“插入”对话框，在“必选”选项组中单击“浏览”按钮，在弹出的“打开”对话框中选择“HY-护口板”零件，并单击“打开”按钮。返回“插入”对话框，从“预览”下拉列表中选择“图像”选项，零件配置选项为“默认”，从“放置”选项组的“类型”下拉列表中选择“点”选项，从“插入后”选项组中选择“重复插入”选项，接着在图形窗口中任意位置指定两个不同的点以临时放置两个护口板。

在“装配”选项卡的“约束”面板中单击“约束”按钮，弹出“约束”对话框，单击“重合”按钮，选择其中一个护口板的与花纹面平行的实体面，将其与活动钳身的一个匹配放置面进行重合约束，注意结合预览情况进行反向设置，单击“应用”按钮。

接着单击“同心”按钮，分别对第一个护口板的两个安装孔添加相应的同心约束，效果如图 7-117 所示，单击“确定”按钮。

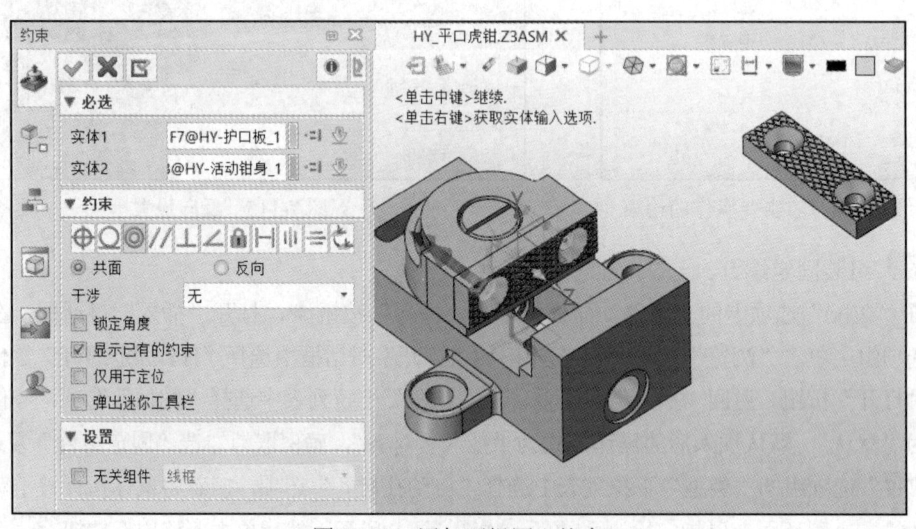

图 7-117 添加两组同心约束

单击“约束”按钮，使用同样的方法，为另一个护口板零件添加 3 组约束，分别为一组重合约束和两组同心约束，最后单击“确定”按钮，效果如图 7-118 所示。

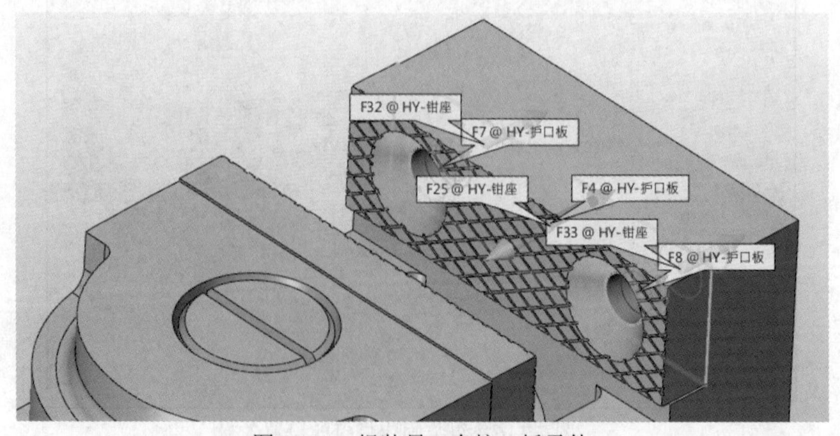

图 7-118 组装另一个护口板零件

7 组装 M8×20 开槽沉孔螺钉。

在“装配”选项卡的“组件”面板中单击“插入”按钮，打开“插入”对话框，在“必选”选项组中单击“浏览”按钮，在弹出的“打开”对话框中选择“M8×20 开槽沉孔螺钉”零件，并单击“打开”按钮。返回“插入”对话框，在“放置”选项组的“类型”下拉列表中选择“点”选项，勾选“对齐组件”复选框，从“插入后”下拉列表中选择“重复插入”选项，接着在图形窗口中分别指定 4 个插入点，以插入 4 个 M8×20 开槽沉孔螺钉，如图 7-119 所示。

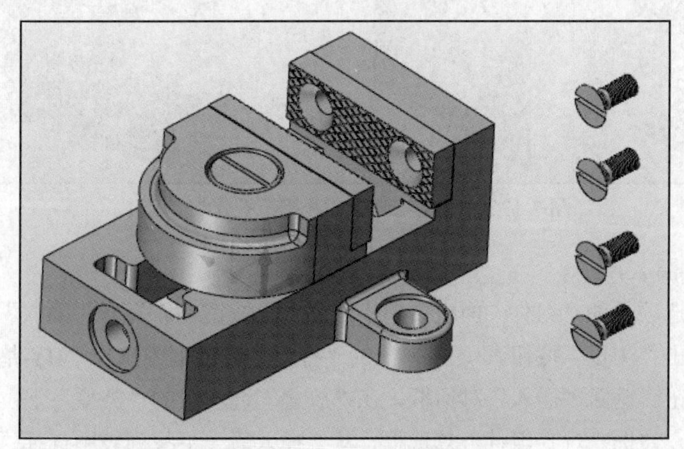

图 7-119　指定 4 个插入点

在“装配”选项卡的“约束”面板中单击“约束”按钮，弹出“约束”对话框，在“约束”选项组中单击“同心”按钮，选择其中一个开槽沉孔螺钉的螺纹圆柱曲面，再在其中一个护口板上选择与螺钉的螺纹圆柱曲面对应的孔的圆柱曲面，单击“应用”按钮，效果如图 7-120 所示。

再在“约束”选项组中单击“相切”按钮，在开槽沉孔螺钉上选择沉孔圆锥曲面，再在护口板上选择一个与沉孔圆锥曲面相对应的圆锥曲面，如图 7-121 所示，单击鼠标中键确认完成。

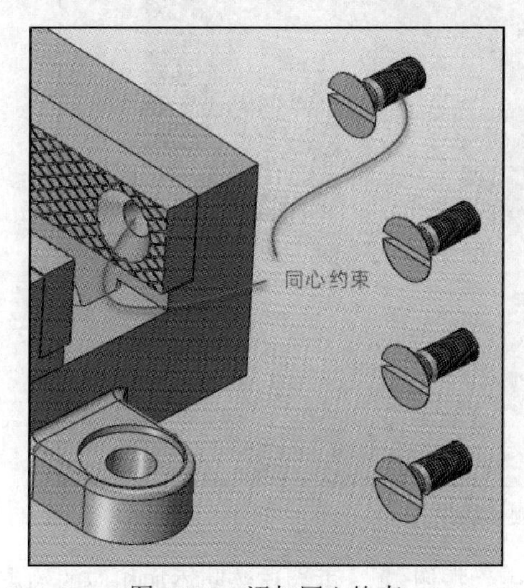

图 7-120　添加同心约束

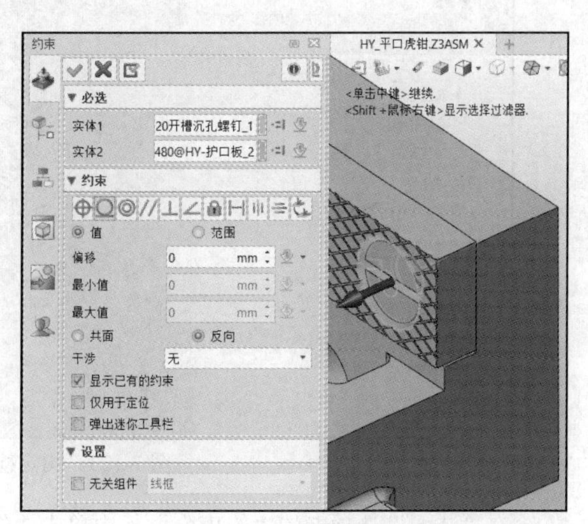

图 7-121　添加相切约束

使用同样的方法完成其他3个M8×20开槽沉孔螺钉的组装工作，每个开槽沉孔螺钉都使用一个同心约束和一个相切约束，效果如图7-122所示。

图7-122 完成其他3个开槽沉孔螺钉的组装

S 组装垫圈A。

在“装配”选项卡的“组件”面板中单击“插入”按钮，打开“插入”对话框，在“必选”选项组中单击“浏览”按钮，在弹出的“打开”对话框中选择“HY-垫圈A”零件，并单击“打开”按钮。返回“插入”对话框，在“放置”选项组的“类型”下拉列表中选择“自动孔对齐”选项，勾选“对齐组件”复选框，从“插入后”下拉列表中选择“无”选项，指定检测孔的面，如图7-123所示，选择钳座的圆环内台阶面作为检测孔的面后，单击“确定”按钮，快速完成垫圈A的组装。

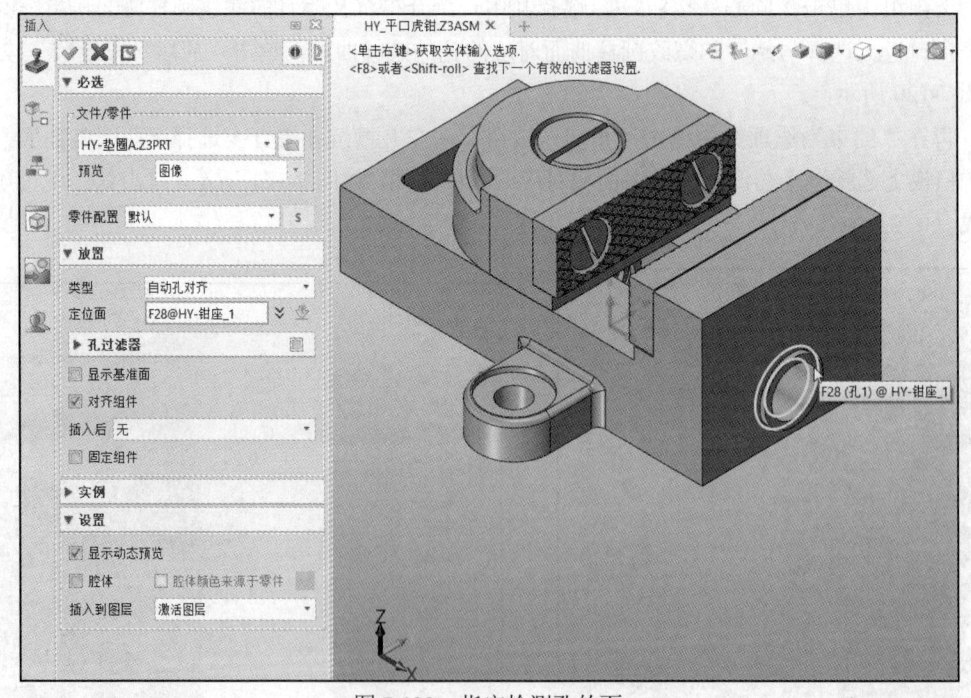

图7-123 指定检测孔的面

在“装配”选项卡的“约束”面板中单击“约束”按钮，再为该垫圈添加相应的约束关系，如图7-124所示。

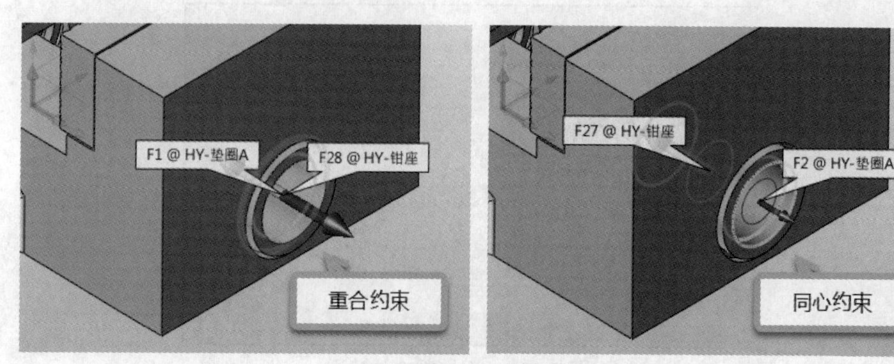

图 7-124　添加两组约束关系

9 组装螺杆。

在“装配”选项卡的“组件”面板中单击“插入”按钮，打开“插入”对话框，在“必选”选项组中单击“浏览”按钮，在弹出的“打开”对话框中选择“HY-螺杆”零件，并单击“打开”按钮。返回“插入”对话框，在“放置”选项组的“类型”下拉列表中选择“点”选项，取消勾选“对齐组件”复选框，从“插入后”下拉列表中选择“插入后对齐”选项，在图形窗口中指定一点临时放置螺杆，系统弹出“编辑约束”对话框。

在“编辑约束”对话框的“约束”选项组中，单击“同心”按钮，以添加同心约束，为螺杆添加与钳座的同心约束，如图 7-125 所示，可以设置无关组件的显示样式为“线框”，单击“应用”按钮。

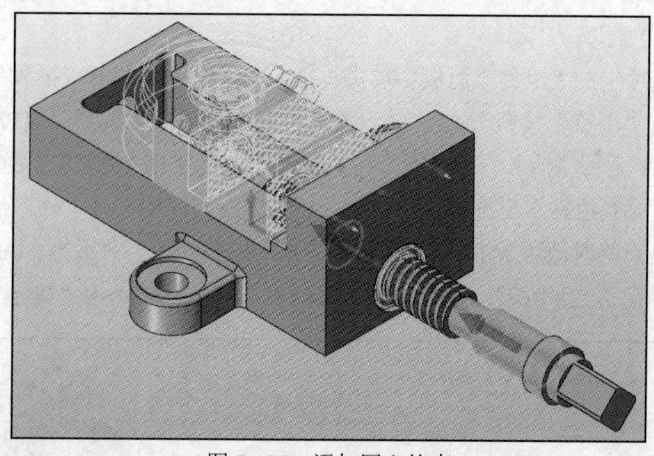

图 7-125　添加同心约束

在“约束”选项组中单击“重合”按钮，可勾选“弹出迷你工具栏”复选框，为螺杆添加与垫圈 A 的重合约束，如图 7-126 所示，在迷你工具栏（即“对齐组件”工具栏）中单击“确定”按钮。

10 组装垫圈 B。

在“装配”选项卡的“组件”面板中单击“插入”按钮，打开“插入”对话框，在“必选”选项组中单击“浏览”按钮，在弹出的“打开”对话框中选择“HY-垫圈 B”零件，并单击“打开”按钮。返回“插入”对话框，在“放置”选项组的“类型”下拉列表中选择“点”选项，取消勾选“对齐组件”复选框，从“插入后”下拉列表中选择“插入后对齐”选项，在图形窗口中指定一点临时放置垫圈 B，系统弹出“编辑约束”对话框。

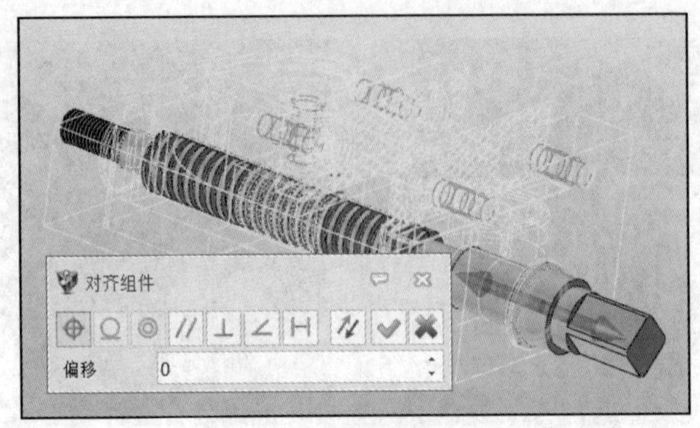

图 7-126 添加重合约束

在“编辑约束”对话框中为垫圈 B 添加两组约束，如图 7-127 所示。

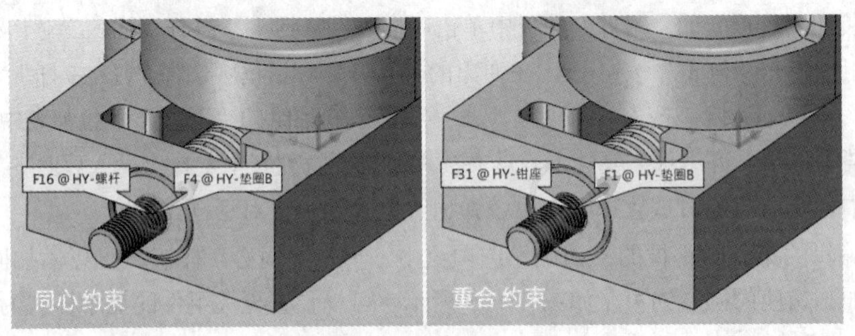

图 7-127 添加两组约束

11 组装 M10 螺母。

在“装配”选项卡的“组件”面板中单击“插入”按钮，打开“插入”对话框，在“必选”选项组中单击“浏览”按钮，在弹出的“打开”对话框中选择“M10 螺母”零件，并单击“打开”按钮。返回“插入”对话框，在“放置”选项组的“类型”下拉列表中选择“点”选项，取消勾选“对齐组件”复选框，从“插入后”下拉列表中选择“插入后对齐”选项，在图形窗口中指定一点临时放置 M10 螺母，系统弹出“编辑约束”对话框。为第一个 M10 螺母添加两组约束，如图 7-128 所示，最后在“编辑约束”对话框中单击“确定”按钮。

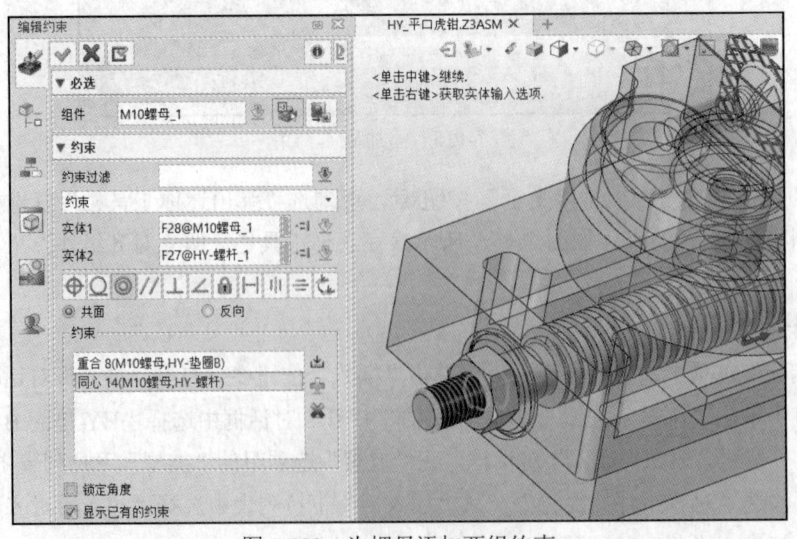

图 7-128 为螺母添加两组约束

使用同样的方法，在螺杆的螺纹端再组装一个 M10 螺母，效果如图 7-129 所示。

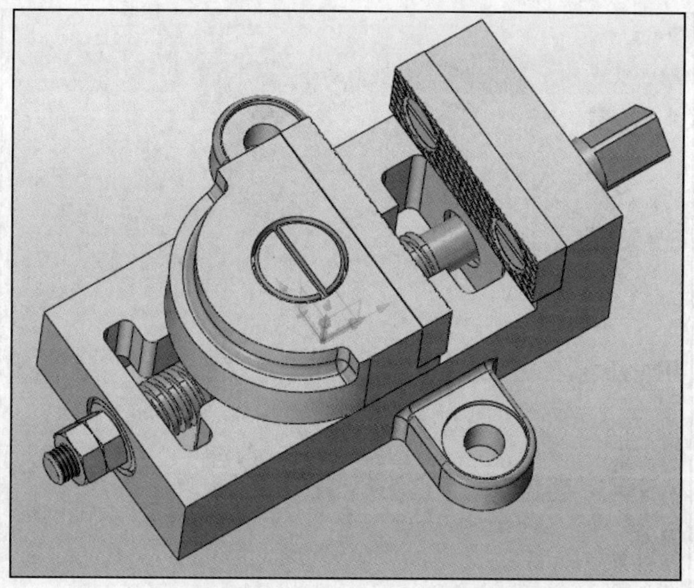

图 7-129　再组装一个 M10 螺母

至此，完成了平口虎钳的全部装配。

12 保存文件。

在“快速访问”工具栏中单击“保存”按钮，保存文件。

7.3.3　利用平口虎钳的三维模型导出二维装配图

装配图是一种用于表达产品各部件之间、各零件之间、部件与零件之间装配关系的重要技术图样。和零件图一样，装配图需要根据产品的外形、结构特点、设计要求等采用各种视图、剖视图、断面图等表达方法（一些结构还有特定的表达方法）。

将各个零件按照位置约束关系完成装配后，便得到一个完整的平口虎钳。

此时，可以利用平口虎钳的三维模型来导出二维装配图。在导出二维装配图时，为了能够清晰地表达装配体的内部结构，需要运用适合的剖切方法，并选择适合的视图类型。

下面介绍如何利用中望 3D 的工程图模块来导出平口虎钳的二维装配图。

1 创建工程图文档。

在中望 3D 中关闭其他零部件窗口，而打开“HY_平口虎钳.Z3ASM”装配文件，接着在“快速访问”工具栏中单击“新建”按钮，弹出“新建文件”对话框。在“类型”选项组中选择“工程图”选项，在“子类”选项组中选择“标准”选项，在“模板”选项组中选择“A3_H（GB）”，在“信息”选项组的“唯一名称”文本框中输入“HY_平口虎钳_装配图”，如图 7-130 所示，单击“确认”按钮。

此时，图形窗口出现一个选定的 A3_H（GB）标准图纸图框，如图 7-131 所示。

2 使用样式管理器对样式进行相关设置。

切换至“工具”选项卡，在“属性”面板中单击“样式管理器”按钮，打开“样式管理器”对话框，如图 7-132 所示，可以对相关的样式进行设置，如为剖面视图设置标签和缩放、箭头等，具体设置过程省略。

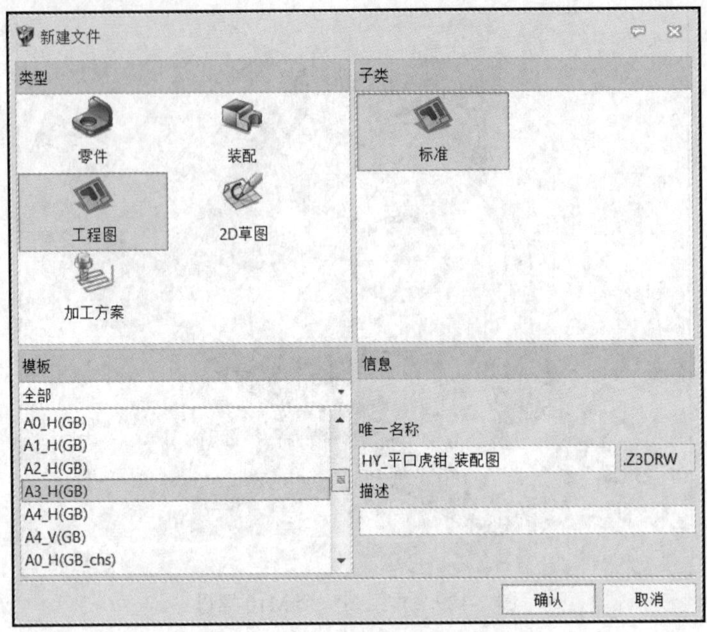

图 7-130 “新建文件”对话框

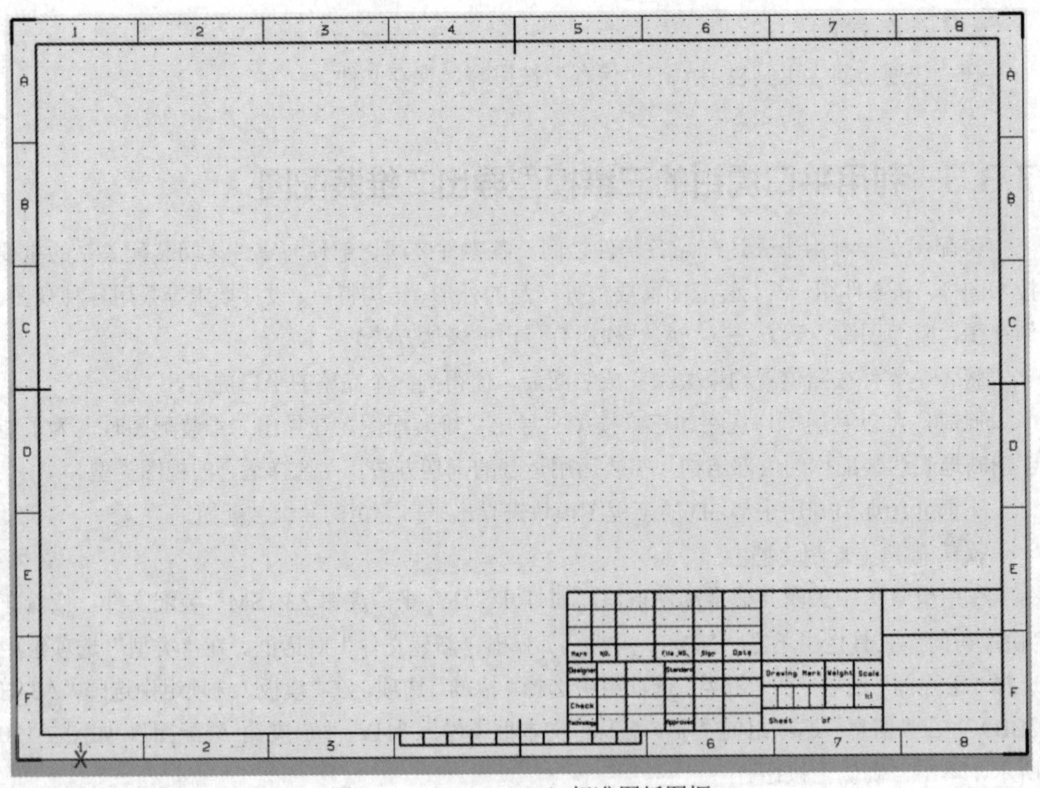

图 7-131 A3_H（GB）标准图纸图框

3 插入第一个标准视图。

切换到“布局”选项卡，在“视图”面板中单击“标准”按钮，打开“标准”对话框，从“视图”下拉列表中选择“俯视图”，在“设置”选项组的“通用”选项卡上进行图 7-133

所示的设置，注意缩放比例为 1∶1。

在图纸图框内的适当位置指定一点以放置该俯视图作为第一个工程视图，如图 7-134 所示，接着在自动弹出的“投影”对话框中直接单击“关闭”按钮。

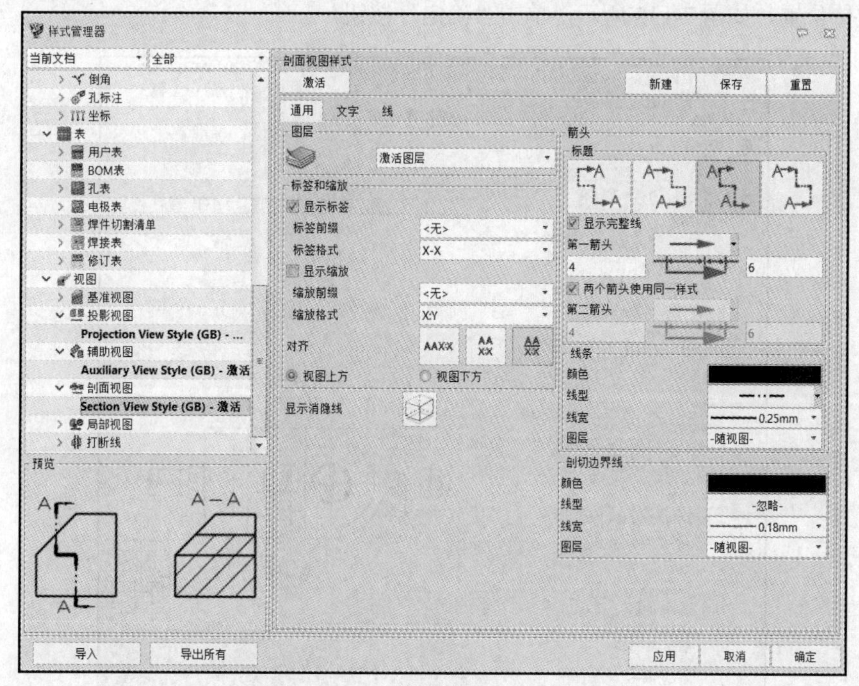

图 7-132　“样式管理器”对话框

图 7-133　“标准”对话框的设置

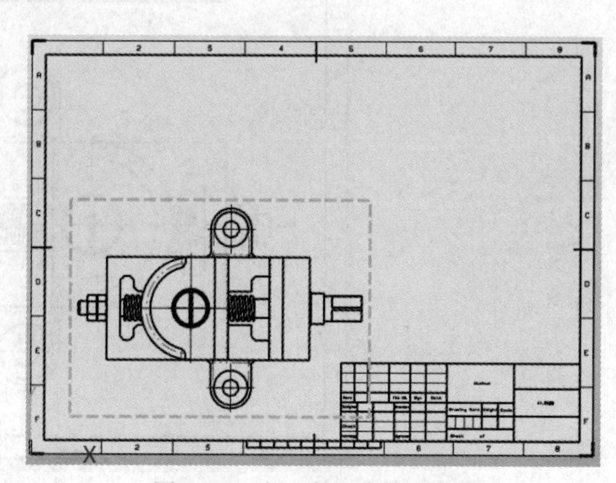

图 7-134　插入第一个标准视图

4 创建全剖视图。

在“布局”选项卡的“视图”面板中单击“全剖视图”按钮，打开“全剖视图”对话框，选择基准视图（即指定父视图），在该父视图上分别指定两点来定义剖切线，再指定全剖视图的放置位置，如图7-135所示，单击“确定”按钮。

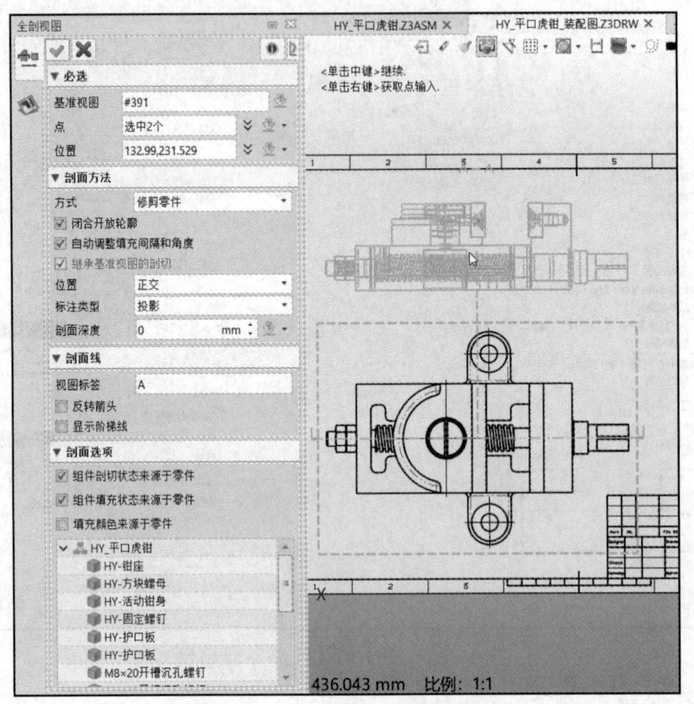

图7-135　创建全剖视图的操作

创建的全剖视图如图7-136所示。

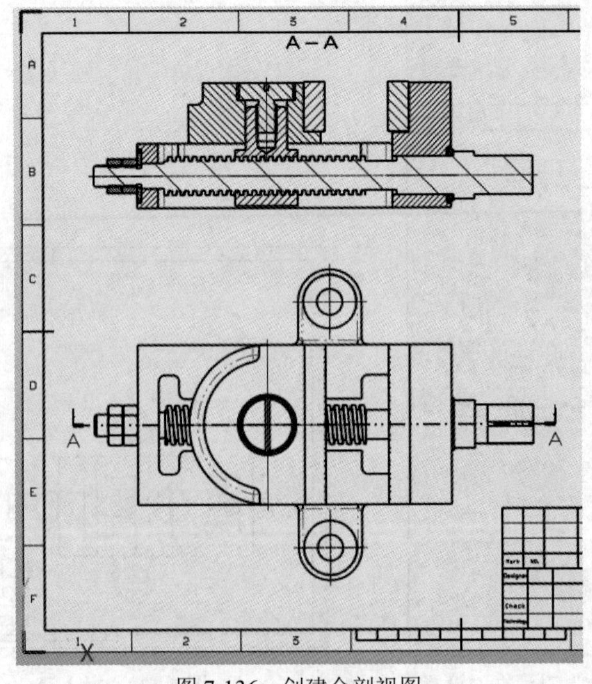

图7-136　创建全剖视图

5 创建左视图。

在“布局”选项卡的“视图”面板中单击“投影”按钮，打开“投影”对话框，选择全剖视图作为父视图，投影方式默认为“第一视角”，标注类型为“投影”，在父视图的右侧指定一点以放置左视图，单击鼠标中键确认，创建的左视图如图 7-137 所示。

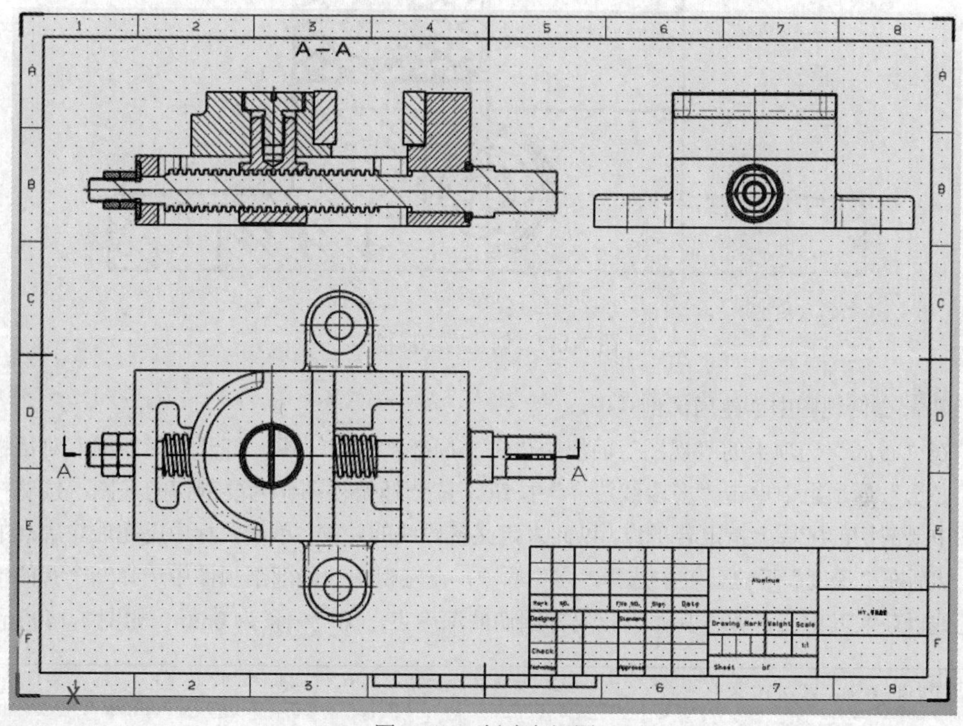

图 7-137　创建左视图

6 在左视图中创建局部剖视图。

在“布局”选项卡的“视图”面板中单击“局部剖”按钮，打开“局部剖”对话框，在“必选”选项组中单击“矩形边界”按钮，选择左视图作为要剖切的视图，在左视图中为矩形边界指定两个角点，在“深度”下拉列表中选择“点”选项（可供选择的选项还有“剖平面”和“3D 命名”），接着在俯视图中选择标注孔的中心标记以定义剖切深度点，如图 7-138 所示。

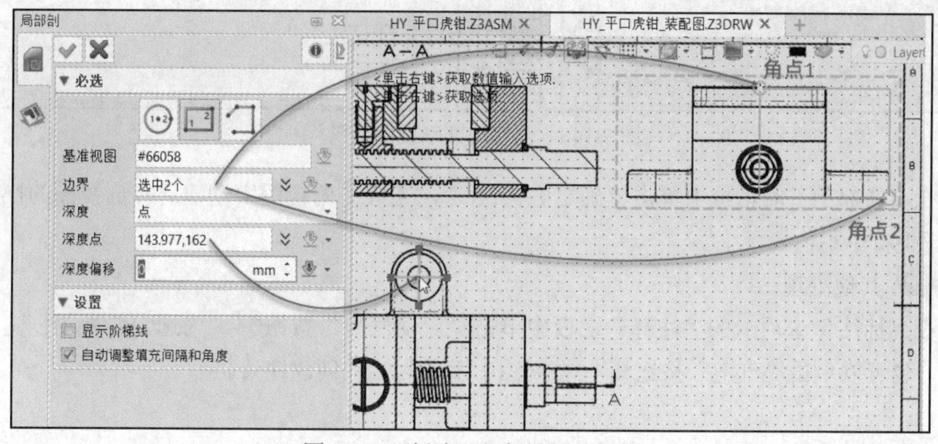

图 7-138　创建局部剖视图的操作

在“局部剖”对话框中单击“确定”按钮，完成在左视图中创建局部剖视图的操作，如图 7-139 所示。

图 7-139 创建局部剖视图

7 在俯视图中创建局部剖视图。

在“布局”选项卡的“视图”面板中单击“局部剖”按钮，打开“局部剖”对话框，在“必选”选项组中单击“多段线边界”按钮，选择俯视图作为要剖切的视图，接着在俯视图中要剖切的区域上指定若干点，以此来定义多段线的轮廓，单击鼠标中键完成轮廓点的定义，然后在“深度”下拉列表中选择“点”选项，在左视图的局部剖视图中选择一个孔的十字标记线以获取其中心，并将其作为该局部剖切的深度点，深度偏移为 0mm，如图 7-140 所示。

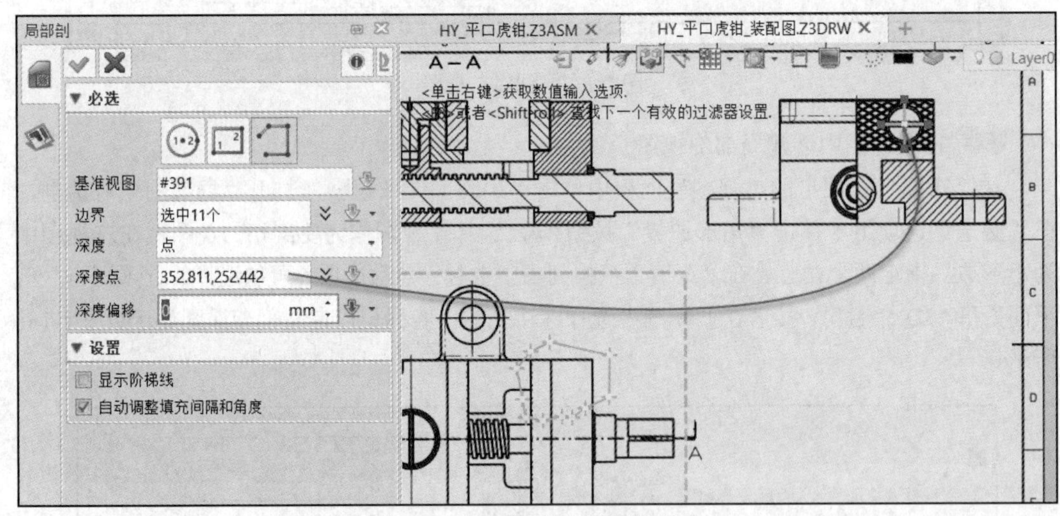

图 7-140 创建局部剖视图的操作

在“局部剖”对话框中单击“确定”按钮，完成在俯视图中创建局部剖视图的操作，如图 7-141 所示。

8 其他处理。

在“标注”选项卡的“注释”面板中单击“自动气泡”按钮，为选定的视图创建零件序号，也可以单击“气泡”按钮，在视图中手动为零件创建序号。

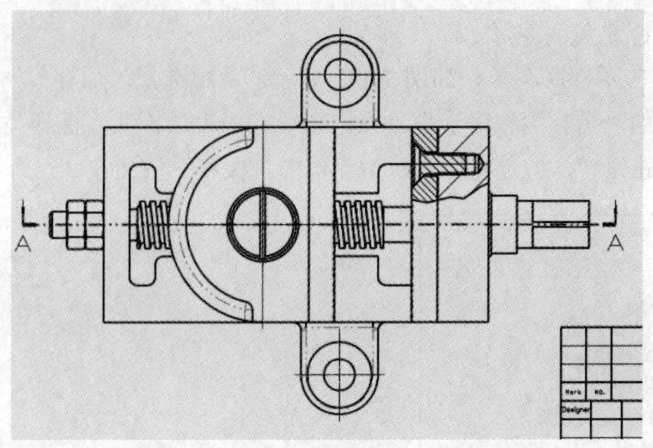

图 7-141 在俯视图中创建局部剖视图

“注释”面板提供了常用的标注工具，可以为装配图标注尺寸。在装配图中，根据产品或设备的使用要求，一般标注的尺寸包括规格尺寸、外形尺寸、装配尺寸、安装尺寸和其他重要的尺寸。

- 规格尺寸：用于表达产品或设备的规格和性能。
- 外形尺寸：用于表示产品或设备总的长、宽、高。
- 装配尺寸：用于说明产品或设备内零件之间的装配要求。
- 安装尺寸：产品或设备安装在基准零部件或其他零部件上所必需的尺寸。
- 其他重要的尺寸：如与装配尺寸链相关的设计尺寸、运动件极限位置的位置尺寸、装配时的加工尺寸及某些重要的结构尺寸等。

标注装配图的技术要求时，可以使用“绘图”选项卡中的文字工具来完成。

切换至“布局”选项卡，单击“表”面板中的“BOM 表”按钮，可以快速创建简易的明细表。

由于中望 3D 生成并处理的装配图通常是工程草图，所以如果要获得更标准的装配图，通常可以将由三维模型生成的装配图导出为 DWG 格式的图形文件，然后再使用中望 CAD 或中望 CAD 机械版对导出的图形文件进行修改。

在导出 DWG 格式的图形文件之前，可以在“布局”选项卡中单击“投影”按钮，利用俯视图生成另外一个“主视图”来作为修改装配图的一个参考图样，生成的参考图样可以放置在图纸图框的空白区域处，如图 7-142 所示。

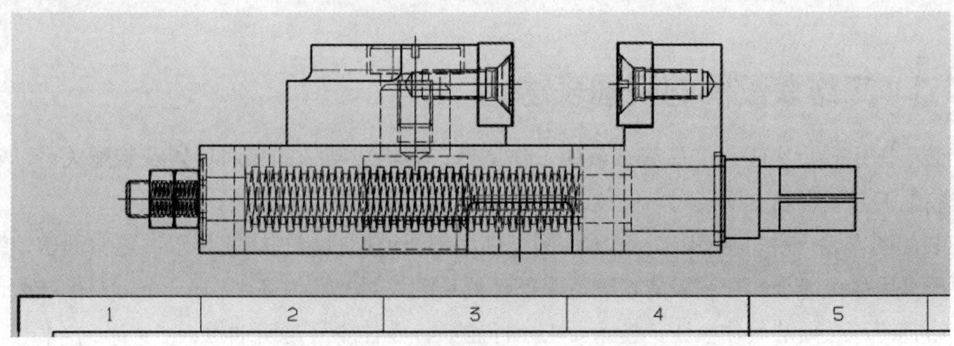

图 7-142 利用俯视图生成一个参考图样

9 导出DWG格式的图形文件。

打开“文件”应用程序菜单，如图7-143所示，从中选择“保存”→“另存为”命令，弹出图7-144所示的“另存为”对话框，指定要保存的目录，从“保存类型”下拉列表中选择“DWG File（*.dwg）”，指定文件名，然后单击“保存”按钮。

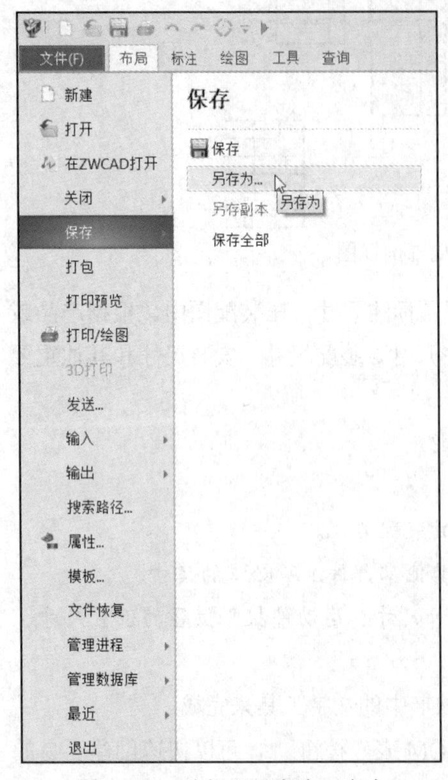

图7-143 选择“另存为”命令

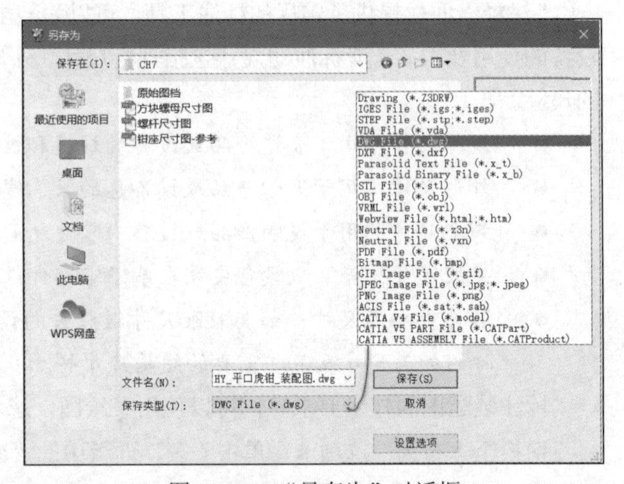

图7-144 “另存为”对话框

7.4 使用中望CAD机械版完成二维装配图的绘制

本节主要使用中望CAD机械版来完成二维装配图的绘制，还是以常见的平口虎钳为例，通过案例演示的方式讲解二维装配图的视图表达及标注。

7.4.1 二维装配图的视图表达

装配图主要用来表达产品或设备的工作原理、各组成部分的相对位置及装配关系，它是制定装配工艺规程及支撑装配、安装、检验、维修等环节的技术文件。

装配图作为一种机械图样，和零件图一样，都要遵循机械制图的要求。通常而言，装配图要求采用尽可能少的视图来清晰表达零部件的装配关系及其内部结构，一个完整的装配图包括一组视图、必要的尺寸标注、技术要求、标题栏、零件序号与明细栏。

以平口虎钳为例，使用中望3D的工程图模块可以将平口虎钳的三维装配模型生成二维视图，在这个过程中已经规划好了平口虎钳的视图表达：一个俯视图、一个全剖的主视图，以及一个半剖的左视图。这些基本可以表达平口虎钳各零件的装配关系和传动原理，其中俯视图上还加了一个局部剖视图，用于表达开槽沉孔螺钉 M8×20 将护口板锁紧在钳座的连接结构。这种“三视图”的视图表达是比较常见的，也是非常实用的。此外，还要注意一些工艺结构的简化画法。

1 使用中望 CAD 机械版打开之前保存的平口虎钳装配图文件。

启动中望 CAD 机械版后，在其“快速访问”工具栏中单击“打开”按钮，弹出“选择文件”对话框，选择 7.3.3 小节完成的平口虎钳装配图文件。

此时，在中望 CAD 机械版中，可以将原来的图框和标题栏删除，然后在“机械”选项卡的“图框”面板中单击“图幅设置”按钮，在弹出的对话框中进行图 7-145 所示的图幅设置，单击“确定”按钮，在“请选择新的绘图区域中心及更新比例的图形：”提示下按 Enter 键，再在“请指定目标位置：”提示下输入“0,0”并按 Enter 键。

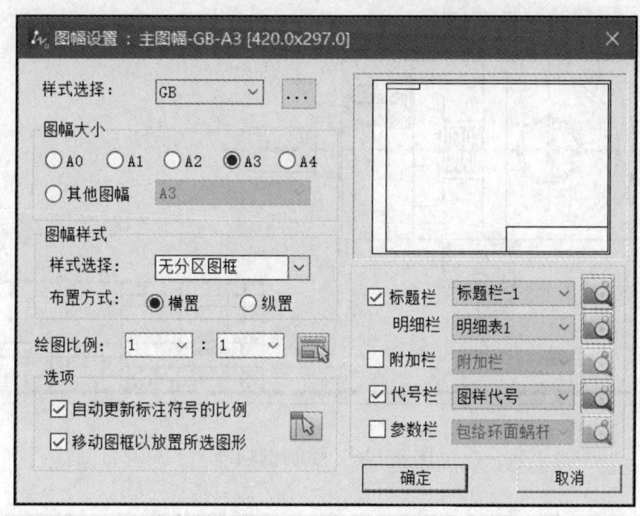

图 7-145　设置图幅

由于俯视图和主视图的对齐关系明显，俯视图上可以省略剖切符号及剖切线，而在俯视图上画上表示左视图半剖的剖切线。

如果要在视图中绘制剖切线，则在“机械”选项卡的“创建视图”面板中单击“剖切线”按钮，接着分别指定两点，按 Enter 键，指定剖视图方向，再指定视图名称的放置基点，效果如图 7-146 所示。

2 删除重复对象。

在“扩展工具”选项卡的“编辑工具”面板中单击“删除重复对象”按钮，选择全部图形对象后按 Enter 键，系统弹出图 7-147 所示的“删除重复对象”对话框，单击“确定”按钮。

3 设置图层特性，并修改装配图线型等。

在“常用”选项卡的“图层”面板中单击“图层特性”按钮，根据机械制图标准对将要使用到的图层进行相应的设置，包括线型、线宽、颜色等。

在状态栏中单击“线宽”按钮，设置用粗实线显示轮廓线，以便在图形窗口中更清楚地区分轮廓线与其他细实线、中心线等。在修改装配图的相关图线时建议通过图层控制，即同类图线的线型、线宽、颜色等都设置为“随层”，便于以后统一修改。

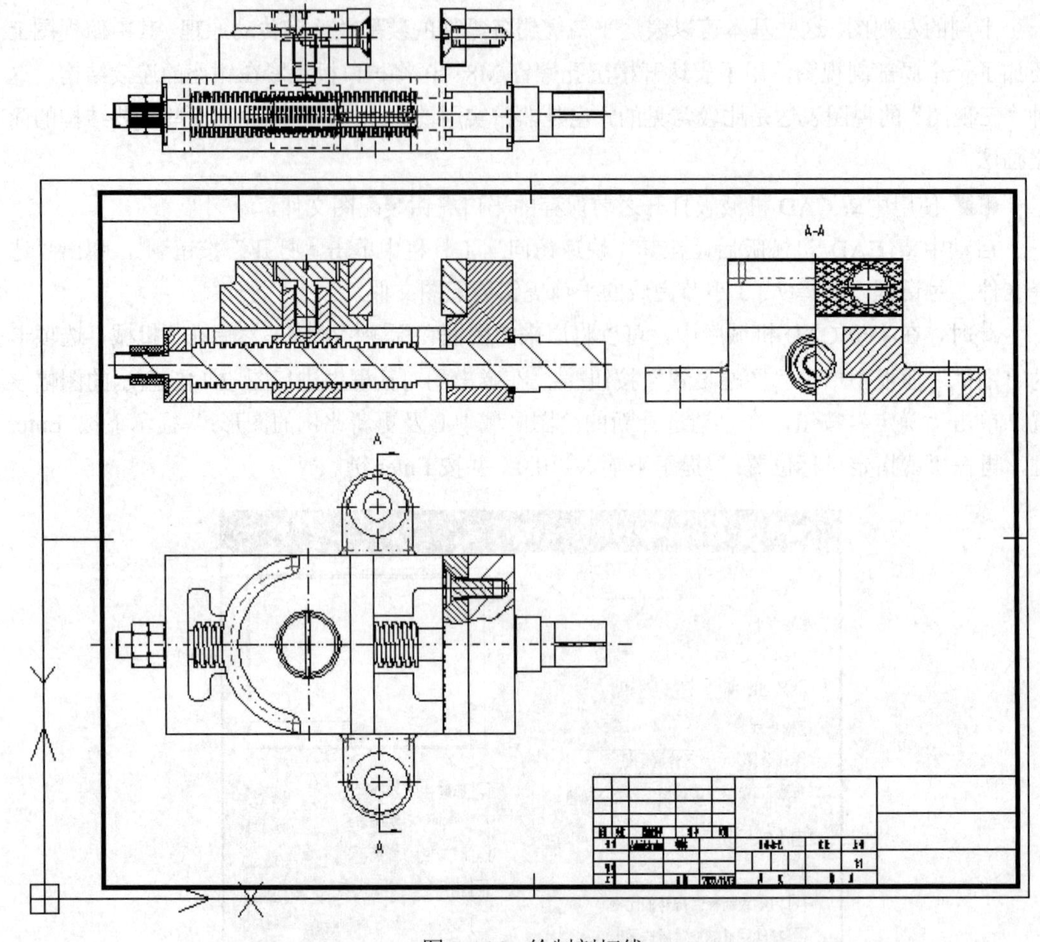

图 7-146 绘制剖切线

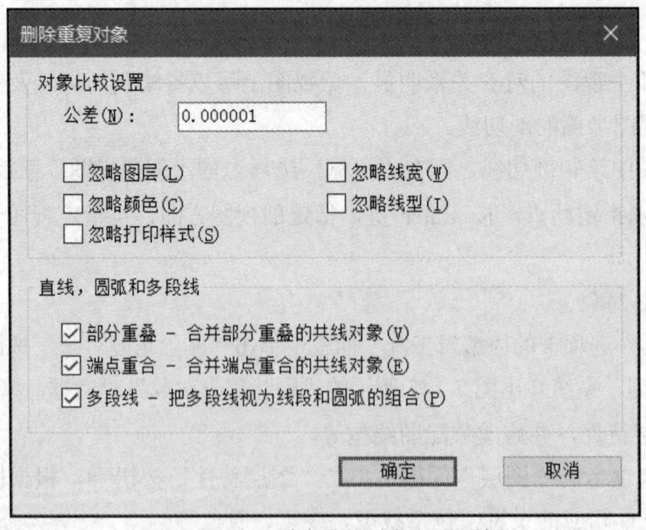

图 7-147 “删除重复对象”对话框

4 在装配图中螺纹连接及一些零件的工艺结构可采用简化画法。

在装配图中，对于紧固件、轴、球、连杆、键、销、钩子等实心的零件，在按轴向剖切且剖切平面通过其对称平面或轴线时，这些零件均按不剖绘制。如果需要特别表明这些零件的键槽、凹槽、销孔等结构，可根据需要采用局部剖视图来表达。

对装配图进行相应的一系列修改和处理后，得到图 7-148 所示的效果，可以看到图线已完成修改，相关结构采用简化画法，部分零件采用不剖处理。

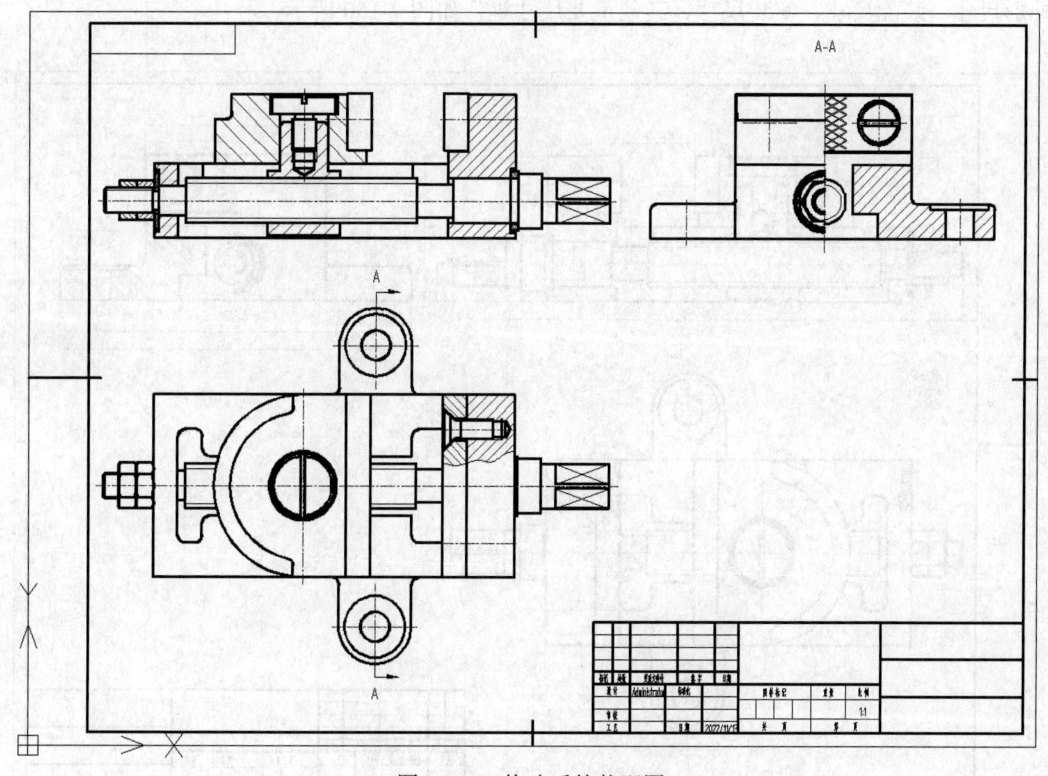

图 7-148 修改后的装配图

❺ 表示出螺杆带动活动钳身所能到达的极限位置。

以假想画法用双点画线绘制表示极限位置的图形，主要是表达钳口开合极限位置（即两护口板之间的开合范围），如图 7-149 所示。

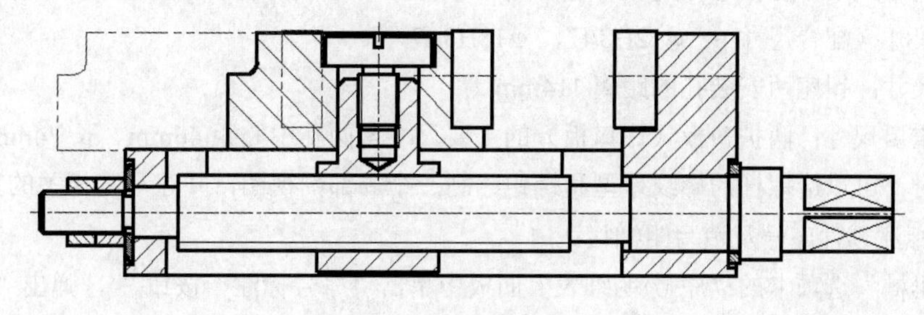

图 7-149 假想画法

7.4.2 二维装配图的标注

在二维装配图中，一般需要标注规格尺寸、外形尺寸、装配尺寸、安装尺寸和其他重要的尺寸。

1 设置“7标注层”为当前图层。

在“常用”选项卡的“图层”面板中，在“图层”下拉列表中选择“7标注层”作为当前图层（使用“图层”下拉列表可以给相关图线设置所属图层，具体操作要看实际情况）。

2 切换至“机械标注”选项卡，使用相应的标注工具在二维装配图中标注规格尺寸、外形尺寸、装配尺寸、安装尺寸、其他重要尺寸等，如图7-150所示。

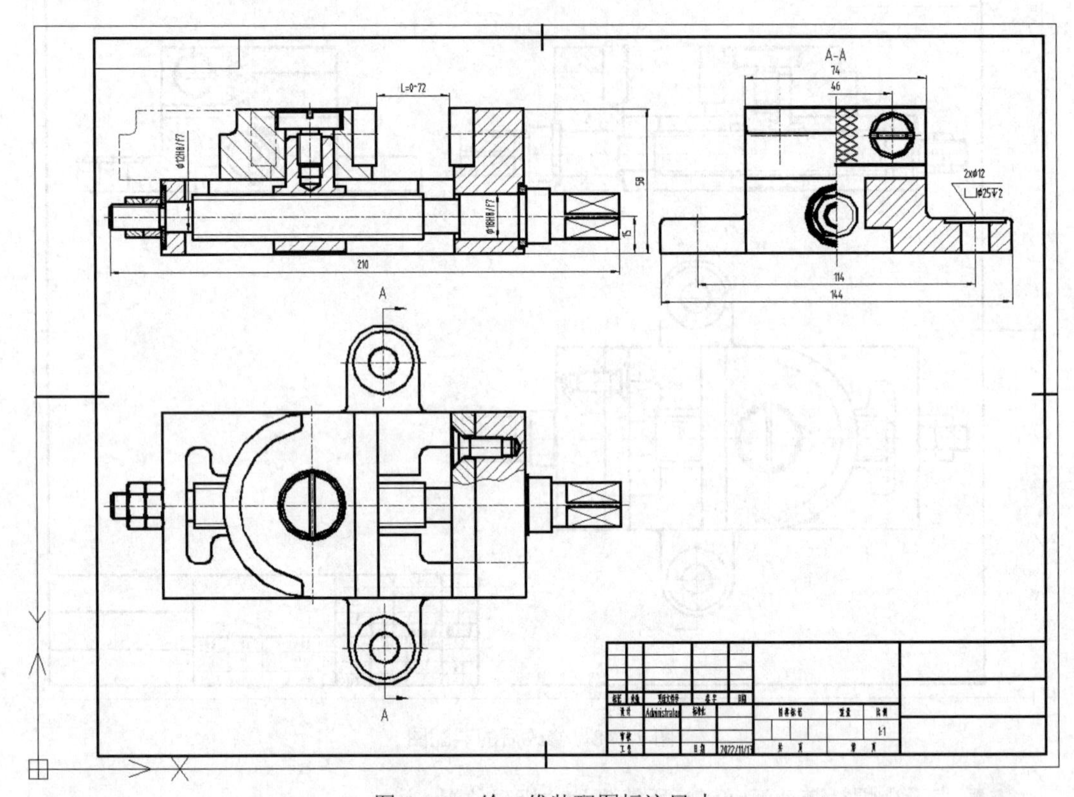

图7-150 给二维装配图标注尺寸

规格尺寸：用于表示钳口的开合范围（工作范围），l=0～72mm，螺杆中心高15mm。

外形尺寸：平口虎钳总体的长、宽、高，总长210mm、总宽144mm、总高58mm。

装配尺寸（配合尺寸）：ϕ12H8/f7、ϕ18H8/f7等。

安装尺寸：钳座两安装孔的距离114mm等。

其他重要尺寸：两护口板（钳口板）的主要尺寸含两孔中心距46mm、长74mm等。

必要时，可以给螺杆的螺纹牙型和螺距绘制一个局部剖视图，并注写其相关的重要尺寸。

3 标注零件序号及填写明细栏。

在“机械”选项卡的“序号/明细表”面板中单击“序号标注”按钮，弹出“引出序号主图幅GB”对话框，选择“直线型”序号类型，并设置相应的序号内容和其他选项，如图7-151所示，单击“确定”按钮。

在图形窗口中选择要附着的对象或引出点，系统弹出图7-152所示的“序号输入 主图幅GB”对话框，为第1个零件输入图号、名称、数量、材料、单重、总重和备注等信息，其中，零件类型为“自制零件”（图中未显示出来，请自行设置），然后单击“确定”按钮。

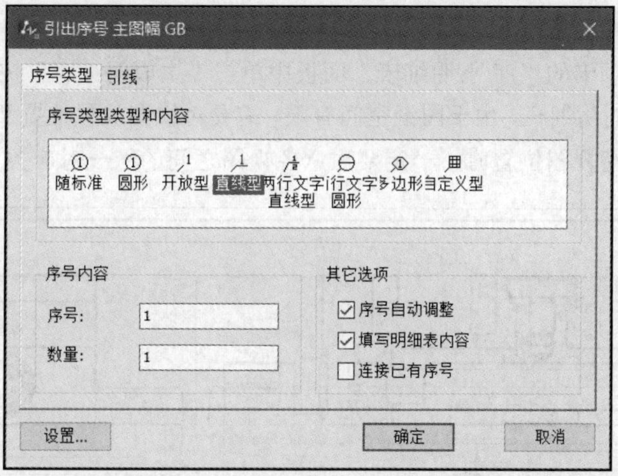

图 7-151　“引出序号 主图幅 GB”对话框

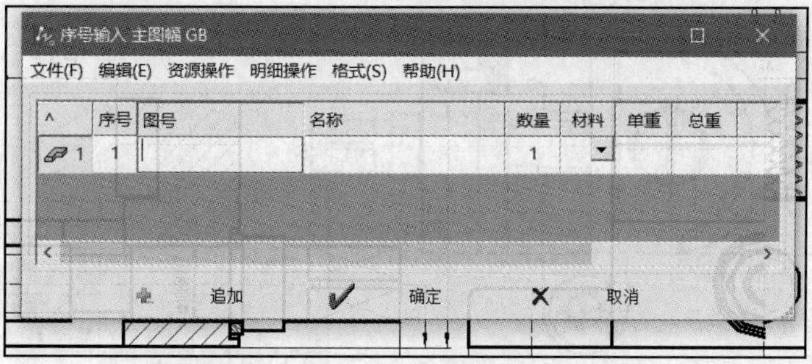

图 7-152　“序号输入 主图幅 GB”对话框

接下来，选择要附着的对象或引出点，并在弹出的“序号输入 主图幅 GB”对话框中输入新的序号信息，如此操作，一共在主视图中添加 9 个零件序号，在俯视图中添加 1 个零件序号，效果如图 7-153 所示。

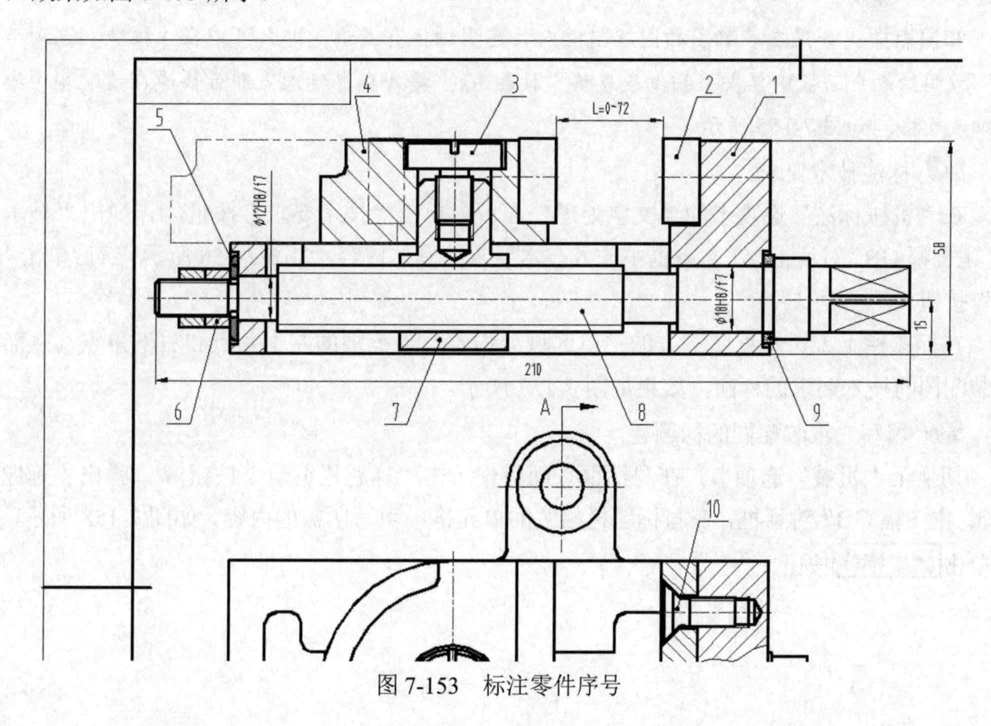

图 7-153　标注零件序号

4 生成明细栏。

在“机械”选项卡的“序号/明细表”面板中单击“生成明细表”按钮，根据提示来生成图7-154所示的明细栏，由于图纸空间有限，需要对视图放置位置及部分尺寸的放置位置进行微调。在调整视图位置时，一定要注意各视图之间的一一对应关系，否则容易出错。

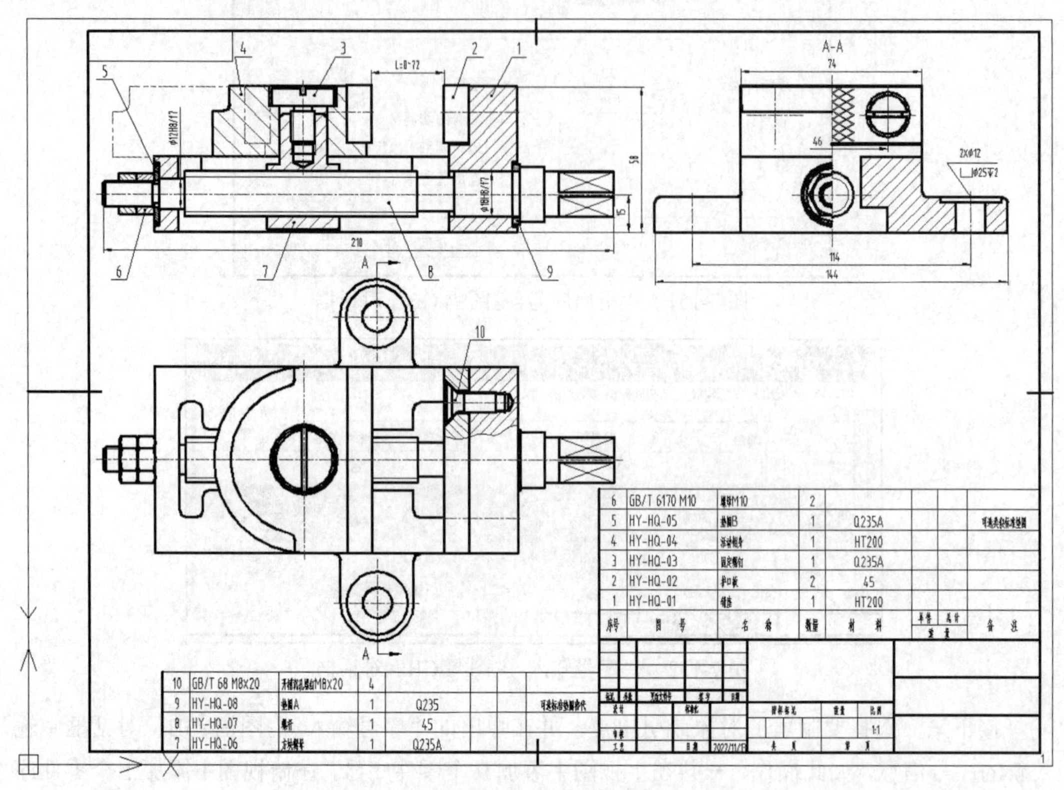

图7-154 生成明细栏

知识点拨：如果在装配图的图纸图框内放置明细栏有困难，那么可以在“机械”选项卡的“序号/明细表”面板中单击“明细表表格”按钮，接着指定插入点即可快速在装配图中绘制明细表表格，如图7-155所示。

5 标注技术要求。

在“机械标注”选项卡的“文字处理”面板中单击“技术要求”按钮，弹出“技术要求 主图幅GB”对话框，在文本框中输入技术要求的具体内容，如图7-156所示，然后单击“确认”按钮。

在标题栏上方、左视图下方的空白区域处指定文件范围的左上角点和右下角点，从而完成装配图的技术要求的标注，效果如图7-157所示。

6 填写二维装配图的标题栏。

切换至“机械”选项卡，在“图框”面板中单击“标题栏编辑”按钮，弹出“标题栏编辑 主图幅GB”对话框，在与标题栏相关的单元格中填写所需的内容，如图7-158所示，然后单击“确定”按钮。

序号	图号	名称	数量	材料	单件 重量	总计 重量	备注
1	HY-HQ-01	钳座	1	HT200			
2	HY-HQ-02	护口板	2	45			
3	HY-HQ-03	固定螺钉	1	Q235A			
4	HY-HQ-04	活动钳身	1	HT200			
5	HY-HQ-05	垫圈B	1	Q235A			可选类似标准垫圈
6	GB/T 6170 M10	螺母M10	2				
7	HY-HQ-06	方块螺母	1	Q235A			
8	HY-HQ-07	螺杆	1	45			
9	HY-HQ-08	垫圈A	1	Q235			可选标准垫圈替代
10	GB/T 68 M8X20	开槽沉头螺钉M8X20	4				

标记	处数	更改文件号	签字	日期		
设计		标准化		图样标记	重量	比例
						1:1
审核						
工艺		日期	2022/11/13	共 页	第 页	

图 7-155 在装配图中绘制明细表表格

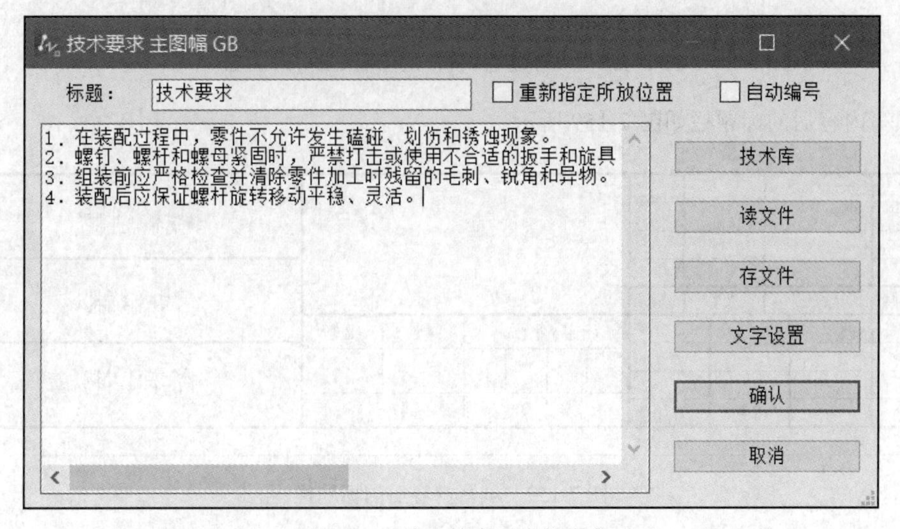

图 7-156 输入技术要求的内容

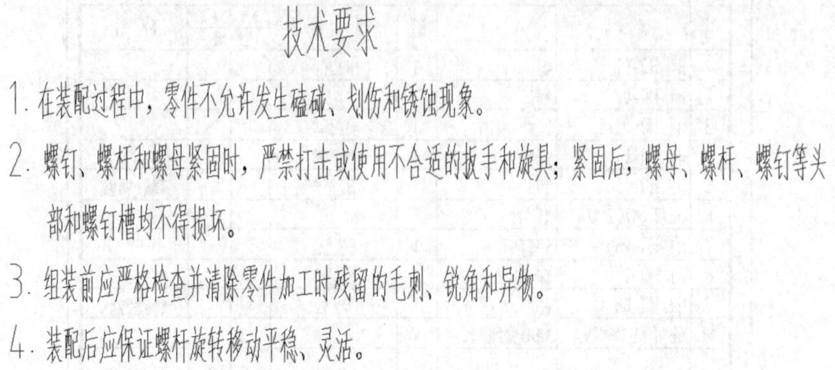

技术要求
1. 在装配过程中，零件不允许发生磕碰、划伤和锈蚀现象。
2. 螺钉、螺杆和螺母紧固时，严禁打击或使用不合适的扳手和旋具；紧固后，螺母、螺杆、螺钉等头部和螺钉槽均不得损坏。
3. 组装前应严格检查并清除零件加工时残留的毛刺、锐角和异物。
4. 装配后应保证螺杆旋转移动平稳、灵活。

图 7-157 标注技术要求

标题栏编辑 主图幅 GB
文件(F) 编辑(E) 资源操作 格式(S) 帮助(H)
显示名称
填写内容
企业名称
桦意智创设计机构
图样名称
平口虎钳装配图
图样代号
HY-HQ-M01
产品名称或材料标记
重量
设计
钟日铭
审核
标准化
工艺
日期
2022/11/13
共几页
1
第几页
1
比例
1:1
图纸张数
1
图幅
A3
提取表数据
提取块数据
通用资源库
更新所有同名块
确定
取消

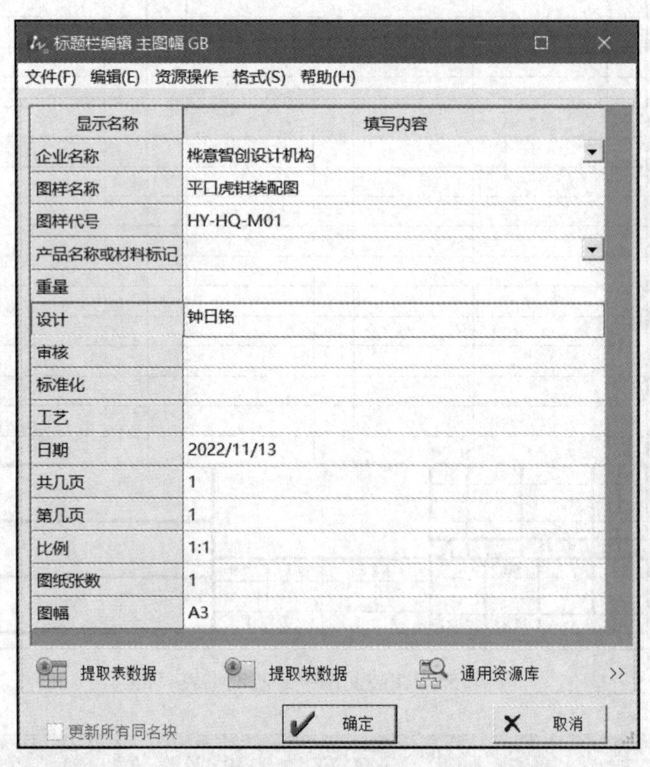

图 7-158 “标题栏编辑 主图幅 GB”对话框

填写内容后的标题栏如图 7-159 所示。

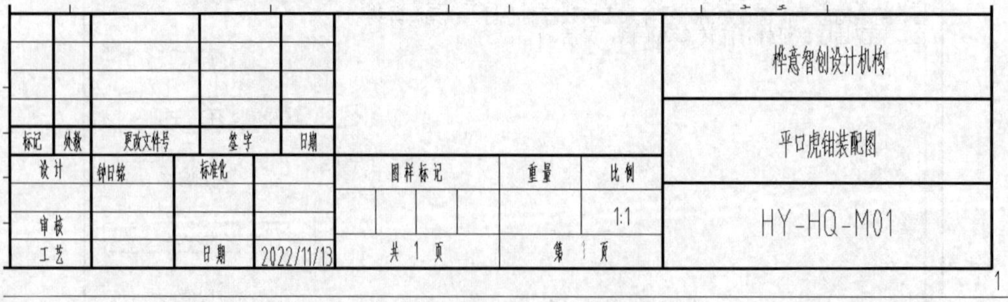

标记
处数
更改文件号
签字
日期
设计
钟日铭
标准化
审核
工艺
日期
2022/11/13
图样标记
重量
比例
1:1
共 1 页
第 1 页
桦意智创设计机构
平口虎钳装配图
HY-HQ-M01

图 7-159 填写内容后的标题栏

7 检查二维装配图，并将其保存。此时，完成的二维装配图如图 7-160 所示。在“快速访问”工具栏中单击“保存”按钮，保存该二维装配图。

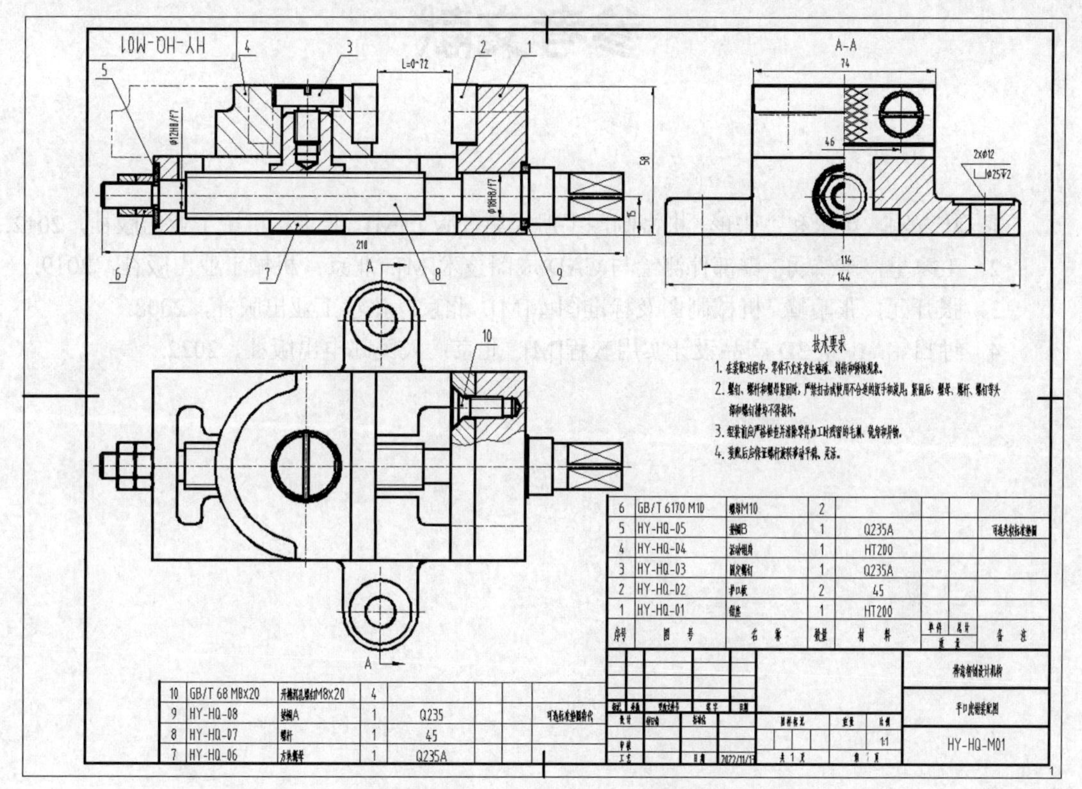

图 7-160　平口虎钳的二维装配图

7.5 思考与练习

1）主要的装配设计方法有哪些？

2）你了解中望 3D 的装配设计模块吗？它都有哪些功能？

3）在什么场景下还需要使用中望 CAD 或中望 CAD 机械版来处理二维装配图？

4）在使用中望 3D 的装配设计模块进行产品零部件的组装时，如何进行零件的约束？

5）三维装配的前期工作主要有哪些？

6）在中望 3D 的零件设计模块中怎样处理外螺纹，可以使生成二维装配图更顺利？

7）上机操练：请自行设计一个简易机构，使用中望 3D 建模，然后绘制其二维装配图。

8）上机操练：请自行查阅相关资料，使用中望 3D 设计一个千斤顶模型，然后根据其三维模型来绘制其二维装配图。

参考文献

1．叶玉驹，焦永和，张彤. 机械制图手册（第 5 版）[M]. 北京：机械工业出版社，2012.
2．王寒里，陈饰勇. 零部件测绘与 CAD 成图技术[M]. 北京：机械工业出版社，2019.
3．张开元，张晴峰. 机械制图及标准图库[M]. 北京：化学工业出版社，2008.
4．钟日铭. 中望 3D 产品设计实用教程[M]. 北京：人民邮电出版社，2022.